자동화를 위한

센서 공학

김원회 · 김준식 지음

BM (주)도서출판 성안당

도서 A/S 안내

성안당에서 발행하는 모든 도서는 저자와 출판사, 그리고 독자가 함께 만들어 나갑니다.

좋은 책을 펴내기 위해 많은 노력을 기울이고 있으나 혹시라도 내용상의 오류나 오탈자 등이 발견되면 **"좋은 책은 나라의 보배"**로서 우리 모두가 함께 만들어 간다는 마음으로 연락주시기 바랍니다. 수정 보완하여 더 나은 책이 되도록 최선을 다하겠습니다.

성안당은 늘 독자 여러분들의 소중한 의견을 기다리고 있습니다. 좋은 의견을 보내주시는 분께는 성안당 쇼핑몰의 포인트(3,000포인트)를 적립해 드립니다.

잘못 만들어진 책이나 부록이 파손된 경우에는 교환해 드립니다.

저자 e-mail : kwonhoe@kornet.net · jskim@kinst.ac.kr

본서 기획자 e-mail : coh@cyber.co.kr(최옥현)

홈페이지 : http://www.cyber.co.kr 전화 : 031) 950-6300

PREFACE

머리말

증기 기관의 발명에 의하여 인간의 육체노동을 기계화, 동력화로 대체시킨 18세기 산업 혁명은 우리 인류 역사에서 위대한 업적이며, 말 그대로 혁명이었다. 그러나 21세기를 살아가는 현재는 자동화, 일렉트로닉스화, 메커트로닉스화로 눈부시게 발전하고 있는데, 기계화나 동력화에서 자동화나 메커트로닉스화로 진전함에 있어 중추적인 역할을 하는 것이 바로 센서와 프로세서이다.

센서는 자동화나 메커트로닉스 시스템에서 인간의 감각 기능을 대신하여 각종 정보를 수집하고, 수집된 정보를 처리하여 두뇌에 해당하는 프로세서에 정보를 지령하는 첨단 과학 기술의 핵심이며, 그 중요도는 말할 나위도 없을 것이다.

이런 이유에서 센서에 관한 서적도 제법 많이 출판되어 유통되고 있는데, 그 내용 측면에서 보면 크게 양분된 상태이다. 그 하나는 센서의 원리와 내부 회로 중심으로 서술되어 주로 센서 개발자에게 적합한 형태이고, 다른 하나는 센서를 활용하는 이용자를 위해 센서 이용 사례 중심으로 서술된 형태이다.

센서 관련 업무로 볼 때 개발보다는 활용자 수가 대부분이라는 점에서 후자의 내용 중심이 절대적으로 필요하겠으나 센서를 활용하기 위해서는 센서의 기본 이론은 물론 이용하는 물리 현상, 선정 요점, 사용 시 주의 사항 등을 바탕으로 활용 사례를 제시하여 주면 가장 효율적으로 센서를 이용할 수 있다는 것은 누구도 부인할 수 없을 것이다.

이러한 이유에서 이 책은 자동화에 이용되는 거의 모든 센서를 대상으로 센서 활용을 위한 기술적 사항, 각종 센서의 원리, 특성, 선정 요점, 사용상 주의 사항, 용어 설명 등은 물론 각 센서마다 대표적인 응용 사례 등을 체계적으로 정리하여 집필하였다.

따라서 이 책이 센서 이용 기술을 습득하려는 학생과 엔지니어 여러분께 센서에 관한 지식을 얻거나 현장 실무 업무에 도움이 되는 좋은 참고서가 되길 바라며, 내용 중 오류가 발견되면 독자 여러분의 충고와 지도 편달을 부탁드리면서, 이 책의 출판을 위해 물심양면으로 애써 주신 성안당 황철규 전무님과 이종춘 회장님께 감사를 드리는 바이다.

저자

차 례

제 1 장 센서의 개요와 분류

제 2 장 범용 센서

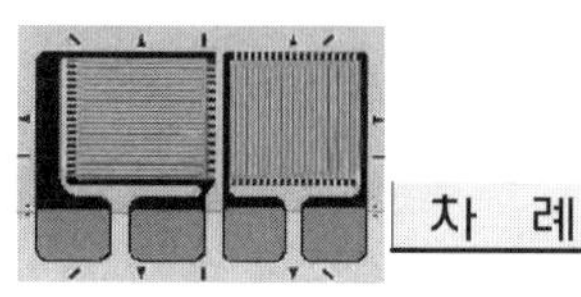

제 3 장 변위 센서

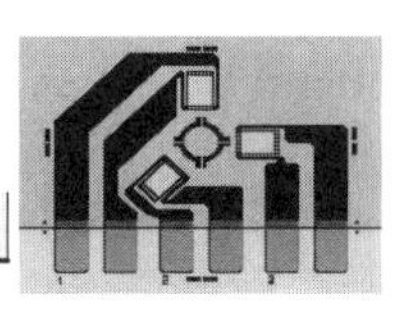

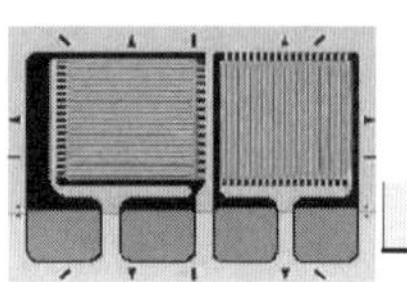

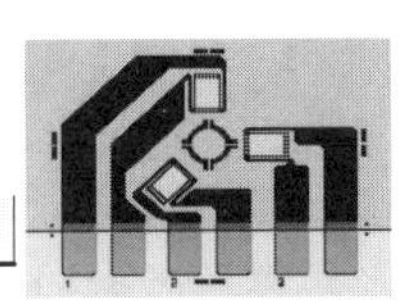

제 1 장

센서의 개요와 분류

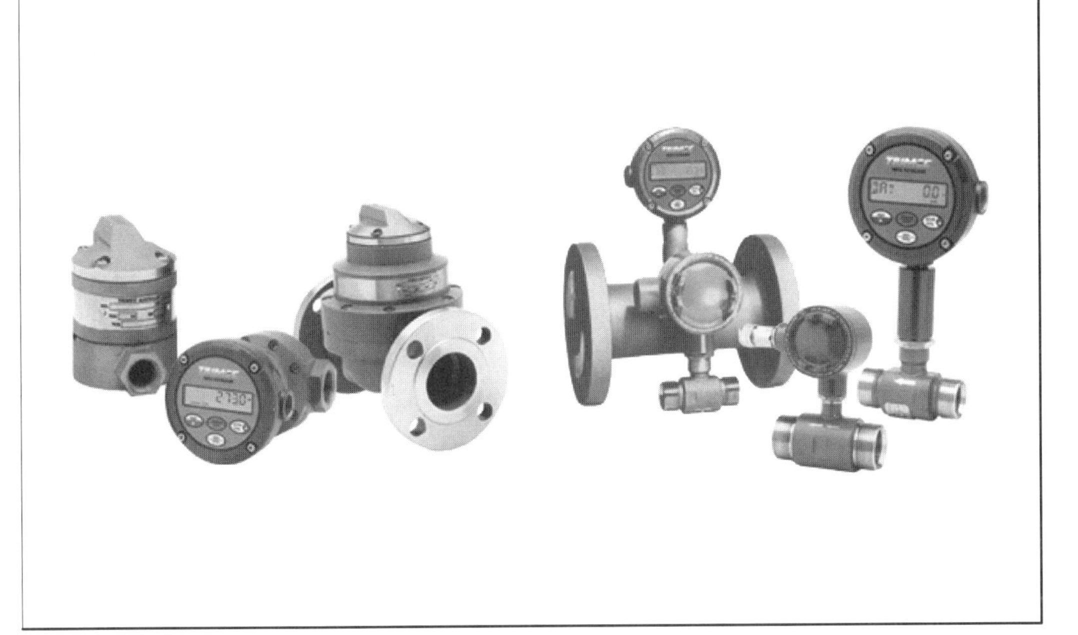

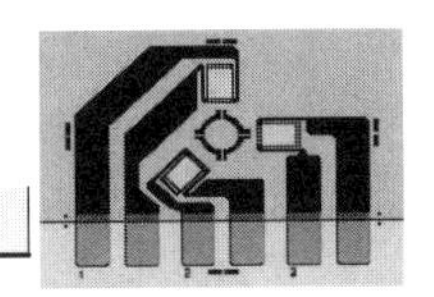

1.1 센서의 정의

센서가 인류역사에 이용된 것은 아주 오래 전의 일로서 문헌에 따라서는 고대 이집트 왕조시대부터였다고 하고, 16세기경에는 액체의 팽창을 이용하여 온도를 측정하였다고 한다.

그러나 센서가 과학·기술산업분야에 이용된 것은 산업혁명 이후로서, 제임스 와트가 발명한 증기기관의 속도제어를 위해 사용했던 원심조속기(遠心調速機)는 회전속도를 변위(變位)로 변환하는 센서였다고 할 수 있다.

이처럼 센서가 이용되어 온 역사는 오래지만 센서(sensor)라는 말이 사용된 것은 비교적 최근인 1960년대부터이고, 센서라는 명칭 자체도 여러 가지로 표현되고 있으며, 센서의 정의 또한 통일성을 두고 명확하게 제시한 경우도 없다.

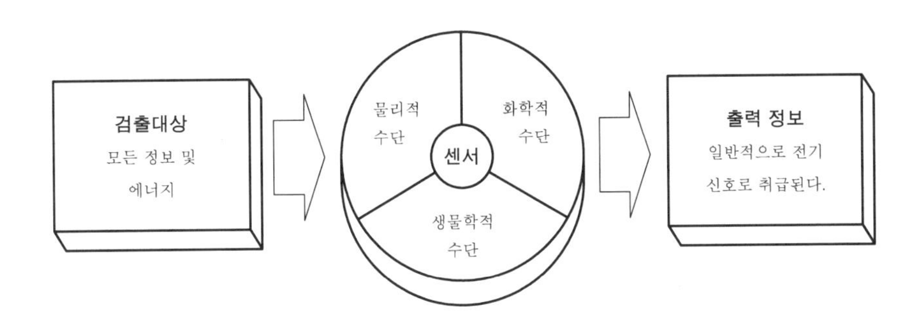

[그림 1-1] 센서의 개요도

학자에 따라서는 간단하게 정보 검지장치라고 하거나, 광범위한 뜻에서 에너지 변환장치라고도 한다. 요컨대, 센서를 한마디로 정의하는 것은 곤란하나, [그림 1-1]의 센서의 개요도에 나타낸 바와 같이 "모든 정보 및 에너지의 검출장치이며, 그 검출량을 전기적인 신호로 변환하는 장치(device)"라고 할 수 있으며, 좀 더 세부적으로 정의하자면 "온도, 압력, 유량 등과 같은 물리량이나 pH와 같은 화학량의 절대값이나 변화량 또는 소리, 빛, 전파의 강도를 검지하여 유용한 신호로 변환(convert)하는 장치"로 정의할 수 있다.

한편 센서라는 용어와 유사하게 쓰이는 것으로 트랜스듀서(transducer)가 있으나, 센서와 트랜스듀서를 엄격하게 구별하는 것은 그리 쉽지 않다. 일반적으로

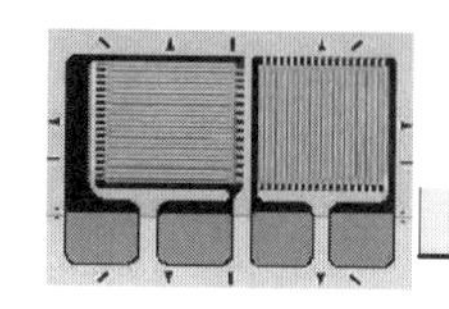

센서가 외계(外界)에서 발생되는 물리·화학량의 절대값 또는 변화량을 검지하는 기기라고 한다면 트랜스듀서는 검지된 측정량에 대응하여 처리하기 쉽도록 유용한 출력신호를 주는 변환기(converter)로 구분하여 정의한다.

즉, 센서는 목적대상의 상태에 관한 정보를 채취하는 장치이고, 트랜스듀서는 목적대상의 상태량을 측정 가능한 물리량의 신호로 변환하는 장치인 것이다. 따라서, 센서와 트랜스듀서는 기능이 상호 겹치는 부분이 많으므로 엄격히 트랜스듀서로서 강조하고 싶은 경우를 제외하고는 모두 센서라고 표현한다.

1.2 센서에 요구되는 성능

센서는 항상 외계(外界)와 접해 있는 인터페이스로서 경우에 따라서는 매우 가혹한 환경에 직접 노출되므로 어떠한 환경에서도 장시간 안정하게 동작되어야 한다. 특히 온도 변동이나 습도, 수분에 의한 화학적 변화, 열적·기계적 스트레스, 빛이나 전자계의 영향 등을 받지 않고 동작되어야 한다.

센서는 자동 제어계의 기본요소로서 사용되는 경우가 대부분이어서 고장이 나면 그 영향은 심각하다. 때문에 센서가 그 기능을 충분히 발휘하기 위해서는 기본적으로 안정성, 신뢰성, 내구성, 긴 수명 등이 요구되며 아래 성능을 갖추어야 한다.

① 감도(感度)가 높을 것
② 직선성이 우수할 것
③ 특성의 편차가 적을 것
④ 재현성, 안정성이 우수할 것
⑤ 온도 드리프트가 적을 것
⑥ 응답성이 빠를 것
⑦ 호환성이 좋을 것
⑧ 소비전류가 적을 것

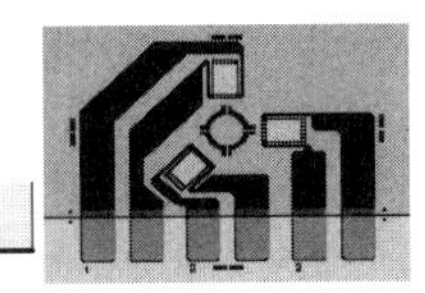

감도는 센서의 출력을 의미하며, 센서가 출력하는 신호가 크면 클수록 다음 단에서의 신호처리가 쉽기 때문이며, 직선성은 검출하고자 하는 물리량에 대해 직선적인 출력을 얻기 어려운 센서 소자가 많기 때문에 이 특성을 잘 파악하여 전기회로로서 미리 보정하여 직선적인 출력을 얻는다. 그러나 센서에 따라서는 감도와 직선성은 서로 상반되는 특성을 가지고 있다.

특성의 편차는 센서로서 중요한 과제 중의 하나로서 센서의 편차를 줄여서 한 번의 최적 조정만으로 계속하여 사용한다는 의미이다. 그러나 센서에 편차가 크면 안정된 출력을 얻기 위해 게인의 조정범위를 넓게 잡아 주어야 하는 단점이 있다. 또한 재현성과 안정성은 센서의 신뢰성과도 연관이 있으며, 장시간 반복하여 사용하는 동안에 항상 동일한 상태의 입력신호에 대해 출력신호가 항상 안정된 값을 나타내는 것은 뜻한다.

온도 드리프트는 센서 그 자체가 가진 특성으로, 온도계수가 안정되어 있으면 문제가 적지만 정과 부로 광범위한 편차가 있으면 측정하는 분위기를 제어 가능한 범위로 바꿔 주어야 한다.

응답성은 정보를 검지하고, 검지한 정보를 전기신호로 변환하여 출력을 내는 데까지의 시간으로, 이것은 제어계 전체의 정밀도나 신뢰성에 영향을 미치므로 빠른 것이 요구된다. 호환성에 대해서는 백금 측온 저항체나 열전대와 같이 호환성을 필요로 하는 센서에는 각각에 대한 기준치와 검증을 필요로 하므로 전기회로를 포함하여 관련 부분을 조정해 주어야 한다.

최근의 센서는 배터리를 사용하는 경향이 증가하고 있는데, 소비전류가 적은 센서는 운전이나 보수유지에 드는 비용이 적기 때문에 장점이 된다. 위와 같은 요구사항이 만족되면 각종 컨트롤러나 컴퓨터, 계측기 등으로의 입력이 용이하다고 할 수 있다.

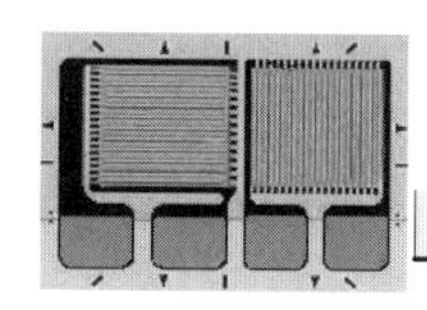

1.3 센서의 제어 기술

1.3.1 센서 제어에서 요구되는 기술

어떤 제어 대상에 센서를 이용하여 피드백(feedback : 귀환)을 하고 제어를 하려고 할 때 몇 가지 주의해야 할 점이 요구된다.

먼저 기계 제어에 있어서 요구되는 기술로서는 센서를 중심으로 생각한다면 다음과 같은 세 가지를 들 수 있다.

① 필요한 물리량을 인출하는 변환 기술
② 필요한 정보를 추출하는 처리 기술
③ 적절한 제어를 실행하는 제어 기술

①의 필요한 물리량을 인출하는 변환 기술이란 센서 그 자체에 관한 기술로서 다시 세밀하게 생각하면 어디에 어떠한 원리의 센서를 설치하여 어떠한 물리량을 인출할 것인가라고 하는 점을 들 수 있다.

센서에는 [그림 1-2]에 나타낸 바와 같이 빛이나 열, 자기(磁氣) 등의 검출과 같이 직접적인 물리 현상을 이용하여 정보를 얻는 경우와 검출 대상의 물리량을 다른 현상으로 변환시킨 다음 검출하는 경우가 있다.

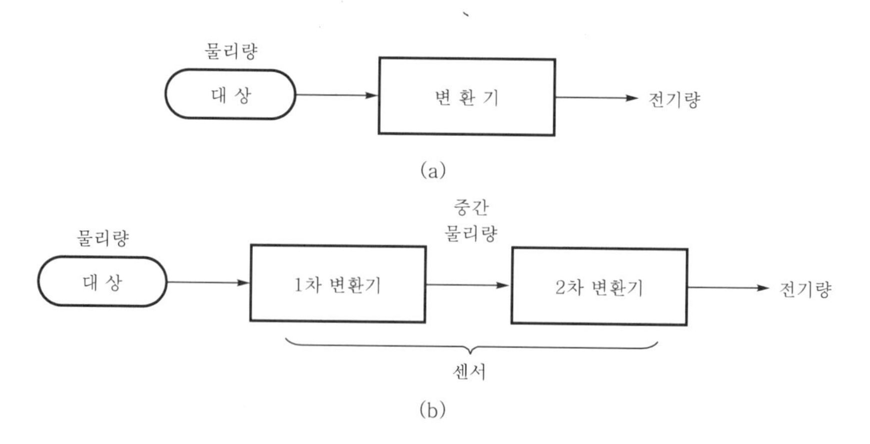

[그림 1-2] 센서의 물리량 교환방법

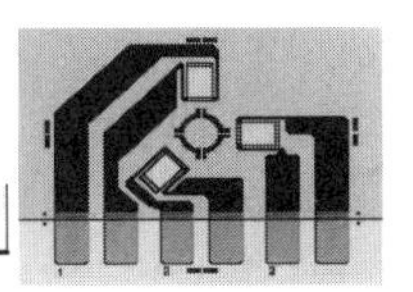

예를 들면 변위의 검출을 일단 전자 유도 결합의 정도로 변환시켜 검출하는 차동 변압기나 물체의 가속도를 추의 움직임 또는 추를 지지하고 있는 빔의 변형으로 변환하여 그것을 다시 저항선의 저항 변화로서 검출하는 가속도계 등이 있다.

따라서 기계 제어의 경우에는 센서 자체의 원리적인 측면의 추구보다 오히려 그 조합이나 변환 기술에 주목해야 할 것이다.

즉 같은 원리의 센서란 어떠한 방법으로 역할 정보를 전기 신호로 변환할 것인가라는 것이 될 것이다. 이것은 어느 곳에 설치할 것인가의 문제와도 밀접하게 관련되는 문제로서 역학량을 제어 대상의 어느 부분에서 어떠한 방법으로 검출할 것인가라는 문제가 된다.

이 두 가지의 문제는 분리시켜 생각할 수 없는 것이다.

위와 같은 점에서 센서 제어를 위한 센서계의 설계 순서를 플로 차트로 나타내면 [그림 1－3]과 같이 된다.

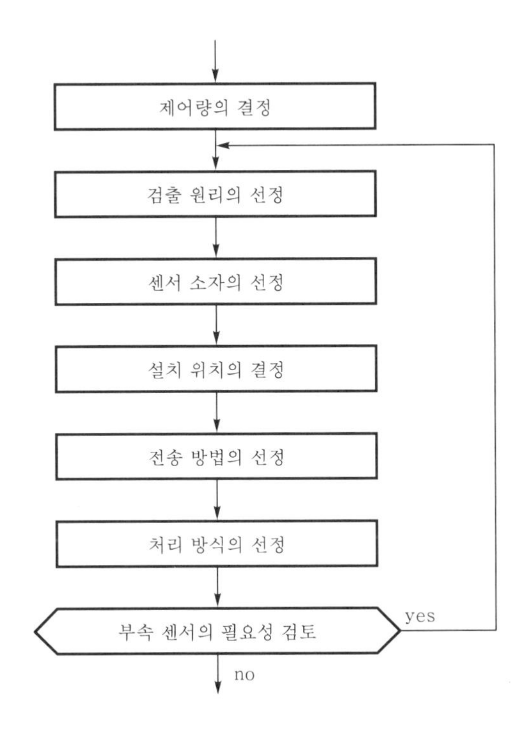

[그림 1-3] 센서 처리계의 설계 순서

이 설계 순서를 [그림 1－4]의 공작기계에서 공구대의 위치 결정 제어계에 적용시켜 예로 들어 설명한다.

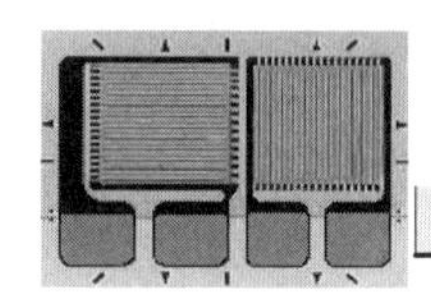

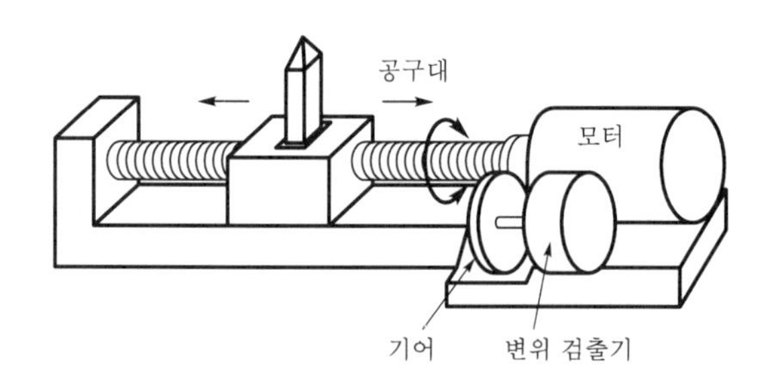

[그림 1-4] 공구대의 위치제어 기구의 예

가장 먼저 제어 대상의 제어해야 할 상태(제어량)를 정한다. 이 경우는 당연히 공구대의 위치(변위)이다. 다음에 어떠한 원리의 센서를 사용할 것인가를 정하여 센서 요소를 결정한다.

변위의 검출 방법으로서는 저항선의 저항값이 길이에 비례하는 것을 이용하는 방법, 자기 결합의 정도를 조사하는 방법, 빛의 단속 수를 세는 방법 등이 있다. 처리나 제어가 아날로그 신호로 실행될 것인가 또는 디지털 신호로 실행될 것인가에 따라서도 달라지게 될 것이다.

여기에서는 아날로그식으로 저항선의 저항값 변화에 의한 방식을 채택하고 퍼텐쇼미터를 사용하기로 한다.

다음에 이 검출기를 어디에 어떻게 설치할 것인가를 정한다. 퍼텐쇼미터 중 회전형을 사용하기로 하고, 모터에 대한 기어 비(比), 공구대의 변위에 대한 회전 각도의 비율을 스트로크 길이, 필요한 정밀도 또는 분해능으로 정한다.

그리고 이 센서에서 신호 처리계에의 신호 전송 방법을 정하여 처리 방법을 정한다. 또한 공구대 제어에 있어서 안정된 제어나 추종성이 좋은 제어를 하기 위해서는 변위 검출만으로는 불충분하며 공구대의 속도 정보나 경우에 따라서는 힘의 정보가 필요하게 된다. 즉 부수적인 센서의 필요성을 검토하여 필요하다면 각각의 센서에 대하여 이상의 설계 순서를 반복하여 결정한다.

또 하나 부가해 둘 점은 센서를 다목적형으로 하여 필요한 정보를 분리해서 이용한다고 하는 사고방식이 최근에 특히 주목되고 있는 점이다.

예를 들면 위치 검출기의 정보를 미분 처리하면 속도 정보가 얻어진다는 원리이다. 종래에 이러한 방법은 노이즈의 문제, 처리 회로의 복잡성 등으로 그다지 사용되지 않았었지만 회로 기술의 진보나 마이크로프로세서의 보급에 따라서 실현 가능하게 되고 있다.

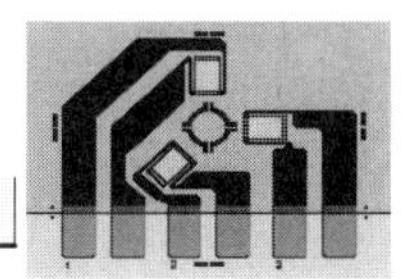

1.3.2 센서 정보 처리의 문제

센서에서 얻어진 신호를 처리하는 데 있어 문제점 즉, 센서로부터의 검출과 처리 그리고 제어까지의 사이에는 [그림 1-5]에 나타낸 바와 같이 노이즈, 드리프트, 비선형, 응답지연 등의 문제가 작용되므로 센서를 이용한 제어를 할 때에 충분히 검토해 둘 필요가 있다.

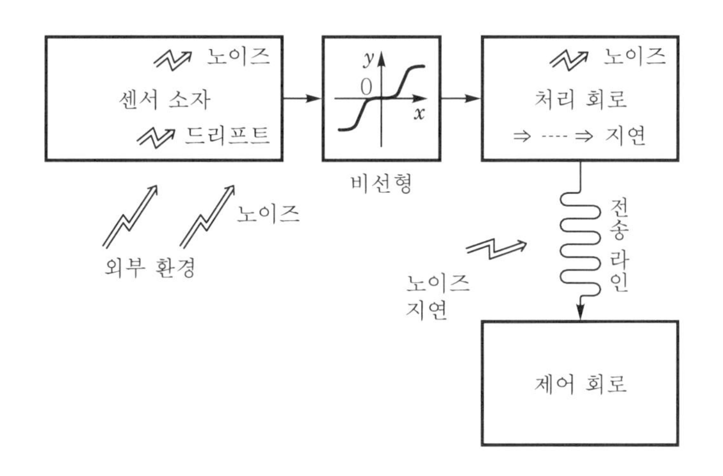

[그림 1-5] 센서 제어계의 문제점

1 노이즈의 문제

노이즈(noise)는 검출하려고 하는 목적의 신호에 대하여 내부 또는 외부에서 혼입되어 오는 필요 없는 신호이다. 내부 노이즈란 센서 자체가 지니고 있는 고유의 신호 발생원에 의한 것으로서 반도체에서의 열 잡음이나 브러시를 지닌 센서에서의 브러시 노이즈 등이 있다.

내부적인 노이즈는 그 주파수 성분의 폭이 넓어 즉 낮은 주파수에서 높은 주파수까지의 성분을 포함하고 있기 때문에 간단히 제거할 수가 없다. 그러나 이 내부 노이즈는 랜덤성이 강하기 때문에 그 성질을 이용하여 목적하는 신호를 분리시키면 된다. 또 통상 이 노이즈의 레벨은 어느 일정한 작은 폭 이내이므로 저레벨 신호의 경우나 높은 게인의 증폭일 경우에는 증폭기의 초단 부분의 소자에 저잡음인 것을 선택하여 잡음을 근본적으로 억제해 놓아야 한다.

외부 노이즈에 관해서는 그 원인이 다양하여 노이즈 방지, 제거에도 각종의 기

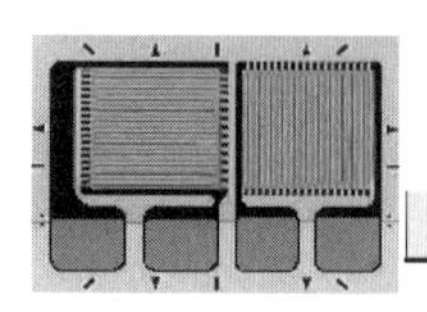

술이 사용되고 있으며, 외부 노이즈 대책이 정밀한 센서 제어를 하기 위해 가장 중요한 점일 것이다.

외부 노이즈는 크게

① 정전 유도 노이즈
② 전자 유도 노이즈
③ 전원 노이즈

등으로 분류된다.

(1) 정전 유도 노이즈

정전 유도 노이즈는 [그림 1-6] (a)와 같이 센서 신호 라인 부근에 다른 라인이 있을 때, 정전 용량이 형성되어 이 용량에 의해서 다른 라인의 신호 성분이 센서 신호 라인에 실려 오는 것이다. 이것을 방지하려면 (b)와 같은 정전 실드라고 하는 도체를 2개의 라인 간에 설치하고 어스하면 된다.

이 때 실드 도체와 라인 간에 정전 용량이 형성되지만 어스와의 사이에 있기 때문에 라인 간의 영향은 없어진다.

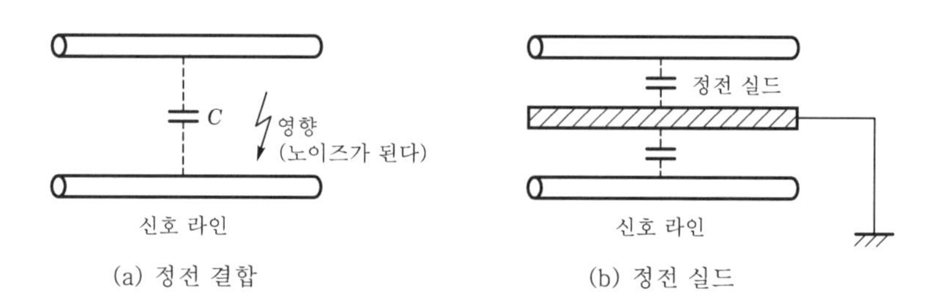

[그림 1-6] 정전 유도의 영향

(2) 전자 유도 노이즈

전자 노이즈는 [그림 1-7]과 같이 도체에 전류가 흐름으로써 이루어지는 자계와 신호 라인이 교차하거나 신호 라인에 유기전력이 발생함으로써 일어난다. 이러한 현상의 예방책은 ⓐ 교차하는 루프를 만들지 않을 것, ⓑ 자계를 발생시키지 않을 것 등 두 가지이다.

예를 들면 트랜스 등의 강한 자계를 발생하기 쉬운 소자를 자성체 판으로 덮어

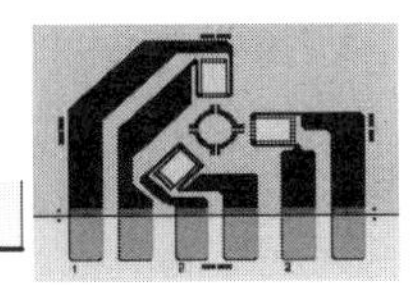

버리는 전자 실드를 실시하는 것이 효과적이다.

외부 노이즈의 영향을 받기 쉬운 미소 신호는 신호선의 외측을 망선으로 싼 실드선이나 동축 케이블을 사용하여 전송하면 노이즈를 통과시키지 않기 때문에 효과적이다.

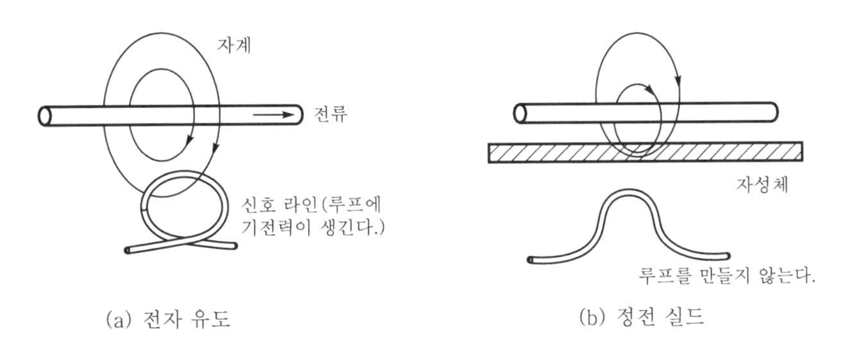

[그림 1-7] 전자 유도의 영향

다만 [그림 1-8] (a)와 같이 어스점을 2점으로 접지하면 실드와 어스 라인에서 루프가 구성되고 이 사이에 전자 유도에 의한 기전력이 발생하게 되어 바람직하지 않다. 이러한 경우에는 (b)와 같이 어스를 1점에 집중시키는 것이 바람직하다. 이것을 1점 어스의 원칙이라 하고 회로를 설계할 때에도 주의해야 할 점이다.

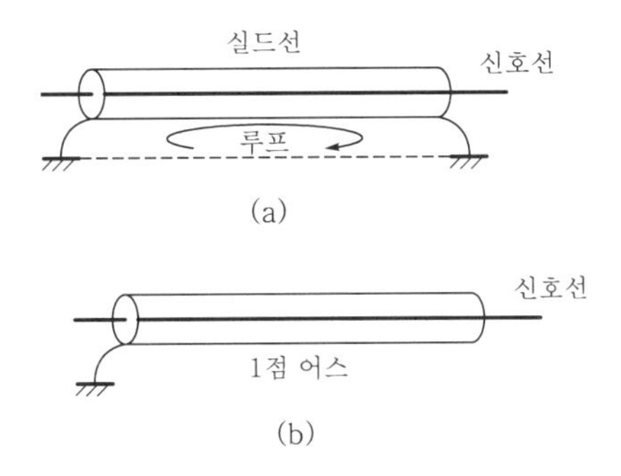

[그림 1-8] 실드선의 어스

그리고 신호 라인에 실리는 노이즈에는 평형 노이즈와 불평형 노이즈가 있다는 점에 주의해야 한다. 불평형 노이즈란 [그림 1-9]에 나타낸 바와 같이 내부 잡음은 센서와 직렬로 압입된 신호원이라 생각할 수 있어 이것을 불평형 노이즈라 한다.

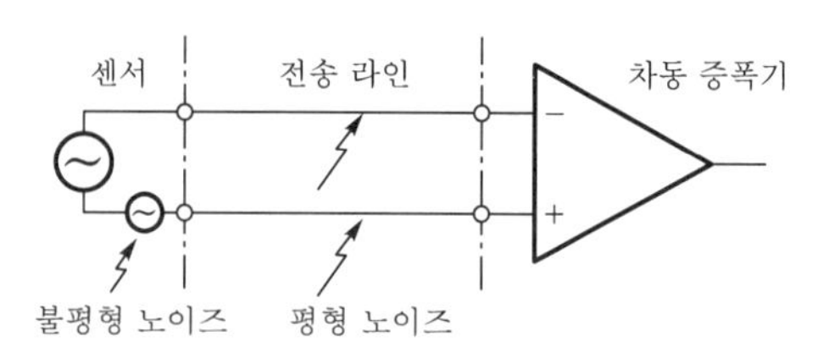

[그림 1-9] 평형 노이즈와 불평형 노이즈

이에 대하여 라인에 실리는 노이즈는 2개의 라인에 공통적으로 같은 방향으로 실려오기 때문에 평형 노이즈라 한다. 평형 노이즈는 수신단에서 차동 증폭기를 사용하면 제거할 수 있다.

(3) 전원 노이즈

신호 전송에서 주의해야 할 노이즈는 이른바 햄이라 불리는 교류 50 Hz 또는 60 Hz에 의한 노이즈로서 상용 전원을 이용하고 있는 환경에는 모두 영향을 받을 우려가 있다. 또한 전원을 통하여 다른 장치에서 잡음이 혼입되어 오는 일도 많다. 이러한 전원 노이즈는 필터에 의해서 제거할 것을 계획해야 한다.

필터링은 특정의 주파수만을 통과 또는 제거하는 회로를 사용하여 신호 성분을 인출하는 기술이다.

2 드리프트의 문제

외부 환경으로는 온도 변화나 시간 변화에 의한 드리프트가 있다. 드리프트란 정상 상태에서의 출력이 온도나 시간에 의해서 변동해 버리는 것이다.

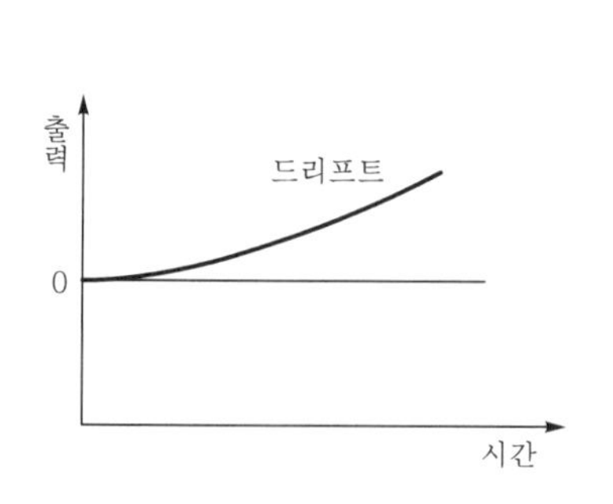

[그림 1-10] 드리프트에 의한 출력 변동

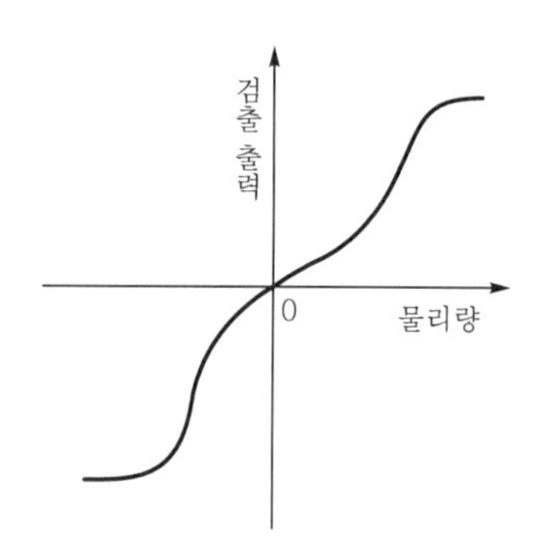

[그림 1-11] 센서의 비선형 특성

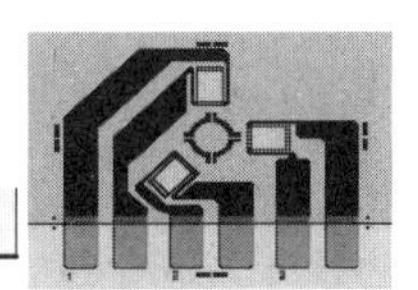

위치 결정 제어계에서는 정지중에 위치를 벗어나거나 온도에 의해서 정밀도가 나빠지기 때문에 주의를 해야 할 것이다. 이것에 대해서는 온도 특성을 고려한 보상 회로나 메커니컬 스토퍼 등에 의해서 드리프트를 제거할 수 있다. 또 특성이 명확하지 않은 드리프트는 측정 시작시에는 물론 수시로 제로점 보정을 한 다음에 제어로 이행할 필요가 있을 것이다.

3 비선형의 문제

비선형 특성이란 [그림 1−11]과 같이 측정해야 할 물리량과 측정값이 직선 관계가 아닌 것으로서 측정값에서 직접 물리량을 판독할 수 없는 경우를 말하는 것이다. 그렇지만 측정을 목적으로 하지 않고 제어를 목적으로 하고 있는 경우에는 목표점에 대한 (+), (−)의 변화와 제로점이 확정되어 있다면 피드백에 충분히 이용할 수 있다. 또 미리 특성값의 비선형을 알고 있다면 마이크로 프로세서의 연산 기능이나 데이터 메모리 기능을 이용하여 선형화 값을 얻을 수 있다.

[그림 1−12]는 메모리 내에 변환 데이터를 넣어 놓고 얻어진 출력 데이터에서 피측정값을 판독하는 방법의 원리를 나타낸 것이다.

어드레스	데이터
0 7	9.0
0 6	6.3
0 5	5.0
0 4	4.4
0 3	3.8
0 2	3.0
0 1	2.1
0 0	0.0

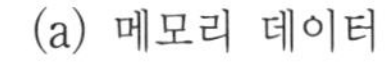

(a) 메모리 데이터

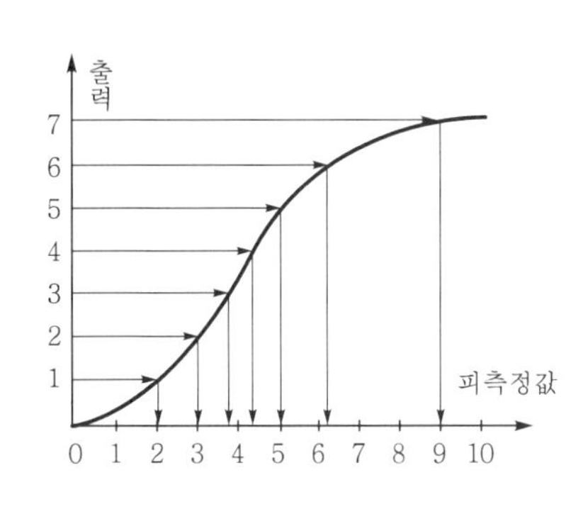

(b) 비선형 특성

[그림 1-12] 메모리에 의한 비선형값 읽기

4 시간 지연의 문제

시간 지연에는 센서 자체에 검출 시간이 지연되는 경우와 센서 정보의 처리에 시간이 걸리는 경우가 있다. 요컨대, 이 시간 지연은 제어의 특성에 나쁜 영향을 주는 것 뿐이므로 가급적 지연을 적게 할 필요가 있다.

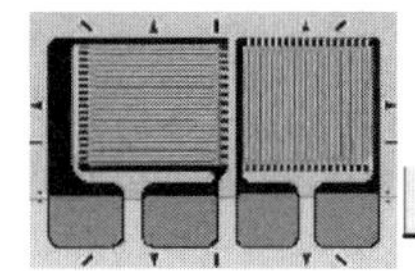

1.3.3 센서 제어의 문제

센서를 이용하여 기계 제어를 실행할 경우에 주의해야 할 점을 제어이론 측면에 살펴보면 다음과 같이

① 안정성의 문제
② 속응성의 문제
③ 정상특성의 문제

등을 들 수 있다. 즉 제어계를 안정하게, 그리고 응답을 빠르게, 그리고 오차가 생기지 않도록 구성하는 것이 가장 중요한 것이다.

1 안정성의 문제

기계 제어를 할 때에는 먼저 안정된 계(系)를 만들어야 한다. 특성이 명백한 계에 관한 안정성 판별의 방법은 여러 가지 방법이 제안되고 있다.

안정성은 감도 특성과 지연 특성의 양방이 영향을 주고 있는 것인데 지연시간에 관해서 생각해 보면 검출 소자의 지연, 처리 회로에서의 지연, 전송 지연을 포함한 지연의 시간을 제어대상 자체 특성의 응답시간에 비해 충분히 작게 해야 할 것이다. 예를 들면 동작해 내는 데에 1초 정도 걸리는 장치를 정확히 제어하려고 했을 때, 센서 자체는 거의 1/20초 이내의 속도로 검출 신호를 피드백하지 않으면 안 된다는 것이다.

그런데 지금까지 지연이라고 하는 말을 사용했지만 이것이 [그림 1-13] (a)에 나타낸 1차 지연인가, (b)의 부동 시간인가에 관해서는 명확히 구별해 둘 필요가 있을 것이다. 통상의 물리계에서의 지연은 (a)의 1차 지연의 형태로서 이 특성은 최종 것의 63.2%에 도달할 때까지의 시간(시정수 T)으로 표현된다.

한편 부동 시간이란 입력 신호가 들어온 다음 출력 신호가 나올 때까지에 간격(부동 시간 L)이 있기 때문에 예를 들면 컴퓨터를 사용한 처리를 하여 제어하는 경우와 같이 입력 신호가 주어진 다음 출력 신호가 얻어질 때까지에 걸리는 시간을 가질 때가 부동 시간이다. 이 경우는 안정성에 큰 영향을 주기 때문에 주의해야 한다.

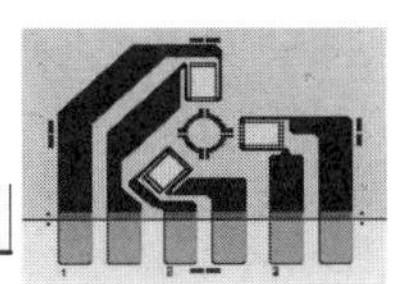

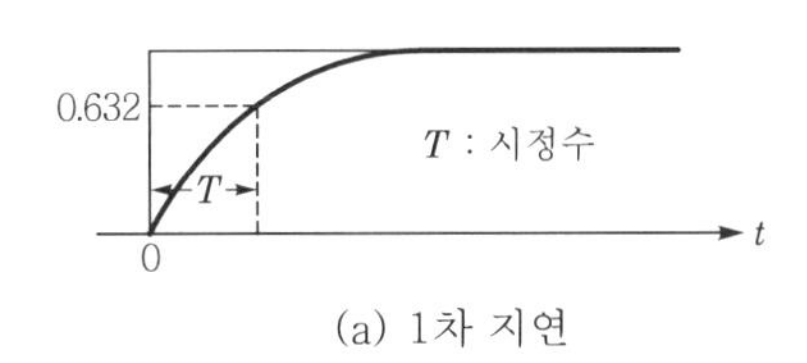

(a) 1차 지연

L : 부동작 시간

0

t

(b) 부동작 지연

* 1차 지연의 스텝 응답의 시간 함수를 $c(t)$로 하면 $c(t)=1-e^{-t/T}$ 으로 표시되고 시간 $t=T$일 때 $(T)=0.632$이다.

[그림 1-13] 1차 지연과 부동작 지연

특히 복잡한 처리를 해야 할 경우는 프로그램의 스텝 수를 고려하여 요구되는 시간 내에 처리가 종료되도록 하지 않으면 안 된다. 기계 제어에서는 제어계 전체의 응답 시간이 보통, 수 ms에서 길어야 수십 ms가 한도일 것이다.

2 속응성의 문제

속응성에 관해서는 말할 나위도 없이 어떠한 계에서도 빠른 응답이 요구되므로 안정성을 유지하면서 가급적 빠른 응답으로 할 필요가 있다.

3 정상 특성의 문제

마지막으로 정상 특성에 관한 것인데 어느 정도 빠르고 안정된 응답일지라도 [그림 1-14]에서 ②와 같이 응답의 파가 수납되어 정상상태로 된 후에 오차가 남게 되는 수가 있다. 기계 제어에 있어서 이 오차는 중대한 문제로 된다.

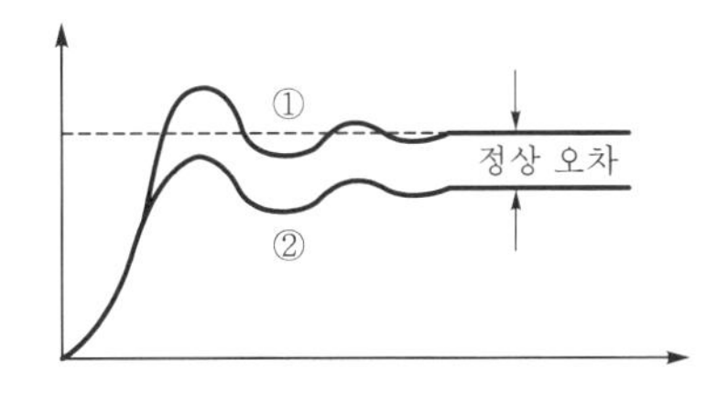

[그림 1-14] 정상 오차

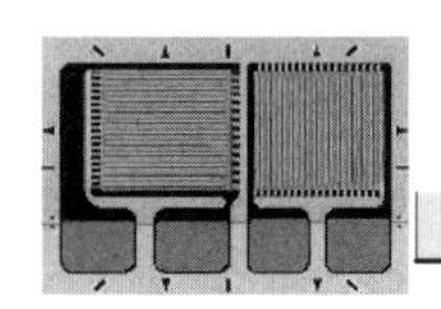

그러면 왜 이러한 오차가 생기는 것일까. [그림 1-15]에 있어서 제어대상의 이득 G가 만약 무한대의 증폭도를 지니고 있다면 e의 값은 거의 0으로 되어 오차는 없어지게 되는 것이다. 따라서 G의 증폭도가 유한의 값일 때, e에는 오차가 남게 되는 것이다.

G의 증폭도를 정상 상태에서 무한대로 하려면 직류 성분의 신호에 대하여 무한대의 증폭도를 지닌 적분 요소가 1개 있으면 된다. 예를 들면, 위치 제어계에서는 입력 신호에 대하여 모터의 속도가 제어되고 그것이 적분되어 위치로 되는 것이기 때문에 구조적으로 적분기가 들어간 것이 되어 스텝 입력에 대한 오차는 0으로 된다.

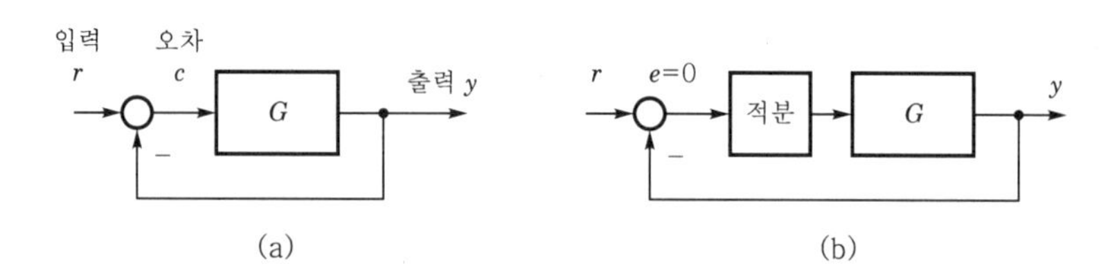

[그림 1-15] 정상 오차의 보상

그런데 이 오차의 원인에는 아직 다른 요소가 많이 들어간다. 그 대표적인 것이 섭동 부분의 마찰 특성이나 기어 조합에서의 백래시 특성(히스테리시스)이라고 하는 비선형 요소이다. 이러한 비선형 요소가 [그림 1-16] (a)와 같이 피드백 제어 루프의 내측에 있을 때에는 응답에 영향을 미치고, [그림 1-16] (b)와 같이 외측에 있을 때에는 오차가 발생하게 된다. 이것들의 비선형 특성은 가급적 작게 하는 것이 당연한 것이지만 센서의 실치 위치도 고려하여 영향을 적게 해야 할 것이다.

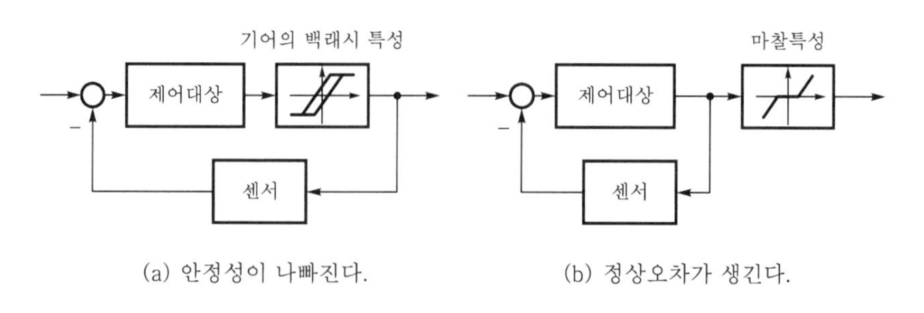

[그림 1-16] 비선형 특성의 영향

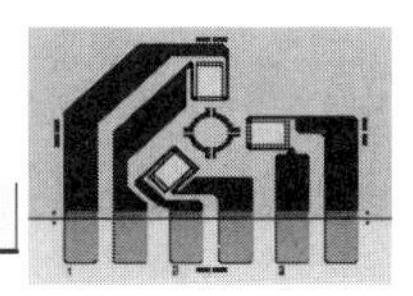

1.4 자동화용 센서와 분류

센서는 그 궁극적인 사용목적이 대개 인간생활의 편리함이나 윤택함을 추구하기 위해 사용되며, 종류 또한 무수히 많아 일일이 열거하는 것이 불가능한 정도이고 한마디로 센서라고 하여도 작게는 리드 스위치와 같은 부품 레벨에서부터 크게는 패턴 인식을 하는 시스템 레벨의 것까지 그 범위가 넓다. 또한 최근에는 스마트 센서라고도 부르고 있는 이른바 마이컴 내장형의 인텔리전트 센서도 보급되고 있어 센서인지 컨트롤러인지의 판단도 쉽지 않다. 따라서 센서를 분류하는 방법도 정석화된 분류법은 없다. 게다가 자동화용 센서라는 명확한 정의도 없기 때문에 어느 센서가 자동화용이고 어느 센서가 자동화용이 아닌지도 판정하기가 곤란하다. 따라서 이 책에서는 자동화, 특히 FA용으로 많이 쓰이는 센서에 대해 다음과 같이 크게 분류하고 각각에 대해 설명하기로 한다.

첫째, 물체의 유무 또는 기계장치의 동작 상태나 위치를 검출하는 범용 센서가 있다. 대부분 이 센서의 출력신호는 단순히 ON/OFF 방식이며 가장 많이 사용되는 센서이다. 검출방법은 검출대상물에 접촉하여 검출하는 접촉식과 접촉하지 않고 검출하는 비접촉식으로 대별된다.

둘째, 작동량과 시간에 관한 검출로서 회전수 또는 이동속도 등의 센싱이다. 이의 검출에는 시간과 센서 출력량과의 연산 및 판단부가 필요하다. 여기에 사용되는 검출 센서로는 회전검출 센서와 속도, 가속도 센서 등이 있다.

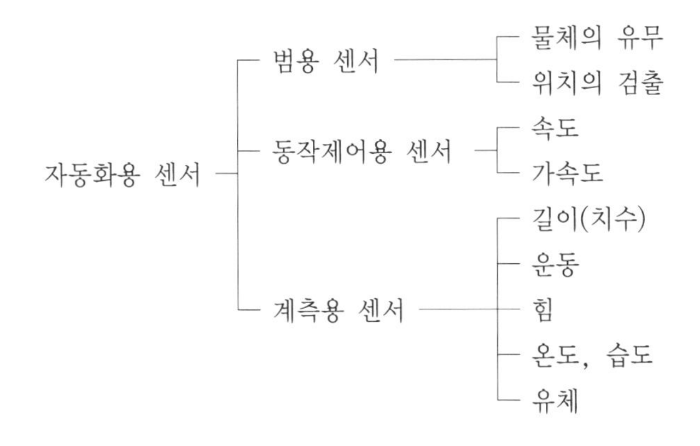

[그림 1-17] 자동화용 센서의 일반적 분류

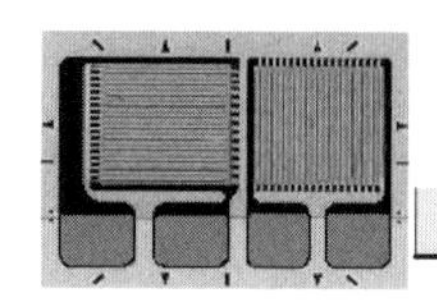

셋째, 시스템을 계측, 감시하거나 위치결정의 플렉시블화를 필요로 하는 기계장치에 요구되는 센서이다. 특히 생산 시스템의 신뢰성과 품질보증을 위해서는 이 센서의 역할이 큰 비중을 차지하고 있으며 생산 시스템의 플렉시블화에도 이 센서의 이용은 중요한 요소로 작용하고 있다.

1.4.1 범용 센서

범용 센서에는 [그림 1-18]과 같이 접촉식과 비접촉식으로 대별되며, 최근의 경향은 비접촉식의 사용이 증가하고 있다. 이것은 물체의 검출이 주요 기능으로서 접촉에 의해 물체에 상처를 주거나 가볍게 접촉되더라도 넘어짐 또는 이동에 의한 변형이 발생된다. 비접촉식은 접촉식의 이러한 문제점을 발생시키지도 않고 광전 센서의 경우는 설계의 자유도가 크다는 장점도 있기 때문이다.

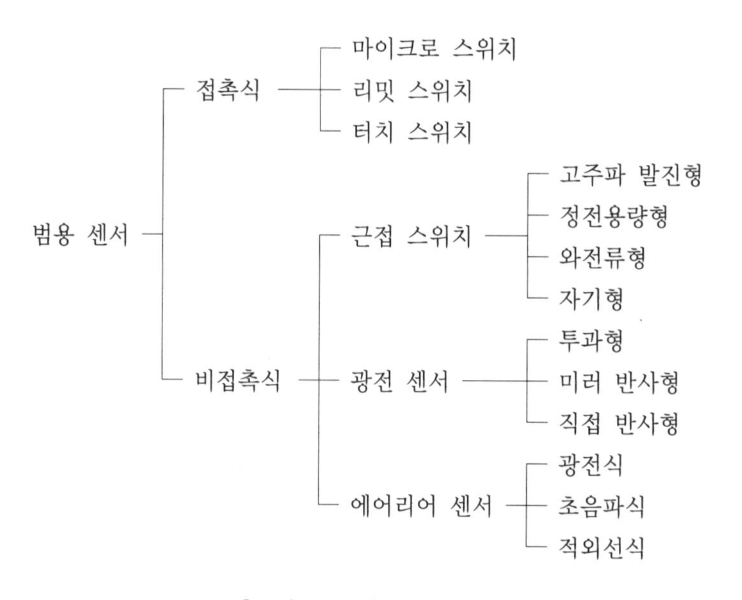

[그림 1-18] 범용 센서

1 접촉식

대표적인 접촉식 센서에는 마이크로 스위치, 리밋 스위치, 터치 스위치 등이 있다. 기계장치 운동의 전진, 후진 기능부 검출에 필수적으로 사용되는 센서로서

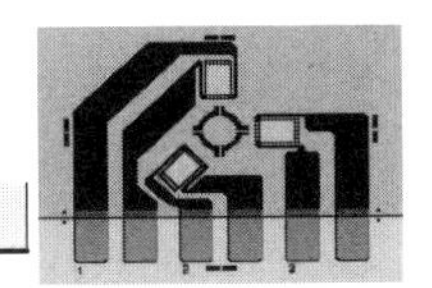

종류가 다양하고 규격화가 되어 있는 센서이다. 그러나 수명이 짧고 금속과의 접촉점에서 떨림(chattering)과 노이즈 발생원이 될 수 있다는 결점이 있다. 이 때문에 무접점식의 제품이 개발되고 있으며 고정밀 검출을 위한 터치 스위치 등이 개발되고 있다. 터치 스위치는 기본적으로는 기계적 접점 스위치이며 스트로크 액션 기구로서 단순하며 검출정밀도가 높은 것은 1~3 μm 정도까지도 가능하다.

2 비접촉식

비접촉식은 크게 근접 스위치, 광전 센서, 초음파 센서, 에어리어 센서 등으로 구분되며 주요 특징은 다음과 같다.

(1) 근접 스위치

근접 스위치는 일반적으로 검출작용에 따라 고주파 발진형, 정전 용량형, 와전류형, 자기형으로 분류된다.

고주파 발진형은 검출체가 금속체이며, 금속체가 접근함에 따라서 출력을 발생한다. 정전 용량형은 검출체가 금속은 물론 플라스틱, 종이, 세라믹, 유리, 물, 기름, 목재 등의 모든 유전체를 검출한다. 또한 이 센서는 검출체가 투명, 불투명, 색깔, 오염과 같은 표면상태의 영향을 받지 않고 검출이 가능하다. 검출체와 센서 간에 발생하는 용량의 변화에 의해 출력신호를 발생한다.

와전류형은 검출체로서 자성 금속체가 사용되며 자성 금속체와 센서 간에 발생하는 와전류에 의해 자속을 검출, 출력한다. 이 센서는 장거리의 검출이 가능하고 출력이 아날로그 형태이며 간단한 길이 검출에도 사용이 가능한 장점이 있다. 검출 소자로는 주로 리드 스위치가 사용되나 홀 소자, 자기 저항 소자, 자기 코일 등이 있다.

(2) 광전 센서

광전 센서를 검출방식에 따라 분류하면 [그림 1-19]와 같다.

광전 센서
- 투과형
- 미러 반사형(간접 반사형, 회귀 반사형)
- 직접 반사형(확산 반사형)

[그림 1-19] 광전 센서의 검출 방식의 분류

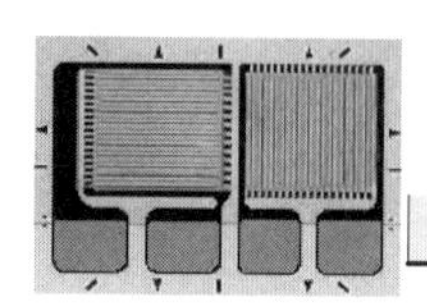

투과형은 발광기와 수광기 간에 검출물체가 빛을 차단함으로써 동작한다. 이 때문에 장거리 검출이 가능하고 검출 정밀도, 신뢰성이 높으며 작은 물체, 불투명한 물체라도 검출이 가능하다.

미러 반사형(간접 반사형, 회귀 반사형)은 투광기와 수광기가 일체구조로 되어 있으며 검출에 반사판을 사용하고 있다.

직접 반사형(확산 반사형)은 투광기와 수광기가 일체구조로 되어 있으며 투광기에서 방사된 빛을 검출물체가 반사하여 이 반사광을 수광기가 검출, 동작한다. 이러한 직접 반사형에는 반도체 레이저를 사용한 형식과 특수 수광 소자(PSD)를 사용한 형식이 있으며 고정밀한 변화의 검출이 가능하다.

광 센서를 구조상으로 분류하면 [그림 1-20]과 같다.

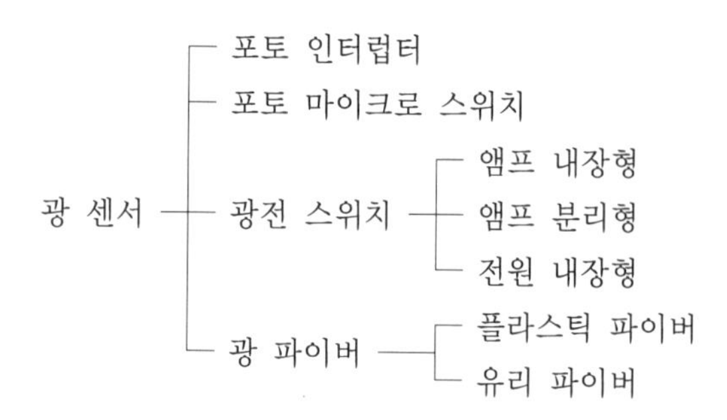

[그림 1-20] 광 센서의 구조의 분류

(3) 에어리어 센서

에어리어 센서는 검출물체가 일정 구역 내에 침입할 때에 검출하는 기능을 갖고 있다. 이 때문에 그다지 정밀도는 필요하지 않으나 광범위한 검출 능력이 필요하다. 에어리어 센서는 광전 센서식, 초음파식, 적외선식이 있다.

광전 센서식은 투과형의 광전 센서를 다축형태로 열거하여 검출한다.

초음파식은 초음파를 발신하여 검출물체에 의해 반사되는 반사파를 검출한다. 이 센서는 검출물체의 재질, 색깔 등의 영향을 받지 않는 검출이 가능한 점과 장거리의 검출이 가능한 장점이 있다.

적외선식은 검출물체의 온도변화를 검출한다. 검출물체가 센서의 범위 내에 진입하면 배경 온도와의 온도차에 의해 물체를 검출한다. 특히 인체검지와 경보시스템에 사용되고 있다.

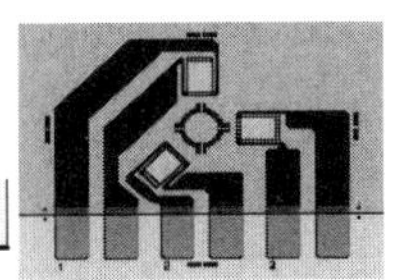

1.4.2 동작 제어용 센서

동작 제어용 센서는 특별한 검출 센서를 사용하지 않으며 범용 센서와 계측용 센서 등의 조합과 응용으로 구성된다.

1.4.3 계측용 센서

계측용 센서는 [그림 1−21]과 같이 기하학량, 역학량, 운동량, 열유체량 등이 있다.

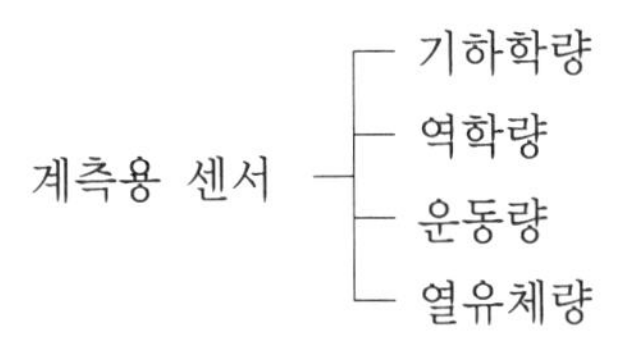

[그림 1-21] 계측용 센서

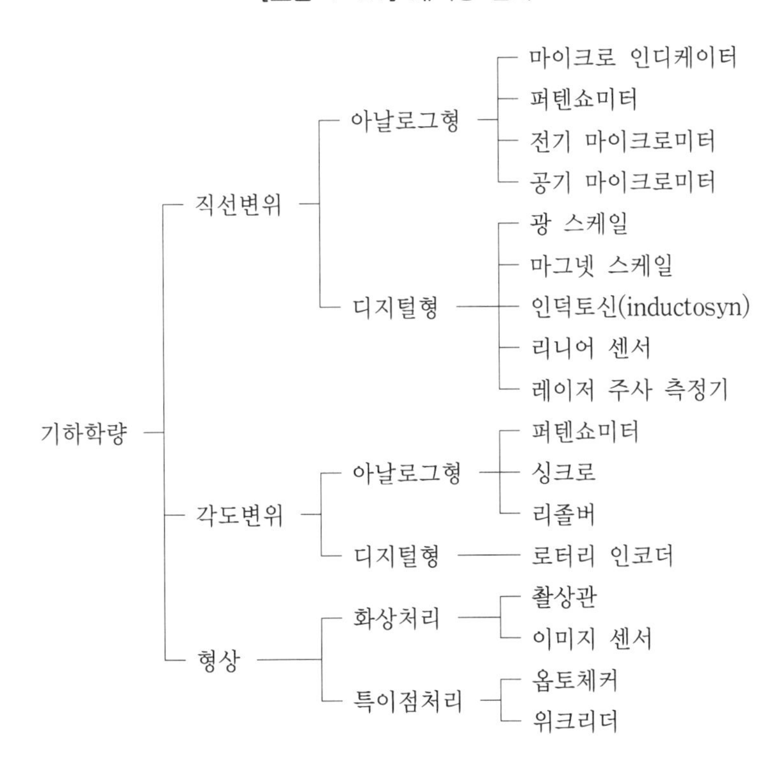

[그림 1-22] 기하학량 센서

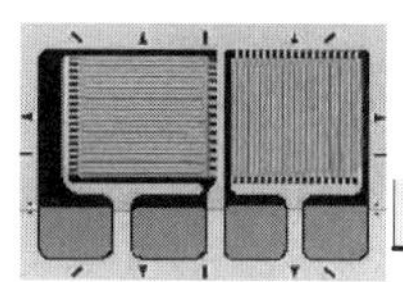

1 기하학량 센서

기하학량 센서는 직선변위(치수)와 각도변위(회전)를 계측하는 센서로서 [그림 1-22]에 그 분류와 종류를 표시하였다. 검출량에 따라 아날로그형과 디지털형이 있으며 검출방식에 의해서는 접촉식과 비접촉식으로 구분된다.

기하학량 센서는 자동화 기기의 위치를 정확히 검출하여 제어하는 역할을 수행하고 또한 위치결정의 융통성을 발휘할 수 있기 때문에 매우 중요한 센서이다. 최근의 자동화에서는 형상분별은 물론 화상처리에 의한 시스템 구성 및 위치결정에 많이 이용되고 있다. 특히 직선 변위에서는 디지털형의 디지털 스케일이, 각도 변위에서는 로터리 인코더가 많이 이용되고 있다.

2 역학량 센서

역학량은 힘(力), 토크, 압력 등이 있으며 [그림 1-23]에 나타낸 종류 등이 사용되고 있다. 대표적인 것으로 스트레인 게이지(strain gauge)가 있으며 이를 응용한 로드 셀(load cell)을 들 수 있다.

스트레인 게이지식 힘 센서는 저울 등의 저하중에서 구조물 시험 등의 고하중에 이르기까지 사용범위가 넓어서 편리하며 정밀도가 좋아서 널리 사용된다. 특히 고정밀도의 힘 센서로는 전자평형식, 자이로식 등이 있다.

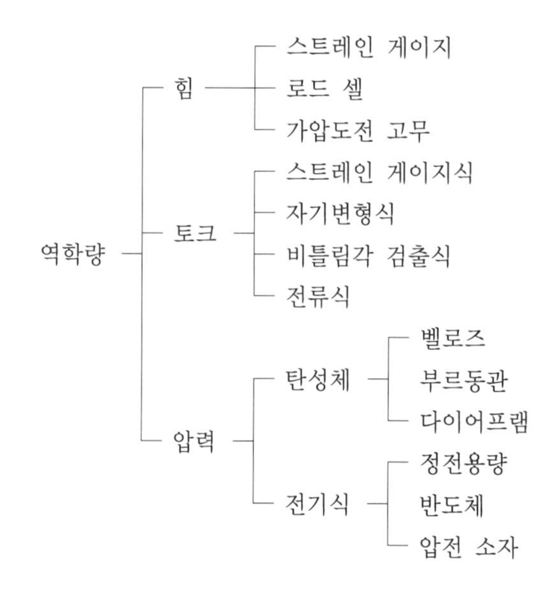

[그림 1-23] 역학량 센서

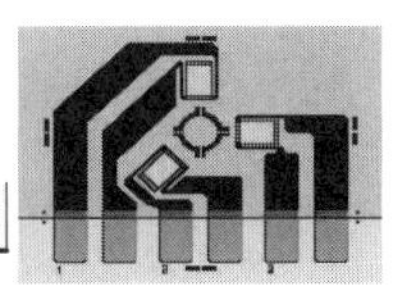

자동 조립기의 압입작업에서의 힘 제어, 핸들링의 파지력(거머쥐는 힘) 검출 등에도 힘 센서가 사용된다. 토크 센서는 회전체의 보호, 나사 체결 등에 중요한 요소로 사용된다. 간이 자동화의 기계장치에는 공압 기기가 많이 사용되며 이 기기의 제어에 압력 센서가 사용된다

역학량은 고정밀, 고품질의 제품을 제조하기 위한 중요 센서로서 앞으로 점차 사용량이 증대될 것으로 보인다.

3 운동량 센서

운동량은 속도, 가속도, 각속도, 각가속도 등으로 시간적 변화의 요소가 개입된 센싱이다. [그림 1-24]는 운동량 센서의 분류와 종류를 나타낸 것으로 이 센서는 동작 제어용으로도 사용된다.

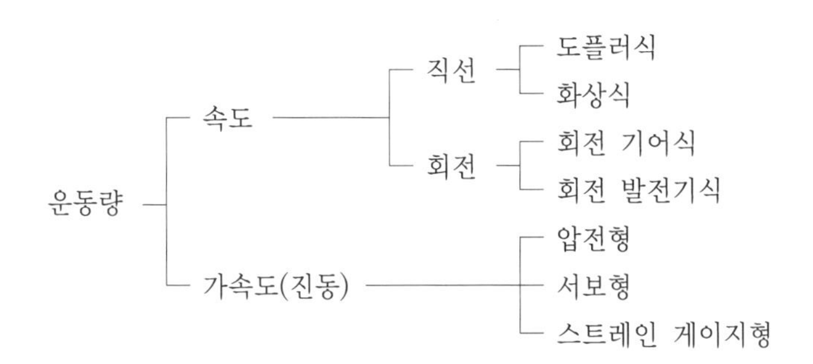

[그림 1-24] 운동량 센서

4 열 · 유체량 센서

열량은 온도가 주요 요소로서 온도 센서는 [그림 1-25]와 같은 종류가 있다. 온도 센서에는 검출하고자 하는 물체에 직접 접촉하여 검출하는 접촉식과 피검출물에 방사되는 복사열을 이용하여 검출하는 비접촉식이 있다. 비접촉식 방사 온도계는 자동화 라인의 온도관리 등에 사용이 증가되고 있는 추세이다.

유체량에는 유량, 유속, 레벨, 밀도, 점도 등이 있으며, 유체량 센서의 분류는 [그림 1-26]과 같다. 유체량 센서는 계측대상의 종류, 계측의 목적, 유로(流路)의 형상, 온도, 압력 조건, 부식성, 경제성 등을 충분히 검토한 후에 선정할 필요가 있다.

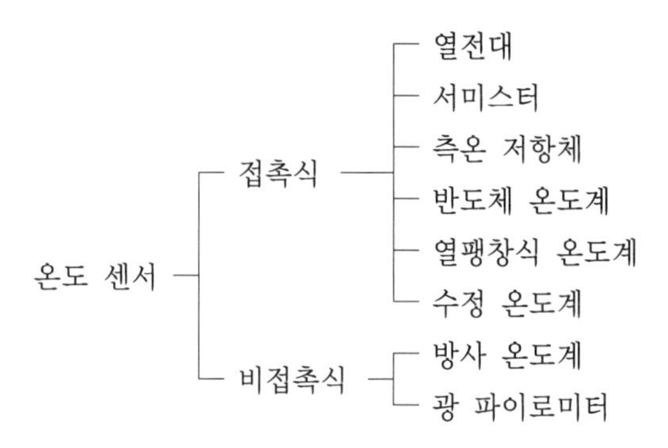

[그림 1-25] 온도 센서의 종류

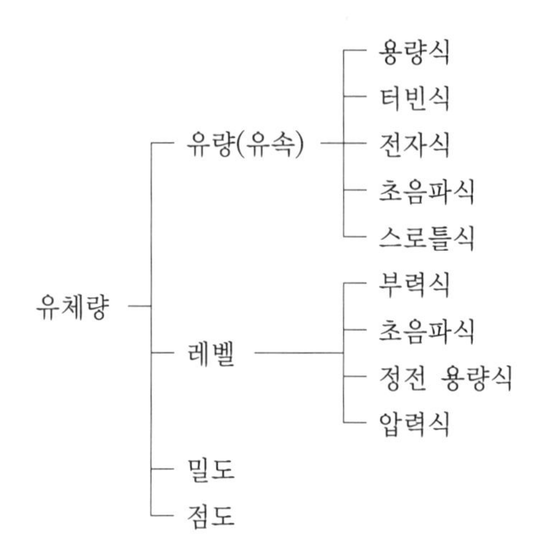

[그림 1-26] 유체량 센서의 종류

이 밖에도 센서를 분류하는 방법 중에는 인간의 감각기관 즉, 오감(시각, 촉각, 청각, 후각, 미각)에 대비하여 분류하기도 하는데 인간의 오감각 기관과 센서의 대비표를 [표 1-1]에 나타냈다.

[표 1-1] 인간의 감각 기관과 센서의 대비

구 분	인간의 오감	대상 기관	대비 센서
물리 센서	시각	눈	광 센서
	촉각	피부	압력 센서, 감온 센서
	청각	귀	음파 센서
화학 센서	후각	코	가스 센서
	미각	혀	이온 센서, 바이오 센서

제2장

범용 센서

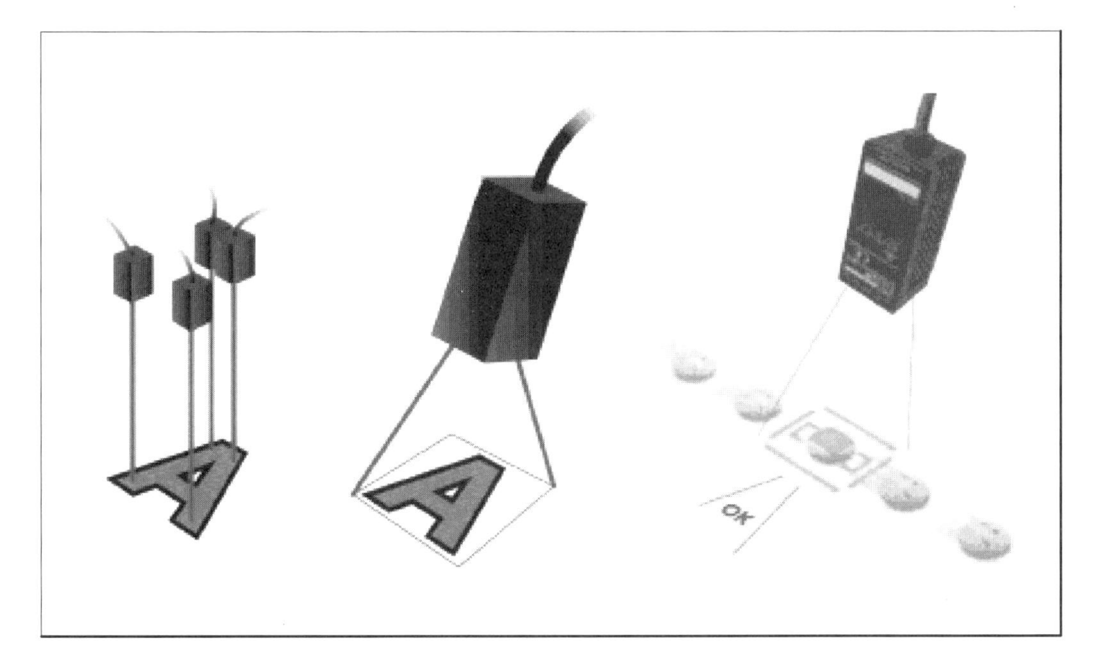

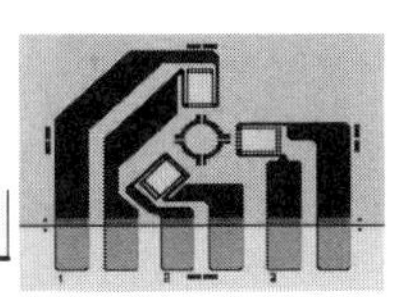

2.1 접촉식 센서

2.1.1 마이크로 스위치(micro switch)

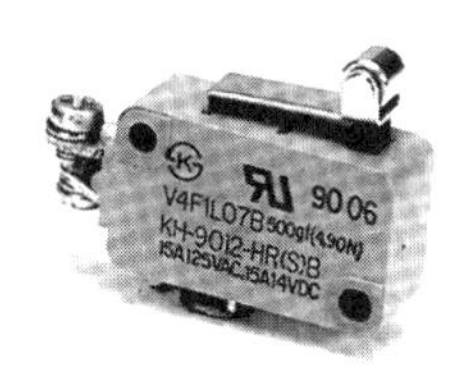

[사진 2-1] 마이크로 스위치

1 마이크로 스위치의 개요

기계제어에 가장 많이 사용되어 온 것은 ON/OFF형의 센서이고, 기계식 센서의 가장 대표적인 ON/OFF 센서 중 하나가 마이크로 스위치이다.

ON/OFF 센서는 신호가 존재하는 "1"의 상태 "ON"이나 신호가 존재하지 않은 "0"의 상태 "OFF"인가의 상태를 나타내는 2값 센서로서 주로 물체의 유무를 검출하는 것이다

마이크로 스위치는 조작 및 제어에서 중요한 구성요소로서 널리 사용되며, 미소접점 간격과 스냅 액션(snap action) 기구를 가지며, 규정된 동작과 정해진 힘으로 개폐 동작을 하는 접점 기구가 케이스에 내장되고, 그 외부에 액추에이터(actuator)를 가지도록 소형으로 제작된 스위치이다.

본래 마이크로 스위치는 미국 하니웰사의 제품명으로 시작되어 이제는 일반 관용어로 되었으며, 3.2 mm 이하의 미소한 접점 간격과 작은 형상에도 불구하고 큰 출력을 가지는 신뢰할 수 있는 개폐기로서 다음과 같은 특징이 있다.

(1) 장점

① 소형이면서 대용량을 개폐할 수 있다.

② 스냅 액션 기구를 채용하고 있으므로 반복 정밀도가 높다.

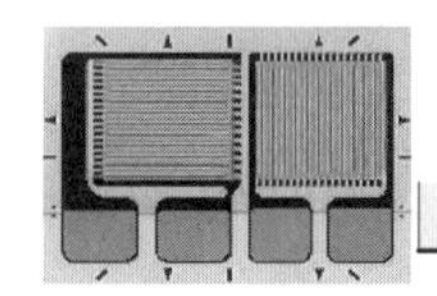

③ 응차의 움직임이 있으므로 진동, 충격에 강하다.
④ 기종이 풍부하기 때문에 선택 범위가 넓다.
⑤ 기능 대비 경제성이 높다.

(2) 단점

① 가동하는 접점을 사용하고 있으므로 접점 바운싱이나 채터링이 있다.
② 전자 부품과 같은 고체화 소자에 비해서 수명이 비교적 짧다.
③ 동작시나 복귀시에 소리가 난다.(이것은 때로는 장점이 되기도 한다.)
④ 구조적으로 완전히 밀폐가 아니기 때문에 사용 환경에 제한되는 것도 있다.(특히 가스 분위기에서)
⑤ 납땜 단자의 기종에서 작업성에 주의를 기울여야 한다.(단자부는 완전 밀폐가 아니기 때문에)

2 마이크로 스위치의 구조 원리

마이크로 스위치의 일반적인 구조는 [그림 2-1]과 같으며, 이것을 주요 구성 요소별로 나누면 [그림 2-2]와 같다.

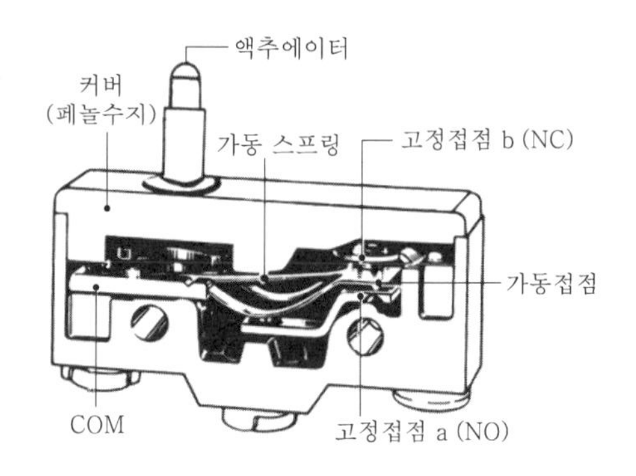

[그림 2-1] 마이크로 스위치의 내부 구조

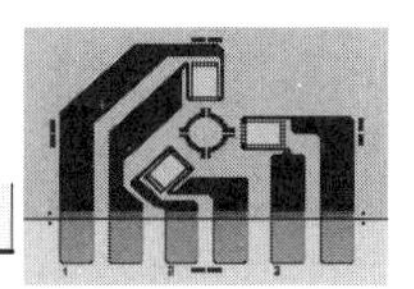

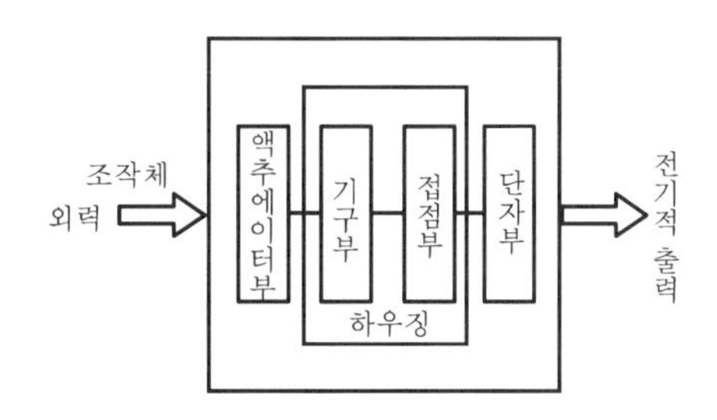

[그림 2-2] 구성 요소의 블록

통상 스프링재를 사용하고 액추에이터에 의해 스냅 액션하는 가동 접점 기구부, 가동 접점이 반전할 때 접촉 또는 단락되어 전기회로의 개폐를 유지하는 고정 접점부, 전기적인 입출력을 접속하는 단자부, 그리고 기구를 보호하고 절연성능이 우수한 합성수지 케이스의 하우징부로 구성되어 있다.

단자는 통상 3개가 있고 COM(Common : 공통 단자), NC(Normally Close Contact : b접점 단자), NO(Normally Open Contact : a접점 단자)로 되어 있다.

여기서 접점(接點 : contact)이란 전류를 통전(ON) 또는 단전(OFF)시키는 역할을 하는 기구를 말하는 것으로, 구조는 고정 접점과 가동 접점으로 구성되고 종류에는 기능에 따라 a접점과 b접점의 두 가지로 분류한다.

(1) a접점

a접점은 조작력이 가해지지 않은 상태 즉, 초기상태에서 고정 접점과 가동 접점이 떨어져 있는 접점을 말하며, 조작력이 가해지면 고정 접점과 가동 접점이 접촉되어 전류를 통전시키는 기능을 한다.

열려 있는 접점을 a접점이라 하는데 작동하는 접점(arbeit contact)이라는 의미로서 그 머리글자를 따서 소문자인 'a'로 나타낸다. 또한 a접점은 회로를 만드는 접점(make contact)이라고 하여 일명 '메이크 접점'이라고 하며, 항상 열려 있는 접점(常時 開接點 : normally open contact)이라고 한다.

통상 기기에 표시할 때에는 a접점보다 Normal Open의 머리글자인 NO로 표시하는 경우가 많다.

한편 논리값으로 나타낼 때는 회로가 끊어져 신호가 없는 상태이므로 0으로 나타낸다.

(2) b접점

b접점은 초기상태에 가동 접점과 고정 접점이 붙어 있는 것으로 외력이 액추에이터에 작용되면 즉, 조작력이 가해지면 가동 접점과 고정 접점이 떨어지는 접점을 b접점이라 한다.

즉, b접점은 초기상태에서 닫혀 있는 접점을 말하며, 끊어지는 접점(break contact)이라는 의미로서 그 머리글자를 따서 소문자인 'b'로 나타낸다. 또한 b접점은 항상 닫혀 있는 접점(常時閉接點 : normally close contact)이라는 의미로서 'NC 접점'이라 부르며 회로가 연결되어 신호가 있는 상태이므로 논리값으로는 1로 나타낸다. 그러나 마이크로 스위치 표면의 단자에는 a나 b접점으로 표시되지 않고 통상 NO, NC 등으로 표시되는데 NO, NC의 표시가 혼동되기 쉽기 때문에 회로 접속시 주의해야 한다.

3 마이크로 스위치의 종류와 형식

마이크로 스위치는 크게 일반형(Z형)과 이보다 약간 작은 소형(V형)으로 분류되며, 액추에이터의 종류나 접점 간격, 접촉 형식, 단자 모양 등에 따라 여러 가지 종류가 있다.

[표 2-1]은 액추에이터의 종류에 따른 마이크로 스위치의 분류와 선정시 요점에 대해 나타낸 것이다. 한편 마이크로 스위치의 형식을 나타낼 때에는 그 스위치의 제특성을 문자나 숫자로서 나타내는데, KS형식에 의한 마이크로 스위치의 분류 식별법은 [표 2-2]와 같다.

[표 2-1] 액추에이터의 종류에 따른 마이크로 스위치의 분류

형 상	분 류	동작까지의 움직임 (PT)	동작에 필요한 힘 (OF)	설 명
	핀 누름버튼형	소	대	짧은 스트로크로 직선동작의 경우에 적당하고 마이크로 스위치의 특성을 그대로 이용할 수 있으며 가장 고정도로 위치 검출을 할 수 있다.
	스프링 누름버튼형	소	대	동작 후의 움직임은 핀 누름버튼형 보다 크게 취할 수 있고 핀 누름버튼형과 같이 사용할 수 있다. 편하중을 피하여 축심에 거는 것이 필요하다.

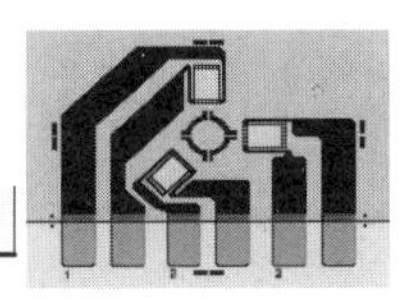

[표 2-1] 액추에이터의 종류에 따른 마이크로 스위치의 분류(계속)

형 상	분 류	동작까지의 움직임 (PT)	동작에 필요한 힘 (OF)	설 명
	스프링 짧은 누름버튼형	소	대	동작후의 움직임을 크게 취할 수 있다. 누름버튼의 길이가 짧고 심을 내는 것이 용이하도록 플런저 지름이 크게 되어 있다.
	패널 부착 누름버튼형	소	대	누름버튼형에서 직선동작형 내에서는 동작후의 움직임은 최대이다. 패널에는 육각너트, lock 너트로 고정하여 수동 또는 기계적으로 동작시키지만 저속 캠과 조합해서도 사용할 수 있다.
	패널 부착 롤러 누름버튼형	소	대	롤러 누름버튼형은 패널 부착형에 롤러를 부착한 것으로 캠·도그로 동작시킨다. 동작후의 움직임은 패널 부착형 보다 조금 작지만 부착위치의 조정은 마찬가지로 가능하다.
	리프·스프링형	중	중	고내력 리프 용수철을 갖추고 스트로크를 확대 저속캠, 실린더 구동에 최적이다. 지지점 고정으로 정도가 높다.
	롤러·리프·스프링형	중	중	리프·스프링형에 롤러를 부착한 것. 캠, 도그의 조작으로 편리하게 사용할 수 있다.
	힌지·레버형	대	소	저속 저토크의 캠에 이용할 수 있고 레버는 조작체에 맞춰서 여러 가지 형상을 취할 수 있다.
	힌지·암·레버형	대	소	힌지·레버의 선단을 둥글게 구부린 것으로 쉽게 롤러 형식으로서 사용할 수 있다.
	힌지·롤러·레버형	대	소	힌지·레버에 롤러를 부착한 것으로 고속 캠에 적당하다.
	한방향 동작 힌지·롤러·레버형	중	중	한방향에서의 조작체에 대해서는 동작가능한 것으로 역방향동작 방지용으로서 사용할 수 있다.

[표 2-1] 액추에이터의 종류에 따른 마이크로 스위치의 분류(계속)

형 상	분 류	동작까지의 움직임 (PT)	동작에 필요한 힘 (OF)	설 명
	역동작 힌지 · 레버형	대	중	저속 저토크의 캠에 이용할 수 있고 레버는 조작체에 맞춰서 여러 가지 형상을 취할 수 있다.
	역동작 힌지 · 롤러 · 레버형	중	중	역동작 힌지 · 레버형에 롤러를 부착한 것으로 캠 동작에 적당하다. 내진동성, 내충격성에 우수하다.
	역동작 힌지 · 롤러 · 단레버형	소	대	역동작 힌지 롤러 · 레버를 짧게 한 것으로 동작력은 크게 되지만 짧은 스트로크의 캠 동작에 적당하다.
	플렉시블 · 로드형	대	소	축심방향을 제외하고 360° 어느 방향에서도 조작가능하다. 동작력이 작고 방향과 형상이 불균일한 경우의 검출에 유효하다.

[표 2-2] 마이크로 스위치의 식별법

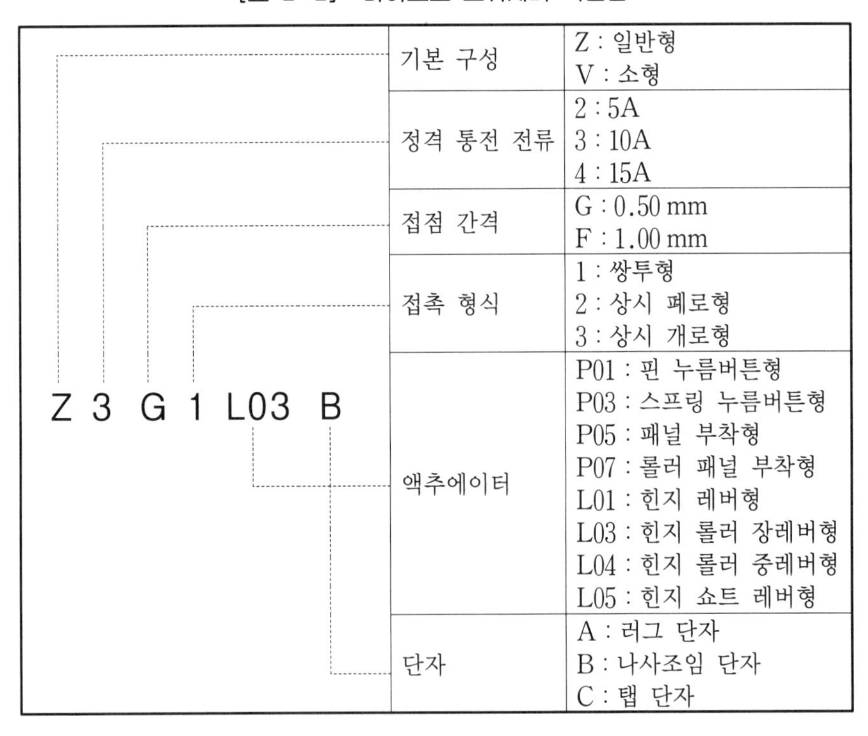

Z 3 G 1 L03 B

기본 구성	Z : 일반형 V : 소형
정격 통전 전류	2 : 5A 3 : 10A 4 : 15A
접점 간격	G : 0.50 mm F : 1.00 mm
접촉 형식	1 : 쌍투형 2 : 상시 폐로형 3 : 상시 개로형
액추에이터	P01 : 핀 누름버튼형 P03 : 스프링 누름버튼형 P05 : 패널 부착형 P07 : 롤러 패널 부착형 L01 : 힌지 레버형 L03 : 힌지 롤러 장레버형 L04 : 힌지 롤러 중레버형 L05 : 힌지 쇼트 레버형
단자	A : 러그 단자 B : 나사조임 단자 C : 탭 단자

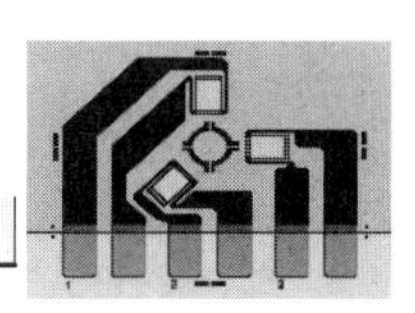

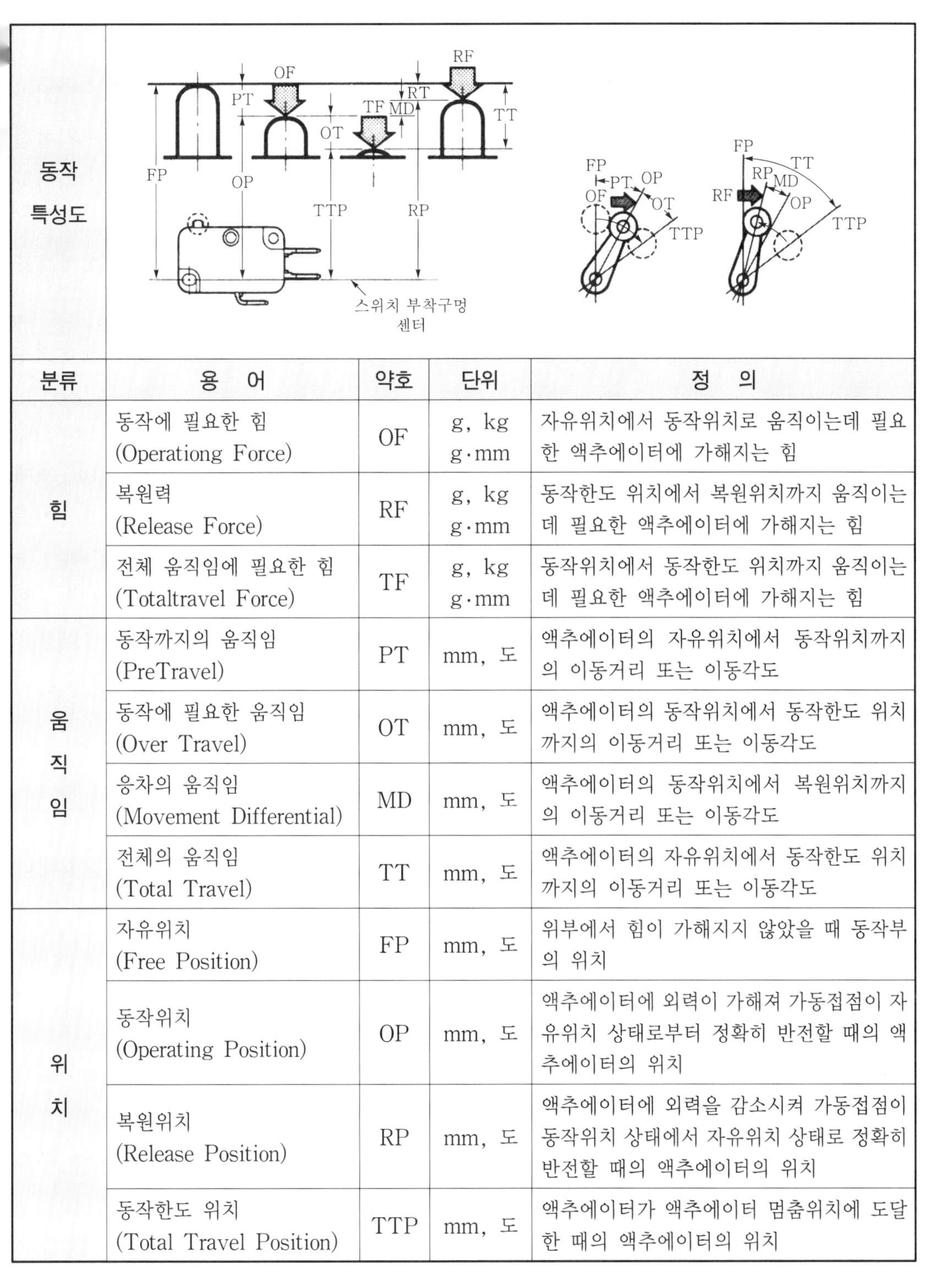

분류	용 어	약호	단위	정 의
동작 특성도				
힘	동작에 필요한 힘 (Operationg Force)	OF	g, kg g·mm	자유위치에서 동작위치로 움직이는데 필요한 액추에이터에 가해지는 힘
	복원력 (Release Force)	RF	g, kg g·mm	동작한도 위치에서 복원위치까지 움직이는데 필요한 액추에이터에 가해지는 힘
	전체 움직임에 필요한 힘 (Totaltravel Force)	TF	g, kg g·mm	동작위치에서 동작한도 위치까지 움직이는데 필요한 액추에이터에 가해지는 힘
움직임	동작까지의 움직임 (PreTravel)	PT	mm, 도	액추에이터의 자유위치에서 동작위치까지의 이동거리 또는 이동각도
	동작에 필요한 움직임 (Over Travel)	OT	mm, 도	액추에이터의 동작위치에서 동작한도 위치까지의 이동거리 또는 이동각도
	응차의 움직임 (Movement Differential)	MD	mm, 도	액추에이터의 동작위치에서 복원위치까지의 이동거리 또는 이동각도
	전체의 움직임 (Total Travel)	TT	mm, 도	액추에이터의 자유위치에서 동작한도 위치까지의 이동거리 또는 이동각도
위치	자유위치 (Free Position)	FP	mm, 도	위부에서 힘이 가해지지 않았을 때 동작부의 위치
	동작위치 (Operating Position)	OP	mm, 도	액추에이터에 외력이 가해져 가동접점이 자유위치 상태로부터 정확히 반전할 때의 액추에이터의 위치
	복원위치 (Release Position)	RP	mm, 도	액추에이터에 외력을 감소시켜 가동접점이 동작위치 상태에서 자유위치 상태로 정확히 반전할 때의 액추에이터의 위치
	동작한도 위치 (Total Travel Position)	TTP	mm, 도	액추에이터가 액추에이터 멈춤위치에 도달한 때의 액추에이터의 위치

[그림 2-3] 마이크로 스위치의 동작 특성도

4 마이크로 스위치의 동작 특성

마이크로 스위치에서 가장 중요한 기구는 스냅 액션 기구이다. 스냅 액션이란 스위치의 접점이 어떤 위치에서 다른 위치로 빨리 반전하는 것이고, 더구나 접점의 움직임은 상대적으로 액추에이터의 움직임과 관계 없이 동작하는 것을 의미하고 있다.

현재 사용되고 있는 스냅 액션 기구는 판 스프링 방식과 코일 스프링 방식으로 크게 나뉘어진다.

이 중에서 고감도, 고정밀도를 얻을 수 있는 판 스프링 방식이 많이 채용되고 있다.

마이크로 스위치를 선정할 때는 액추에이터의 형상이나 접점의 개폐 능력이 당연히 중요시되지만, 마이크로 스위치가 동작하는 데 필요한 힘이나 접점이 개폐될 때까지의 동작거리 등의 동작 특성도 검토하지 않으면 안 된다.

더욱이 마이크로 스위치의 용도가 기계 가동부의 위치 검출이 아닌 가벼운 물체의 유무 검출이나 컨베이어상의 통과 검출을 위한 용도 등에는 이 동작 특성을 정확히 검토하지 않으면 기능을 수행하지 못하게 되기 쉽상이다.

[그림 2-3]은 마이크로 스위치의 동작 특성도와 그 개요를 나타낸 것으로 이것은 다음 항의 리밋 스위치도 마찬가지이다.

5 접점 보호 회로

마이크로 스위치의 접점 수명을 연장시키고, 잡음방지, 아크에 의한 융착이나 탄화물의 생성을 줄이기 위해 여러 가지 접점 보호 회로를 사용하는데 바르게 사용하지 않았을 경우 오히려 부작용이 초래되기도 한다.

또한 접점 보호 회로를 사용할 경우 부하의 동작 시간이 다소 늦어지는 경우도 있다.

[표 2-3]은 접점 보호 회로의 대표적인 예이다. 특히 습도가 높은 분위기에서 아크가 발생하기 쉬운 부하, 예를 들면 유도부하를 개폐할 경우, 아크에 의해 생성되는 질소산화물(NO_X)과 수분에 의해 질산(HNO_3)이 생성되어 내부의 금속 부분을 부식하여 동작에 장애를 일으키는 수가 있다.

따라서 고습도 분위기에서 고빈도, 아크가 발생하는 회로 조건에 사용할 경우에는 반드시 보호 회로를 사용해야 한다.

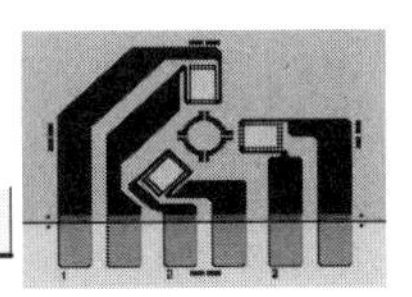

[표 2-3] 접점 보호 회로

회로 예		적용 AC	적용 DC	특징	소자선택법
CR 방식	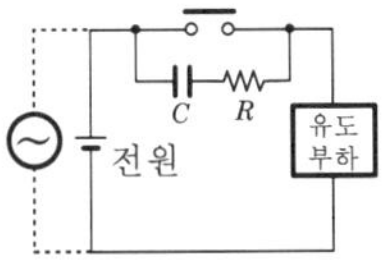	△	○	AC 전압으로 사용할 경우, 부하의 임피던스가 CR의 임피던스보다 충분히 작을 것	C, R의 적당한 값은 C : 접점전류 1A에 대해 1~0.5(μF) R : 접점전압 1V에 대해 1~0.5(Ω)이다. 부하의 성질 등에 따라 다소 차이가 있다. C는 접점 개방시 방전 억제 효과를 가지고, R은 재투입시 전류 제한 역할을 한다.
	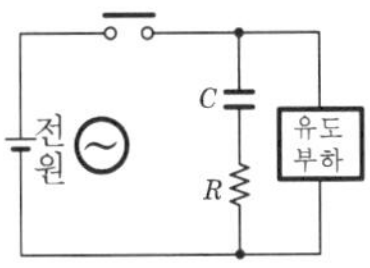	○	○	부하가 릴레이, 솔레노이드 등인 경우는 동작시간이 늦어진다. 전원전압이 24, 48V인 경우는 부하 사이에, 100~200V인 경우는 접점 간에 접속하면 효과적이다.	
다이오드 방식	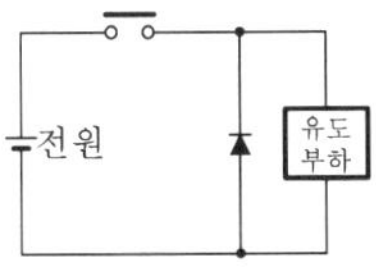	×	○	코일에 남아 있는 에너지를 병렬 다이오드에 의해 전류로 코일에 흘리고, 유도부하의 저항분으로 줄열로 소비시킨다. 이 방식은 CR 방식보다도 복귀시간이 느리다.	다이오드는 역내 전압이 회로 전압의 10배 이상의 것으로 순방향 전류는 부하전류 이상의 것을 사용한다.
다이오드 + 제너 다이오드 방식	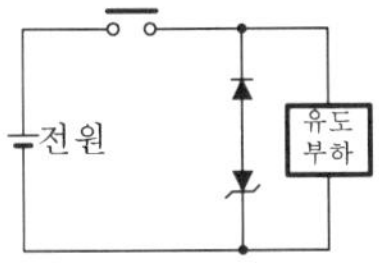	×	○	다이오드 방식에서는 복귀 시간이 너무 늦어질 경우 사용하면 효과적이다.	제너 다이오드의 제너 전압은 전원전압 정도의 것을 사용한다.
바리스터 방식	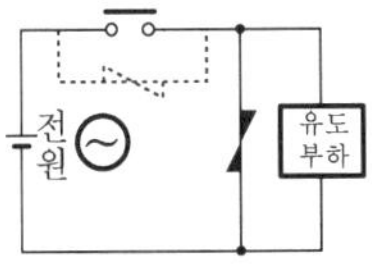	○	○	바리스터의 정전압 특성을 이용하여 접점 간에 매우 높은 전압이 인가되지 않도록 하는 방식이다. 전원전압이 24~48V시는 부하 간에, 100~200V시는 접점 간에 접속한다.	

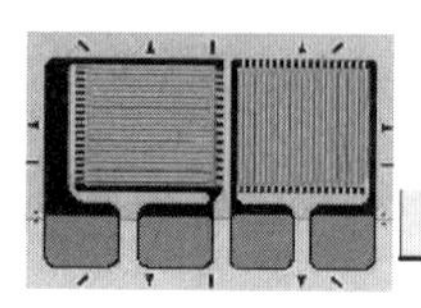

2.1.2 리밋 스위치(limit switch)

1 리밋 스위치의 개요

통상 마이크로 스위치는 합성수지 케이스 내에 주요 기구부를 내장하고 있기 때문에 밀봉되지 않고 제품의 강도가 약해 설치 환경에 제약을 받는다. 그래서 마이크로 스위치를 물, 기름, 먼지, 외력(外力) 등으로부터 보호하기 위해 금속 케이스나 수지 케이스에 조립해 넣은 것을 리밋 스위치라 한다.

즉, 리밋 스위치는 견고한 다이캐스트 케이스에 마이크로 스위치를 내장한 것으로 밀봉되어 내수(耐水), 내유(耐油), 방진(防塵) 구조이기 때문에 내구성이 요구되는 장소나 외력으로부터 기계적 보호가 필요한 생산설비와 공장 자동화 설비 등에 사용된다. 따라서 리밋 스위치를 봉입형(封入形) 마이크로 스위치라 한다.

[사진 2-2] 리밋 스위치

2 리밋 스위치의 구조 원리

리밋 스위치는 크게 동작 헤드부, 스위치 케이스, 내장 스위치부로 구성되어 있으며 일반형의 리밋 스위치 구조도를 [그림 2-4]에 나타냈다.

3 리밋 스위치의 종류와 형식

리밋 스위치도 마이크로 스위치와 마찬가지로 액추에이터의 형상에 따라 여러 종류의 리밋 스위치가 있어 각각 용도에 최적기능을 발휘하도록 준비되어 있다.

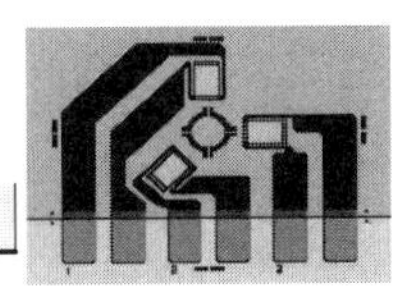

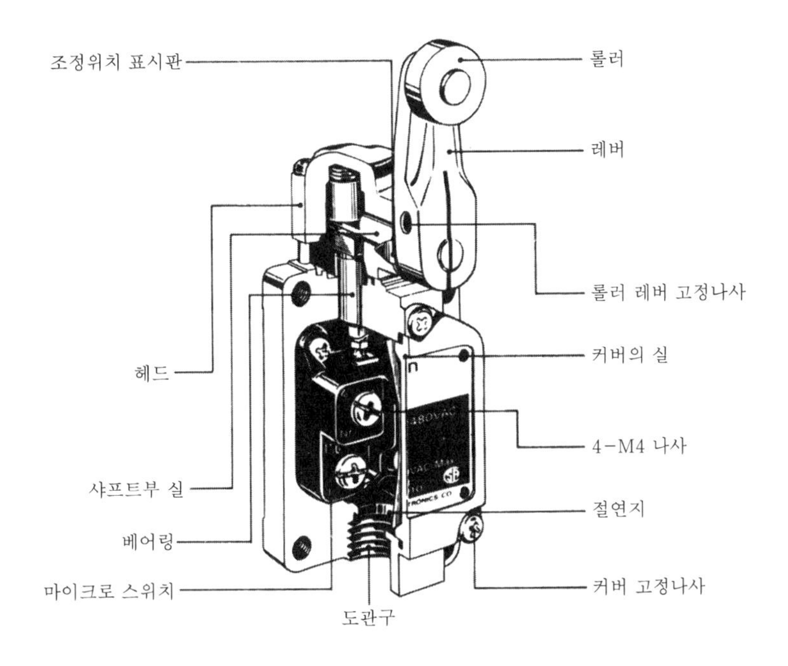

[그림 2-4] 리밋 스위치의 구조도 (일반형)

[표 2-4]는 액추에이터의 형상에 따른 리밋 스위치의 종류와 특징을 나타냈다.

4 마이크로 · 리밋 스위치의 도면기호 표시법

마이크로 스위치나 리밋 스위치를 검출 센서로 사용한 제어계를 도면으로 나타내는 방법에는 크게 실체(實體) 배선도와 선도(線圖)가 있다. 실체 배선도란 기기의 접속이나 배치를 중심으로 한 그림으로서 상대적인 제어 기기의 배치를 그림 기호에 의하여 표시하고 배선의 접속 관계를 나타낸 그림으로서 회로에 대한 내용을 상세하게 명시하므로 회로를 배선하는 경우에 편리하다. 그러나 표현의 어려움이나 회로의 판독에도 어려움이 있어 많이 사용되지 않고, 주로 시퀀스도의 표현에는 선도를 이용하며 선도에서도 전개(展開) 접속도를 가장 많이 이용한다. 전개 접속도란 복잡한 제어 회로의 동작을 순서에 따라 정확하고 또 쉽게 이해할 수 있도록 고안된 회로도로서, 각 기기의 기구적 특성이나 동작원리 등을 생략하고 단지 정해진 도면 기호만을 이용하여 그 기기에 속하는 제어 회로를 각각 단독으로 꺼내어 동작 순서에 따라 배열하여 분산된 부분이 어느 기기에 속하는가를 기호에 의해 표시하는 것이다.

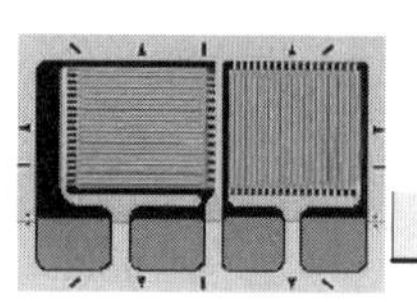

[표 2-4] 액추에이터의 종류에 따른 리밋 스위치의 분류

형 상	분 류	동작까지의 움직임 (PT)	동작에 필요한 힘 (OF)	설 명
	롤러 레버형	소・대	중	회전 방향에의 스트로크가 45~90°로 크고, 레버는 360° 임의의 각도로 조정이 가능하여 사용하기 쉽나.
	가변 롤러 레버형	소・대	중	롤러 레버형의 특징을 살려서 폭넓은 범위에서 조작체의 검출이 가능한 형식으로 레버 길이의 조절이 가능하다.
	가변 로드 레버형	대	중	일감의 폭이 넓거나 형상이 불균일할 때 편리, 회전 동작형 리밋 스위치 중에서는 가장 민감하게 동작한다.
	포크레버 LOCK형	대	중	55°의 위치까지 조작하면 스스로 회전하여 동작후의 상태를 유지한다. 롤러 위치가 서로 엇갈린 형식은 2개의 도그에 의한 조작이 가능하다.
*	플런저형	소	대	유압, 에어 실린더 등에 의한 조작에서의 위치검출에 높은 정도를 가진다.
* *	롤러 플런저형	소	대	캠, 도그, 실린더 외에 보조 액추에이터를 장착하여 광범위한 조작이 가능하다. 위치검출에 높은 정도를 가진다.
	볼 플런저형	소	대	조작방향의 제한이 없어 장치하는 면과 조작방향이 다른 경우나 직교하는 2축의 조작이 필요한 경우에 편리하다.
	코일 스프링형	중	소	축심방향을 제거하여 360° 어느 방향에서도 조작이 가능 동작력은 리밋 스위치 가운데 가장 낮고, 방향이나 형상이 불균일한 경우의 검출에 유효하다.
	힌지 레버형	대	소	저속. 저 토크의 캠에 이용되며 레버는 조작체에 따라 여러 가지 형태가 만들어진다.
	힌지 롤러 레버형	대	소	힌지 레버에 롤러를 단 것으로 고속 캠에 적당하다.
	롤러 암형	중	중	롤러의 위치를 변화시킬 수 있다.

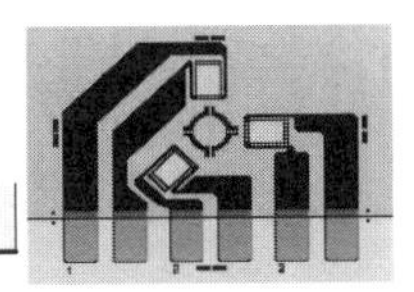

따라서 각 기기의 도면 기호는 규격으로 정하고 있으며, 마이크로 스위치나 리밋 스위치의 접점 기호는 [그림 2-5]와 같이 표시한다.

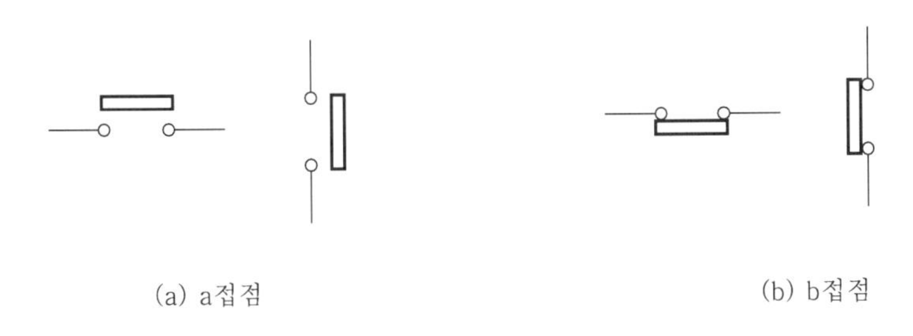

(a) a접점　　　　(b) b접점

[그림 2-5] 마이크로·리밋 스위치의 접점기호

5 도그의 설계

마이크로 스위치나 리밋 스위치의 액추에이터에 접촉하여 조작력을 주는 조작체 부분을 도그(dog)라 한다.

스위치의 액추에이터에는 조작체의 운동특성이나 스위치의 설치 방법에 따라 크게 회전운동과 직선운동에 의해 조작력이 가해지며, 조작체의 방향에도 액추에이터의 축심과 직선방향으로 가해지는 경우와 직각방향에서 가해지는 경우가 있다.

스위치의 액추에이터에 가해지는 조작체의 조작력이 직선방향의 운동일 경우는 단지 액추에이터의 축심에 편하중이 걸리지 않도록 하면 되지만, 회전운동이나 축심과 직각 방향에서의 조작력일 때는 도그의 속도나 각도 및 형상을 액추에이터의 형태 등과의 관계를 충분히 고려해 설계하지 않으면 안 된다.

일반적으로 도그의 각도는 30~45°의 범위가 바람직하고, 도그의 조작속도는 0.5 m/s 이하가 적당하다. 그러나 조작속도가 극단적으로 늦으면 접점의 절환이 불안정하게 되어 접촉불량이나 접촉 용착등의 원인이 되고, 또한 극단적으로 빠르게 되면 충격적인 동작에 의해 스위치가 파괴되거나 빈도가 높아져 접점절환이 이루어지지 않게 된다.

[그림 2-6]과 [그림 2-7]은 스위치의 액추에이터에 대해 조작체의 운동방향이 직각인 경우에 도그를 설계할 때 조작체의 속도에 따른 도그의 최적 경사각을 나타낸 것이다.

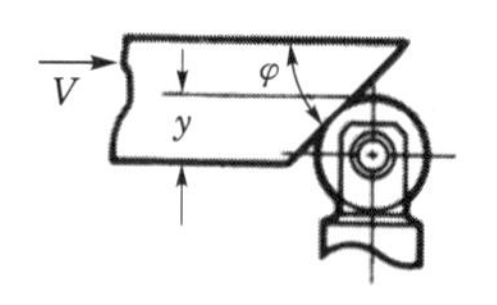

φ	V_{max}(m/s)	y[TT]
30°	0.25	0.6~0.8
20°	0.5	0.5~0.7

(a) 롤러 플런저형

φ	V_{max}(m/s)	y[TT]
30°	0.25	0.6~0.8
20°	0.5	0.5~0.7

(b) 볼 플런저형

φ	V_{max}(m/s)	y[TT]
30°	0.25	0.6~0.8
20°	0.5	0.5~0.7

(c) 베벨 플런저형

[그림 2-6] 플런저형 액추에이터의 도그 경사각

도그 속도가 0.25 m/s 이하인 경우(보통)

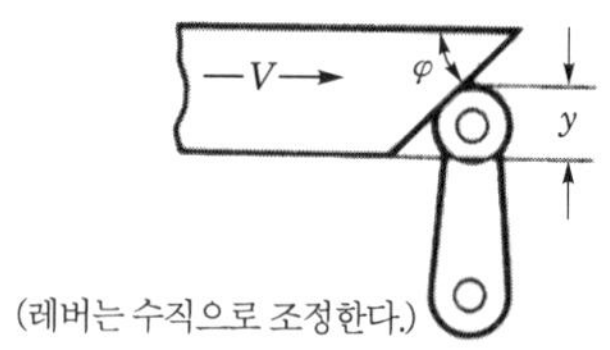

φ	V_{max}(m/s)	y
30°	0.4	0.8(TT) 전 스토로크의 80%는 얻을 수 있다.
45°	0.25	
60°	0.1	
60~90°	0.05(저속)	

도그 속도가 0.25 m/s≤ V≤2 m/s인 경우(고속)

(도그 각 φ에 대해 레버의 SET 각 θ를 움직인다.)

θ	φ	V_{max}(m/s)	y
45°	45°	0.5	0.5~0.8(TT)
50°	40°	0.6	0.5~0.8(TT)
60~55°	30~35°	1.3	0.5~0.7(TT)
75~65°	15~25°	2	0.5~0.7(TT)

(a) 도그가 액추에이터를 넘어가지 않는 경우

도그 속도가 0.25 m/s 이하인 경우

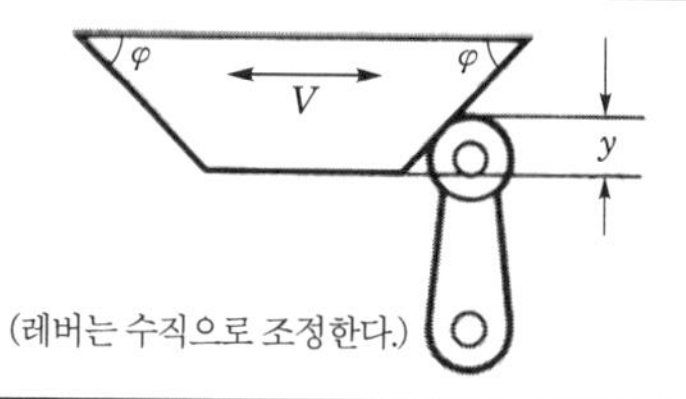

φ	V_{max}(m/s)	y
30°	0.4	0.8(TT) 전 스토로크의 80%는 얻을 수 있다.
45°	0.25	
60°	0.1	
60~90°	0.05(저속)	

도그 속도가 0.5 m/s 이상인 경우

비교적 고속으로 도그가 액추에이터를 넘어서는 경우 도그의 후단을 완만한 각도 (15~30°)로 하거나 2차 곡선으로 연결하면 레버의 충격이 작아진다.

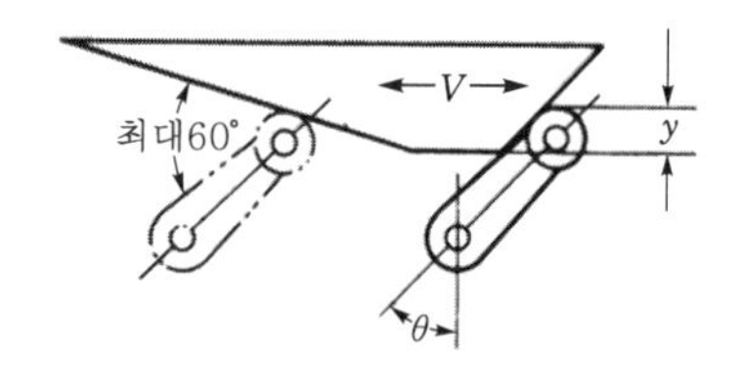

(b) 도그가 액추에이터를 넘어가는 경우

[그림 2-7] 롤러 레버형 액추에이터의 도그 경사각

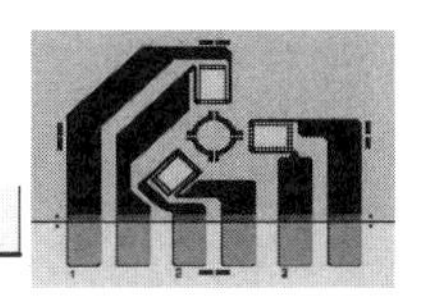

6 올바른 사용법

① 교류와 직류에서의 접점의 차단능력은 서로 다르므로 각각의 정격을 확인해야 한다. 돌입전류, 정상전류, 돌입시간 등도 검토하여야 한다. 특히 부하의 종류에 따라서는 정상전류와 돌입전류와의 차이가 큰 것도 있으므로 허용 돌입전류치를 확인해 둘 필요가 있다. [그림 2-8]은 각 부하에 따른 정상전류에 대한 돌입전류의 관계를 나타낸 것이다.

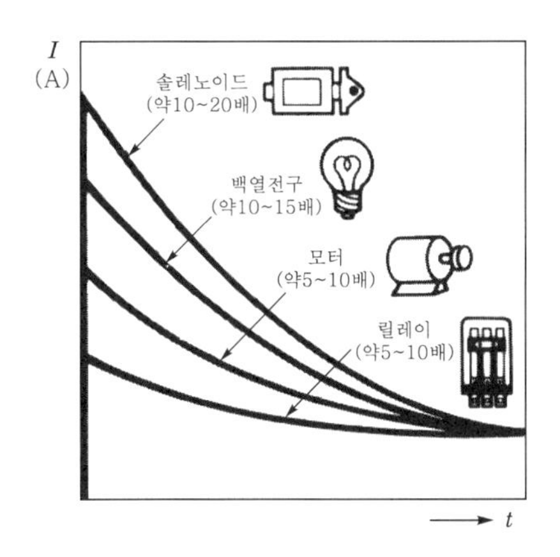

[그림 2-8] 부하에 따른 돌입 전류값

② 유도부하 개폐회로에서 개폐시 역기전력(surge)과 돌입전류에 의해 접점의 접촉장해가 발생되므로 접점보호 회로를 삽입하여 사용하여야 한다.

③ 스위치의 접점 간에 직접 전압이 걸리는 회로는 혼합접촉이나 접점 용착의 원인이 되므로 절대 피해야 한다.

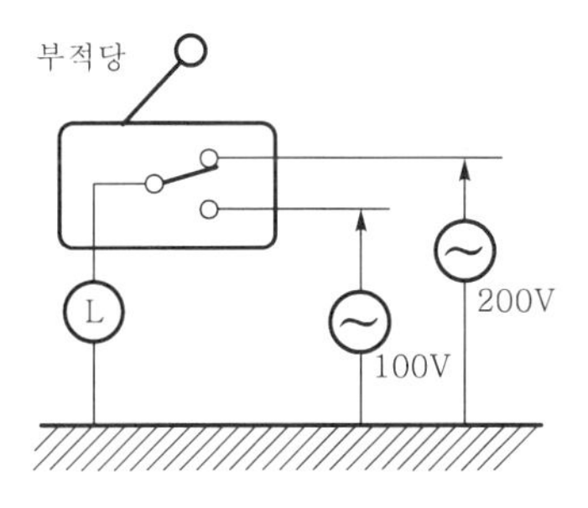

[그림 2-9] 직접 구동의 예

④ 스위치의 액추에이터가 급격하게 동작되면 충격이 발생되어 스위치의 수명이나 정도에 미치는 영향이 크므로 캠(cam)이나 도그는 완만한 형태로 해야 하

고, 액추에이터의 마모를 방지하기 위해서도 도그의 접촉면 거칠기를 양호하게 만들어야 한다.

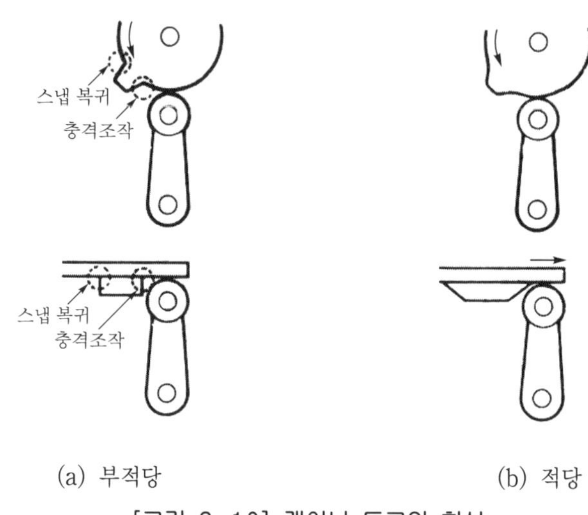

[그림 2-10] 캠이나 도그의 형상

⑤ 스위치의 액추에이터에는 회전운동, 직선운동의 경우에 모두 정상적인 하중이 걸리도록 설정해야 한다. 특히 [그림 2-11]과 같이 도그가 레버에 닿으면 하중의 변화는 물론 동작위치도 불완전해지므로 주의해야 한다.

[그림 2-11] 도그의 접촉 위치

⑥ 스위치의 액추에이터에 편하중이 걸리지 않도록 하고, 국부 마모가 발생되지 않도록 주의해야 한다.

⑦ 스트로크의 설정은 높은 신뢰성을 얻기 위해 중요한 사항이므로 일정 범위 내에서 작동되도록 조정이 필요하다. 스트로크의 설정이 동작위치(OP) 부근이거나 복귀위치(RP)인 경우는 접촉 불안정의 원인이 되고, 동작한도위치(TTP)인 경우는 조작체의 관성력에 의해 액추에이터와 스위치 본체가 파손될 염려가

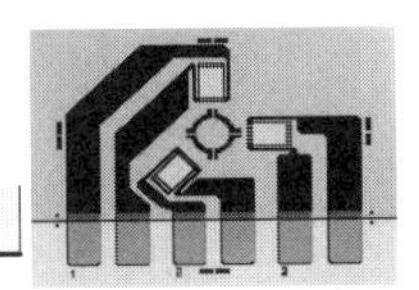

있다. 따라서 액추에이터가 동작 후의 움직임(OT)을 넘지 않도록 해야 하고, 조작 스트로크는 OT구격치의 70~100%가 가장 적당하다.

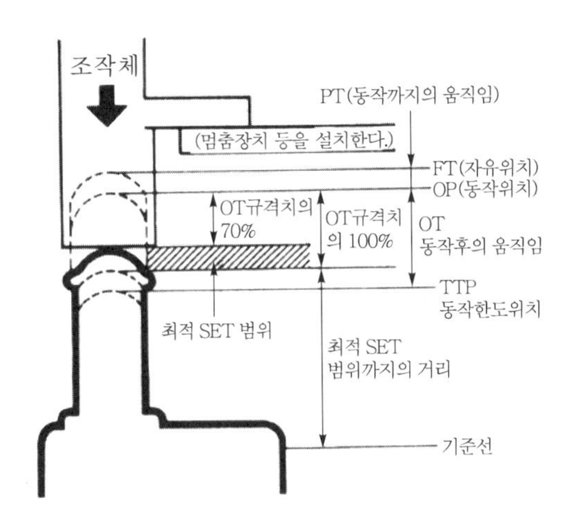

[그림 2-12] 스트로크의 접촉 특성

⑧ 스위치를 장착할 때에는 보수 점검이 용이하게 설치해야 하고 배선시에도 리드선에 장력이 걸리지 않도록 여유를 주어 배선해야 한다.[그림 2-13]

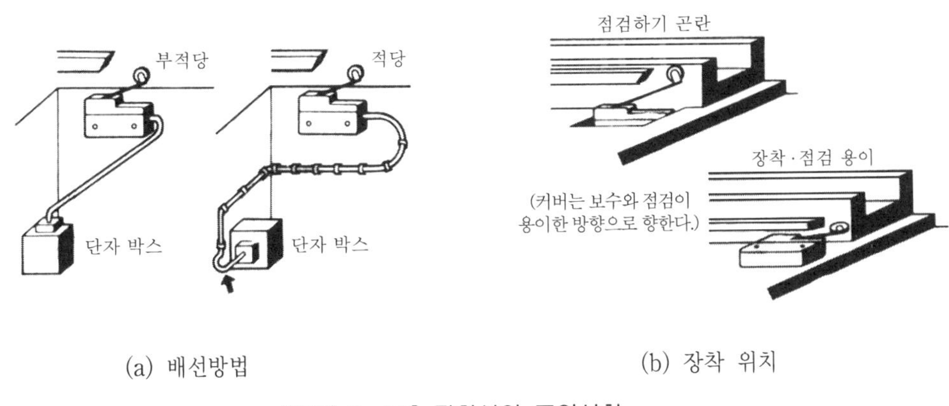

(a) 배선방법 (b) 장착 위치

[그림 2-13] 장착상의 주의사항

⑨ 사용환경 조건은 온도, 습도, 진동, 충격, 압력 등에 대한 사항들이 카탈로그의 사양서에 나타난 규정치 이내인가를 검토해야 한다. 특히 스위치가 내수(耐水), 밀봉형이 아닌 것은 기름이나 물이 비산(飛散)하거나 분출하는 곳을 피해야 하며, 경우에 따라서는 보호 커버 등을 설치하여 직접 노출을 막아야 한다.

이러한 장소에서는 기본적으로 리밋 스위치를 사용하여야 하고, 리밋 스위치라도 옥외이거나 특수한 절삭유 사용으로 스위치의 재질에 변질이나 열화가 예상되는 경우에는 대책을 충분히 세워야 한다.

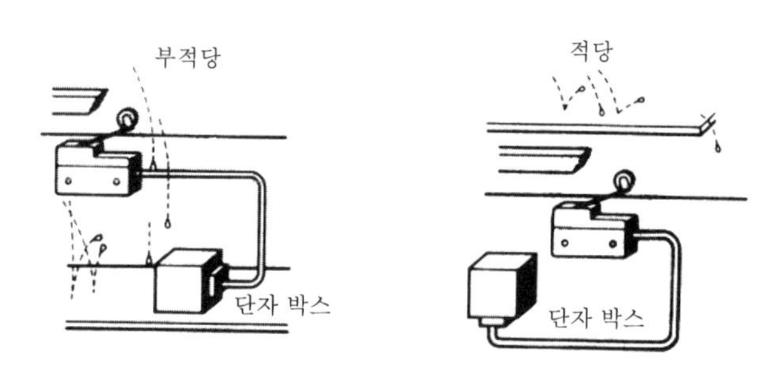

[그림 2-14] 보호 커버의 설치 예

⑩ 작업자나 기계의 정상적인 동작에도 오동작이나 트러블이 유발될 수 있는 장소에 스위치를 부착할 경우 보호 커버를 설치하는 등의 대책을 세워야 한다.

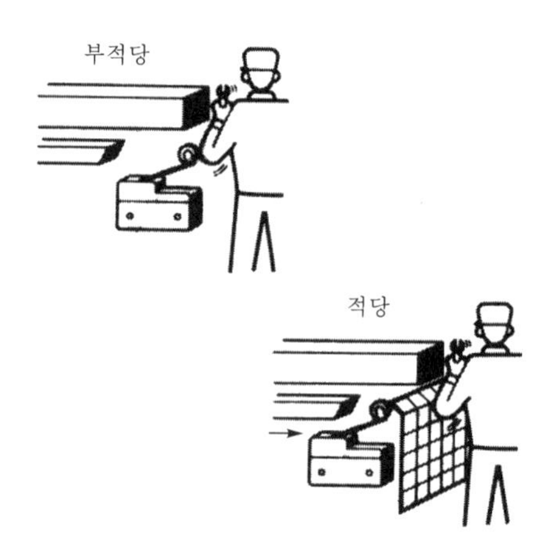

[그림 2-15] 오동작 방지대책

2.1.3 터치 스위치

1 터치 스위치의 개요

터치 스위치(touch switch)는 터치 센서, 촉각 센서 등으로 많이 불리우며 가볍게 접촉하는 것만으로도 검출이 가능하고, 반복정밀도가 1~3μm 정도까지 얻

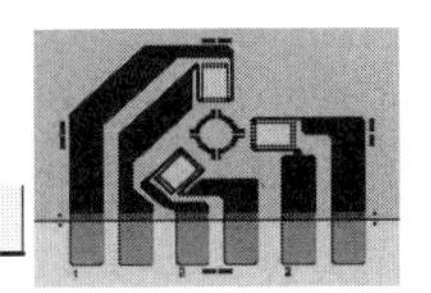

을 수 있어 검사용 센서로서도 많이 이용된다.

특히 3차원 좌표 측정기나 계측 로봇, 머시닝 센터 등에 사용되고 있는 정밀 측정용 터치 스위치를 터치 프로브(touch probe) 또는 단순히 프로브라 하기도 한다.

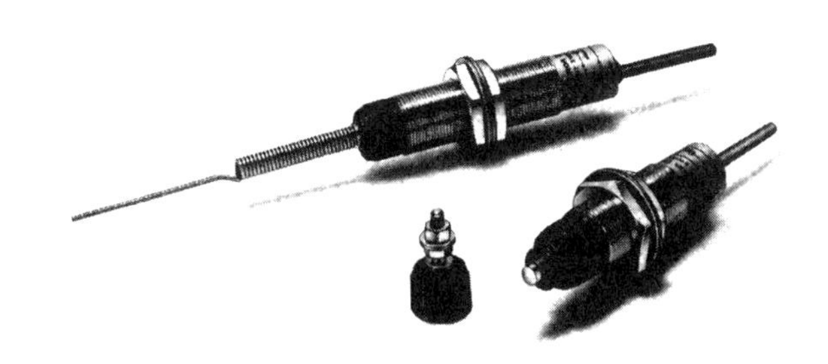

[사진 2-3] 터치 스위치

2 종류와 구조 원리

터치 스위치의 종류는 사용 목적에 따라 크게 일반 검출용, 검사용, 정밀 계측용 등으로 분류되고, 검출원리는 물론 출력 형태에 따라서도 여러 가지 종류가 있어 각각의 특성에 맞게 응용되고 있다. 때문에 터치 스위치의 구조 원리를 일관성 있게 논하는 것은 곤란하므로 여기서는 가벼운 접촉만으로 미소 변위를 검출하는 원주형 터치 스위치를 예로 들어 설명하기로 한다.

터치 스위치는 출력 형태에 따라 유접점 출력식과 무접점 출력식이 있으며 무접점 출력의 경우에는 직류형과 교류형으로 구분된다.

[그림 2-16]에 나타낸 터치 스위치는 코일 스프링 안테너 헤드를 갖춘 원주형 스위치로서 헤드에는 항상 고주파가 발진하고 있어 검출 물체가 안테너에 터치하면 발진이 정지되므로 이것을 검출하여 출력신호를 발생시키는 구조로서 응용범위가 넓은 터치 스위치이다.

터치 스위치에는 이상의 종류 외에도 단지 검출뿐만이 아니고 안전화를 추구하기 위해 사용되기도 하는데 그 일예를 [그림 2-17]에 나타냈다.

즉 위험성을 사전에 방지하기 위해서는 먼저 무접촉으로 검출하는 것이 좋지만 그러나 무접촉이기 때문에 조건에 따라서는 접촉이 부득이할 경우에는 접촉이 사고가 되는 충돌이나 격돌 전에 그것을 확실하게 센싱하는 용도의 터치 센서가 필요한 것이다.

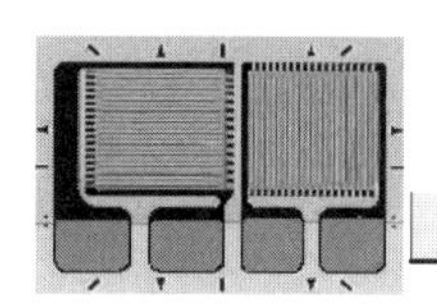

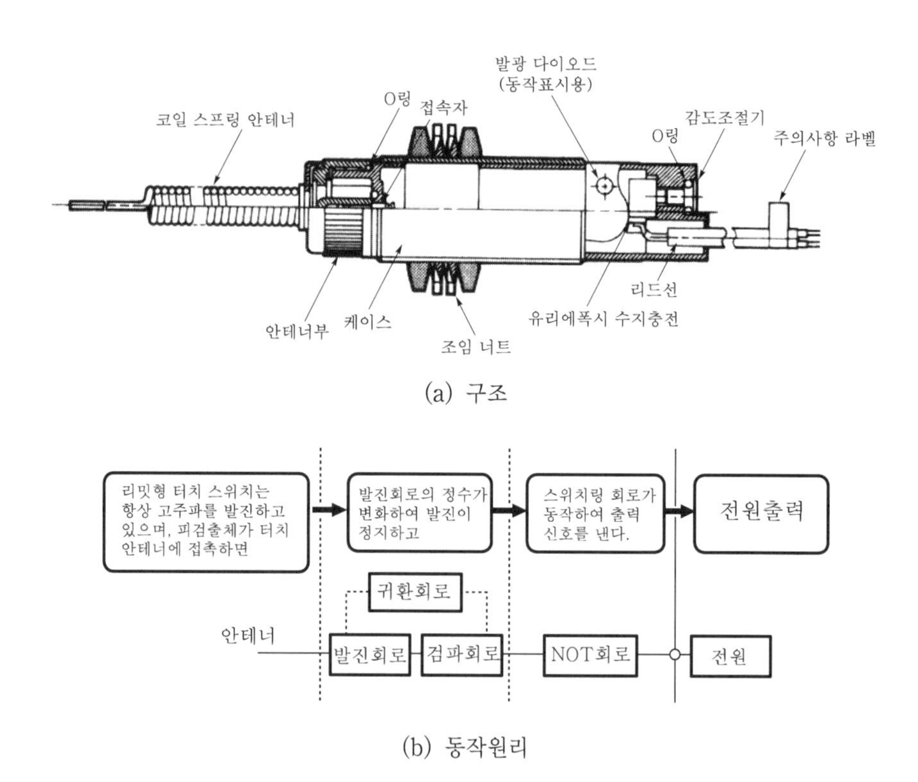

(a) 구조

(b) 동작원리

[그림 2-16] 고주파 발진형 터치 스위치의 구조와 동작원리

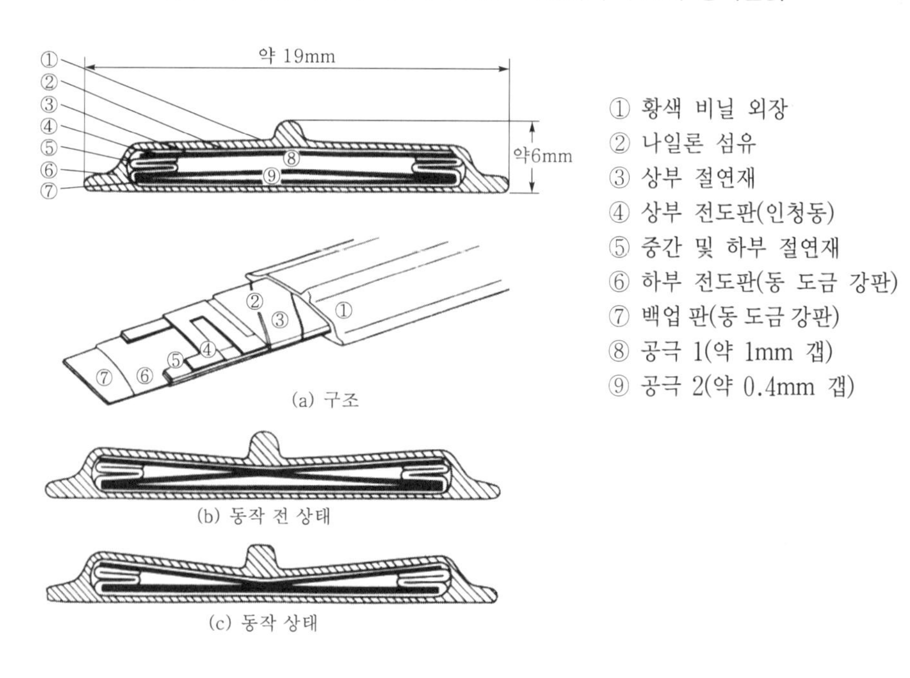

(a) 구조

(b) 동작 전 상태

(c) 동작 상태

[그림 2-17] 테이프형 터치 스위치

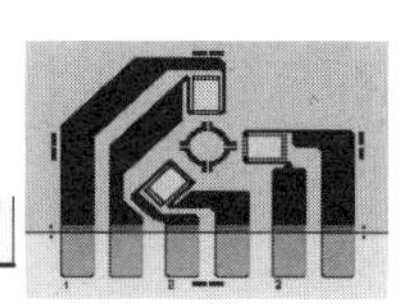

이 때문에 원리나 구조가 다른 많은 터치 센서가 개발, 보급되는데 [그림 2-17]의 테이프 형상에서부터 리본 형상, 시트 형상, 매트 형상, 범퍼 형상 등이 용도에 맞게 사용되고 있으며, 이것들은 단지 공장 자동화용뿐만 아니라 교통의 안전화나 방범용으로도 사용된다.

[그림 2-17]의 테이프형 터치 스위치는 터치 압이 상부 전극의 중앙부를 밑으로 누르면 만곡된 전극이 스냅 액션으로 하부 전극에 콘택트 하여 접점이 ON되고 출력 신호를 내는 원리로 길이를 자유롭게 얻을 수 있다는 점과 두께가 매우 얇다는 점 때문에 응용 범위가 넓고 사용이 용이하다는 특징이 있다.

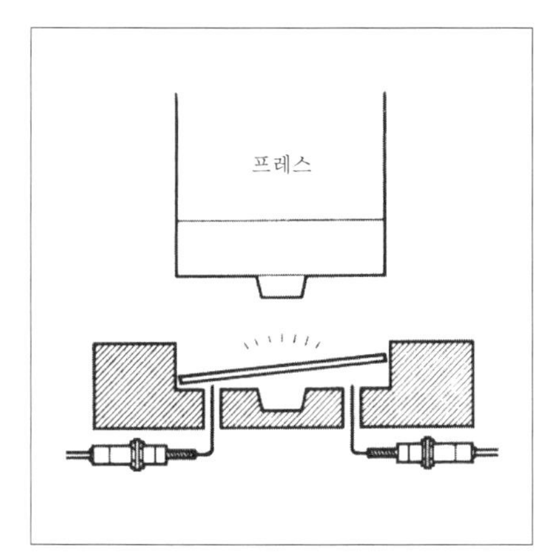

(a) 워크의 상태검출

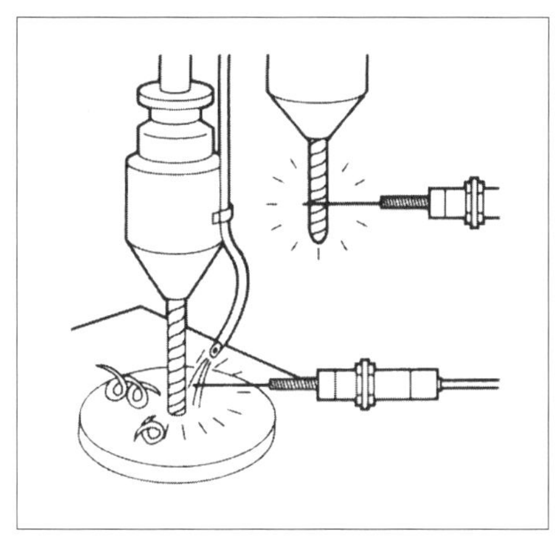

(b) 드릴파손 및 절삭유 공급검출

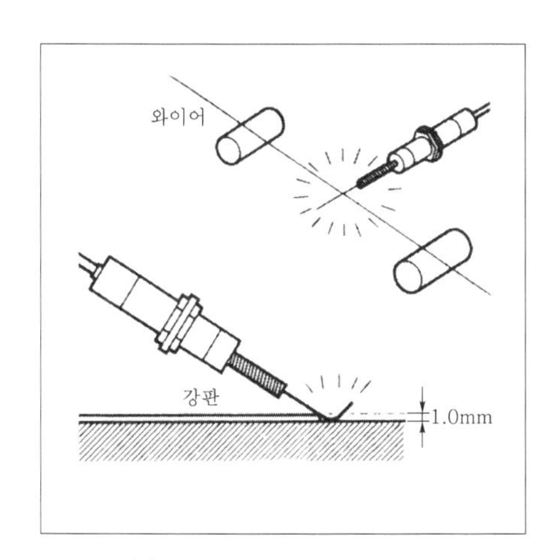

(c) 얇은 판이나 선의 검출

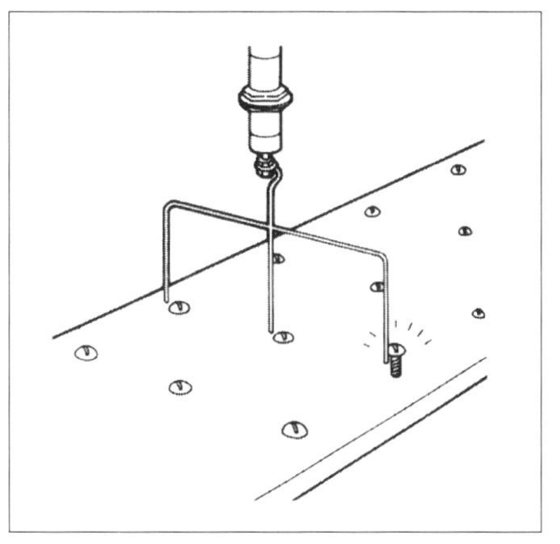

(d) 조립상태 검사

[그림 2-18] 터치 스위치의 응용 예

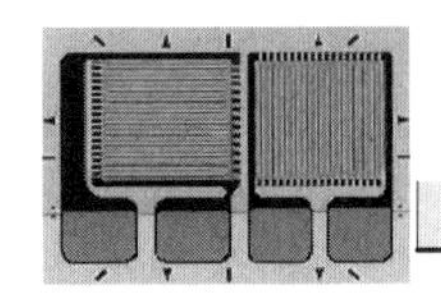

2.2 근접 스위치

2.2.1 근접 스위치의 개요

[사진 2-4] 근접 스위치

자동화용 센서로서 근접 스위치는 광전 센서와 함께 가장 많이 사용되고 있는 센서이다.

근접 스위치는 종래의 마이크로 스위치나 리밋 스위치의 기계적인 접촉부를 없애고 접촉하지 않고도 검출 물체의 유무를 검출할 수 있고, 고속 응답성과 내환경성이 뛰어나므로 광범위한 용도에 적용되고 있다.

근접 스위치는 동작원리에 따라 고주파 발진형, 정전 용량형, 자기형, 차동 코일형 등 다수의 종류가 있고, 기계적인 스위치에 비해 고속 응답, 긴 수명, 고신뢰성, 방수, 방유, 방폭 등의 구조이어서 공작기계, 섬유기계, 물류 및 포장 시스템, 자동차 및 항공 산업 등 전 산업분야에 걸쳐 이용되고 있으며 근접 스위치의 대표적 특징을 요약하면 다음과 같다.

① 비접촉으로 검출하기 때문에 검출대상에 영향을 주지 않는다.
② 응답 속도가 빠르다.
③ 무접점 출력회로이므로 수명이 길고 보수가 불필요하다.
④ 방수, 방유, 방폭 구조이어서 내환경성이 우수하다.
⑤ 검출대상의 재질이나 색에 의한 영향을 받지 않는다.(정전 용량형)
⑥ 물체의 유무 검출뿐만 아니라 재질 판단도 가능하다.(고주파 발진형)

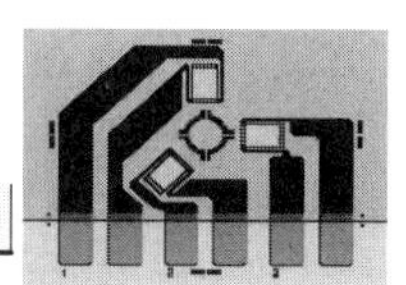

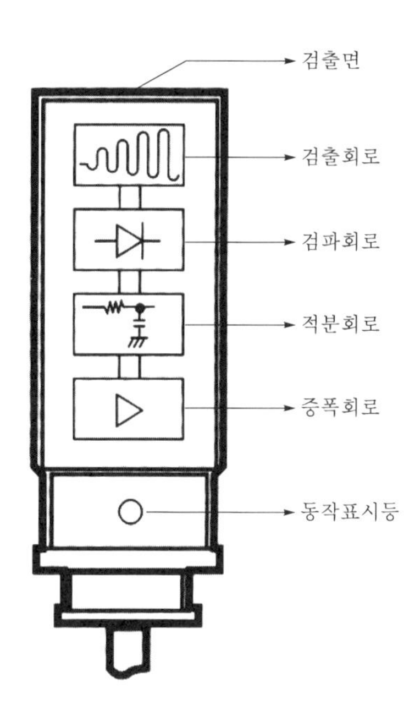

[그림 2-19] 근접 스위치 구조

2.2.2 근접 스위치의 종류와 검출원리

근접 스위치는 검출원리 및 구조 형상에 따라, 출력 형식에 따라, 사용 전원에 따라 여러 가지 형식이 있어 그 종류는 제법 많다고 할 수 있다.

[표 2-5]는 검출원리에 따른 근접 스위치의 종류와 특성을 나타낸 것으로 네 가지 형식 중 가장 많이 사용되고 있는 것은 고주파 발진형과 정전 용량형으로 여기서도 이 두 형식을 중심으로 설명한다.

1 검출 원리에 의한 분류

(1) 고주파 발진형 근접 스위치

고주파 발진형 근접 스위치의 검출원리는 [그림 2-20]에 나타낸 바와 같이 발진회로의 발진 코일을 검출 헤드로 사용한다. 이 헤드는 항상 고주파 자계를 발진하고 있는데 검출체(금속)가 헤드 가까이에 접근하면 전자유도(電磁誘導) 현상에 의해 검출체 내부에 와전류가 흐른다.

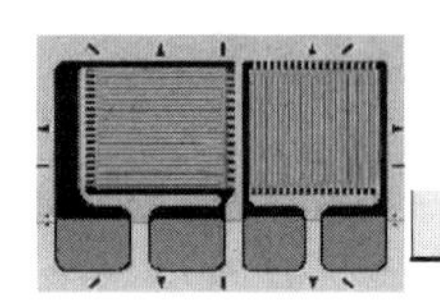

[표 2-5] 검출 원리에 따른 근접 스위치의 종류

형식	검출소자	검출원리	장 · 단점
고주파 발진형	코일 (자계)	고주파 자계에 의한 검출 코일의 임피던스 또는 발진 주파수의 변화를 검출 (전자유도작용)	• 금속체 검출에 적합 • 응답속도가 빠르다. • 내환경성이 우수하다.
정전 용량형	전극 (자계)	전계(電界)내의 정전용량 변화에 따라 발진이 개시하거나 정지하는 발진회로를 검출 (정전유도작용)	• 금속. 비금속 모두 검출 • 고주파 발진형에 비해 응답이 늦다. • 물방울 등의 부착에 약하다.
자기형	리드 스위치 (자계)	영구자석의 흡인력을 이용하여 리드 스위치 등을 구동하여 검출	• 조작 전원이 불필요 • 저 코스트 • 접점 수명이 제한적이다.
차동 코일형	코일 (자계)	검출물체에서 생기는 전류로 자속을 검출 코일과 비교 코일의 차이로 검출	• 장거리 금속체 검출에 적합 • 자성체, 비자성체 모두 검출

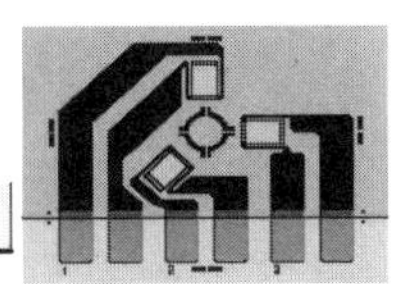

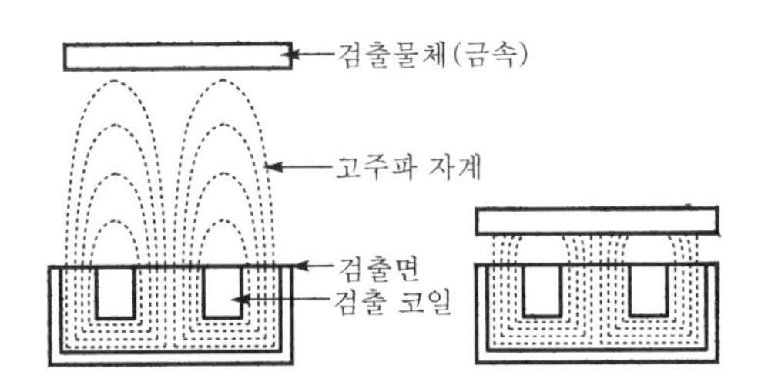

[그림 2-20] 고주파 발진형의 검출 원리

이 와전류는 검출 코일에서 발생하는 자속의 변화를 방해하는 방향으로 발생하게 되어 내부 발진회로의 발진 진폭이 [그림 2-21]과 같이 감쇠하거나 또는 정지하게 된다. 이 상태를 이용하여 검출체 유무를 검출하는 것이다.

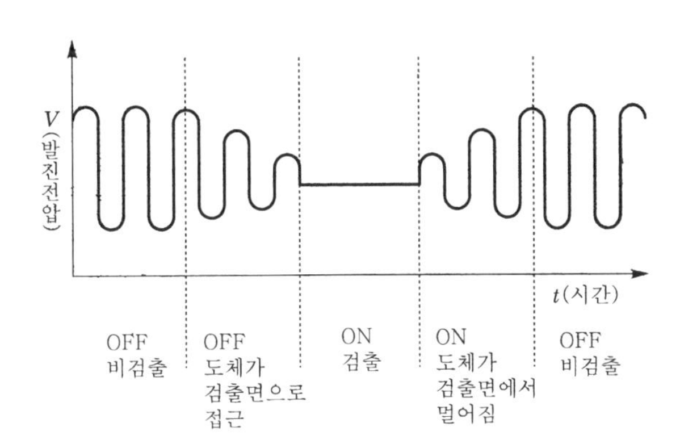

[그림 2-21] 고주파 발진 파형

이때 와전류는 금속체 표면의 자속 밀도 B가 각(角)주파수 ω를 갖고 진동할 때, 표면에는 외부의 자속 밀도 B를 차폐하는 것처럼 흐르는 유도전류를 말한다. 금속체 내부로 향해(x방향으로 한다) 전자계는, $\exp(-\chi/\delta)$의 형태로 감쇠한다. 여기서 감쇠 길이에 상당하는 δ는

$$\delta = \sqrt{\frac{2}{\omega\mu\sigma}}$$

로 나타내며, 이를 표피 두께라 부른다. 투자율 μ와 도전율 σ는 금속 고유의 것이며, 철 등의 자성 금속에서는 투자율 μ가 비자성 금속에 비하여 충분히 크기 때문에 표피 두께는 얇아지고, 알루미늄 등은 이에 비하여 두꺼워진다.

즉, 금속체 표면에 흐르는 와전류의 표피 두께와 도전율의 관계에서, 금속의 종류에 따라 와전류의 손실 크기가 달라진다. 이 손실에 의해 발진회로의 발진 진폭은 감쇠 또는 정지한다. 손실이 큰 자성 금속은 동작 거리를 크게 잡을 수 있고, 비자성 금속은 손실이 작으므로 동작 거리는 짧아진다. 통상 메이커의 카탈로그에 나타내는 검출거리의 데이터는 대부분 철을 기준으로 했을 때의 값을 나타내므로 비자성 금속체를 검출한 경우는 재질에 따른 검출거리 변화특성을 감안해야 한다.

[그림 2-22]는 철을 100으로 하였을 때 비자성 금속의 검출시 검출거리 변화량을 나타낸 그림이다. 또한 검출체의 두께 변화에 따라서도 검출거리는 변화하는데 자성 금속의 경우는 두께가 1 mm 이상이면 검출거리의 변화가 거의 없으나 비자성 금속인 경우는 [그림 2-23]에 나타낸 것과 같이 두께가 두꺼울수록 검출거리가 짧아지는 특성이 있다. 그러나 그림에서 나타낸 바와 같이 비자성 금속이라도 두께가 0.01 mm 정도이면 자성 금속과 동일한 정도의 검출거리를 얻을 수 있다.

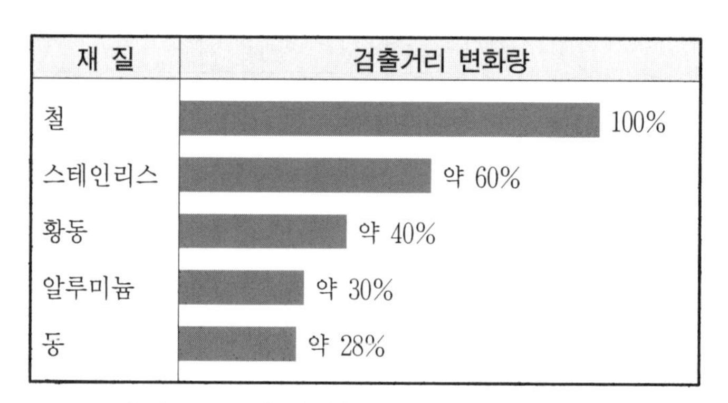

[그림 2-22] 재질에 따른 검출거리 변화량

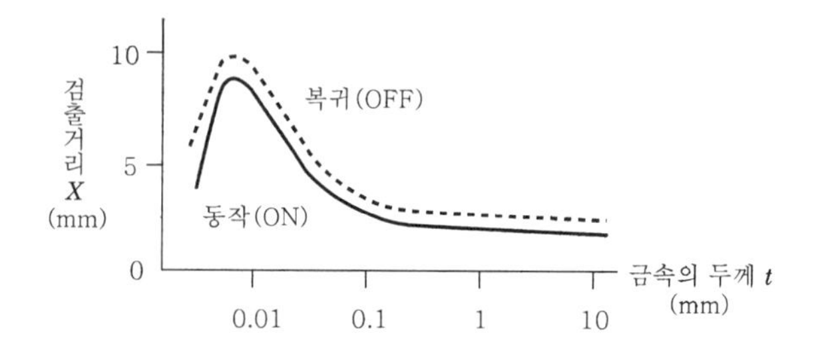

[그림 2-23] 두께 변화에 따른 검출거리 변화량

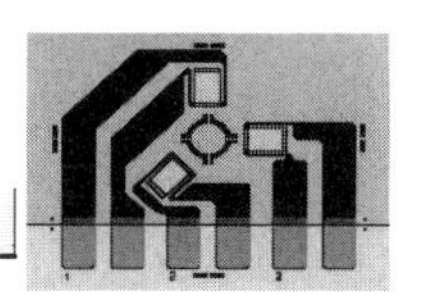

(2) 정전 용량형 근접 스위치

전극에 전하 Q를 가하여 그 전위가 V(대지를 전위 0의 기준점으로 한다)로 되었다면, 양자의 비 C를 정전 용량이라 한다. 즉,

$$C = \frac{Q}{V}$$

이다.

면적이 S이고 전극간의 거리가 d인 평행판 도체($\sqrt{S} \geq d$)에서, 정전 용량은,

$$C = \frac{\varepsilon_0 S}{d}$$

단, ε_0는 진공의 유전율

로 되고, 양 전극간의 거리가 좁혀지면 정전 용량 C는 커지게 되는데 이것을 응용한 것이 정전 용량형 근접 스위치이다.

정전 용량형 근접 스위치는 [그림 2−24]와 같은 회로 구성으로 고주파형의 경우는 코일 부분에 발생시킨 수십 kHz의 자력선을 이용하지만 정전 용량형은 수백 kHz~수 MHz의 고주파 발진회로의 일부를 검출 전극판에 인출하여 전극판에서 고주파 전계(電界)를 발생시키고 있다.

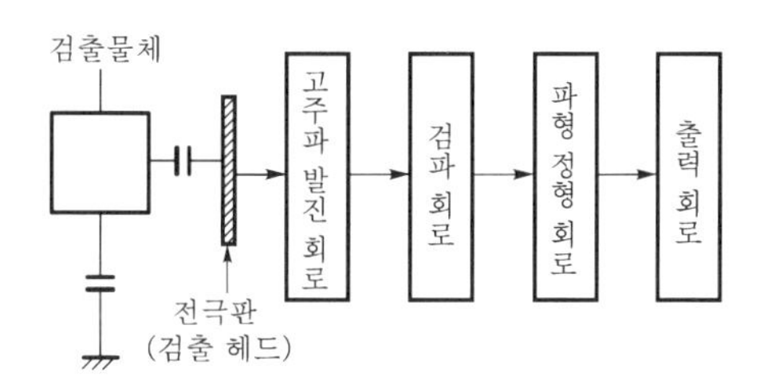

[그림 2-24] 정전 용량형 근접 스위치의 검출회로

이 전계 중에 물체를 접근시키면 물체 표면과 검출 전극판 표면에서 분극 현상이 일어나 정전 용량이 증가한다. 그 때문에 발진 조건이 조장되고 발진 진폭이 [그림 2−25]와 같이 증가하는데 이를 검출하여 출력을 내는 것이다. 이와 같이 분극 현상을 이용하고 있으므로 근접 물체는 금속에 한하지 않고 플라스틱, 목재, 종이 액체는 물론 기타 유전(誘電) 물질이면 모두 검출할 수 있다.

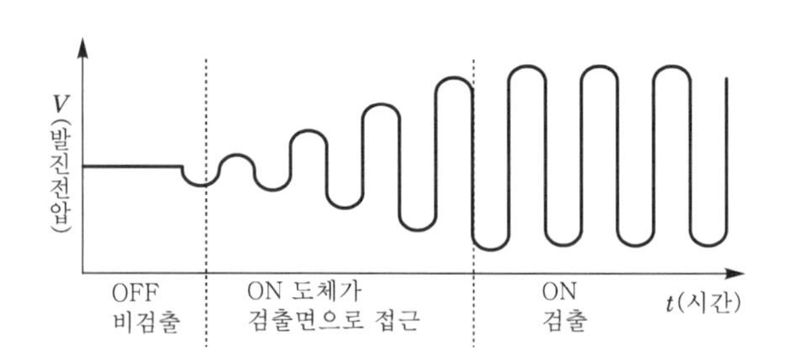

[그림 2-25] 정전 용량형의 발진 파형

그러나 검출거리는 검출체의 유전계수에 따라 차이가 나는데 이것은 검출체가 근접한 경우에는 전극 간의 매질의 유전율 ε이 증가하게 되어 정전 용량도 증가하기 때문이다.

유전율 ε는

$$\varepsilon = \varepsilon_0 \cdot \varepsilon_s$$

로 나타내고 유전체 고유의 비유전율 ε_s에 의존한다. 일반적인 재질별 유전계수는 공기=1, 나무=6~8, 스티로폴=1.2, 유리=5~10, 물=80 정도이다.

(3) 자기형 근접 스위치

자기형 근접 스위치는 자성체나 영구자석만을 검출하는 스위치로, 검출 소자에는 ① 리드 스위치, ② 홀(Hall) 소자 · 자기 저항 소자, ③ 자기 코일 등이 있지만 리드 스위치 방식이 널리 사용되고 있다 리드 스위치는 [그림 2-26]에 나타낸 바와 같이 접점이 유리관 내에 불활성 가스와 함께 봉입되어 있고, 외기(外氣)와 직접 접촉하지 않으므로 접촉 신뢰성이 높다. 이 근접 스위치의 큰 특징은 구동 전원이 불필요하고 자석만으로 동작할 수 있다는 점이다.

동작 방식에는 크게 두 가지 방식이 있는데 그 하나는 리드 스위치와 자석을 분리시킨 분리형과, 다른 하나는 케이스 안에 이 2개를 모두 넣은 일체형이 있다. 동작 거리는 분리형에서는 자석의 크기나 세기에 따라 다르지만 보통 수 mm~수십 mm이고, 일체형은 비교적 짧아서 수 mm 정도이다.

또한 리드 스위치는 릴레이나 마이크로 스위치 등의 접점에 비해 접점압이 낮고 더구나 접점 갭도 좁기 때문에 개폐 용량은 작아서 전류값은 수십 mA~1A가 일반적이다.

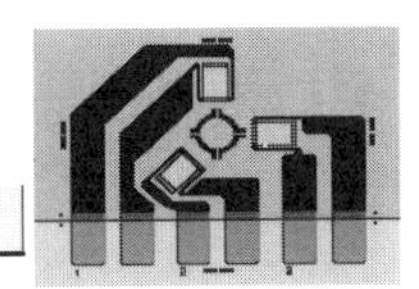

또, 접촉 저항값도 0.1Ω 정도로 비교적 크다. 그 때문에 유도 부하나 용량 부하를 구동하는 경우에는 적당한 보호 회로를 설치할 필요가 있다.

자기형 근접 스위치는 자동차, 가전 제품, 계측기 등에 널리 이용되고 최근에는 유공압 실린더의 피스톤 위치 검출용 스위치인 실린더 스위치에 많이 이용되고 있다. 또한 홀 소자와 자기 저항 소자는 VCR이나 모터의 회전 제어에 사용된다.

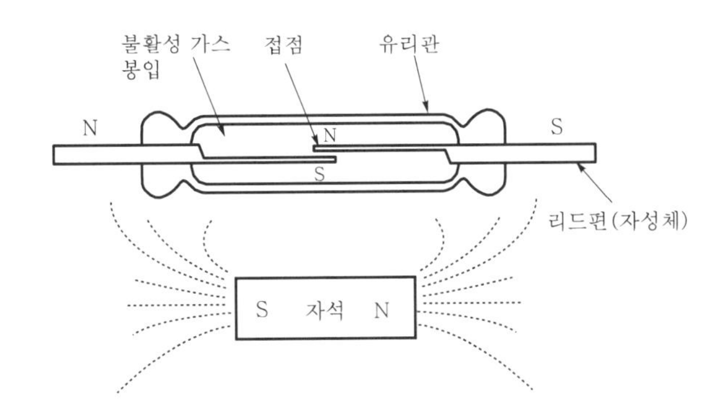

[그림 2-26] 리드 스위치

[사진 2-5] 유공압 실린더에 장착된 실린더 스위치

2 형상에 의한 분류

근접 스위치는 단순히 물체의 유무 검출뿐만 아니라 정도가 비교적 높지 않은 치수 검사나 프레스 기계의 안전장치인 에어리어 센서 등 사용 용도가 넓기 때문에 외관 형상에 따라서도 여러 가지 형태가 제작 시판되고 있다.

따라서 근접 스위치의 용도, 검출물체의 형상, 스위치의 부착방법 등을 종합적으로 고려하여 형상을 선정하여야 하며 [표 2-6]은 형상에 따른 근접 스위치의 종류와 특징을 나타냈다.

[표 2-6] 형상에 따른 근접 스위치의 분류

분 류	형 상	특 징
사각형		나사로 고정 장착 실드 형식은 금속 내부에 설치 가능
원주형		너트 또는 나사 구멍에 장착 가능 실드 형식은 금속 내부에 설치 가능
관통형		환상(環狀)형의 검출 헤드 내를 통과시켜 검출
홈형		설치 위치 조정이 용이
다점형		고속, 고신뢰성
평면부착형		대형이므로 검출거리가 길다.

3 출력 형식에 따른 분류

근접 스위치는 검출원리나 외관 형상에 따른 종류 외에도 출력 형식에 따라 여러 가지 종류가 있다.

일반적인 근접 센서의 출력 형태는 사용전원에 따라 직류 형식과 교류 형식으로 나뉘어지며, 직류 형식에는 PLC나 카운터 등에 직접 연결할 수 있는 NPN 타입 트랜지스터 출력 형식과 주로 유럽 등지에서 많이 채용하고 있는 PNP 타입 트랜지스터 출력 형식이 있다.

또한 이 형식 중에서도 검출체가 있을 때 출력을 내는 NO(Normal Open)형과 검출체가 없을 때 출력이 ON되는 NC(Normal Close)형으로 나뉘어진다. [표 2-7]은 근접 스위치의 출력 형식에 따른 종류와 특징을 나타낸 것이다.

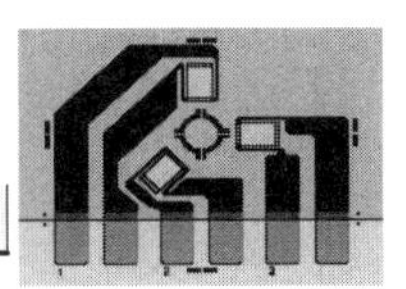

[표 2-7] 출력 형식에 따른 근접 스위치의 종류

종 류		출 력 회 로	장 점
직류개폐형	NPN형 오픈 컬렉터	근접스위치주회로, 부하, 부하, 단선 경보출력 (제어출력), DC10~28V, 0V	• 응답이 빠르다 • 수명이 길다.
	직류 2선식	근접 스위치 주회로, 단락보호회로, 전류검출회로, 부하	• 2선식이므로 배선이 간편하다. • 수명이 길다.
교류개폐형	사이리스터 출력	전원회로, 근접 스위치 주회로, 포토 커플러 절연, 부하, AC, AC	• 수명이 길다.
	교류 2선식	근접 스위치 주회로, 단락보호회로, 부하, AC	• 2선식이므로 배선이 간편하다. • 수명이 길다.

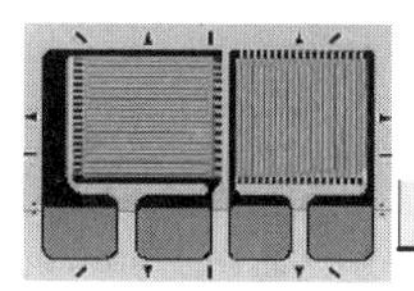

2.2.3 근접 스위치의 사양 예와 용어 설명

[표 2-8] 근접 스위치의 사양 예(직류 3선식)

모 델 명	PR08-1.5DN	PR08-2DN	PR18-5DN PR18-5DP	PR30-10DN PR30-10DP	PR30-15DN PR30-15DP
검출 거리	1.5 mm±10%	2 mm±10%	5 mm±10%	10 mm±10%	15 mm±10%
응차 거리	검출거리의 10% 이하				
표준검출체(철)	8×8×1 mm	12×12×1 mm	18×18×1 mm	30×30×1 mm	45×45×1 mm
설정 거리	0~1.05	0~1.4	0~3.5	0~7	0~10.5
전원 전압 (사용전압범위)	DC 12~24V (DC 10~30V)				
소비전류	10mA				
응답 주파수	800 Hz		350 Hz	250 Hz	100 Hz
잔류전압	2V 이하		1.5V 이하		
온도의 영향	−25~+70℃의 온도범위에서 +20℃의 검출 거리에 대하여 ±10% 이하				
제어 출력	저항성 부하 200 mA, 유도성 부하 100 mA				
절연 저항	50 MΩ 이상(DC 500V 메가 기준)				
내전압	AC 1500V 50/60 Hz에서 1분간				
내진동	10~55 Hz(주기 1분간) 복진폭 1 mm *X*, *Y*, *Z* 각방향 3회				
내충격	500 m/S^2(50G) *X*, *Y*, *Z* 각방향 3회				
표시등	동작표시(적색 LED)				
사용 주위 온도	−25~+70℃ (단, 결빙되지 않는 상태)				
보존 온도	−30~+80℃ (단, 결빙되지 않는 상태)				
사용 주위 습도	35~95% RH				
보호 회로	서지 보호회로, 전원 역접속 보호회로 내장				
보호 구조	IP67(IEC규격)				
중량	약 36 g	약 36 g	약 136 g	약 195 g	약 195 g

[표 2-8]은 국내에서 제작 판매되어 많이 사용되고 있는 직류 3선식 근접 스위치의 사양 예이다. 사양서에 나타낸 항목들은 메이커에 따라 약간의 차이가 있을 뿐 거의 비슷하므로 사양서의 항목을 중심으로 근접 스위치에 관한 용어를 설명한다.

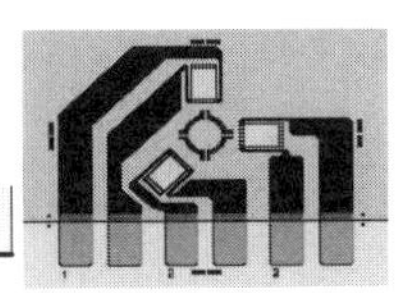

(1) **검출 거리**

검출 물체가 근접 스위치의 검출면에 접근하여 출력신호가 ON되는 점을 검출거리(Sn)라 한다. 각 기종의 검출거리는 표준 검출 물체를 사용하여 얻어진 수치를 말한다.

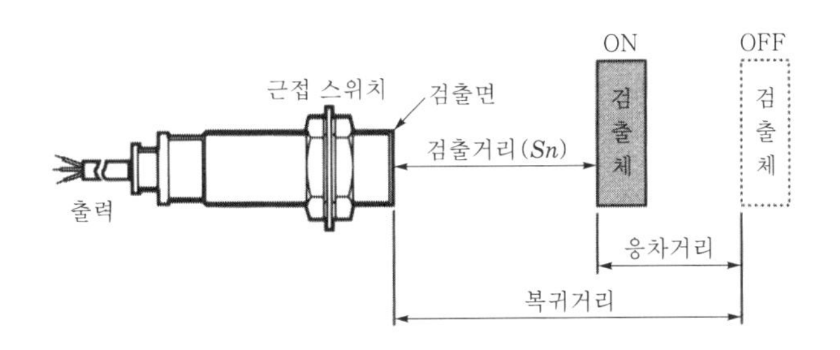

[그림 2-27] 검출 거리

(2) **응차 거리**

검출 물체가 검출면에 접근하여 출력신호가 ON하는 점에서 검출 물체가 검출면에서 멀어지면서 출력신호가 OFF하는 점까지의 거리를 응차거리라고 한다.

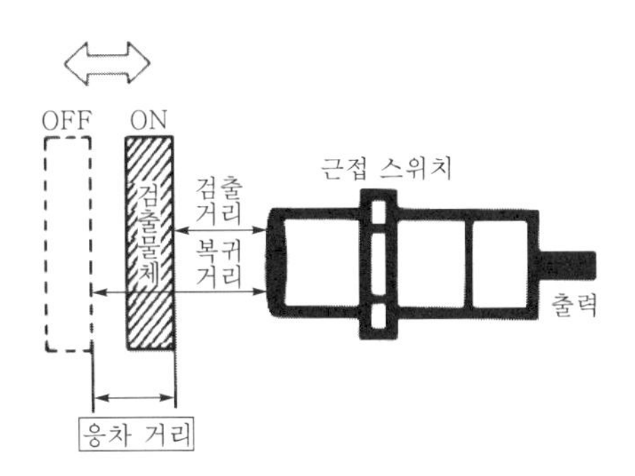

[그림 2-28] 응차 거리

(3) **표준 검출 물체**

근접 스위치의 성능을 측정하기 위해 표준이 되는 검출물의 형태, 치수, 재질을 정한 규격을 말한다. 통상 1 mm 두께의 철을 사용하고 변의 치수는 근접 스위치의 형식이나 메이커에 따라 약간 다르다.

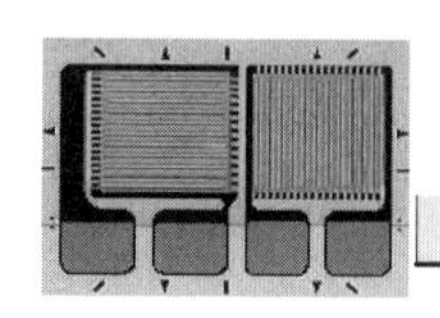

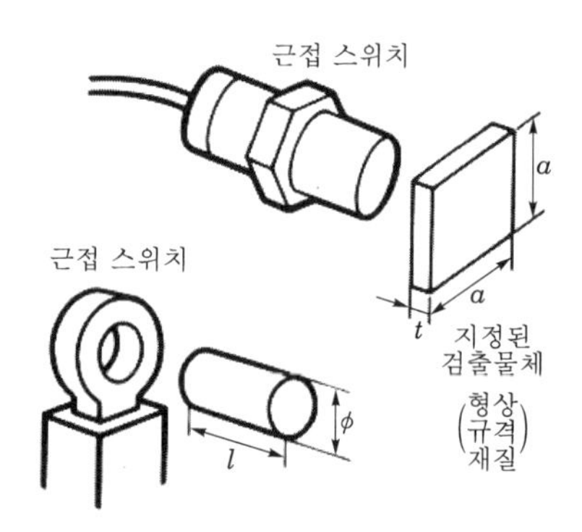

[그림 2-29] 표준 검출 물체

(4) **설정 거리**

근접 스위치는 스위치와 검출 물체의 충돌을 피하기 위해 통상 검출면에 대해서 수직이 아니라 가로 방향에서 검출면에 수평으로 검출 물체를 접근시키는 방법을 쓰고 있다. 온도, 전압 등의 영향을 포함하여 오동작 없이 실용 가능한 검출 물체에서 검출면까지의 거리를 설정 거리라 한다. 설정 거리의 최대값은 공칭 동작 거리의 70~80%로서 검출 위치 정밀도를 양호하게 하고자 할 경우는 공칭값의 50%로 잡는 것이 좋다.

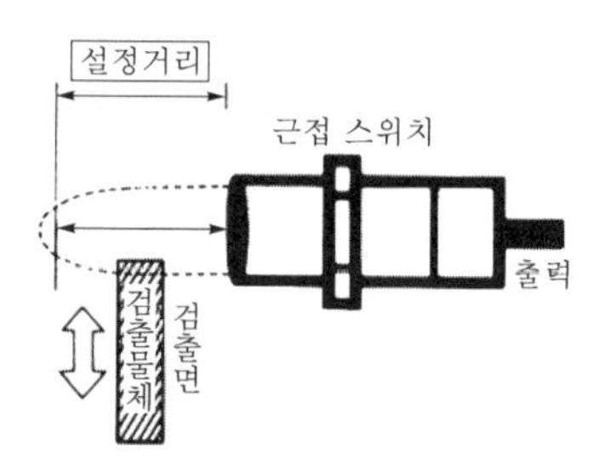

[그림 2-30] 설정 거리

(5) **응답 주파수**

검출 물체를 반복하여 근접시켰을 때 오동작 없이 동작 가능한 횟수를 말한다.

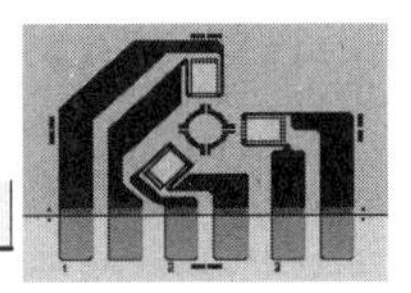

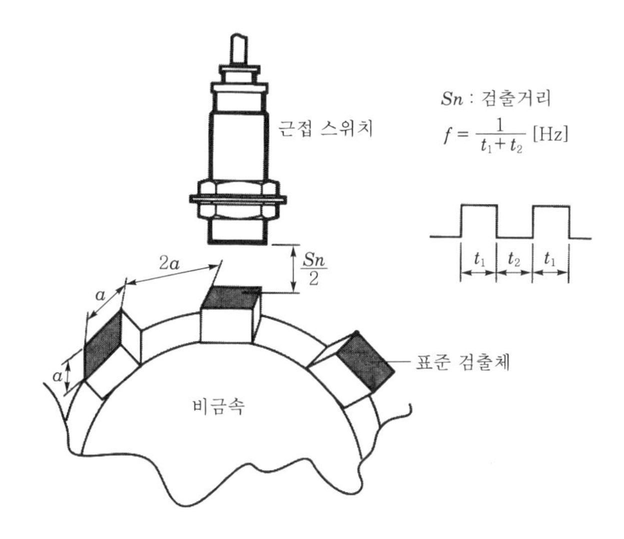

[그림 2-31] 응답 주파수

(6) 응답시간

아래 그림에서 검출 물체가 동작 영역 내에 들어와 근접 스위치가 동작하는 상태가 되는 때부터 출력이 표시되는 데까지의 시간을 말한다.

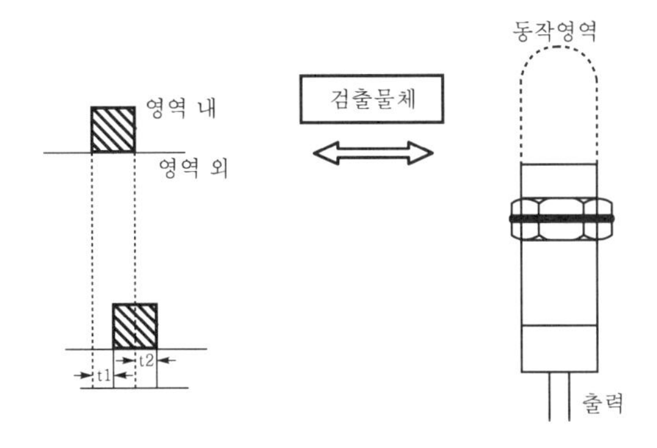

[그림 2-32] 응답시간

(7) 매입형과 돌출형

매입형(shield)이란 검출면을 제외한 근접 스위치의 대부분이 금속으로 둘러싸여 측면에서 오는 전기적 잡음으로부터 보호되는 형식으로 검출면이 금속 외장과 동일하게 취부가 가능하다. 반면에 돌출형(non shield)은 검출면에 가까운 부분의 금속으로부터 보호되지 않은 형식으로 금속 내부에 설치할 때에는 특별한 주

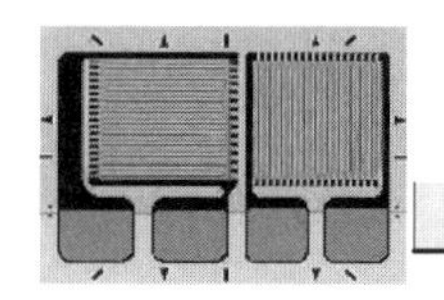

의가 필요하다. 즉, 돌출형을 오목홈에 취부시킬 때에는 통상 근접 스위치 직경의 3배 이상의 거리를 두어야 한다.

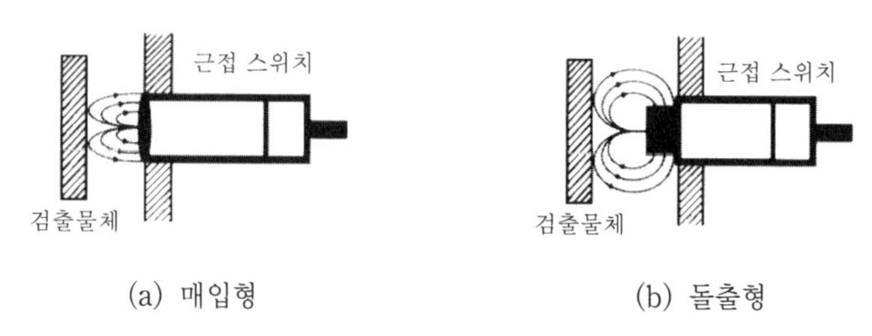

(a) 매입형 (b) 돌출형

[그림 2-33] 매입형과 돌출형

2.2.4 근접 스위치의 선정 요점

근접 스위치의 선정에 있어서는 사용 목적과 사용 장소에 있는 모든 조건 및 제어장치와의 관련성 등을 충분히 파악하기 위하여 스위치의 동작 조건, 전기적 조건, 환경 조건, 설치 조건 등을 종합적으로 고려하여 선정하여야만 신뢰성 높은 검출을 할 수 있다.

[표 2-9]는 근접 스위치 선정시 검토할 내용을 항목 위주로 정리한 것이다.

[표 2-9] 근접 스위치의 선정 요점

항 목	검 토 내 용
동작조건	검출 물체와 근접 스위치 관계를 확인할 것 근접 스위치 · 이동 방향－통과 간격, 이동 속도, 진동의 유무 등 · 검출 물체－크기, 형상, 재질, 도금의 유무 등 · 검출 거리－통과 위치의 불규칙, 형상 오차 등 · 검출부의 형상－각주형, 원주형, 관통형, 홈형 등 · 주위 금속의 상황 ┬ 검출부까지의 거리 / 대향상황 / 주위 금속의 재질 ─ 주위 금속의 영향(실드형, 비실드형)

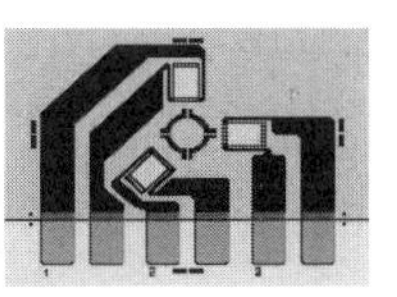

[표 2-9] 근접 스위치의 선정 요점(계속)

항 목	검 토 내 용
전기적 조건	사용되는 제어계의 전기적 조건과 근접 스위치의 전기적 성질을 확인할 것 근접 스위치 / 개폐소자 / 출력 / 부하 / 전원 · 사용 전원—직류(전압 변동치, 전류 용량치) 교류(전압 변동치, 주파수 등) · 부하 —— 저항 부하—무접점 제어계 유도 부하—릴레이, 솔레노이드 등 : 정상 전류치, 돌입 전류치 램프 부하—정상 전류치, 돌입 전류치 개폐 빈도 등
환경조건	근접 스위치의 내환경 특성은 다른 검출용 센서에 비하여 양호하지만, 온도조건의 엄격한 사용방법, 특수한 분위기 속에서의 사용에는 사전에 충분한 검토가 필요하다. · 온도, 습도—최고치, 최저치, 직사광선의 유무 등 · 분위기—물, 기름, 철분(스케일), 특수한 화학약품 등 · 진동, 충격—크기, 계속시간
부착조건	부착방법은 부착되는 기계장치로부터 받는 제약, 보수점검의 용이함, 근접 스위치의 상호 간섭 등을 고려하여 결정하지 않으면 안 된다. · 배선방법—선의 종류, 길이, 내유 코드, 실드 코드 등 · 접속방법—직접 인출, 단자 배선 · 부착방법—직접 부착, 볼트 고정, 나사 고정 등 · 고정장소—보수 점검의 용이, 부착 공간 등
외부자계의 전계영향	· 직류자계 중에서의 영향은 200 gauss(20 mT)임. 200 gauss(20 mT) 이상에서는 사용하지 말 것. · 직류자계가 급격히 변화하는 경우는 오동작 될 가능성이 있음. 직류 전자석을 ON, OFF하는 장소에서는 사용하지 말 것. · 무전기를 근접 스위치 및 그의 배선 부근에 가깝게 붙일 경우 오동작 할 위험이 있으므로 주의할 것.
기타 조건	· 경제성—가격, 납기 · 수명—통전시간, 사용빈도 등

2.2.5 올바른 사용법

1 검출 물체 선정시 주의사항

검출 물체가 비자성 금속의 경우에는 동작거리가 저하된다. 다만, 두께가 0.01 mm 정도의 금속의 경우는 자성체와 동일한 검출거리가 얻어진다. 그러나 증착막 등 극단적으로 얇은 경우나 도전성이 아닌 경우는 검출되지 않는다. 그리고 검출체에 도금이 되어 있으면 검출거리가 변화하므로 주의하여야 하고 도금에 따른 검출거리 변화량은 [표 2－10]과 같다.

[표 2-10] 도금의 영향

(단위 : %)

적용 금속 / 도금 종류의 두께	철	황동
도금 안한 것	100	100
Zn 5～15μ	90～120	95～105
Cd 5～15μ	100～110	95～100
Ag 5～15μ	60～90	85～100
Cu 10～15μ	70～95	95～105
Cu 10～20μ	－	95～105
Cu 5～10μ＋Ni(10～20μ)	75～95	－
Zn(5～15μ)＋Ni(10μ＋Cr(0.3μ)	75～95	－

2 전원 투입시의 주의사항

① 검출 물체를 제거한 다음 근접 스위치에 전원을 공급하여야 한다.

② 근접 스위치의 공급전원에 시정수가 너무 크면 초기 동작이 불안정 할 수 있다.([그림 2－34] 참조)

③ 교류 출력형 근접 스위치의 공급 전원에 노이즈를 포함한 전원을 투입하면 내부회로가 파손될 수 있으므로 주의하여야 한다.([그림 2－35] 참조)

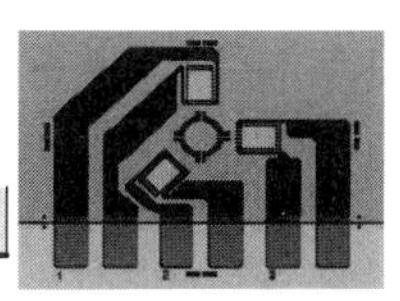

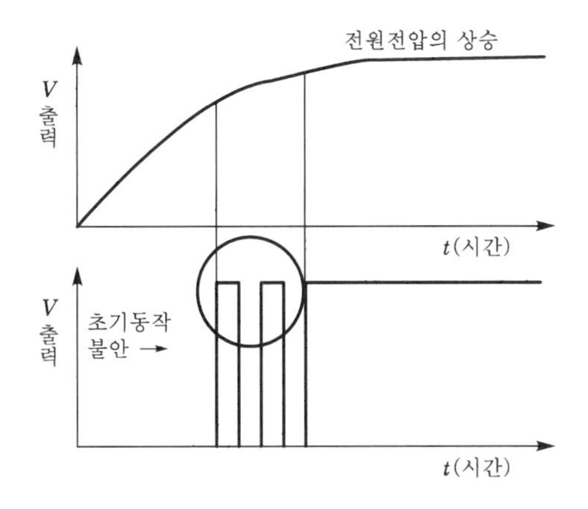

[그림 2-34] 초기 동작 영향

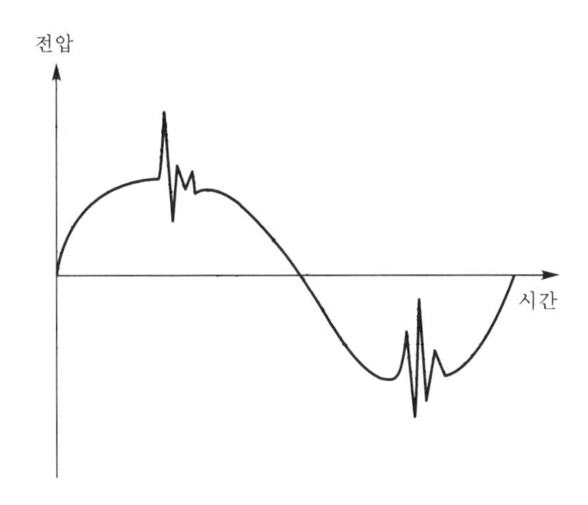

[그림 2-35] 노이즈 영향

3 교류 개폐형의 주의사항

교류 개폐형의 사용에 있어서 부하의 선정시 특히 다음과 같은 사항을 주의하여야 한다.

(1) 서지 보호

근접 스위치를 사용하는 근처에 큰 서지를 발생하는 장치(모터, 용접기 등)가 있을 경우, 근접 스위치에도 서지 흡수 회로가 내장되어 있지만 바리스터 등의 서지 업소버(흡수 소자)를 서지 발생원에 삽입하도록 배려하여야 한다.

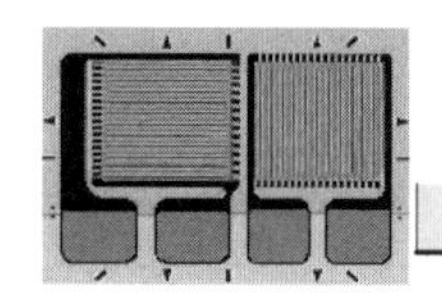

(2) 소비(누설) 전류의 영향

근접 스위치가 OFF시일 때도 회로를 작동시키기 위해 약간의 전류가 소비전류로 흐른다. 이 때문에 부하에는 작은 전원이 남아서 부하의 복귀 불량이 발생할 수 있으므로 사용 전에 이 전압이 부하의 복귀 전압 이하로 되어 있는지를 확인하여야 한다.

(3) 부하 동작 전류가 작을 경우

부하 동작 전류가 5 mA 이하일 때 블리더 저항을 접속하여 5 mA 이상 흘려 잔류 전압이 부하의 복귀 전압 이하가 되도록 하여야 한다. 블리더 저항 및 허용 전력 산출식은 다음과 같다.

$$R = \frac{Vs}{5\,\text{mA}}\ (\text{k}\Omega) \qquad P = \frac{Vs^2}{R}\ (\text{W})$$

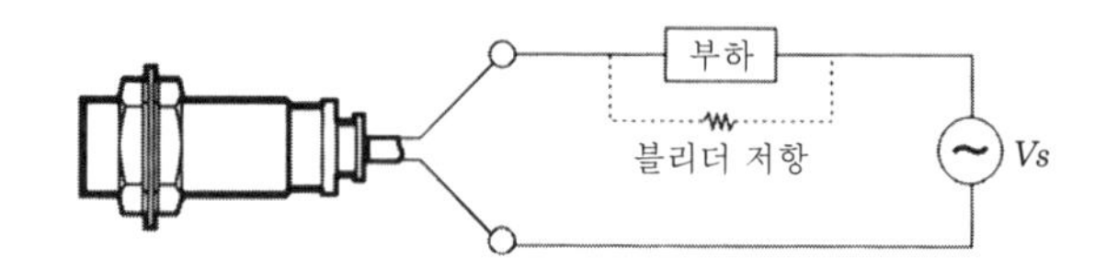

[그림 2-36] 블리더 저항의 삽입 예

4 상호간섭

2개 이상의 근접 스위치를 대향하거나, 병렬로 취부하는 경우에는 주파수 간섭에 의하여 오동작을 일으키는 요인이 되므로 일정 치수 이상 띄어서 취부하여야 하며, 간격치수는 메이커의 기술 데이터를 참고하면 된다.

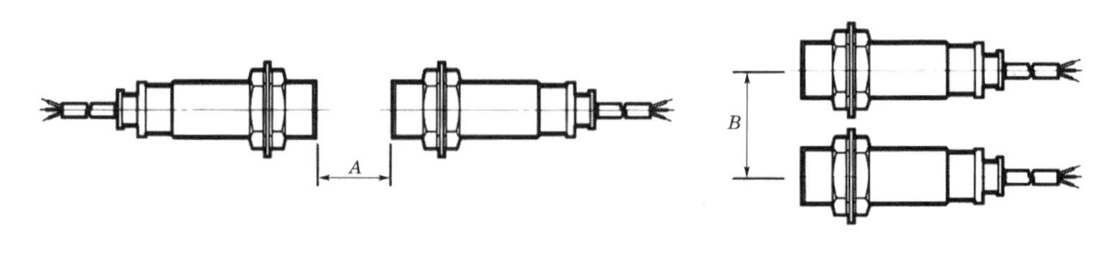

(a) 대향 취부 (b) 병렬 취부

[그림 2-37] 대향 취부와 병렬 취부

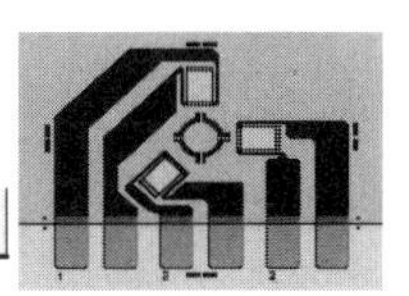

5 주위 금속의 영향

주위 물체가 금속 등의 도체일 경우는 성능에 영향을 주기 쉬우므로 일정 치수 이상 간격을 띄어서 취부하여야 한다.

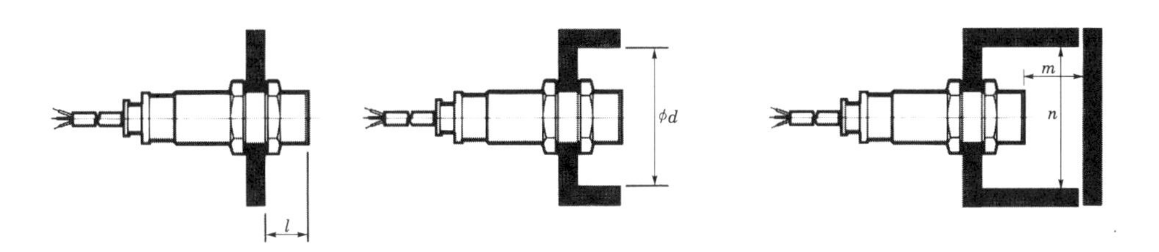

[그림 2-38] 장착 기준

6 주위 환경

동작의 신뢰성과 수명을 유지시키기 위해서는 규정된 온도 내에서 사용하여야 하고, 실외에서의 사용은 가급적 지향해야 한다. 근접 스위치는 IP67로 된 보호 구조이지만, 직접 물이나 수용성 절삭유 등이 묻지 않도록 덮게를 부착하여 사용하면 보다 좋은 신뢰성과 긴수명을 유지시킬 수 있다. 또, 화학약품 특히 질산, 강알칼리, 산(질산, 크롬산, 물을 섞으면 많은 열을 내는 산 등)이 있는 곳에서는 사용을 피하여야 한다.

2.2.6 근접 스위치의 응용 예

(1) **나사못의 높이 검출**

조립 제품에서 나사가 튀어 나온 것을 검출한다.

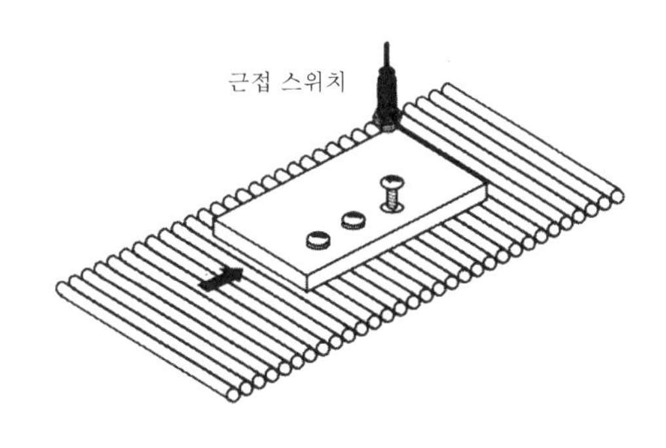

[그림 2-39] 나사못의 높이 검출

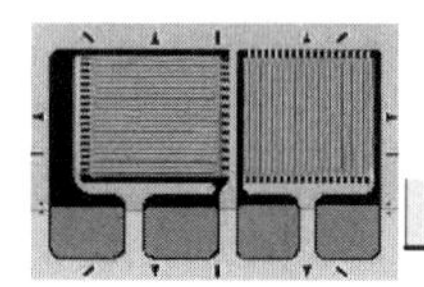

(2) 정위치 정지 제어

인덱스 테이블 등이 회전하다 금속체가 근접 스위치에 검출되면 회전을 정지하는 동시에 내용물이 충전 완료되면 테이블이 회전한다.

[그림 2-40] 정위치 정지 제어

(3) 물체의 변형 검출

컨베이어 라인 상에서 흐르는 제품의 변형을 검출한다.

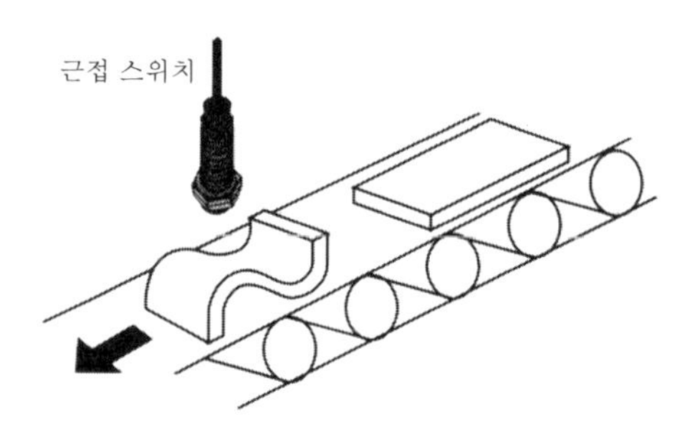

[그림 2-41] 물체의 변형 검출

(4) 볼트의 수량 검출

볼(bowl) 피더 등의 공급장치에서 공급되는 볼트 등의 수량을 검출한다.

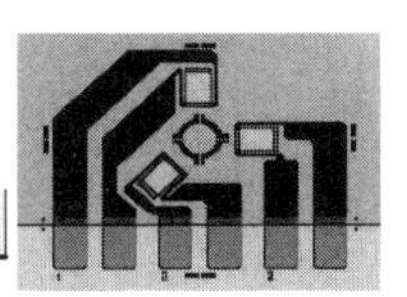

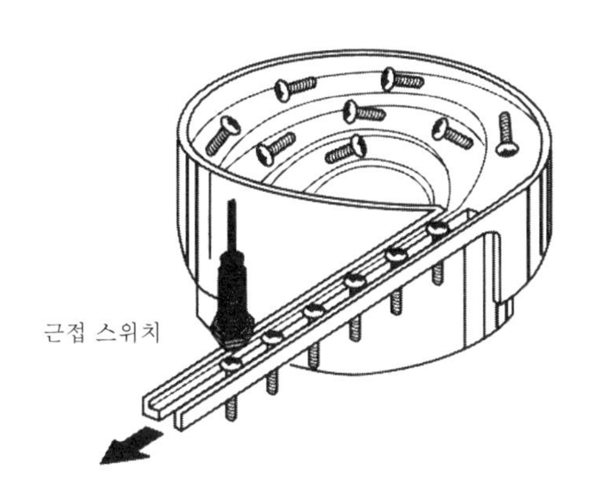

[그림 2-42] 볼트의 공급 수량 검출

(5) 물체의 위치 검출

자동조립 라인 등에서 각종 물체의 위치를 확인한다.

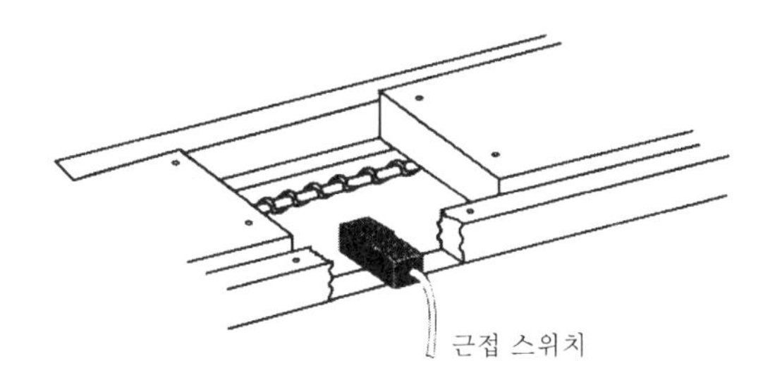

[그림 2-43] 물체의 위치 검출

(6) 프레스 제어

펀칭 작업을 하는 프레스기에서 일정 수만큼 구멍을 뚫는 데 신호를 검출한다.

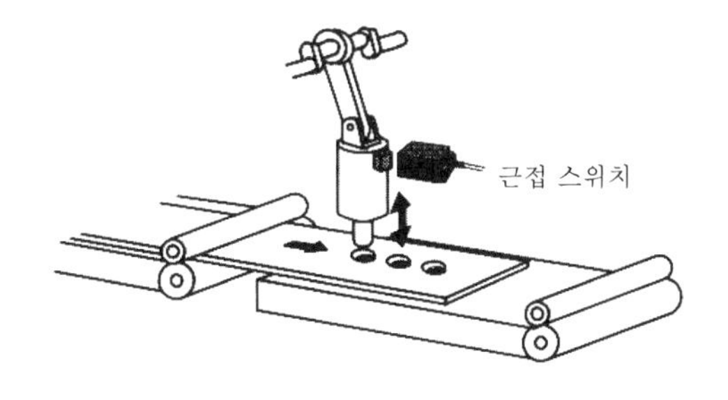

[그림 2-44] 작업 위치 검출

(7) 병 뚜껑의 조립상태 검출

내용물을 충전하고 뚜껑이 조립된 제품의 조립상태를 판별한다.

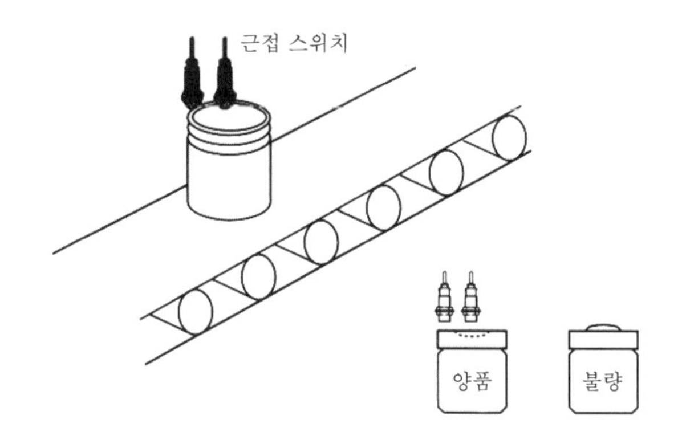

[그림 2-45] 조립 상태 검출

(8) 액체의 레벨 검출

정전 용량형 근접 스위치를 이용하여 불투명 액체의 용기 밖에서 액체의 유무를 검출한다.

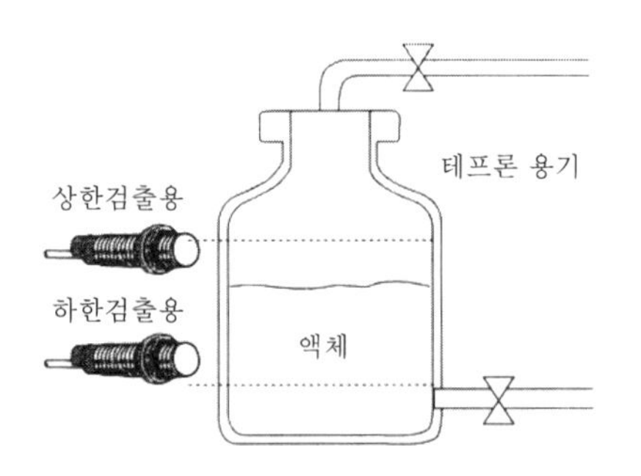

[그림 2-46] 레벨 검출

(9) 종이 팩 내의 내용물 검출

불투명한 종이 팩 내의 내용물 유무를 정전 용량형 근접 스위치로 검사한다.

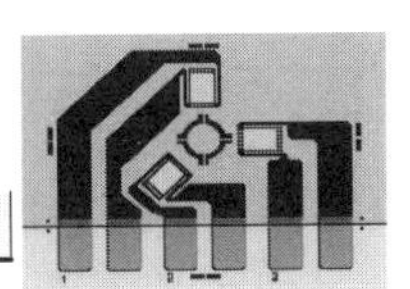

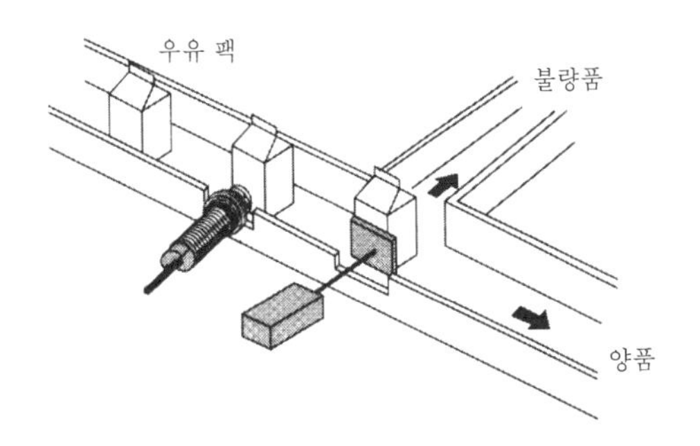

[그림 2-47] 종이 팩 내의 내용물 검출

(10) 병마개의 유무 검출

컨베이어 라인상에서 조립된 병마개의 유무를 검출한다.

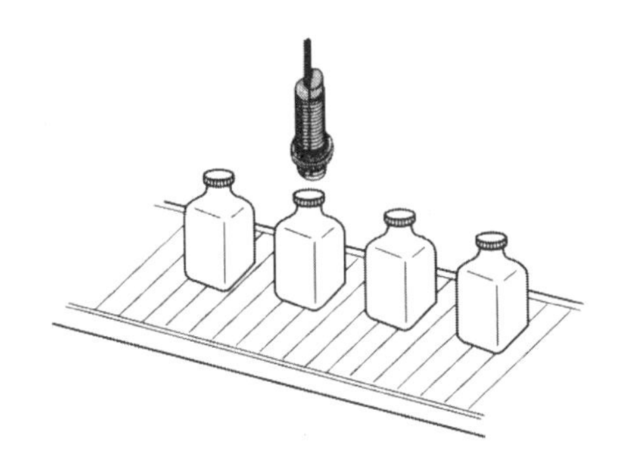

[그림 2-48] 병마개의 유무 검출

(11) 회전 물체의 검출

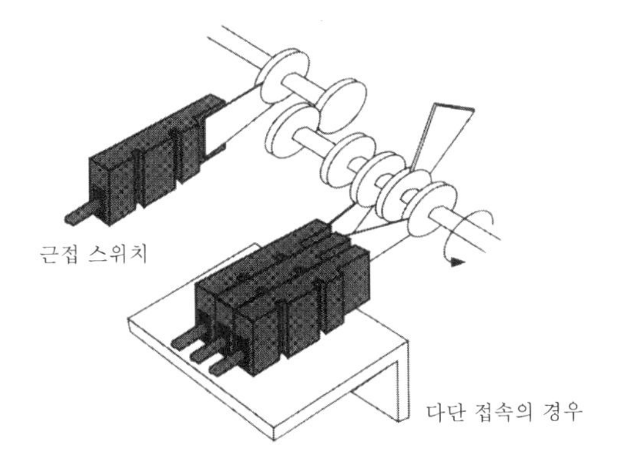

[그림 2-49] 회전 물체의 검출

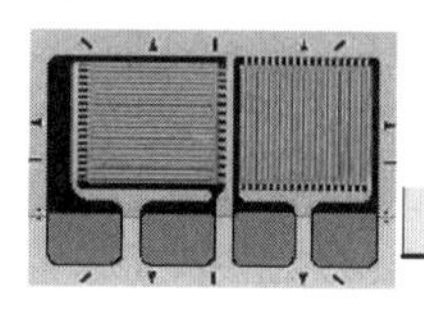

회전 물체의 회전상태 검출이나, 회전계에 접속하여 회전수 검출에 이용된다.

(12) 체크, 확인 신호의 전송

전송 커플러를 이용하여 로봇 핸드에 워크가 바르게 물려 있는지를 리밋 스위치로 검출하고 그 신호를 전송한다.

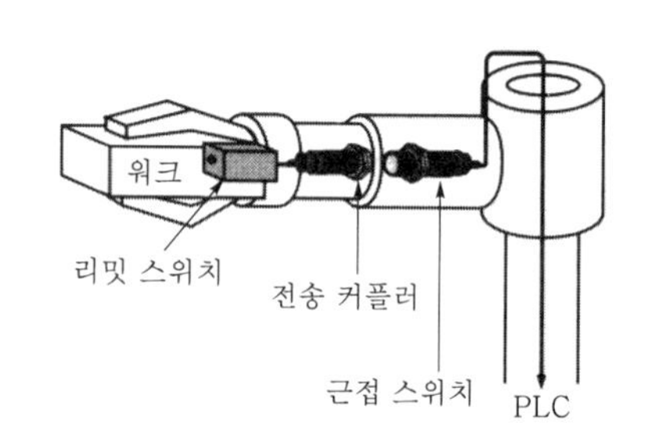

[그림 2-50] 로봇 핸드의 동작 상태 검출

(13) 턴테이블 상의 워크 검출

공작기계 등의 턴테이블상의 위치에 워크가 확실히 안착되었는지를 리밋 스위치로 검출하고 그 신호를 전송한다.

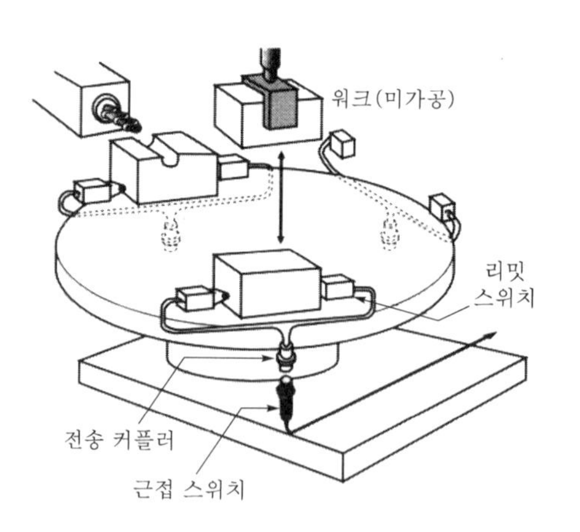

[그림 2-51] 인덱스 테이블 상의 부품 상태 검출

(14) 밴드의 이상 유무 검출

정전 용량형 근접 스위치를 이용하여 밴드(시트)의 이상 유무를 검사한다.

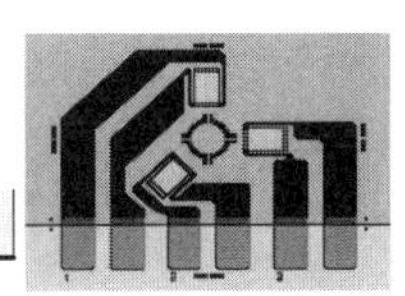

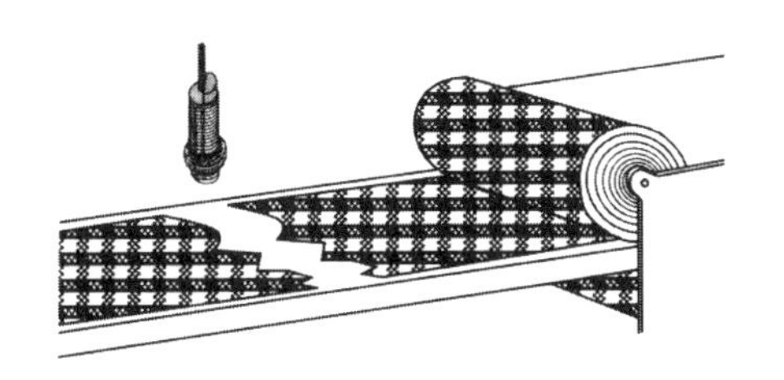

[그림 2-52] 밴드의 이상 유무 검출

(15) 충전 대기용 캔의 상·하 검출

내용물을 충전하기 위해 공급되는 캔의 상태를 검사한다.

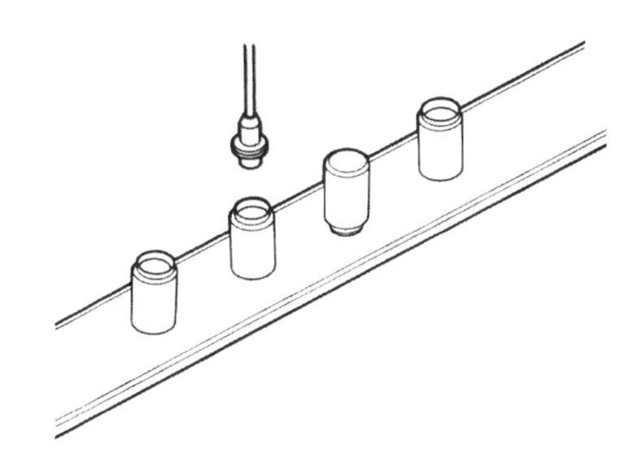

[그림 2-53] 캔의 상태 검출

(16) 탱크의 액면 검출

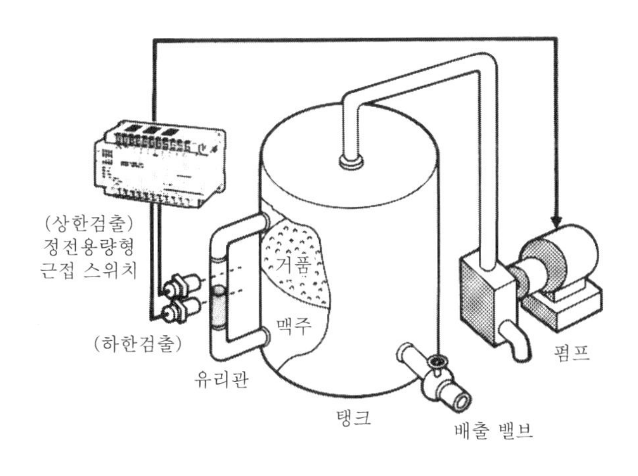

[그림 2-54] 탱크의 액면 검출

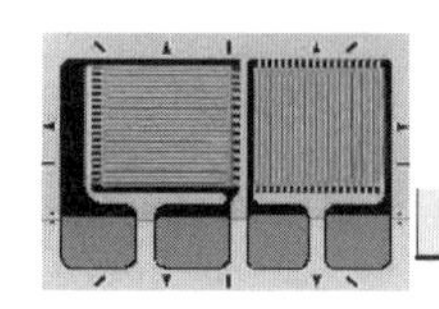

정전 용량형 근접 스위치를 이용하여 탱크에 유리제 바이패스관을 설치해 탱크 내의 액면 레벨을 검출한다.

(17) 혼류 라인의 재질 검출

알루미늄, 구리 등 비철금속도 철과 같은 포인트로 검출할 수 있고 혼류 라인에서 워크의 재질도 검출 가능하다.

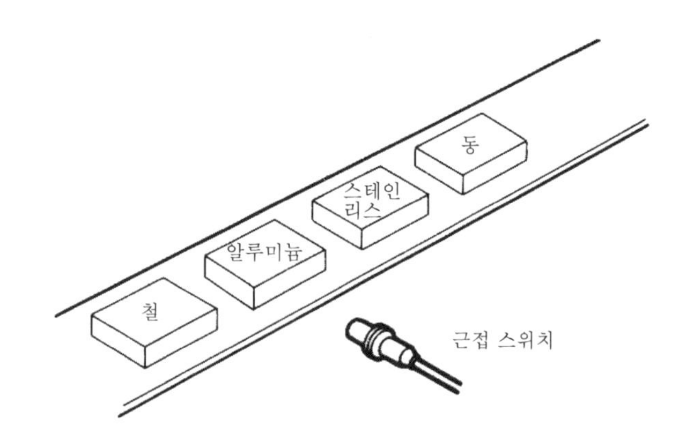

[그림 2-55] 워크의 재질 검출

2.3 광 센서

2.3.1 광 센서의 개요와 분류

광(光) 센서란 빛을 매개체로 하여 물체의 유무 검출에서부터 색채 검출 및 색 농도 검출, 이미지 검출 등에 사용되는 검출기기를 말한다. 즉, 검출대상이 광학적 에너지이며 전자파(電磁波)이기도 하는데, 광에는 눈에 보이는 가시광선이 있고 눈에 보이지 않는 자외선, 적외선 등이 있으며 특히 X선과 같은 극히 투과도가 높은 방사선도 있다. 이러한 광을 응용한 기기에는 복사열의 색상으로 온도를

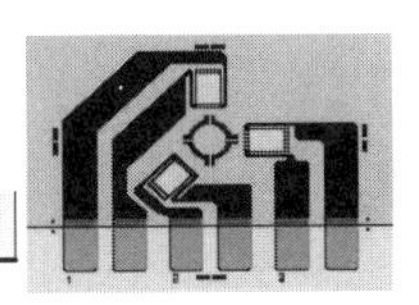

검출하는 적외선식 온도 센서에서부터 광 통신, 광 리모콘, 카메라, 투시경, X선 투사기 및 촬영기에 이르기까지 헤아릴 수 없을 정도로 많다.

그러나 통상 광 센서라고 하는 것은 물체의 위치나 상태, 자세 등을 검출, 판단하기 위해 사용되는 것으로 검출 소자로서는 포토 다이오드(photo diode)를 비롯하여 포토 트랜지스터(photo transister), CdS 셀, 포토 IC, 태양전지, 이미지 센서 등이 있다.

광 센서는 분류하는 방법에 따라 반도체의 접합상태나 수광소자 등에 따라 분류하기도 하나, 여기서는 광전 효과(photoelectric effect)에 따라 분류한다. 광 센서는 광 에너지를 전기 에너지로 변환하는 일종의 트랜스듀서로서 광과 물질 사이에는 물리적 상호 작용이 작용된다. 즉, 물질이 광자를 흡수하고 그 결과 전자를 방출하게 되는데 이 현상을 광전 효과라고 한다.

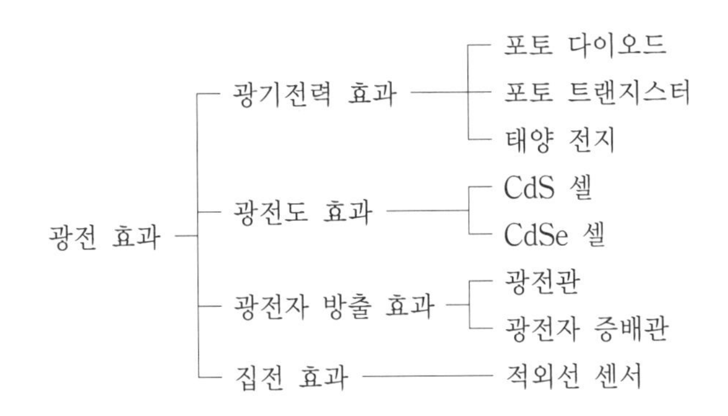

[그림 2-56] 광전 효과에 의한 광 센서의 분류

1 광기전력 효과

반도체의 접합부에 빛이 조사되면 전자와 정공의 흐름이 생겨 기전력이 발생하는 현상을 광기전력 효과라고 하고, 대표적인 센서에는 포토 다이오드와 포토 트랜지스터 등이 있다. 이 형식의 소자는 Si나 Ge를 베이스로 한 반도체가 많고 감도역은 가시광에서 적외역까지이다.

2 광도전 효과

반도체에 빛이 조사되면 전자와 정공이 증가하고 광량에 비례하는 전류 증가가 일어나는 현상을 광도전 효과라 하며, 빛이 조사되면 소자의 도전성이 양호해지

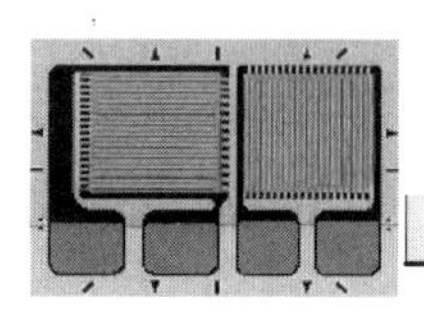

는 소자가 사용되는데 대표적인 것으로는 CdS 셀이 있다. 감도는 가시광의 중심 영역으로 소자는 비교적 응답이 늦다.

3 광전자 방출 효과

광전관 등에 사용되는 원리로서 전극부에 빛을 조사하면 광전자가 방출되는데 이것을 광전자 방출 효과라 한다. 대표적인 소자로서는 광전관이나 광전자 증배관이 있으며 이것은 감도가 높고 큰 출력이 얻어지기 때문에 미약한 광의 검출이나 자외광의 검출에 주로 사용되고 있다.

이상의 광전 효과들을 응용하는 센서를 분류하면 [그림 2-56]과 같이 분류되나 이들 소자가 단독으로 자동화용 센서로서 사용되는 것은 많지 않다. 그 주된 이유는 포토 다이오드를 예로 들자면 소형 경량으로서 입사광에 대한 선형성이 우수하고, 응답 특성이 좋을 뿐만 아니라 파장감도가 넓고 진동·충격에도 강하다는 장점을 가지고 있으나 출력 전류가 극히 작다는 단점 때문에 대부분 포토 트랜지스터와 조합하여 사용하듯이 증폭 수단을 병용해야 하기 때문이다.

따라서 여기서는 먼저 자동화용으로 가장 많이 사용되고 있는 광전 스위치와 능동형 광복합 센서인 포토 인터럽트에 대해 설명하고 뒤에 단독 소자에 대해 설명하기로 한다. 한편 [표 2-11]은 광전 효과에 따른 종류의 특징과 주된 용도를 나타낸 것이다.

[표 2-11] 광 센서의 종류에 따른 특징과 용도

분 류	센서의 종류	특 징	주 용 도
광기전력 효과형 광 센서	·포토 다이오드 ·포토 트랜지스터 ·광 사이리스터	·소형, 저코스트, 전원 불필요 ·대출력 ·대전류 제어	·카메라, 스트로보, 광전 스위치, 바코드 리더, 카드 리더, 화상 판독, 조광 시스템, 레벨 제어
광전자 방출형 광 센서	·광전자 증배관 ·광전관	·초고감도, 응답 속도가 빠르다. ·펄스 계측 ·미약광 검출, 펄스 카운터	·정밀 광계측 기기 ·초고속, 극미약광 검출
광도전 효과형 광 센서	·CdS 광도전 셀	·소형, 고감도, 저코스트	·카메라 노출계 ·포토 릴레이, 광 제어
복합형 광 센서	·포토 커플러 ·포토 인터럽터	·전기적 절연, 아날로그 광로에 의한 검출	·무접점 릴레이, 전자 장치 ·노이즈 컷 ·광전 스위치, 레벨 제어, 광전식 카운터

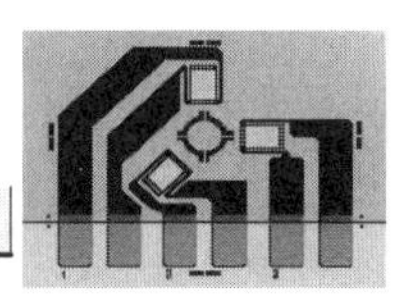

2.3.2 광전 스위치

[사진 2-6] 광전 스위치

1 광전 스위치의 개요

광전 스위치란 빛을 내는 투광부와 그 빛이 대상물에 의해서 반사, 투과, 흡수, 차광 등의 변화를 받는 것을 수광부에서 수광하여 ON/OFF 신호를 내는 것을 말한다.

즉, 전기 에너지를 빛으로 변환시키는 발광 소자(GaAs, CaAlAs, GaP 등의 PN 접합 소자)를 사용하여 빛을 내는 발광부에 의해 검출 대상을 향해 빛을 조사하고, 검출 대상에 의해 변화된 빛을 수신하여 전기적 신호로 변환 및 증폭(포토 다이오드, 포토 트랜지스터 등의 소자)시키는 수광부를 갖춘 일명의 센서를 광전 스위치라 한다.

넓은 의미에서는 투광부가 없어도 대상물이 방사하는 빛으로 동작하는 것과, 출력이 ON/OFF 신호가 아니고 입광량에 따라 비례 출력하는 아날로그 출력인 것, 그리고 이미지 센서와 같이 여러 개의 센서 소자를 사용하여 치수검사나 결점을 검출하는 것까지 포함된다.

이와 같은 광전 스위치는 물체의 유무나 통과 여부 검출에서부터 크기의 대·소, 색상의 차이 판별 등 고도의 정밀 검출까지 할 수 있어 자동화된 기계나 설비의 자동제어, 계측, 안전장치, 감시장치, 검사 등의 여러 산업분야에 폭넓게 이용되고 있다. 명칭에서도 광전 스위치, 광전 센서, 빔 스위치, 포토 센서, 포토 스위치, 광 센서 등 여러 가지 이름으로 불리우고 있지만 광전 스위치가 가장 일반적인 명칭이다.

2 광전 스위치의 특징

(1) 비접촉으로 검출할 수 있다.

빛을 매체로 하여 검출하므로 검출 대상물에 전혀 접촉하지 않고 검출할 수 있으므로 검출 대상물이나 광전 스위치가 손상되거나 영향을 주지 않는다.

(2) 검출거리가 길다.

투과형은 0~50 cm의 것으로부터 0~30 m의 것이 있고 경우에 따라서는 수 km까지도 검출할 수 있다. 또한 반사형은 5 mm의 것부터 3 m의 것까지 검출할 수 있다. 근접 스위치의 검출거리가 10~20 cm가 한도인 것을 생각하면 제약이 훨씬 적은 것이다.

(3) 대부분의 대상물을 검출할 수 있다.

금속에 국한하지 않고 종이, 나무, 플라스틱, 그리고 투명물체까지도 검출할 수 있다. 물론 고체뿐이 아니고 액체나 기체라도 문제 없이 검출된다. 즉 빛에 변화를 주는 물체는 모두 검출할 수 있는 것으로 생각할 수 있다.

(4) 응답시간이 빠르다.

고속인 빛을 이용하여 모두 전자회로로 구성되고 있으므로 고속이다. LED 변조식에서는 응답속도가 1~5 ms 정도이다.

(5) 색의 판별이 가능하다.

이것은 빛의 특징으로 어떤 색은 특정한 파장에 대해서 흡수 작용이 있기 때문에 반사광량에 차이가 있다. 당연히 투광된 빛에는 아무런 변화를 주지 않는다.

(6) 빛은 수광의 넓이와 굵기를 자유로이 설정하기 쉽다.

투·수광 소자와 렌즈계에 의하여 빛을 넓히거나 평행으로 하거나 점으로 맺게 하는 것도 그리고, 수광 시야를 넓히거나 좁히는 것도 비교적 용이하다. 필요하면 미러를 사용하여 방향을 변화시키거나 파이버를 사용하여 굴곡된 좁은 곳도 통과시킬 수도 있다.

(7) 고정도로 검출할 수 있다.

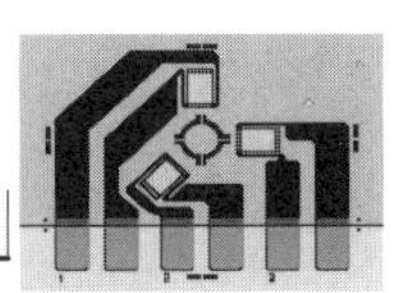

조절 가능한 광학계에 의하여 세세한 검출구성으로 할 수 있다. 또한 이미지 센서와 같이 극히 정확한 소자를 사용함으로서 미크론의 정도가 실현될 수 있다. 이것은 파장이 극히 짧고 직진성이 우수하기 때문이다.

(8) 기타

자기 및 진동의 영향을 받지 않고, 소형, 경량이어서 사용장소의 자유도가 크다는 장점이 있다.

(9) 다음과 같은 결점도 있다.

광전 스위치에서 가장 고려해야 할 점은 먼지 같은 것으로 렌즈면에 덮여서 투·수광이 방해되는 것이다. 특히 유분이 있는 환경에서 금속의 먼지가 있는 경우에는 대책을 세우지 않으면 사용하기 곤란하다. 또한 외란광에 주의하여야 한다. 이것에는 충분한 연구가 이루어져 보통 10만 룩스 정도까지는 문제시되지 않지만 특수한 조건하에서는 주의가 필요하다.

3 광전 스위치의 구성과 동작 원리

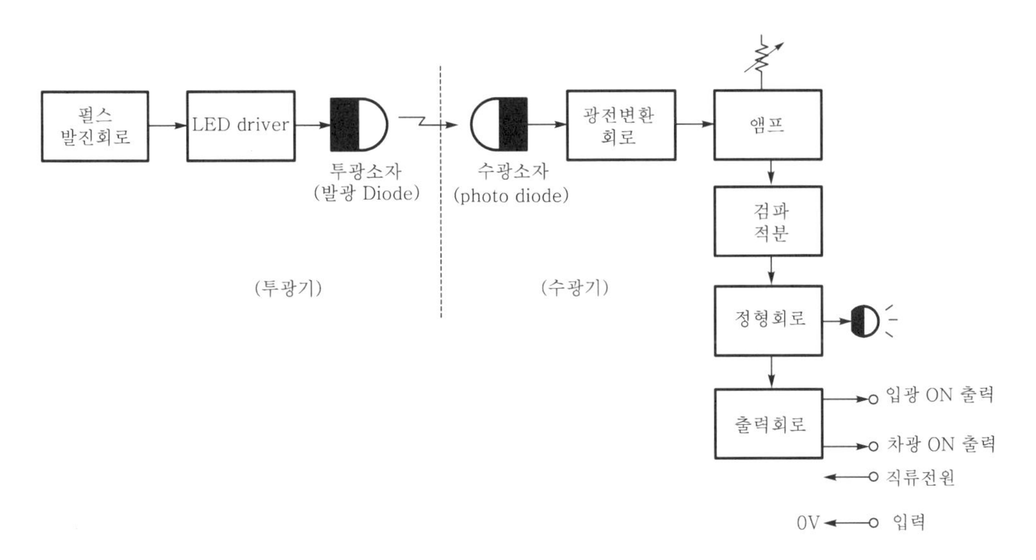

[그림 2-57] 투과형 광전 스위치의 기본 구성

광전 스위치의 발생 광원과 변조방식에는 일반적으로 발광 다이오드 펄스 변조방식이 가장 많이 사용되며 그밖에도 광학 램프 직류 점등식이 투과형에 일부 사

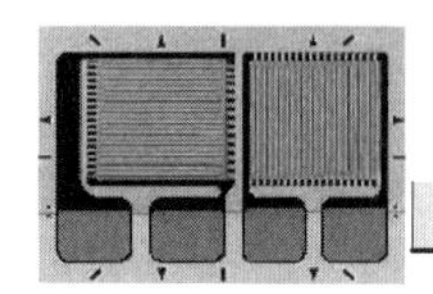

용되고, 고속응답으로 색 판별능력을 갖는 고급 마크 센서로 사용되기도 한다. 발광 다이오드 펄스 변조식 투과형 광전 스위치의 기본 구성도를 [그림 2-57]에 나타냈다.

이와 같은 형식은 외란광에 대해 강하고, 고감도로 검출거리를 크게 할 수 있다는 장점과, 발광 다이오드 방식이어서 소형이고 전력소비가 작다는 장점 때문에 많이 사용되고 있다. 그러나 변조, 검파(檢波)를 하므로 응답시간을 고속으로 할 수 없고, 발광 다이오드가 단파장이므로 특정색의 조합에 대하여 색판별 능력이 없다는 단점도 일부 있다. 여기서는 이 방식의 각 구성소자와 동작원리에 대해 살펴본다.

(1) 투광부

투광부는 투과형에서는 대향하는 수광부에 대하여 그리고, 반사형에서는 검출 물체 또는 반사 미러에 대하여 신호광을 내는 부분이고 투광소자, 광학계, 투광소자 드라이브 회로로 구성된다.

투광 소자로서는 발광 다이오드(LED)가 많이 사용되는데 발광 다이오드는 순방향으로 전압을 가함으로써 발광하는 반도체로서 작은 전류로 발광하고 발열이 작고 외형도 소형이다.

더구나 수명은 10만 시간 이상으로 길고 응답성이 극히 좋아 광출력은 작으나 광전 스위치의 광원으로는 거의 이상적인 것이라 할 수 있다. 또한, 광출력이 작은 점은 펄스 변조에 의하여 간헐적으로 큰 전류를 흘려서 평균전류를 작게 하여 발열을 억제할 수 있다.

더구나 수광 소자의 응답도 LED에 추종할 수 있는 고성능의 것을 손쉽게 얻을 수 있고 수광 신호도 후단의 펄스 증폭회로에서 안정하게 높은 증폭도를 얻기 쉬우므로 광원으로서의 LED는 최적이라고 할 수 있고 현재 95% 이상이 LED라고 보아도 될 것이다.

[표 2-12]는 광전 스위치에 많이 사용되는 LED 종류와 특성을 나타낸 것으로 시판되고 있는 광전 스위치에는 표에 나타낸 3종류 이외에도 황색광이나 오렌지색광 등도 일부 사용하고 있다.

(2) 수광부

투광부로부터 검출 물체에 방사된 빛은 반사 또는 흡수되어 수광부의 수광 소

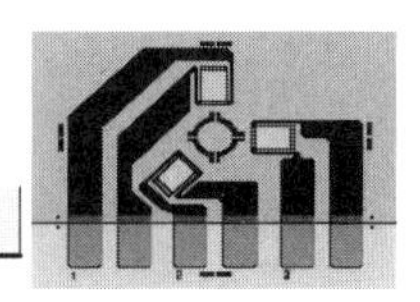

자면에 반사되어 포토 다이오드나 포토 트랜지스터에 의해 전기신호로 변환되고 조정되어 출력신호를 내게 되는데 이러한 기능부를 수광부라 하고 광학계와 수광 소자로 구성된다.

[표 2-12] LED의 종류와 특성

종 류	PN 접합의 결정 재료	발광 파장	발광색	광출력	특징과 응용
적외선 LED	GaAs (갈륨, 비소)	930 nm 부근	근적외선 (불가시광)	대	· 출력이 커질 수 있으므로 범용품에 널리 사용된다. · 투과력이 강해 먼지에 강하다. · 색판별 능력이 거의 없다.
적색광 LED	GaAsP (갈륨, 비소, 인)	660 nm 부근	적색	중	· 눈으로 확인할 수 있다. · 비교적 근거리의 센서 또는 흑, 청, 녹색계의 마크 센서로 사용된다.
녹색광 LED	GaP (갈륨, 인)	550 nm 부근	녹색	소	· 광이 약하다. · 마크 센서로서, 색판별 및 투과량의 차이 검출에 주로 사용된다.

광학계는 렌즈, 슬릿, 필터, 미러로 구성되며 기능은 투광기와 역으로 되어 있고, 필터는 신호광 이외의 불필요한 대역의 파장의 광을 제거하여 내·외란광의 특성을 향상시키기 위해 수광 소자 앞에 설치한다.

수광 소자는 포토 다이오드나 포토 트랜지스터, 광전관, 광전자 증배관 등이 사용되나 실리콘의 PN 접합을 이용하여 광이 닿는 광량에 비례하여 도전도가 변화하여 전기신호가 되는 원리로 작동되므로 포토 다이오드가 주류를 차지한다.

(3) 앰프

앰프에는 컨트롤 앰프(Control Amplifer)와 메인 앰프(Main Amplifier)가 있으며 컨트롤 앰프는 검출대상에 맞추어 수광 감도를 조정하여 신호를 증폭하는 회로로서 감도의 조정은 VGC(전압 Gain Control) 회로 방식에 의하여 가해지는 직류전압에 비례한 감도가 얻어지도록 되어 있고, 메인 앰프는 조정된 감도신호를 크게 증폭하여 다음 단의 동기, 검파, 적분회로에서 처리하기 쉬운 신호로 만들기 위해 사용된다.

(4) 동기검파와 적분회로

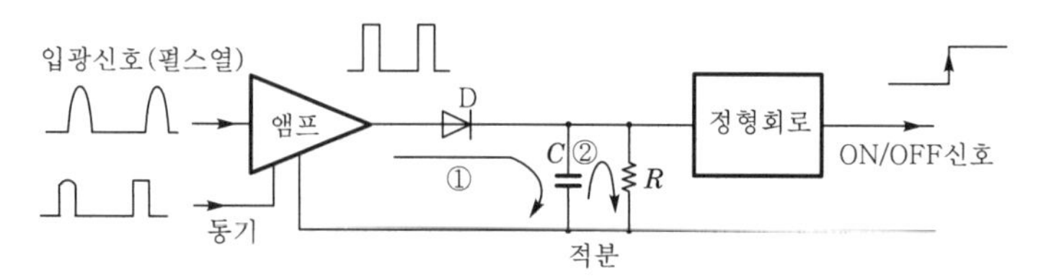

· 앰프 회로의 출력은 투광 신호와 동기된 신호에 의하여 불요 성분이 제거되어 입광 신호의 파고치에 비례한 스위칭에 가까운 신호가 된다.
· 다이오드 D에 의하여 플러스 파형만이 순시로 하여 세어지고 계단상으로 전압을 높인다.
· 다음 펄스가 없으면 ②에 의하여 서서히 전압이 낮아져 간다.
· 입광 펄스가 연속하여 들어가면 적분회로의 전압은 ②에 의하여 조금씩 전압을 낮추어도 계단상으로 점점 상승하여 마침내 정형회로의 ON 레벨을 넘는다. ON 신호가 날 때까지가 입광 응답시간이 되고 펄스 주기×적분 펄스 개수로 결정된다.

[그림 2-58] 피크 홀드 적분회로의 동작원리

앰프에 의해 충분히 증폭된 신호는 외란광 성분이나 전기 노이즈를 포함하고 있는 경우가 많기 때문에 발광부에서의 발광 동기신호를 앰프부에 가하여 발광시간 이 외에는 램프 출력을 검파회로에 출력하지 않도록 하여 불필요한 성분을 제거하고 있다. 이것을 동기검파라 하며 변조형 광전 스위치를 더욱 안정되게 해준다. 여기에 동기 후의 다이오드에서 검파된 신호는 피크 홀드(peak hold) 적분회로에 보내져서 직류 레벨 신호가 된다.

(5) 정형 회로와 출력 회로

적분회로의 레벨 신호는 정형회로에 의해서 적당한 히스테리시스(hysteresis) 특성을 주어 정확한 검출과 안정된 동작을 준다. 정형된 신호는 출력 스위칭 회로를 구동시켜 제어 출력으로서 외부에 출력된다. 출력회로는 앰프 내장형의 경우에는 외부의 릴레이나 시퀀스 조작 회로를 드라이브하기 위한 신호 레벨로 출력되고 앰프 분리형에서는 내장되는 릴레이를 드라이브하는 일이 많다.

4 구성에 의한 광전 스위치의 분류

광전 스위치는 필요한 주요 각부를 어떻게 유닛화로 하여 구성하는가에 따라 앰프 내장형, 앰프 분리형, 전원 내장형으로 분류할 수 있고 이것은 검출 부분의

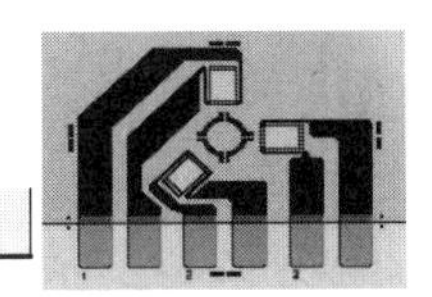

외형 치수나 공급전원 및 노이즈에 대한 강도에 관계된다. 이들 세 가지 종류에 대한 구성도와 특징을 [표 2-13]에 나타내었다.

[표 2-13] 구성에 의한 광전 스위치의 종류와 특징

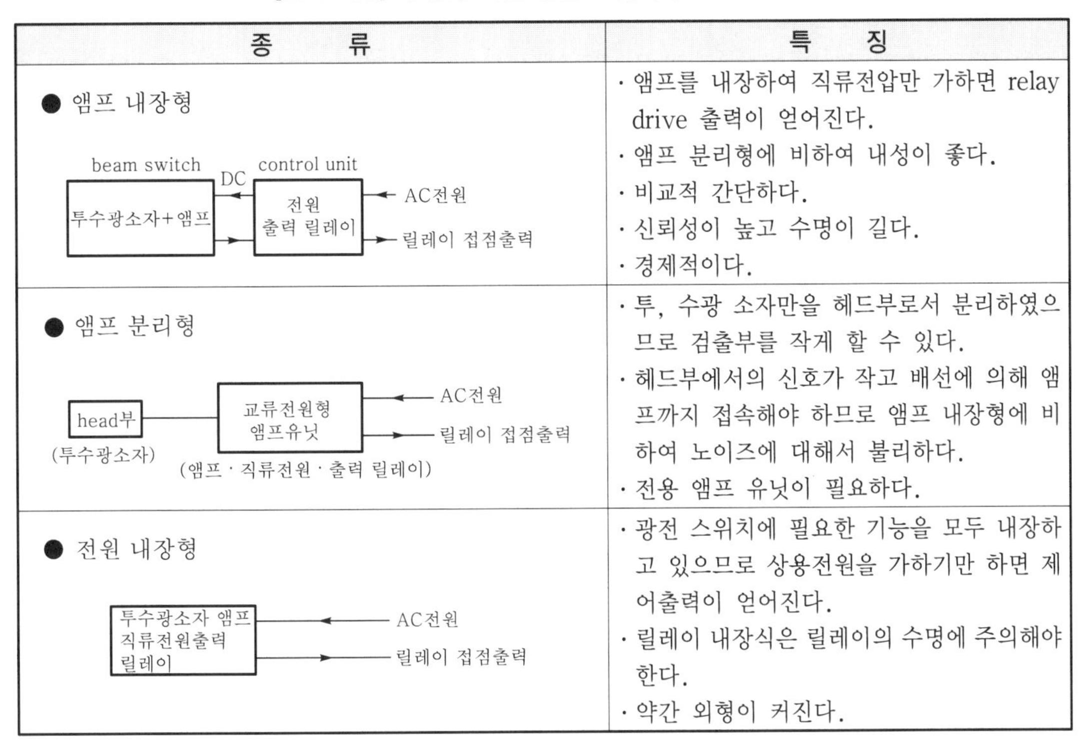

종 류	특 징
● 앰프 내장형 beam switch / DC / control unit 투수광소자+앰프 / 전원 출력 릴레이 / AC전원 / 릴레이 접점출력	· 앰프를 내장하여 직류전압만 가하면 relay drive 출력이 얻어진다. · 앰프 분리형에 비하여 내성이 좋다. · 비교적 간단하다. · 신뢰성이 높고 수명이 길다. · 경제적이다.
● 앰프 분리형 head부 (투수광소자) / 교류전원형 앰프유닛 (앰프 · 직류전원 · 출력 릴레이) / AC전원 / 릴레이 접점출력	· 투, 수광 소자만을 헤드부로서 분리하였으므로 검출부를 작게 할 수 있다. · 헤드부에서의 신호가 작고 배선에 의해 앰프까지 접속해야 하므로 앰프 내장형에 비하여 노이즈에 대해서 불리하다. · 전용 앰프 유닛이 필요하다.
● 전원 내장형 투수광소자 앰프 직류전원출력 릴레이 / AC전원 / 릴레이 접점출력	· 광전 스위치에 필요한 기능을 모두 내장하고 있으므로 상용전원을 가하기만 하면 제어출력이 얻어진다. · 릴레이 내장식은 릴레이의 수명에 주의해야 한다. · 약간 외형이 커진다.

5 검출방식에 의한 광전 스위치의 분류

(1) 투과형

[그림 2-59]에 나타낸 바와 같이 투광기와 수광기로 구성되며, 설치할 때는 광축이 일치하도록 일직선상에 마주보도록 해야 한다.

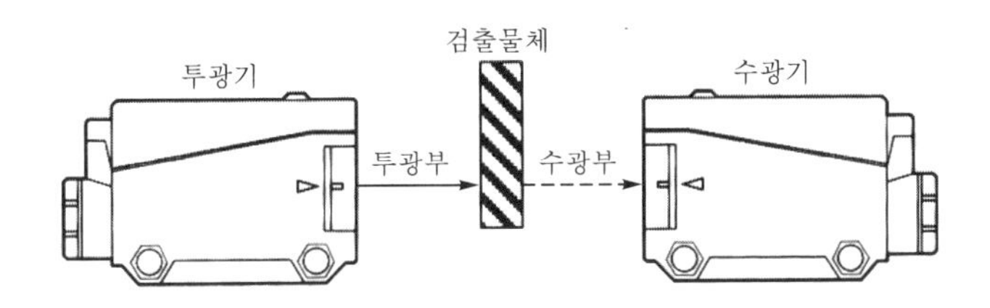

[그림 2-59] 투과형 광전 스위치

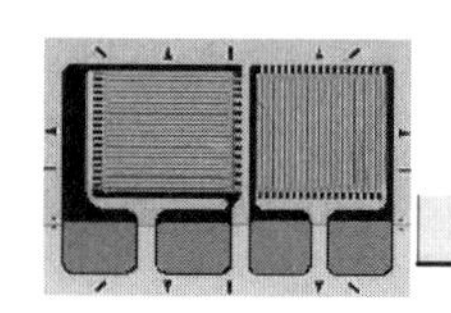

동작원리는 광축이 일치하여 있기 때문에 투광기로부터 나온 빛은 수광기에 입사되는데, 만일 검출체가 접근하여 빛을 차단하면 수광기에서 검출신호가 발생한다. 이 투과형 광전 스위치는 검출거리가 가장 길고 검출 정도도 높으나 투명 물체의 검출은 곤란하다.

광전 스위치에는 [그림 2-60]에 나타낸 형식의 ㄷ자형 광전 스위치도 있는데 이 형식도 기본적으로는 투과형에 해당된다. 이 형식은 개구부 내로 검출체가 통과할 때 검출하는 것으로 검출거리가 기계적으로 고정되어 있고 광축을 맞출 필요가 없는 투과형이라고 생각하면 좋다.

[그림 2-60] ㄷ자형 광전 스위치

(2) **미러 반사형**

[그림 2-61]에 나타낸 바와 같이 투광기와 수광기가 하나의 케이스로 조립되어 있고, 반사경으로 미러를 사용한다.

동작원리는 투광기와 미러 사이에 미러보다 반사율이 낮은 물체가 광을 차단하면 출력신호를 낸다. 이 형식의 광전 스위치는 광축 조정은 쉬우나 반사율이 높은 물체는 검출이 곤란하다.

또한 편측 배선뿐이므로 설치 장소나 배선 비용이 투과형에 비해 싸게 들고 직접 반사형보다 검출거리가 길다는 장점이 있다.

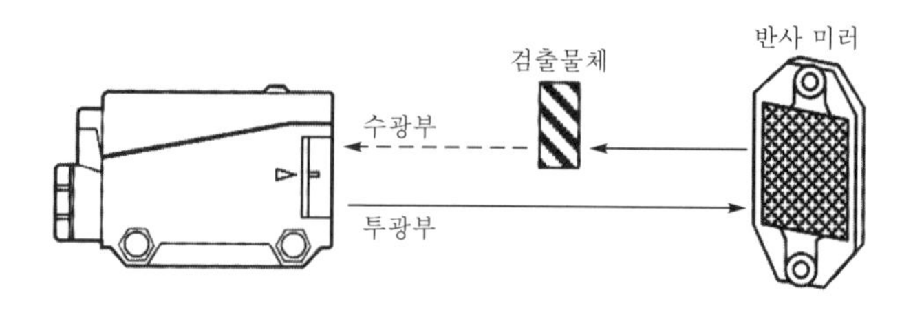

[그림 2-61] 미러 반사형 광전 스위치

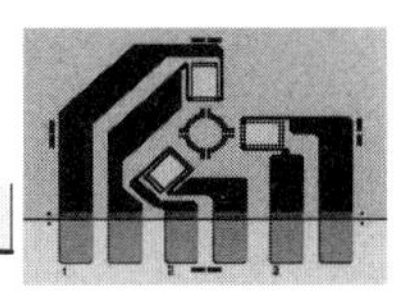

(3) 직접 반사형

직접 반사형은 확산 반사형이라고도 하며 미러 반사형처럼 투광기와 수광기가 하나의 케이스에 내장되어 있으며, 투광기로부터 나온 빛이 검출 물체에 직접 부딪혀 그 표면에 반사하고, 수광기는 그 반사광을 출력신호를 발생시키는 것으로 그 원리를 [그림2-62]에 나타냈다.

이 형식의 특징으로는 미러 반사형처럼 한쪽 배선만으로 배선이 절약되고, 게다가 미러도 필요치 않아 설치 자유도가 크다는 장점과 광축 맞추기 등의 조정이 불필요하고 투명체를 포함하여 거의 모든 물체를 검출할 수 있다. 그러나 검출거리가 세 형식 중 가장 짧다는 단점이 있으나 이것이 때로는 장점도 될 수 있다.

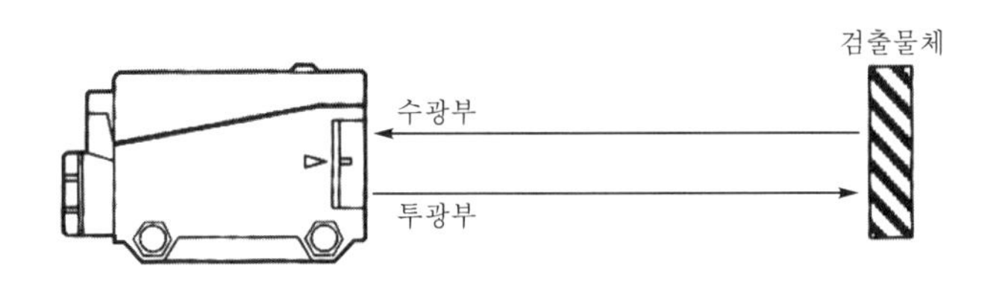

[그림 2-62] 직접 반사형 광전 스위치

(4) 복사광 검출형

투광기가 없고 수광기만으로 구성되어 있으며 Hot Metal Detector(HMD)라 불리운다. 뜨거운 철 등에서 나오는 적외선을 검지하여 동작하는 형식이며 주로 철강 설비용으로 사용된다. 따라서 열, 물, 먼지 등이 많은 나쁜 작업 환경에서도 충분히 사용할 수 있도록 되어 있다.

6 출력 형태에 따른 광전 스위치의 분류

광전 스위치의 출력 형태는 무접점 출력형과 유접점 출력형으로 구분되는데 무접점 출력이 일반적이다.

초기상태로서는 직류형에서는 물체를 검출한 상태에서 출력이 ON되는 노멀 오픈(normal open)형과 물체를 검출한 상태에서 출력이 OFF되는 노멀 클로즈(normal close)형이 있으므로 제어 회로측과 일치되는 것을 선정해야 한다. 교류형에도 역시 노멀 오픈형과 노멀 클로즈형이 있으며, 부하의 구동방식에 따라서는 2선식과 3선식이 있다.

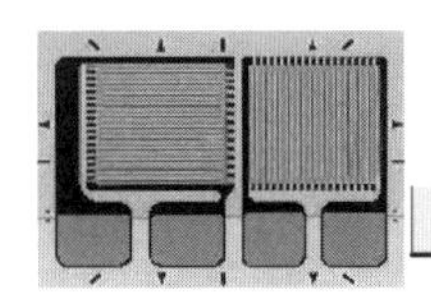

2선식은 배선에는 편리하지만 반드시 부하를 직렬로 접속하여 사용하지 않으면 안되므로 주의해야 한다.

[표 2-14] 출력 형태에 따른 종류와 회로도

분 류			출력단 회로	적용 부하
무접점 출력	직류개폐형	전류 출력형	광전 스위치 주회로 (+V) 부하 (출력) (0V)	· PLC · 센서 컨트롤러 · 카운터 등
		전류/ 전압 출력형	입광 표시등 안정 레벨 표시등 광전 스위치 주회로 1.5~4mA +V DC12~24V 부하1 출력 부하2 0V	■ 부하 1 · PLC · 센서 컨트롤러 · 릴레이 · 카운터 등 ■ 부하 2 · 센서 컨트롤러
	교류개폐형	2선식	광전 스위치 주회로 부하 AC 100 ~240V	· AC 릴레이
유접점 출력			광전 스위치 주회로 전원 AC24~240V DC12~240V T_c T_b T_a 접점출력	· 모터 · 솔레노이드 등

7 광전 스위치의 사양 예와 용어 설명

[표 2-15]는 DC 전원의 NPN 출력형 광전 스위치의 사양예이다. 대부분의 센서 제조 메이커에서는 각종의 광전 스위치에 대해 이와 같은 형식으로 사양을

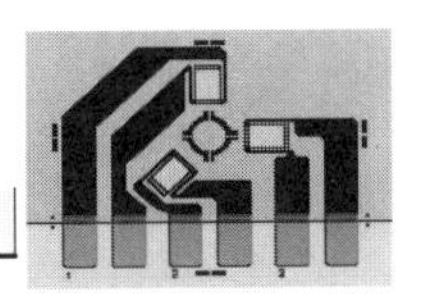

제공하므로 여기서는 사양서에 제시된 주요 항목의 용어에 대해 설명한다.

[표 2-15] 광전 스위치의 사양 예

종 류	DC 전원, 무접점 출력형		
	NPN 출력형		
	투과형	미러 반사형	직접 반사형
검출 거리	15 m	0.1~5 m	700 mm
검출 물체	φ15 mm 이상의 불투명체	φ60 mm 이상의 불투명체	불투명체, 반투명체, 투명체
응차 거리	–	–	검출거리의 20% 이내
응답 속도	1 ms 이하		
전압, 전류	DC 12~24V ±10%, 40 mA 이하		
사용 광원	적외선 LED(변조식)	적색 LED(변조식)	적외선 LED(변조식)
감도 조정	VR 내장		
동작 모드	전환 스위치에 의해 Light ON/Dark ON 모드 선택		
제어 출력	NPN 오픈 컬렉터 출력		
자기 진단 출력	불안정 동작시 녹색 LED 점등 및 출력 트랜지스터 ON		
보호 회로	전원 역접속 보호회로, 과전류 보호회로 내장		
표시등	동작표시등 : 적색 LED, 검출표시등 : 황색 LED		
절연 저항	20 MΩ 이상(DC 500V 메가기준)		
접속 방식	터미널(단자대) 접속		
내 노이즈	노이즈 시뮬레이터에 의한 방향파 노이즈 ±240V		
내전압	AC 100V 50/60 Hz에서 1분간		
내진동	10~55 Hz(주기 1분간), 복진폭 1.5 mm, X, Y, Z 각 방향 2시간		
내충격	500 ms(약 50G) X, Y, Z 각 방향 3회		
사용 주위 조도	태양광 : 11000 lx 이하, 백열등 : 3000 lx 이하		
사용 주위 온・습도	−20~65℃, 35~85% RH		
보호 구조	IP66(IEC규격)		
재질	케이스 : ABS, 렌즈 : 아크릴, 렌즈 커버 : 아크릴		
중량	약 370 g	약 225 g	약 195 g

① **광축** : 광망의 중심축을 말하고 광이 향하고 있는 방향 또는 수광 시야의 중심을 말한다.

② **직류광** : 시간적으로 명도가 변화하지 않는 광을 말한다.(태양광, 백열 전구 등)

③ **변조광** : 시간적으로 일정주기로 변화를 계속하는 광을 말한다.(변조된 LED

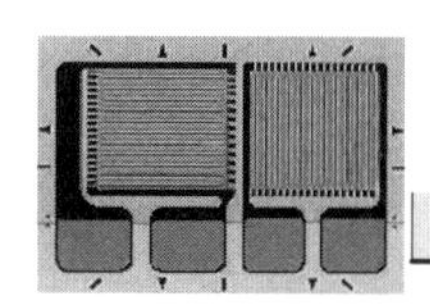

광, 형광등광, 수은등광)

④ **외란광** : 광전 스위치에 필요가 없는 외부에서 광전 스위치에 영향을 주는 광을 말한다.

⑤ **지향각** : 투과형과 거울 반사형 광전 스위치에서 동작 가능한 각도 범위를 뜻한다.

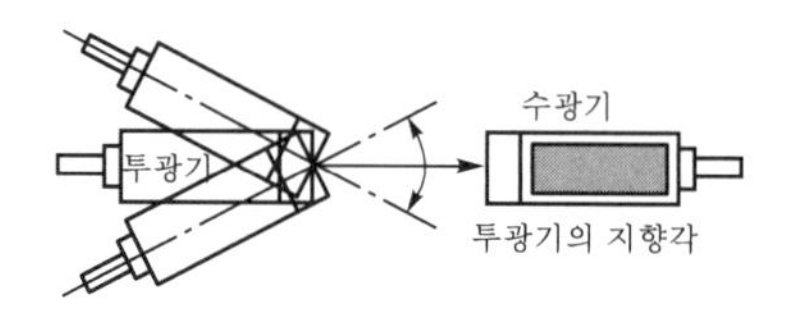

[그림 2-63] 지향각

⑥ **슬릿** : 얇은 금속판에 작은 구멍을 뚫는 것을 말하고 투광 광원을 좁게하기 위하여 사용한다.

⑦ **검출 거리** : 투과형과 거울 반사형에서는 제품의 오차, 온도 변화 등을 고려하여 최저한 보장되어 있는 설정 가능한 거리를 말하며, 직접 반사형에서는 표준 검출 물체에 반사시켜 검출 가능한 거리를 말한다.

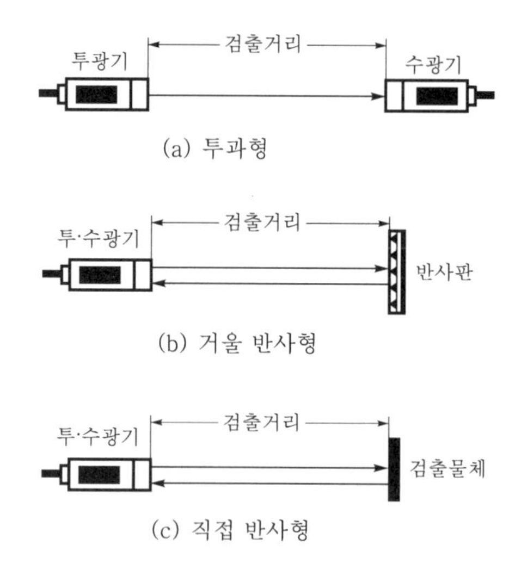

[그림 2-64] 검출 거리

⑧ **응차 거리** : 직접 반사형 광전 스위치에서 동작과 복귀의 거리 차를 뜻하며, 일반적으로 정격 검출거리에 대한 비율로 표시한다.

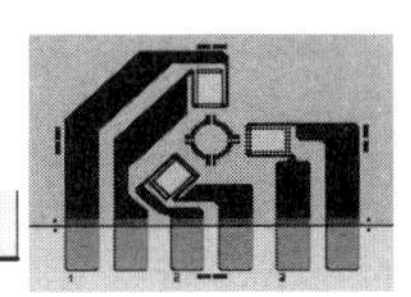

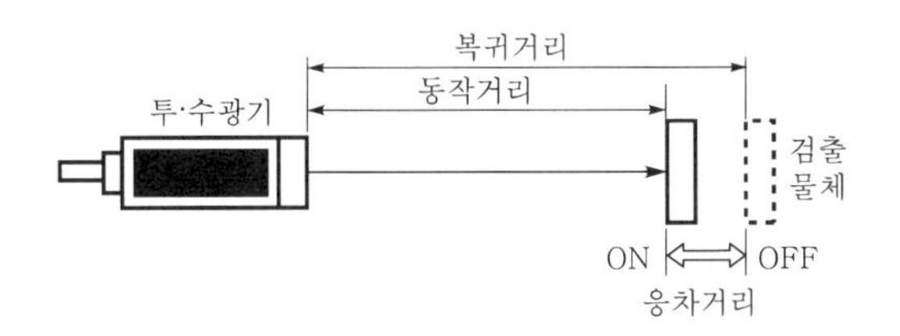

[그림 2-65] 응차 거리

⑨ **불감대** : 직접 반사형 광전 스위치에서 렌즈면 바로 앞 부분의 투광 에어리어와 수광 에어리어가 중첩되는 부분으로 이 부분에서는 검출이 불가능하다.

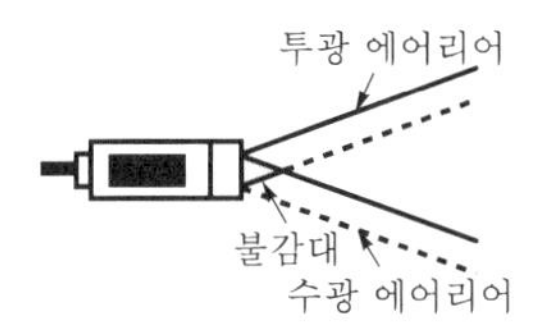

[그림 2-66] 불감대

⑩ **응답 시간** : 빛의 입력이 단속적으로 계속될 때 제어 출력이 동작, 복귀하는 시간을 말하며 광전 스위치에서는 동작시간(T_{on})≒복귀시간(T_{off})이다.

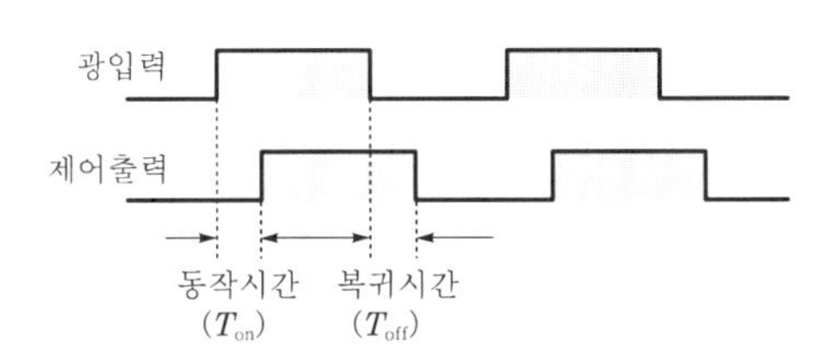

[그림 2-67] 응답 시간

⑪ **평행이동 작동거리** : 투과형 또는 미러 반사형에서 광축이 일치되어 동작하고 있는 상태에서 투광기 또는 반사 미러를 광축에 대하여 평행 이동시킬 때 동작을 계속하는 거리를 말하고 광전 스위치의 지향성을 아는 데 중요한 특성이다.

⑫ **차광 동작**(Dark ON)**과 입광 동작**(Light ON) : 수광기에 들어가는 빛이 차단되거나 감소되었을 때 출력이 나오는 것을 차광 동작(Dark ON), 수광기에 빛이 입사되거나 광속(光束)이 증가할 때 출력이 나오는 것을 입광 동작(Light ON)이라 한다.

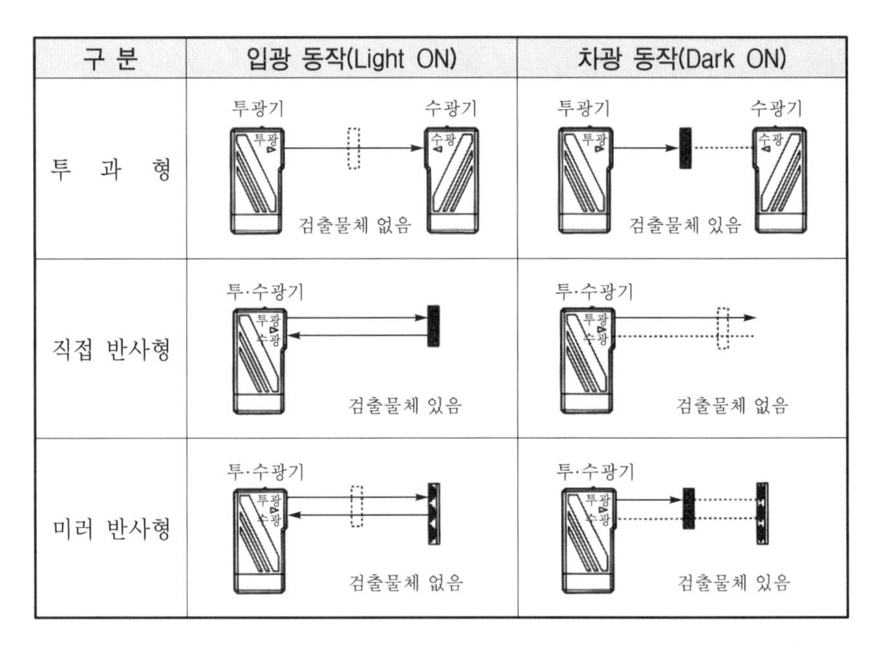

구 분	입광 동작(Light ON)	차광 동작(Dark ON)
투 과 형	투광기 / 수광기 투광 / 수광 검출물체 없음	투광기 / 수광기 투광 / 수광 검출물체 있음
직접 반사형	투·수광기 투광 / 수광 검출물체 있음	투·수광기 투광 / 수광 검출물체 없음
미러 반사형	투·수광기 투광 / 수광 검출물체 없음	투·수광기 투광 / 수광 검출물체 있음

[그림 2-68] 입광 동작과 차광 동작

8 올바른 사용법

(1) 설정거리와 여유도를 갖는 방법

설정거리는 카탈로그에 기재한 정격치 이하로 한다. 여유 때문에 정격치 이상에서 작동한다 해도 이것은 보증되는 값은 아니기 때문이다. 여유도는 환경(먼지)에 따라서 변화되기 쉬우므로 먼지가 없는 곳에서는 작게, 환경이 대단히 나쁜 경우에는 정격 검출거리의 1/2 이하로 설정하여 사용하는 등 배려가 필요하다.

(2) 렌즈 직경과 최소 검출 물체의 폭

최소 검출 물체의 폭은 보통 렌즈의 구경으로 생각하면 거의 틀림이 없다. 다만 광의 약간의 확산은 고려해야 하므로 렌즈 직경의 2배 정도로 생각하여 여유를 갖도록 해야 한다. 물체가 작아서 광을 차단할 수 없는 경우에는 슬릿이나 후드로 광망을 가늘게 하면 검출할 수 있다.

(3) 외란광과 그 대책

외란광에 대해서는 전혀 문제로 할 필요가 없을 정도로 특성은 향상되었으나 대책으로서 수광부 광축과 근사한 각도에서 입광되는 외란광은 태양광. 형광등

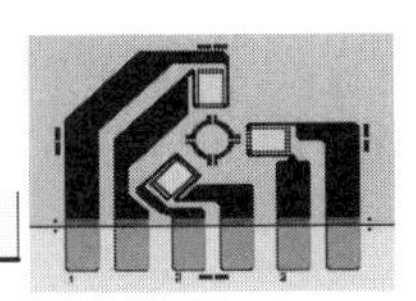

광. 수은등광 모두 주의가 필요하다. 그러나 외란광이 태양광일 때 외란광은 수광 시야(수광 지향각) 밖으로 보낸다. 즉, 수광기 광축과 외란광 광축을 약 30° 이상으로 하면 좋다. 이 각도는 여름과 겨울에 입사각도가 변하므로 주의해야 한다.

(4) 검출 물체의 크기의 차에 의한 거리의 변화

직접 반사형의 경우 검출 물체는 클수록 반사광의 양이 커지므로 검출거리는 커진다. 다만 광의 확산과 수광시야의 확산 이상으로 물체가 커져도 검출거리는 비례하여 커지지 않는다. 가는 빔인 것은 물체의 크기를 크게 해도 거리는 별로 증가하지 않는다.

(5) 검출 물체의 경사와 검출거리

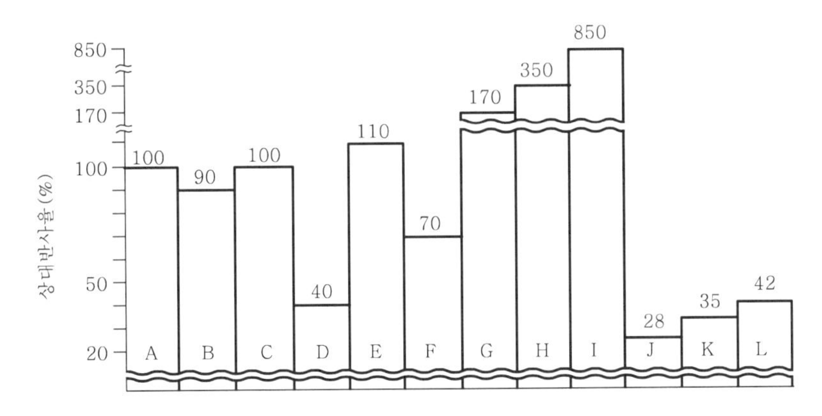

[그림 2-69] 검출 물체에 따른 검출 거리의 차이

직접 반사 물체라도 수광부로 반사하지 않는 광성분이 증가하면 검출거리는 감소한다. 다만, 10° 정도의 경사는 5% 정도 검출거리가 감소하는데 불과하다. 광택이 있는 물체는 영향이 매우 크고 미러 등은 검출되지 않게 되는데, 이 현상을 역이용하여 경사의 검출도 할 수 있다. [그림 2-69]는 직접 반사형으로 검출할 경우 검출 물체의 종류에 따라 검출거리의 변화량을 나타낸 것이다.

(6) 광전 스위치의 응답시간과 물체 크기와의 관계

당연히 검출 물체가 작으면 검출 불가능이 발생되는데 이 때문에 최소 검출 물체의 크기가 정해진다. 이때 최소 검출 물체 이상이더라도 진행 속도가 빠르면 광전 스위치가 응답을 발생하지 못하게 되는데 이들의 관계에는 다음 식을 적용하여 검출 물체의 폭을 구할 수 있다.

$$W \geq VT + A$$

단, W : 검출 물체의 폭(m)
V : 물체의 선속도(m/s)
T : 광전 스위치의 응답시간(s)
A : 광전 스위치의 최소 검출물체 폭(m)

위의 식에 의하여 응답시간 5 ms, 선속도 60 m/min, 광전 스위치의 최소 검출물체 폭 10 mm일 때 검출할 수 있는 물체의 폭 W를 구하면

$$W \geq 60/60(\text{초}) \times 5 \times 10^{-3} + 10 \times 10^{-3} = 15\,(\text{mm})$$

즉, 15 mm 이상이면 검출할 수 있는 것을 알 수 있다.
또한 다른 조건이 주어지고 광전 스위치의 응답을 구할 때는

$$T \leq \frac{W - A}{V}$$

가 구해진다.

(7) 공급전원에 대하여

① 전원전압 변동이 적은 충분한 용량의 전원을 사용해야 한다.
② 병용하고 있는 대전력의 기기가 동작하면 전압이 크게 변동하지 않는가 특히 주의해야 한다.
③ 직류전원은 리플치에도 주의해야 한다. 정류 후 반드시 평활화 하기 위한 콘덴서를 접속해야 한다.
④ 콘덴서의 값은 $470\,\mu\text{F} + 100\,\mu\text{F}/0.1\text{A}$ 이상으로 해야 한다.

(8) 배선시 주의사항

① 광전 스위치는 노이즈에 강하게 설계되어 있으나 동력 라인 등과의 평행 배선은 예측 못한 사고를 사전에 막기 위해서도 피해야 한다.

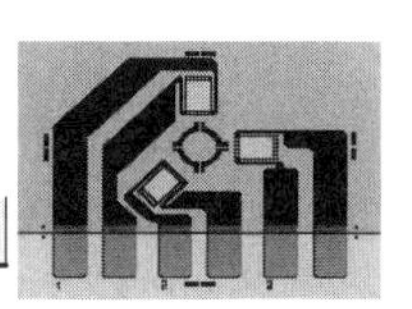

② 오배선이 없도록 올바르게 접속해야 한다. 또한 전원 투입 전에는 반드시 옳게 배선되었는가 확인해야 한다.
③ 다른 회로와 접촉하지 않도록 견고하게 고정해야 한다.
④ 카탈로그에 지정된 선 굵기와 배선 길이를 초과하지 말아야 한다.

(9) 취부, 설치시 주의사항

① 상호 간섭, 외란광, 각도 등에 주의하여 배치해야 한다.
② 투과형은 광축 조정이 쉽도록 그리고 반사형은 감도 볼륨 조정이 쉽도록 배려해야 한다.
③ 조정 후 움직이지 않도록 견고하게 고정해야 한다.
④ 다른 이동 물체가 충돌하여 파손될 우려가 있는 경우에는 기계적으로 보호해야 한다

(10) 고주파 노이즈에 대한 주의사항

초음파 용접기 등의 고주파 기기는 광전 스위치의 변조 고주파의 근사한 노이즈를 내는 수가 있다. 가능한 한 부근에 설치하지 말아야 한다.

(11) 출력과 접속 부하에 관한 사항

① 출력은 대부분 보호회로를 설치하고 있으나 장시간의 전원 단락은 열적으로 파손될 우려가 있으므로 주의해야 한다.
② 정격 이하의 부하의 접촉은 사고의 원인이 되므로 절대로 피해야 한다.

(12) 전원 투입시에 대하여

전원 투입시 입광된다 해도 출력이 입광상태의 출력이 될 때까지는 일정한 시간이 걸린다. 기타 전원 투입시에는 여러 가지 상태를 생각할 수 있으므로 투입 후 약 50 ms 정도의 시간을 신호로서 이용하지 않도록 배려해야 한다. 이것은 전원 차단시에도 같다.

(13) 여유를 갖게 사용해야 한다.

검출거리 등에 여유를 갖게 하여 사용해야 한다. 설계 검토시에 생각하지 못한 변화(물체가 변화하는 등)가 있기 때문이다.

(14) **기타 주의사항**

① 나쁜 환경에서는 정기적으로 광학계를 청소해야 한다.

② 광학계는 광전 스위치의 심장부이다.

③ 렌즈의 청소에는 가제를 사용하도록 하고 또한 유기용제의 사용을 피하도록 해야 한다.

9 광전 스위치의 응용 예

(1) **투명 병의 라벨 부착 유무 검출**

라벨 부착 시스템을 통과한 병을 검사한다.

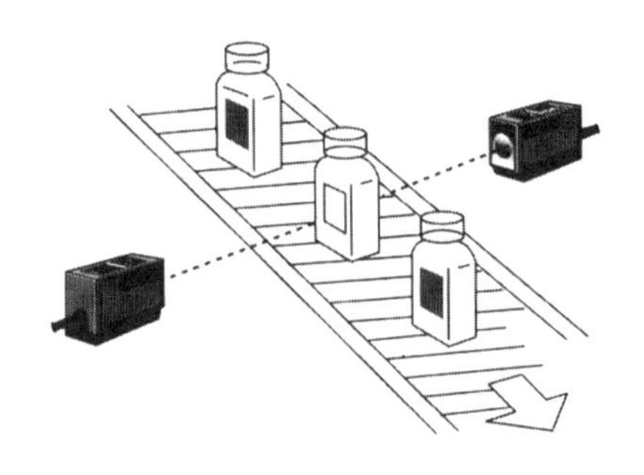

[그림 2-70] 라벨 부착 유무 검출

(2) **좁은 통로 사이로 이용되는 물체의 통과 검출**

부품 공급장치로부터 공급되는 부품이나 컨베이어 상으로 통과되는 부품의 통과 여부를 검출한다.

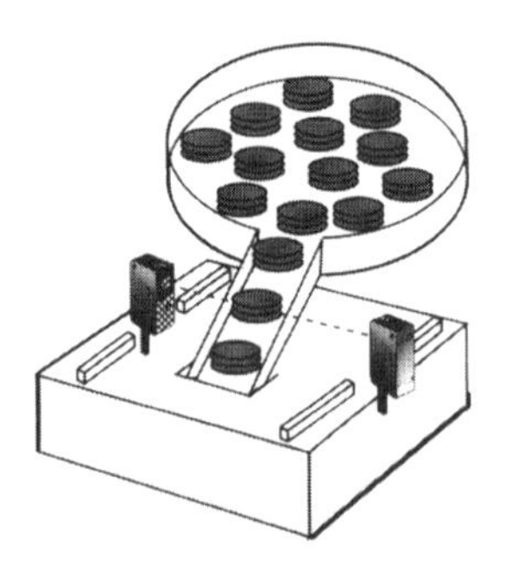

[그림 2-71] 물체의 통과 검출

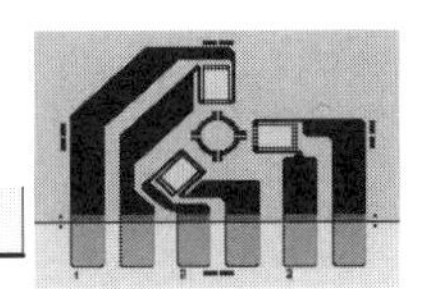

(3) **드릴날의 부러짐 검사**

드릴 작업기에서 드릴날의 파손 상태를 검출한다.

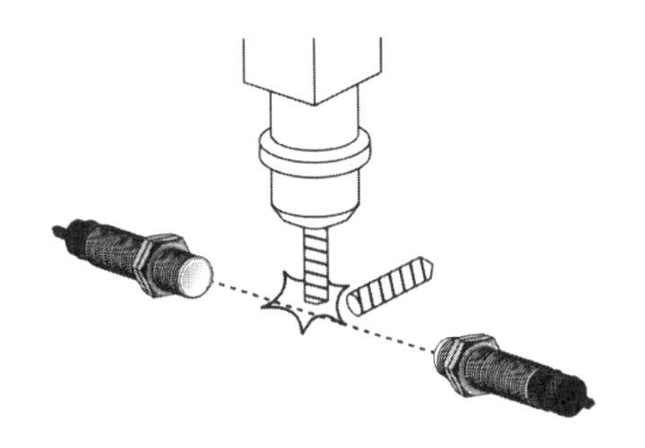

[그림 2-72] 공구의 파손 검출

(4) **차량의 통과 유무 검출**

자동차 주행도로나 주차설비 입구에서 차량통과 유무를 검출한다.

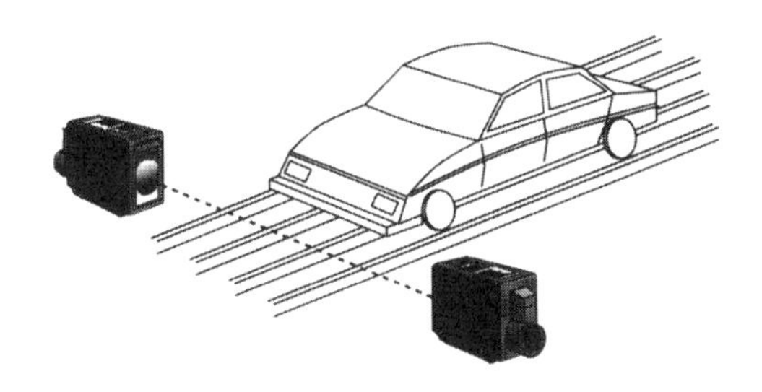

[그림 2-73] 차량의 통과 검출

(5) **투명 비닐의 검출**

감도 조정이 가능한 ㄷ자형 광전 스위치를 이용하여 투명한 물체의 검출이 가능하다.

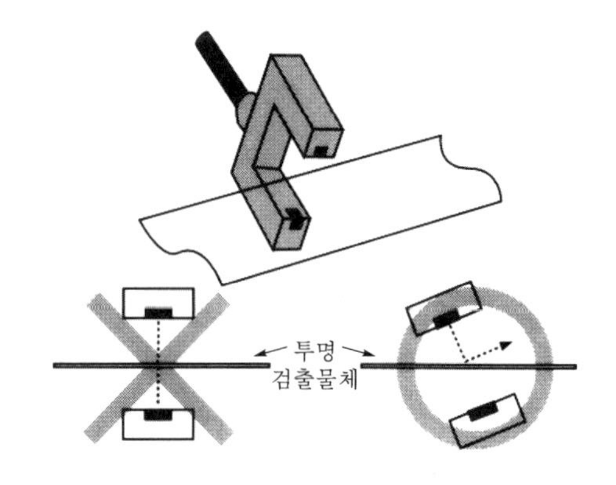

(검출 물체가 투명인 경우의 설치방법)

[그림 2-74] 투명 물체의 검출

(6) **엘리베이터의 위치 검출**

ㄷ자형 광전 스위치를 이용하여 엘리베이터의 정지 위치를 검출한다.

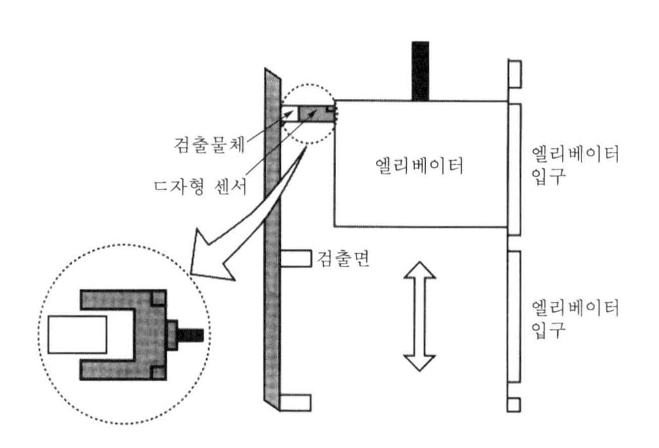

[그림 2-75] 엘리베이터 위치 검출

(7) **수량 검출**

컨베이어로부터 호퍼로 낙하하는 부품의 통과 여부를 검출하여 그 신호를 카운터로 보내 수량 검출 제어를 실현한다.

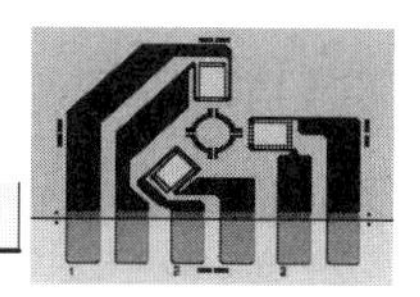

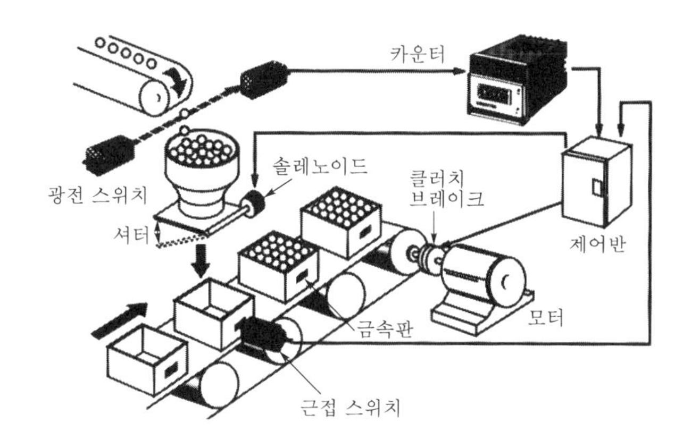

[그림 2-76] 수량 검출

(8) 진공조 내에서의 액정 기판의 유무 검출

투명체 검출용 광전 스위치를 이용하면 진공조 내에 유리 검출도 가능하다.

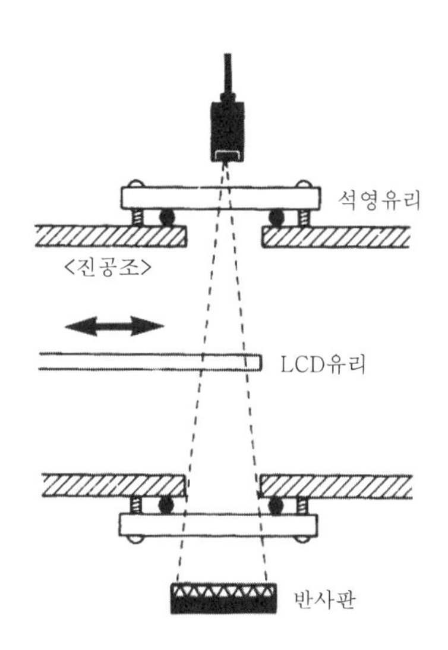

[그림 2-77] 진공조 내의 액정 기판 검출

(9) 주행위치 확인이나 번호 검출

자동 주차설비에서 차량의 주차 위치나 크레인의 위치를 검출한다.

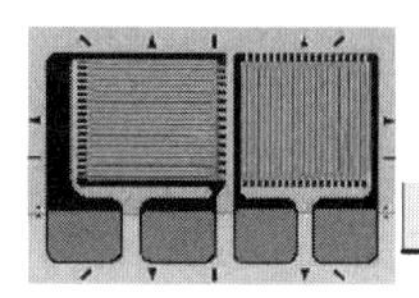

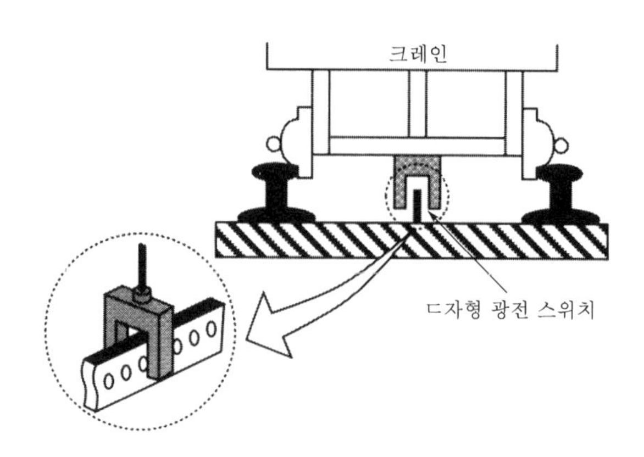

[그림 2-78] 주행 위치 검출

(10) **컨베이어 상을 통과하는 제품의 색상 판별**

직접 반사형 광전 스위치를 이용하여 제품 색상에 따른 반사 광량의 차이를 검출하여 제품의 색상 판별이 가능하다.

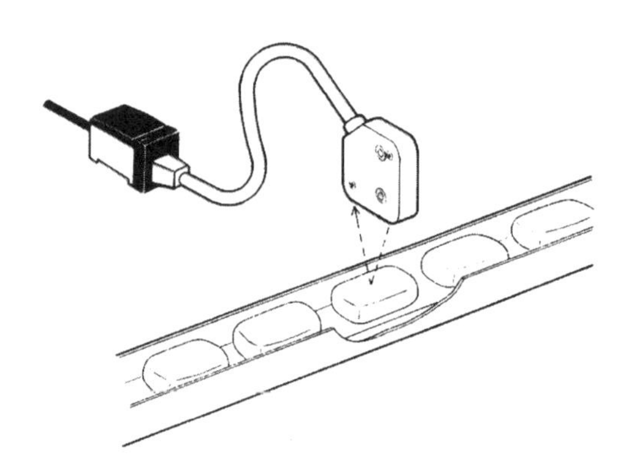

[그림 2-79] 제품의 색상 판별

2.3.3 광 파이버 센서

1 광 파이버 센서의 개요와 특징

광 파이버식 광전 스위치 또는 광 파이버 스위치 등으로 불리우는 광 파이버 센서는 광전 스위치와 광 파이버(photo fiber)를 조합시킨 것으로 사용 목적은

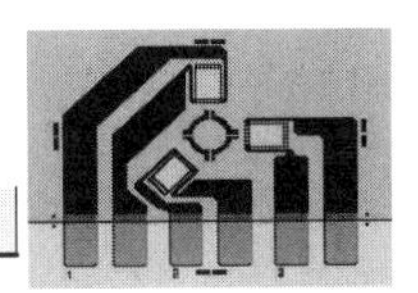

광전 스위치와 같다.

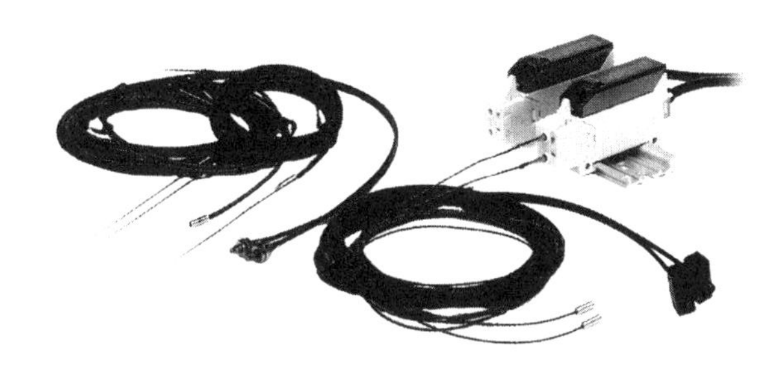

[사진 2-7] 광 파이버 센서

가장 큰 특징으로는 가늘고 유연성이 풍부한 광 파이버를 이용하여 복잡하고 미세한 부분에 접근할 수 있기 때문에 공간적으로 제약을 받지 않고 검출할 수 있다는 점이다. 게다가 나쁜 환경에서도 높은 신뢰성을 얻을 수 있기 때문에 최근에 자동화용 센서로 널리 사용되고 있는 센서이다.

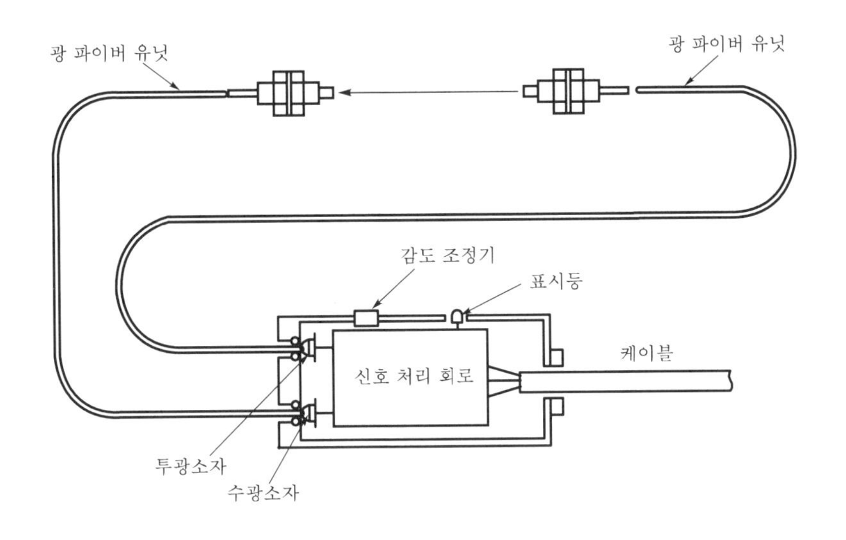

[그림 2-80] 투과형 광 파이버 센서의 구성도

광 파이버 센서는 [그림 2-80]에 그 구성 예를 나타낸 바와 같이 투광 소자, 수광 소자 및 신호처리 회로를 내장하고 앰프 유닛과 검출 헤드 부분까지 유도되는 광 파이버 유닛으로 구성되어 있다.

이와 같은 광 파이버 센서의 특징을 요약하면 다음과 같다.

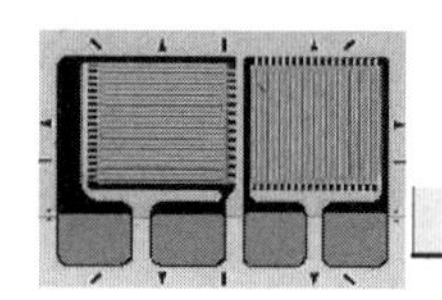

(1) 유연성이 우수하다.

플렉시블한 광 파이버를 이용하기 때문에 설치장소에 구애받지 않고, 좁은 장소나 설치하기 곤란한 장소에서도 자유롭게 설치할 수 있다.

(2) 소형 물체의 검출이 용이하다.

검출 선단부가 매우 소형이기 때문에 검출 물체에 가까이 부착할 수 있고, 따라서 소형 물체도 검출할 수 있다.

(3) 내환경성이 우수하다.

유리형 광 파이버를 사용하면 주위 온도가 높은 장소에서도 사용이 가능하고, 검출 선단부를 포함하여 광 파이버에는 전류가 흐르지 않기 때문에 방폭용으로도 사용이 가능하며, 노이즈의 영향을 받지 않는 장점이 있다.

2 광 파이버의 구조원리와 종류

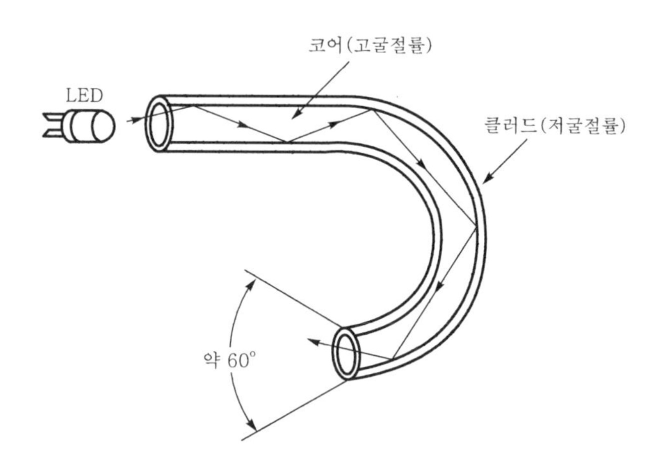

[그림 2-81] 광 파이버 구성과 원리

광 파이버는 [그림 2-81]에 보인 바와 같이 굴절율이 낮은 클러드(clad)와 굴절율이 높은 코어로 구성되어 있다. 광 파이버의 한쪽 단면으로 입사된 광은 코어와 클러드의 경계면에서 전반사를 반복하여 진행하면서 다른쪽 단면으로 투사되며 이 경우 투사광은 약 60° 각도의 원추형으로 확산된다.

이와 같은 광 파이버를 묶어서 염화비닐이나 실리콘 고무 등으로 외피복을 한

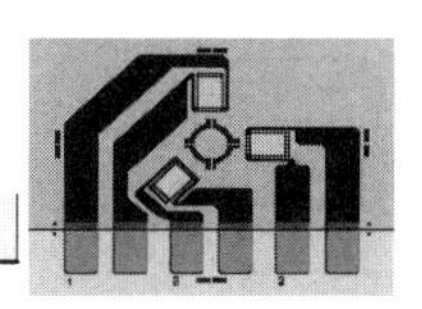

것이 광 파이버 센서에 사용되고 있으며, 광 파이버의 재질에 따라서는 플라스틱형과 유리형으로 분류한다. 플라스틱형 광 파이버의 코어는 아크릴계의 수지로 폴리에틸렌계의 피복으로 쌓여 있어 가볍고 잘 부러지지 않으면 저가이므로 많이 사용되고 있지만 광 투과율이 적고 열에 약한 단점이 있다. 유리형 광 파이버의 코어는 글라스 파이버로 되어 있고 실리콘 고무나 스텐리스 피복으로 쌓여 있다. 0~50 μm 섬유상태의 광 파이버 단선을 약 1~4 mm로 결속하여 사용하는데 광 투과율이 좋고 높은 온도에서 사용할 수 있지만 무겁고 가격이 비싸다.

광 파이버 센서는 광 파이버 케이블의 단면 형상에 따라 [표 2-16]와 같이 분할형, 평행형, 동축형, 렌덤 확산형으로 분류된다.

3 검출원리에 따른 광 파이버 센서의 종류와 특징

광 파이버 센서에는 검출방식에 따라 크게 투과형과 직접 반사형으로 구분된다. 이들 각 형식의 검출원리는 [그림 2-82]에 그 외관을 보인 바와 같이 광전 스위치의 투과형이나 직접 반사형과 동일한 원리로 검출한다.

[표 2-16] 광 파이버 케이블의 단면 형상

종 류	단 면 도	특 징
분할형		투광용과 수광용이 2분할되어 있으며, 저가의 반사형 광 파이버 케이블로서 주로 사용된다.
평행형 (일반형)		플라스틱형 광 파이버만으로 이용되어지고 있는 것으로 투광형과 수광형이 평행 또는 원형으로 된 구조로서 저가형이다.
동축형		중앙부와 외주부(外周部)로 분할되어져 있고 어느 방향에서 물체가 통과하여도 동작 위치가 같기 때문에 높은 검출 능력을 갖고 있다.
렌덤 확산형		투광용과 수광용을 렌덤으로 분산시키거나, 무작위로 분할하는 것으로 주로 섬유량이 많은 유리형에 응용된다.

투과형 광 파이버 센서에는 완전히 분리된 2개의 파이버 케이블을 사용한 것과 평행상의 광 파이버 케이블을 사용하여 검출조건 등에 대하여 적당히 분할하여

사용하는 형식이 있고, 헤드부의 형상에 따라서도 일반용과 장거리 검출 및 방폭용으로 적당한 렌즈 투과형, 헤드 측면상으로 마주보게 배치되는 구형(ㄷ자형), 그리고 좁은 시계에서 주로 웨이퍼 검출 등에 사용되는 가는 빔 투과형 등이 있다.

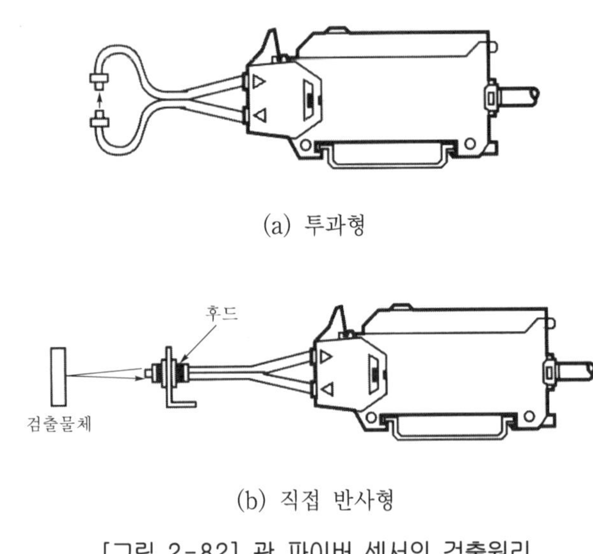

(a) 투과형

(b) 직접 반사형

[그림 2-82] 광 파이버 센서의 검출원리

검출거리는 장거리 검출용이 1.5 m 내외이며, 보통은 100~500 mm 정도가 표준이고 최소 검출 물체는 형식에 따라 0.1~0.5 mm 정도이다. 직접 반사형은 평행한 2선의 광 파이버 케이블이 하나의 후드에 결합되어 있는 것으로 검출 물체의 반사광을 검출하는 방식이다.

검출 헤드 형상에 따라서는 M3~M5 정도의 후드를 갖는 일반형과, 투명체 검출을 위한 반사형, 웨이퍼의 미세단자 검출용에 적합한 한정 반사형, 고정도 위치 검출을 위한 동축 반사형 등이 있다.

검출거리는 일반적으로 200 mm 정도가 한도이며, 최소 검출 물체는 작은 것은 직경 0.015 mm 정도의 것까지 검출할 수 있다.

4 광 파이버 센서의 사양 예와 용어 설명

광 파이버 센서도 기본적으로 광원을 만들고 수신된 광신호를 전기신호로 변환시켜 출력을 내는 기능 부분은 광전 스위치와 동일하다.

따라서 [표 2-17]에 광 파이버 센서의 사양 예를 보인 것과 같이 광전 스위치

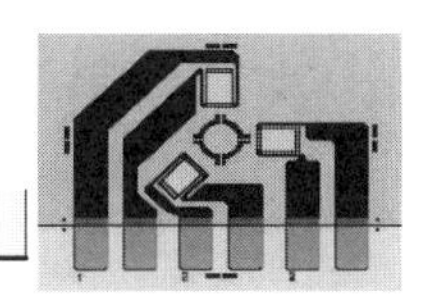

의 사양과 비슷하다.

광 파이버 센서의 용어에 대해서는 기본적으로 광전 스위치에서 설명하였으므로 여기서는 허용 곡률(휨) 반경과 케이블 광 투과율에 대해서만 설명한다.

[표 2-17] 광 파이버 센서의 사양 예

	모 델 명	적색 발광 BF3RX
앰프 유닛	응답 속도	1 ms 이하
	전원 전압	DC 12~24V ±10%(리플P−P : 10% 이하)
	소비 전류	40 mA 이하
	사용 광원	적색 발광 다이오드(변조식)
	감도 조정	VR 내장(2단 조정 : 강조정 및 미세 조정 가능)
	동작 모드	컨트롤선에 의한 Light ON/Dark ON 모드 전환
	제어 출력	NPN 오픈 컬렉터 출력 ☞ 부하 전압 : 30V 이하, 부하 전류 : 200 mA 이하, 잔류 전압 : 1V 이하
	보호 회로	전원 역접속 보호회로, 출력 단락 과전류 보호회로
	표시등	동작 표시등 : 적색 LED
	접속 방식	배선 인출
	절연 저항	200 MΩ 이상(DC 500V 메가 기준)
	내 노이즈	노이즈 시뮬레이터에 의한 방형파 노이즈(펄스폭 1 μs)±240V
	내전압	AC 1000V 50/60 Hz에서 1분간
	내진동	10~55 Hz(주기 1분간) 복진폭 1.5 mm X, Y, Z 각 방향 2시간
	내충격	500 m/s^2(50G) X, Y, Z 각 방향 3 GHL
	사용 주위 조도	태양광 : 11000 lx 이하, 백열등 : 3000 lx 이하
	사용 주위 온도	−10~+60℃(단, 결빙되지 않는 상태). 보존시 : −25~+70℃
	사용 주위 습도	35~85% RH, 보존시 : 35~85% RH
	재질	케이스 : ABS
	배선 사양	4P, φ5 mm, 길이 : 2 m
	중량	약 90 g

	외 형	설정거리 (mm)	최소 검출 물체	허용 휨 반경	광 케이블의 인장강도
파이버 케이블	φ1	200	φ1	30 R	3 kgf 이하
	2−φ0.5	20	φ0.03	30 R	3 kgf 이하

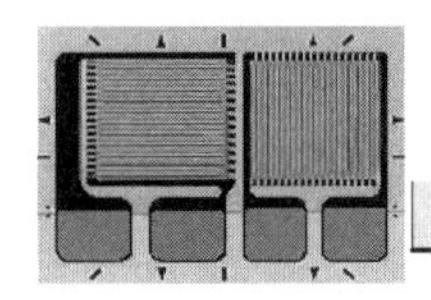

(1) 광 파이버 케이블의 허용 곡률(휨) 반경

광 파이버 케이블은 유연성을 이용함에 따라 마음대로 구부려 사용할 수 있으나 파이버 케이블은 구부릴수록 광 전송율이 서서히 감쇄하다가 그 구부림 정도가 허용 곡률 반경 이하가 되면 광 전송율이 급격히 감쇄하고 부러지기도 하므로 사용할 때는 허용 곡률 반경 이하로 구부리지 말아야 한다. 허용 곡률 반경은 통상 플라스틱 파이버 케이블의 경우는 케이블 반경(R)의 30배이고 유리 파이버 케이블의 경우는 케이블 반경(R)의 50배 정도이다.

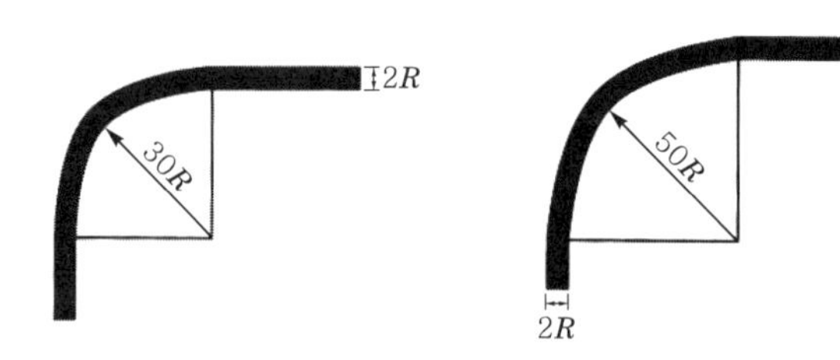

(a) 플라스틱 광 파이버 (b) 유리 광 파이버

[그림 2-83] 광 파이버 케이블의 허용 곡률 반경

(2) 광 파이버 케이블의 광 투과율

광 파이버 케이블의 광 투과율은 파장과 파이버의 재질과 길이, 그리고 사용 광원 등에 의해 결정된다. 특히 파장과 파이버 재질에 따라 투과율이 크게 달라지는데 플라스틱 광 파이버 케이블은 유리 광 파이버 케이블보다 파장에 따른 광 투과율의 차이가 크며, 광원에서는 적외광보다 적색광이 효율이 높다.

또한 파이버 케이블의 길이와 사용 광원에 의한 광 투과율은 광 파이버 케이블의 길이가 길 경우 투과량이 감쇄하고 광원에 따라서는 감쇄율이 달라진다.

[그림 2-84]은 파이버 재질과 광원에 따른 투과율 특성을 나타낸 것이다.

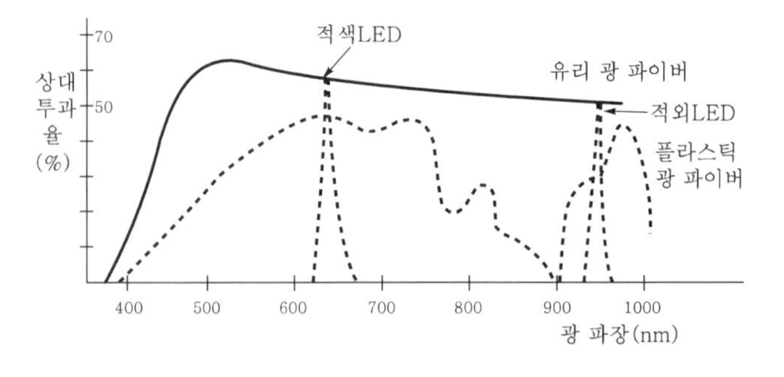

[그림 2-84] 재질과 광원에 의한 광 투과율

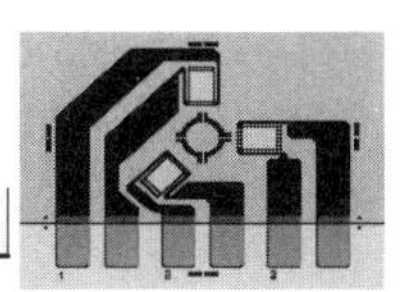

5 광 파이버 센서의 응용 예

(1) 불투명 포장재 내의 내용물 유무 검출

투과형 광 파이버 센서를 이용하여 내용물의 유무를 검출한다.

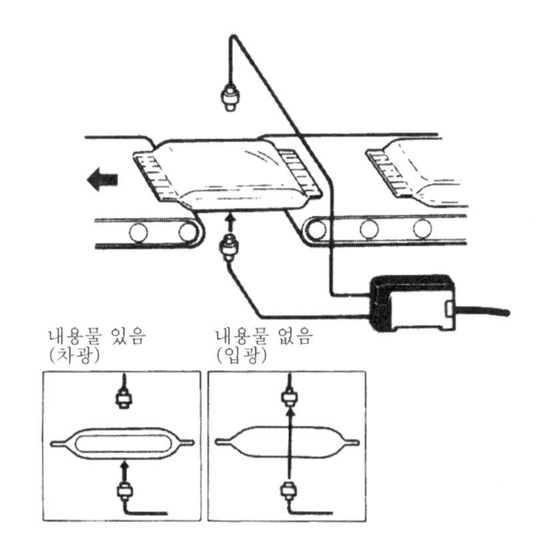

[그림 2-85] 불투명 포장재 내의 내용물 검출

(2) 나사의 가공 유무 검출

다이캐스트 된 가공품에 탭 가공이 정상적으로 되어 나사산이 형성되었는지의 상태를 검출한다.

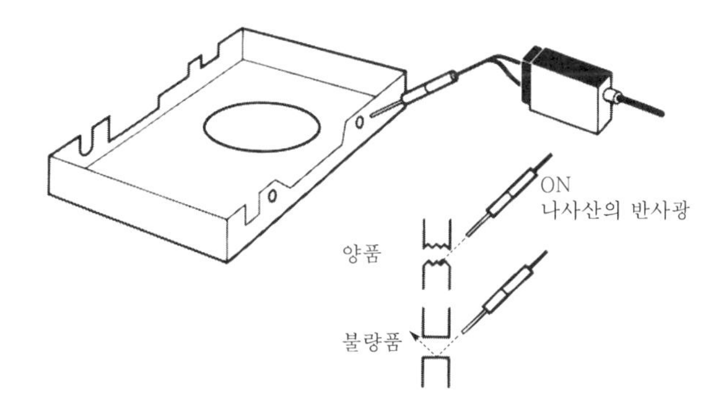

[그림 2-86] 나사의 가공 유무 검출

(3) 핀의 유무 검출

극세 반사형이나 동축 반사형 등을 이용 아주 작은 공간에서 작은 핀의 유무를 검출한다.

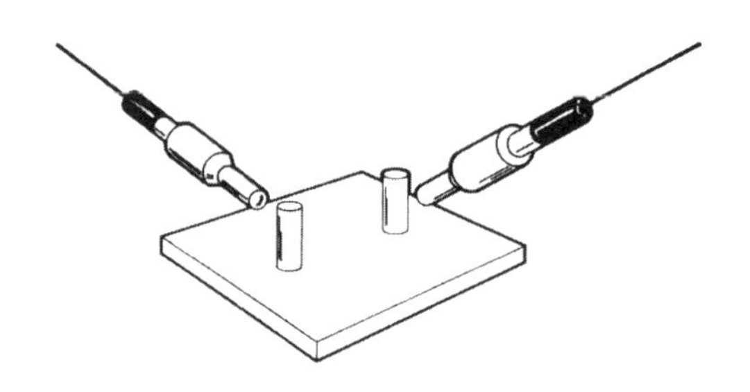

[그림 2-87] 핀의 유무 검출

(4) IC 핀의 휨과 빠짐 검출

3개의 광 파이버 센서를 이용하여 IC 핀의 구부러짐이나 빠짐을 검사한다.

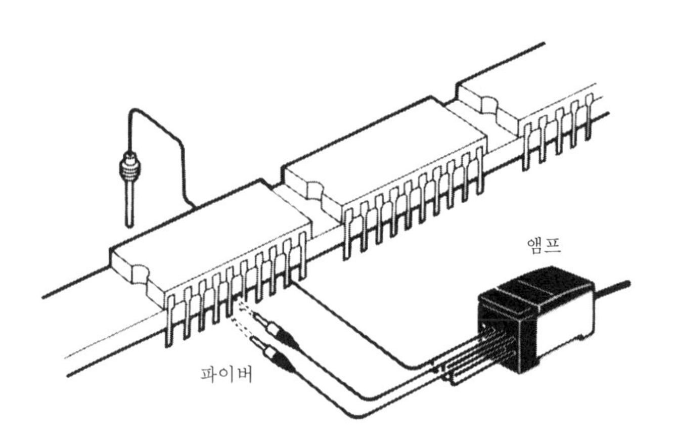

[그림 2-88] IC 핀의 휨 검출

(5) 전자부품의 리드선 불량검사

각 전자부품의 핀(다리)이 정상 길이인지를 검출한다.

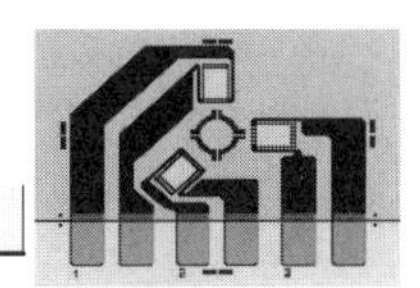

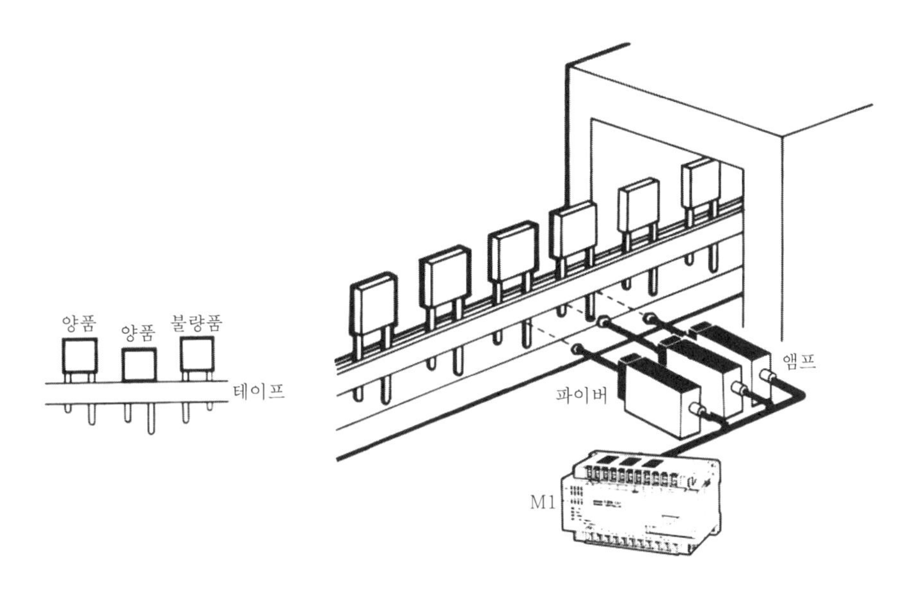

[그림 2-89] 전자 부품의 리드선 상태 검출

(6) 부품형태의 검사나 자세판별

컨베이어 상에서 흐르고 있는 특정 형상의 부품자세나 상태를 검사한다.

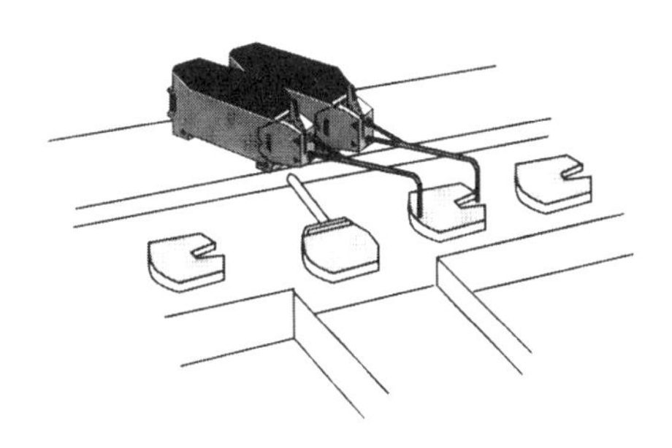

[그림 2-90] 부품의 자세 검출

(7) IC의 방향 판별

조립대기 상태의 IC 방향을 2조의 광 파이버 센서로 판별한다.

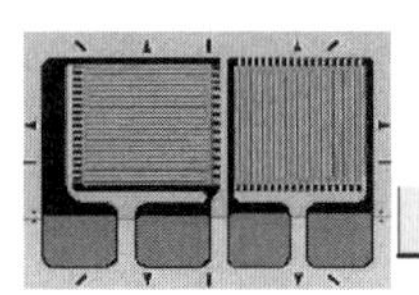

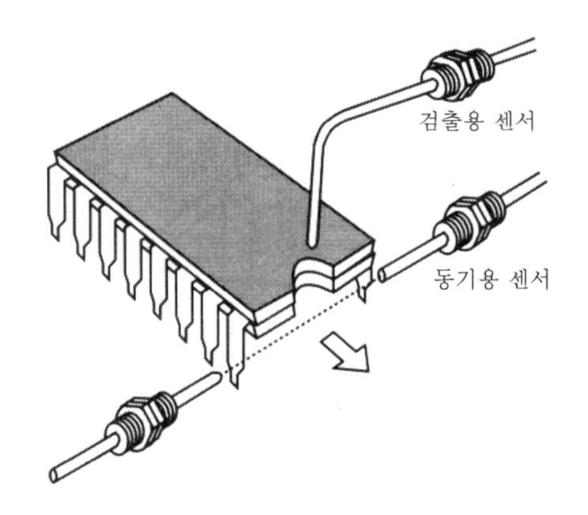

[그림 2-91] IC의 방향 검출

(8) 나사의 가공 유무를 검출

나사산의 각도에 맞게 광 파이버 센서를 설치하여 전조 다이를 통과한 나사 제품의 가공 유무를 검사한다.

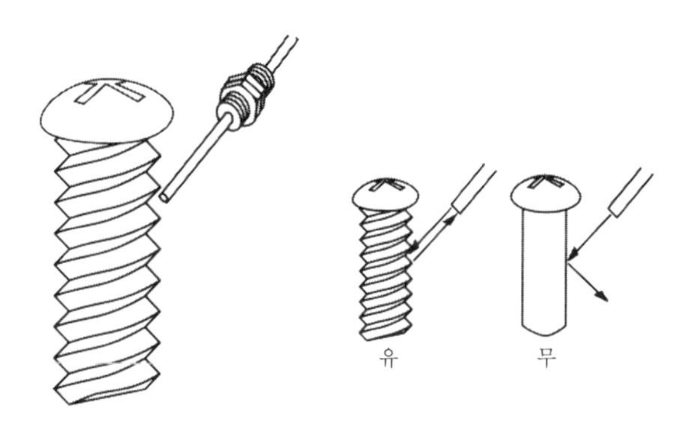

[그림 2-92] 나사의 가공 상태 검출

(9) 식품포장 팩의 검출

포장팩의 주름진 부분을 검출하여 팩의 봉합여부를 검사한다.

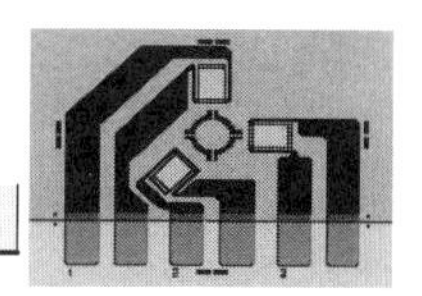

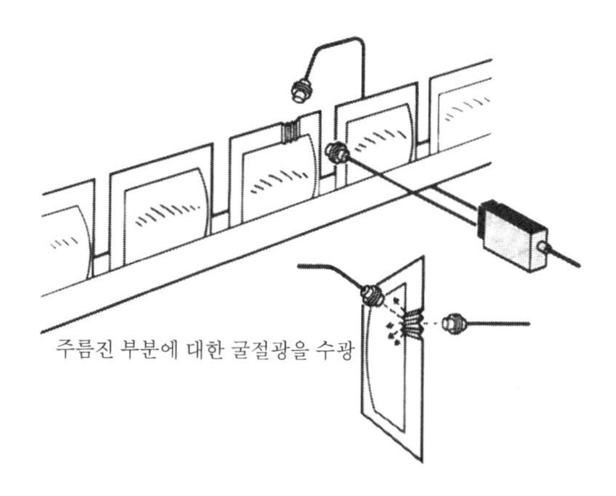

[그림 2-93] 팩의 포장 여부 검출

(10) 라벨 부착 위치검출

작은 병제품에 부착된 라벨의 위치 어긋남을 4조의 광 파이버 센서로 검사한다.

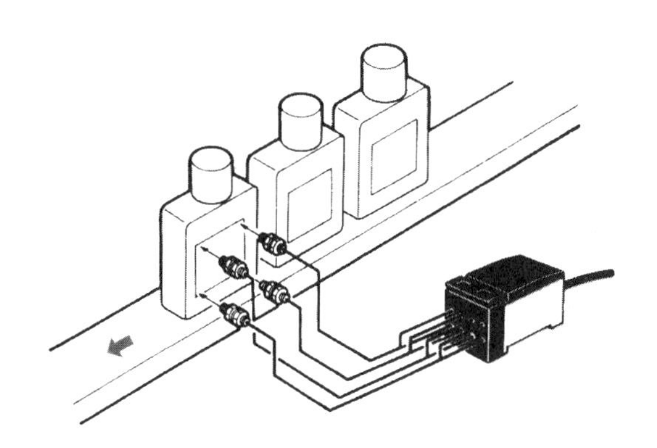

[그림 2-94] 라벨의 부착 상태 검사

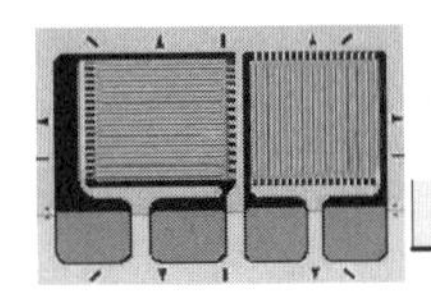

2.3.4 포토 인터럽터

1 개요

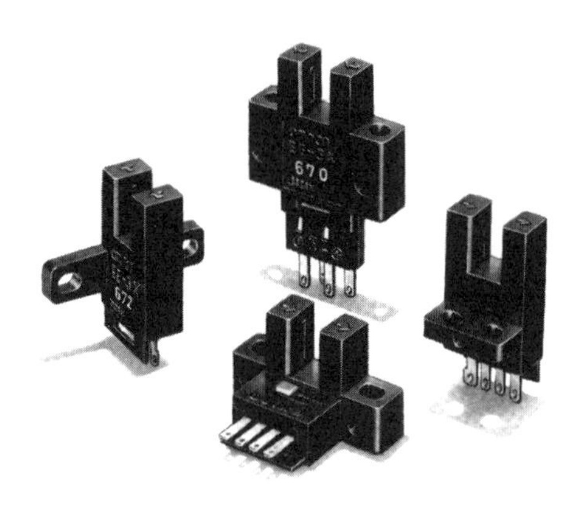

[사진 2-8] 포토 인터럽터

포토 인터럽터(photo interrupter)는 포토 커플러의 일종이고, 포토 커플러(photo couplers)란 빛을 매체로 한 신호전달 장치의 총칭으로 여러 가지 종류가 있다. 대표적인 것으로는 각종 컨트롤러에서 회로 간의 인터페이스로 사용되는 포토 커플러가 있고, 자동화 기기나 설비에서 위치결정과 신호검출에 사용되는 포토 인터럽터, 로터리 인코더 등에 내장되어 사용되는 포토 인터럽터 등이 있다. 즉, 포토 인터럽터란 사진 2-8에 보인 것과 같은 형태로 발광부분과 수광부분을 일체로 한 일종의 포토 커플러로서 물체의 검출을 목적으로 한 센서이다.

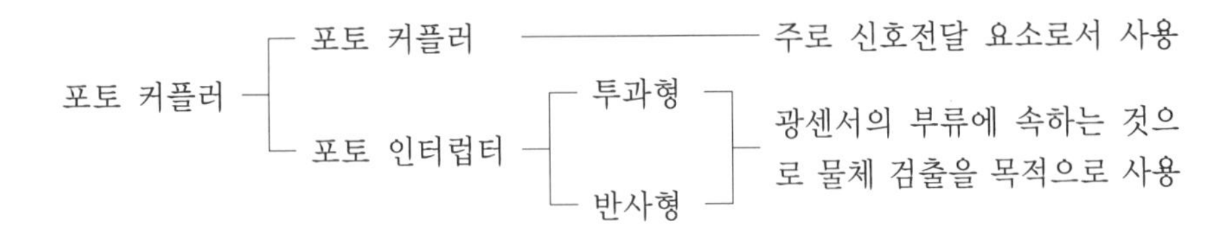

[그림 2-95] 포토 커플러의 분류와 기능

2 포토 인터럽터의 종류

포토 인터럽터의 종류는 발광부와 수광부의 조합 소자 종류에 따라서 여러 가지 형식으로 분류되고, 검출원리에 따라 투과형과 반사형으로 분류된다. 먼저 발

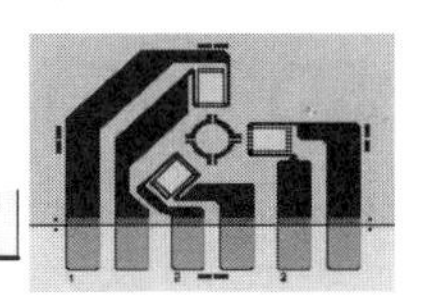

광부와 수광부에 사용하는 소자의 조합은 거의 모든 발광소자와 수광소자가 조합되어 사용할 수 있으나 센서로서의 요구성능, 특성, 형상, 치수 등을 고려하여 조합하기 때문에 현재 사용하고 있는 형식에는 [표 2-18]에 나타낸 종류가 사용되어지고 있다.

[표 2-18] 포토 인터럽터의 소자 조합 형식

번호	발광부	수광부	특징
1	근적외 LED	포토 트랜지스터	중속 중출력
2	근적외 LED	포토 IC	고속 대출력
3	근적외 LED	포토 달링턴	저속 대출력
4	근적외 LED	포토 다이오드	고속 대출력
5	가시광 LED	포토 트랜지스터	중속 대출력
6	레이저 다이오드	포토 IC	고정도 위치결정

[표 2-18]에서 보인 바와 같이 포토 커플러에 사용하는 소자에는 일반적으로 근적외 LED와 포토 트랜지스터나 포토 IC가 가장 많이 사용되고 최근에는 발광부에 레이저 다이오드를 사용한 형식이 보급되고 있는데, 표의 항목에 표시된 번호는 시판되고 있는 포토 인터럽터의 사용량에 따른 조합 순위를 나타낸 것이다.

한편 포토 인터럽터는 그 사용 목적이 물체의 검출을 위한 광 센서로 사용되기 때문에 검출원리에 따라 그 구조상 투과형과 반사형으로 구분되는데 각각의 특징이 있어 사용 편의상 분류되는 것으로 [그림 2-96]에 구조원리를 나타냈고, [표 2-19]에 두 형식의 특징을 상호 비교, 정리하여 나타냈다.

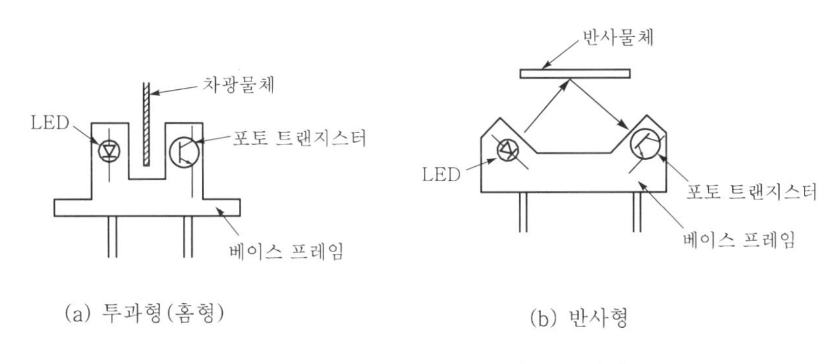

[그림 2-96] 포토 커플러의 검출원리

투과형에는 일반적인 홈형 외에도 광전 스위치의 투과형과 같이 투·수광기가 별도로 있어 사용할 때는 마주보게 설치하는 형식도 일부 사용되고 있으며 이 밖

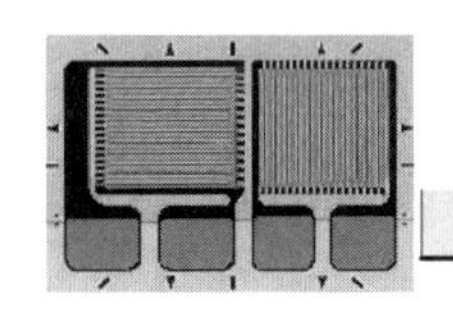

에도 앰프 내장형과 앰프 중계형으로 분리된다.

검출거리는 투과형(홈형)은 홈의 치수에 의해 결정되고 반사형은 일반적으로 5 mm 내외가 표준이나 회귀 반사형의 경우는 200 mm 내외인 것도 있다.

[표 2-19] 투과형과 반사형의 특징

종류 항목	투과형	반사형
형상치수	소형화가 곤란하다.	소형화가 용이하다.
CTR	직접광이어서 CTR이 크다.	반사광이기 때문에 CTR이 작다.
검출 정도	검출 정도가 높다.	검출 정도가 낮다.
차광 물체의 위치정도	영향 없다.	차광 물체의 위치정도가 영향을 끼친다.
외래 노이즈 광	외래 노이즈 광에 강하다.	외래 노이즈 광에 영향을 받기 쉽다.
기타	물체의 거리 검출이 곤란하다.	물체의 거리 검출이 용이하다.

3 포토 인터럽터의 사용 예와 용어 설명

실제로 포토 인터럽터를 사용하는 경우에는 메이커가 제공하는 사양서나 규격표를 이용하여야 하므로 여기서는 시판되고 있는 일반적인 포토 인터럽터의 사양 예를 제시하고, 선정시 포토 인터럽터에 관계되는 항목에 대한 몇 가지 용어를 설명한다. 포토 인터럽터가 광전 스위치의 일종이기 때문에 [표 2-20]은 포토 인터럽터의 실제 사양표이나 대부분의 항목은 앞에 광전 스위치에서 나타낸 항목과 동일하다.

사용할 때 주의할 점으로는 광전류(전류 전달비)와 암전류의 온도특성이다. 특히 암전류는 포토 트랜지스터에서 65℃에서는 상온에 비해 2배 정도, 달링톤에서는 3배 정도 크기 때문에 암전류로 오동작이 일어나지 않도록 부하 저항을 달 필요가 있다 또, 외란광의 영향을 방지하기 위해서 가시광 컷 필터를 장치한 센서를 사용하거나 광원을 펄스 구동하여 주파수 영역에서의 선택을 행하는 등의 배려가 필요하다.

포토 인터럽터에서 중요한 특성의 하나로는 CTR(Current Ttansfer Ratio)이 있는데 이것은 LED의 순전류(I_F)에 대한 수광 트랜지스터의 광전류(I_P)와의 비를 나타내는 것으로 일 예를 들자면 LED의 전류 I_F가 10 mA이고 이때 포토 트랜지스터의 광전류 I_P가 5 mA로 되면

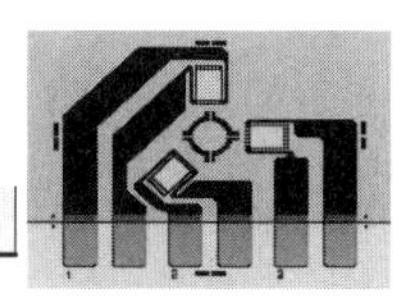

$$\text{CTR}[\%] = \frac{\text{출력전류}}{\text{입력전류}} = \frac{5[\text{mA}]}{10[\text{mA}]} \times 100 = 50[\%]$$

이 값은 수광측에 큰 증폭기능이 있다면 100%를 초과할 수도 있다.

[표 2-20] 포토 인터럽터의 사양 예

항 목 \ 종 류	표준형, L형, T형, 밀착 설치형
전원 전압	DC 5~24V±10% 리플(p-p) 10% 이하
소비 전류	35 mA 이하
검출 거리	5 mm
검출 물체	불투명체 2×0.8 mm
응차 거리	0.025 mm
제어 출력	DC 5~24V 부하전류(I_C) 100 mA, 잔류전압 0.8V 이하 부하전류(I_C) 40 mA, 잔류전압 0.4V 이하
동작 표시등	입광표시(적색)
응답 주파수	1 kHz(평균치 3 kHz)
접속 방식	전용 커넥터 EE-1009, EE-1010/EE-1001-1 또는 직접 납땜 부착
보호 구조	IEC규격 IP50
사용 주위 조도	형광등 1,000 lx 이하
투광용 발광 다이오드	GaAs 적외 발광 다이오드(피크 발광파장 940 nm)
수광 소자	Si 포토 트랜지스터(최대 감도 파장 850 nm)
사용 주위 온도	동작시 : −25~+55℃(보존시 : −30~+80℃)
사용 주위 습도	동작시 : 5~85% RH(보존시 : 5~95% RH)

다음은 포토 인터럽트에서 많이 사용되는 용어들이다.

① **수광발광 갭 길이** : 투과형 포토 인터럽트의 물체 검출 공간의 기준이 되는 양으로서, 사용하는 차광판의 두께 등에 맞추어 선정한다.

② **슬릿 폭** : 투과형 포토 인터럽트의 검출 정밀도를 최고로 올리는 파라미터가 된다. 광전류가 총 변화량의 10%에서 90%로 변화하는 거리로 비교할 수 있다. 한편, 반사형의 검출 정밀도를 결정하는 파라미터는 복잡하다. 가장 광전류가 크게 되는 거리를 초점거리라고 한다. 규격에서의 광전류는 반사체가 대체로 초점거리 위치에서의 값을 가리키고 있는 경우가 많다.

③ **전달 효율** : 적외선 LED에 일정한 전류를 흘렸을 경우 포토 트랜지스터로 흐르는 컬렉터 전류의 비율을 말한다. 투과형의 경우는 차광체가 없는 상태에서, 반사형의 경우는 지정한 조건에서 반사체를 놓고 측정한다.

④ **암전류** : 포토 인터럽트에 사용하고 있는 포토 트랜지스터는 광을 차단시킨 상태에서도 극소량의 전류가 흐르는데 이것을 암전류라고 한다.

4 포토 인터럽터의 응용 예

(1) 로봇 등의 운동 위치 검출

X, Y, Z 좌표 운동 로봇 등에서 스트로크 앤드를 포토 인터럽터로 검출하여 시퀀스 제어를 실행한다.

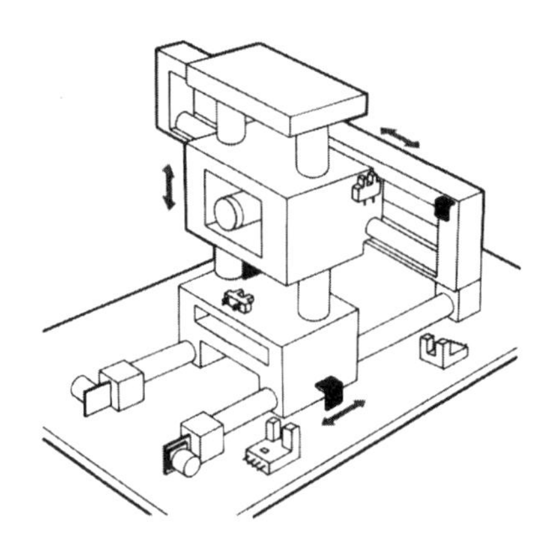

[그림 2-97] 로봇의 운동 위치 검출

(2) 약품 용해 탱크의 레벨 검출

세척을 위한 약품용해 탱크나 도금조 등에서 레벨 확인용 측면 바이패스 파이프에 포토 인터럽터를 설치하여 레벨 제어를 실행한다.

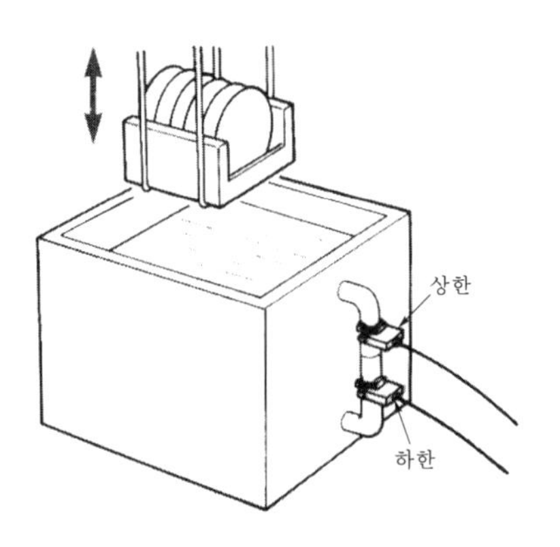

[그림 2-98] 탱크의 레벨 검출

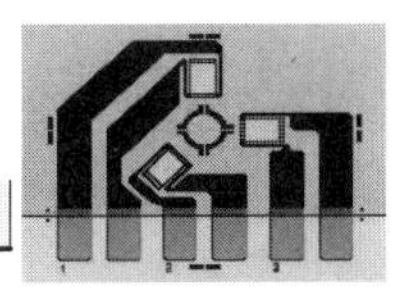

(3) **금형에서 상사점과 하사점 검출**

프레스 금형 등에 포토 인터럽터를 설치하여 금형의 위치를 검출한다.

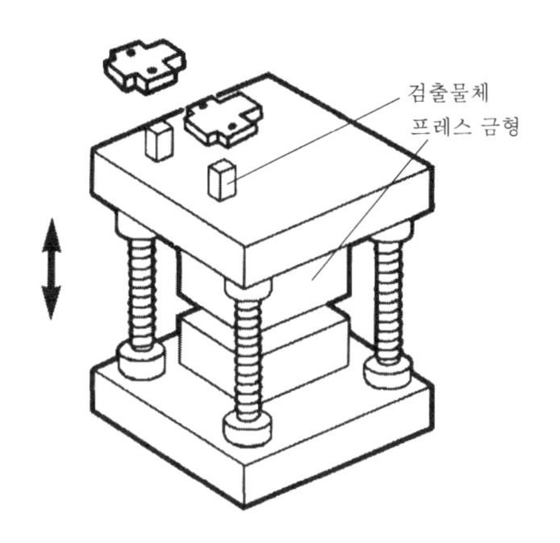

[그림 2-99] 금형의 상·하사점 위치 검출

(4) **미세 물체의 통과 검출**

에어슈트 등으로부터 공급되는 작은 물체를 앰프 분리형 포토 인터럽트로 검출한다.

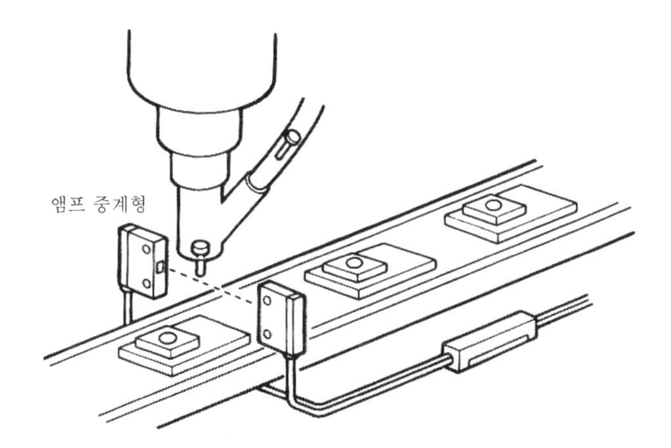

[그림 2-100] 소형 부품의 공급 검출

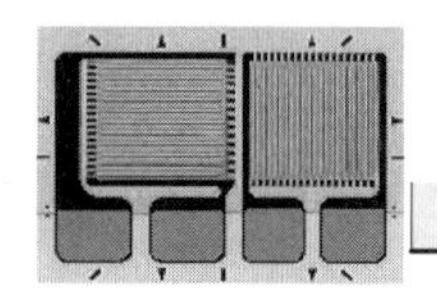

2.3.5 포토 다이오드

1 포토 다이오드의 개요

광 센서는 앞에서 설명한 바와 같이 여러 종류가 있으나 그 기본은 포토 다이오드이다. 또 이것의 발전형으로서는 포토 트랜지스터, 포토 IC 등이 있으나 모두가 포토 다이오드가 그 기본으로 되어 있다.

포토 다이오드는 광 에너지를 전기 에너지로 변환되는 일종의 트랜스듀서로서 그 구성을 반도체의 PN 접합부에 광검출 기능을 부가한 센싱용 다이오드의 일종이다.

요컨대, 광과 물질 사이에는 물리적 상호작용이 존재하는데, 일반적으로 물질이 광자를 흡수하고 그 결과 전자를 방출하는 현상을 광전효과라 부른다. 또한 광전효과의 결과로서 반도체의 접합부에 전압이 나타나는 현상을 광기전력 효과라고 부르는데 이 광기전력 효과를 이용한 소자가 포토 다이오드이다.

[그림 2-101]은 포토 다이오드의 구성도와 도면기호를 나타낸 것이다.

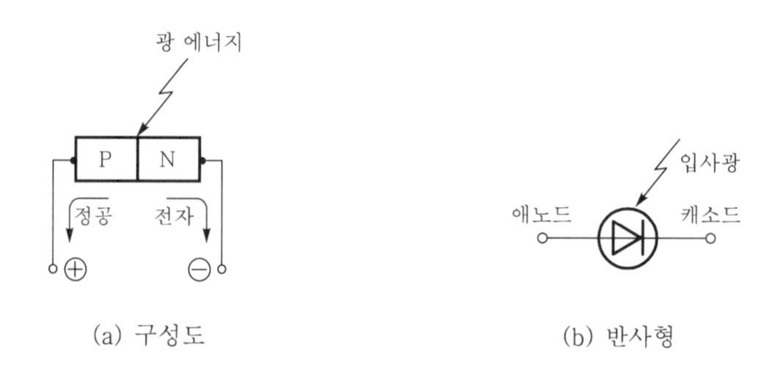

[그림 2-101] 포토 다이오드의 구성도

2 구조와 원리

포토 다이오드는 N형 기판상에 P형층을 형성시킨 PN 접합부에 발생하는 광기전력 효과를 이용한 소자이며 입사광을 유효하게 이용하기 위해 표면에 반사방지층이 설치되어 있다.

포토 다이오드의 재료는 PN 접합을 형성할 수 있는 것, 예를 들면 Si, Ge, GaGs, InGaAs 등이 주로 사용되며, 재료, 형상, PN 접합의 위치 등에 의해서 수광 파장 영역이 다르다. [그림 2-102]에 내부 구조 및 동작 원리를 나타낸다.

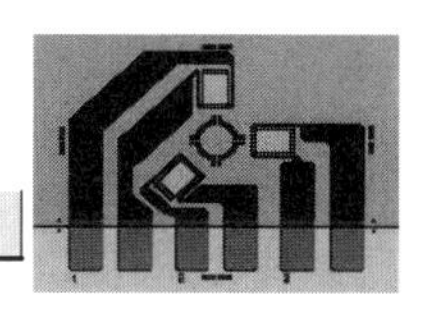

입사광의 에너지가 반도체의 공핍층 전계에 의해서 정공은 P형으로, 전자는 N형으로 이동해 분리되고 P형은 정(+)으로 N형은 부(−)로 대전한다. 이 양단을 결선하면 P형에서 결선을 통하여 n형으로 전류가 흐르고 빛이 조사되고 있는 동안은 외부 전원 없이 전류가 흐른다. 종류에는 물성적 구조에 따라 PN형, pin형, 포토 애벌런치(APD)형, GaAsP 등이 있다. 또한 사용 소재에 따라서나 외관 형상에 따라서, 기능 및 응답특성에 따라서, 파장감도와 용도에 따라서 분류되어 그 종류가 제법 많다.

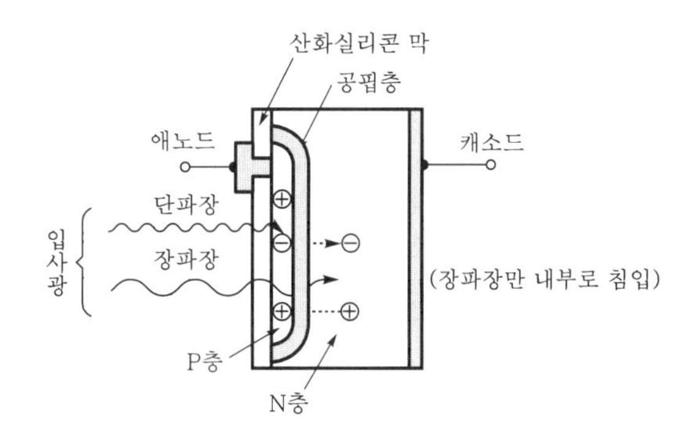

[그림 2-102] 포토 다이오드의 동작 원리

3 특징

포토 다이오드의 수광영역은 주로 접합의 구조에서 정해지지만 일반적으로 400~1100nm의 파장 영역에서 사용할 수 있고 특히 700~900nm에서 감도가 최대가 된다. 입사광에 대한 광전류 출력의 직선성이 양호하므로 아날로그 동작시키는데 적당하다.

또한 응답 속도가 빠르다, 신뢰성이 높다, 수명이 길다, S/N 특성이 좋다, 암전류가 적다는 등의 특징이 있다.

4 주요 용도

포토 다이오드에는 여러 가지 종류가 있으나 이것들은 용도, 목적, 요구성능이 다르기 때문에 잘 선정하여야만 제 성능을 발휘할 수 있다.

[표 2−21]은 대표적인 포토 다이오드의 종류와 특징 및 그 주된 용도를 정리하여 나타낸 것이다.

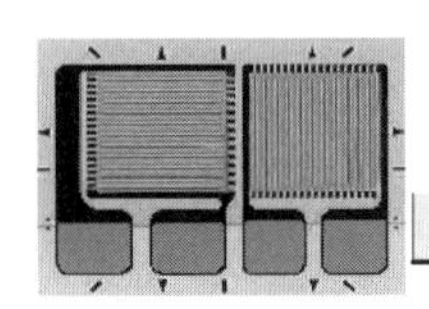

[표 2-21] 포토 다이오드의 종류와 주요 용도

종 류	특 징	주요 용도
PN형	· 자외선에서 적외선까지의 광범위한 파장 영역을 가진다. · 입사광량에 대한 직선성이 우수하다. · 미약한 광에도 검출감도가 우수하다.	조도계, 카메라의 노출계, 화재 센서, 분광 광도계
PIN형	· 응답이 빠르다. · 온도특성이 PN형보다 다소 나쁘다.	광통신, 레이저 디스크, 광 리모콘
APD형	· 광전류 증폭작용이 있다. · 파장감도 영역이 넓다. · 암전류가 작다. · 응답이 빠르다.	광 파이버에 의한 광통신
포토 센서 모듈형	· 앰프 내장형이어서 출력이 크다. · 파형 특성이 우수하다.	메커트로닉스, 각종 광학계
GaAsP형	· 가시광역의 파장으로 일반적으로 가시광용이다.	카메라의 노출계, 분광 광도계

2.3.6 포토 트랜지스터

1 포토 트랜지스터의 개요

포토 다이오드는 앞서 설명한 바와 같이 광센서 중에서도 매우 우수한 응답특성을 가지면서 측정범위가 넓기 때문에 이용가치가 높은 센서이다. 그러나 이와 같이 우수한 포토 다이오드는 출력 전압이 매우 낮다는 결점 때문에 포토 다이오드 단독 소자로서 사용되는 일은 거의 없고 대부분 증폭수단을 병용하여 복합소자로 구성되어 사용된다.

즉, 포토 다이오드의 최대 결점을 해결하기 위해 가장 많이 사용되는 것이 포토 트랜지스터이고 그 성질은 포토 다이오드의 출력 특성에 트랜지스터의 모든 특성이 부가된 것이라고 할 수 있다.

요컨대, 포토 트랜지스터는 [그림 2-103]에 그 등가회로를 나타낸 바와 같이 포토 다이오드와 트랜지스터를 일체로 한 소자로서 응답특성이 양호하면서 출력전류가 큰 광 센서인 것이다.

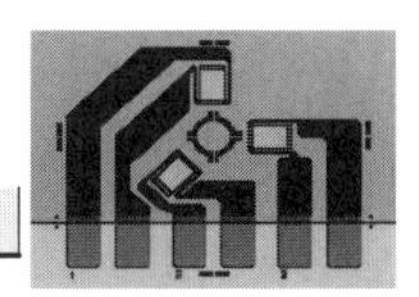

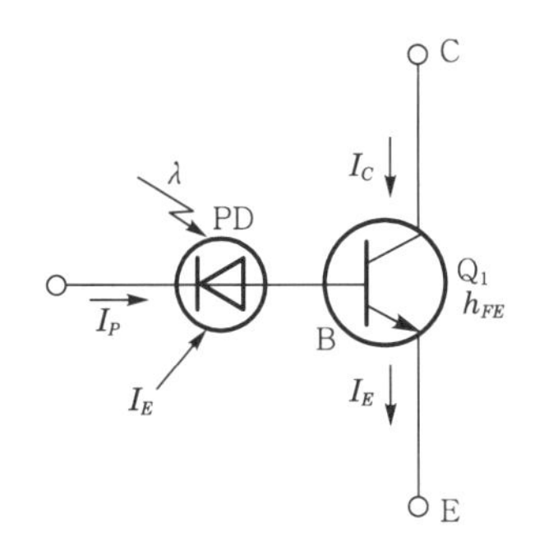

$I_E = I_p(1 + h_{FE})$
$I_E = I_p(h_{FE})$
h_{FE} : 트랜지스터 Q_1의 직류전류 증폭율
PD : 포토 다이오드
Q_1 : 트랜지스터
I_p : 포토 다이오드의 광전류
I_c : 트랜지스터 Q_1의 컬렉터 전류
I_e : 트랜지스터 Q_1의 이미터 전류

[그림 2-103] 포토 트랜지스터의 등가회로

2 구조와 원리

포토 트랜지스터는 N형 기판상에 P형의 베이스 영역을 형성하고 또한 N형의 이미터를 형성한 구조로 되어 있다.

반도체 재료는 Si이고 약간의 Ge이 사용되고 있다. 베이스 표면에 빛이 입사하면 역바이어스된 베이스－컬렉터 사이에 광전류가 흐르고 이 전류가 트랜지스터에 의해 증폭되어 외부 리드에 흐른다.

일반적으로 트랜지스터형이지만 달링턴 트랜지스터형인 경우에는 전류는 다시 다음 단의 트랜지스터에 의해 증폭되므로 외부의 리드선에 흐르는 광전류는 처음 단과 다음 단의 트랜지스터 전류 증폭율과의 곱으로 되므로 대출력이 얻어진다.

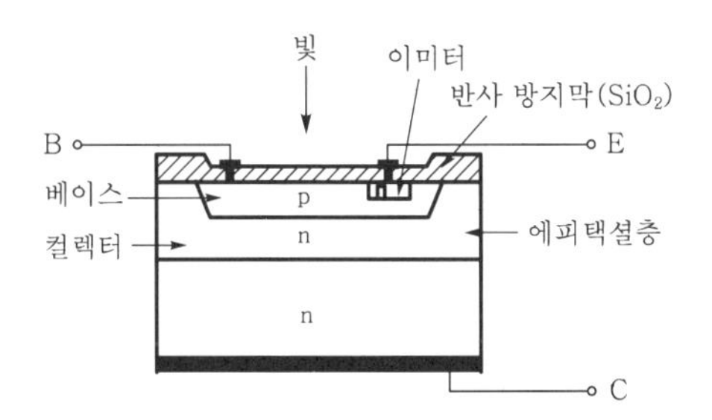

[그림 2-104] 포토 트랜지스터의 구조(트랜지스터형)

3 특징

현재 가장 많이 사용되고 있는 수광 소자로서 일반적으로 500~1610 nm의 파장 영역에서 사용할 수 있고, 특히 800 nm 부근에서 최대 감도를 갖고 있다. 포토 다이오드에 비해 출력되는 광전류가 크고 신호는 동일 칩 내에서 증폭되고 있

으므로 전기적 노이즈도 적고 큰 S/N비를 얻을 수 있다.

그 외에 신뢰성이 높다, 소형화 할 수 있다, 전류 증폭율이 크다, 기계적으로 강하다, 가격이 싸다, 암전류가 적다 등의 특징이 있다.

한편 포토 다이오드에 비해 입사광에 대한 광전류의 직선성이 나쁘고 고감도인 것일수록 응답속도가 늦고, 포화 전압이 높은 결점도 있다.

4 주요 용도

① 광전 스위치(포토 커플러)
② 포토 아이솔레이터
③ 단거리 광통신기

2.3.7 CdS 광도전 셀

1 CdS 광도전 셀의 개요

광 반도체 소자는 크게 발광 소자와 수광 소자로 나뉘어진다. 발광 소자는 전기 에너지를 빛으로 변환하는 소자이며, 각종 발광 다이오드가 그것이다. 수광 소자는 광 에너지를 전기 에너지로 변환하는 소자이며 광 기전력 소자와 광도전 소자로 나뉘어진다. 광 기전력 소자는 Si 광전지, Se 광전지 등이며 외부 전압의 인가를 필요로하지 않고 광 에너지에 의해 기전력을 걸어 빛의 강약에 따라 저항(전류)의 변화를 이용하는 소자이다.

즉, 광기전력 소자는 포토 다이오드, 포토 트랜지스터 등 주로 Si을 바탕으로 한 PN 접합을 이용한 소자이고 광도전 소자는 CdS, CdSe, PbS 등 다결정을 바탕으로 한 소자로 나뉘어진다.

이 중에서 CdS 광도전 셀(CdS Photoconductive Cells)은 빛이 닿으면 저항값이 감소하는 광도전 효과(Photoconductive effect)를 이용한 반도체 광센서이다. CdS 셀에는 단결정의 소자도 있지만 현재 시판되고 있는 제품은 대부분 다결정 소자이다.

다결정의 경우는 세라믹 등의 기판 위에 미세한 결정층을 형성시키기 때문에 임의의 형상으로 만들 수 있고, 단결정의 소자에 비해 수광 면적을 크게 할 수

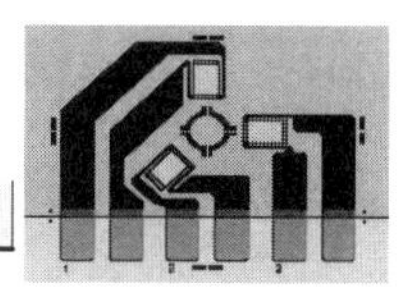

있으며, 높은 감도를 얻을 수 있는 장점이 있다.

특히 CdS는 분광감도 특성이 인간의 시감도 특성과 유사하기 때문에 주요 용도로서의 자동점멸 장치용 센서, 카메라의 자동노출 장치(AE)의 센서로 널리 사용되고 있다.

2 구조와 원리

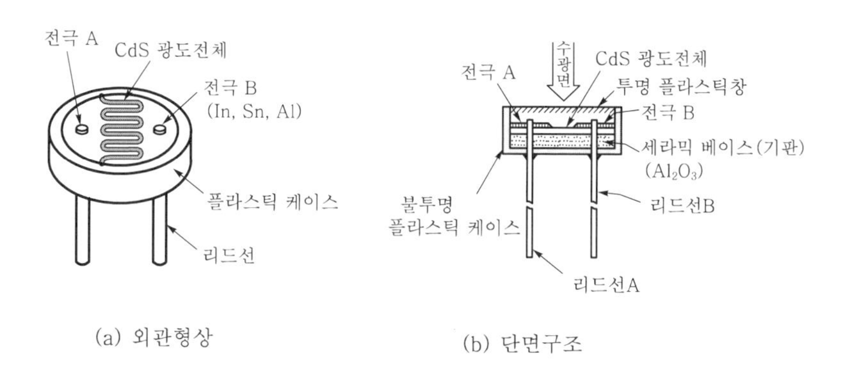

[그림 2-105] CdS 셀의 외관형상과 구조

CdS 셀은 [그림 2-105]에 나타낸 구조 형상으로 원형의 플라스틱 케이스 내에 황화카드뮴을 주성분으로 한 CdS 광도전체가 있고 양옆으로 두 전극이 있다. 투명창을 통해 CdS 도전체에 빛이 조사되면 CdS 셀의 저항 값은 조사광이 강해지면 낮아지고, 조사광이 약해지면 높아진다.

이와 같이 CdS 셀의 저항값은 빛의 강약에 의해 변화하는 것으로 일종의 가변저항기와 같다. [그림 2-106]은 CdS 셀의 기본회로로서 조사광이 강해지면 CdS 셀의 저항값이 감소하기 때문에 부하에 흐르는 전류는 증대한다. 반대로 조사광이 약해지면 부하에 흐르는 전류는 감소한다.

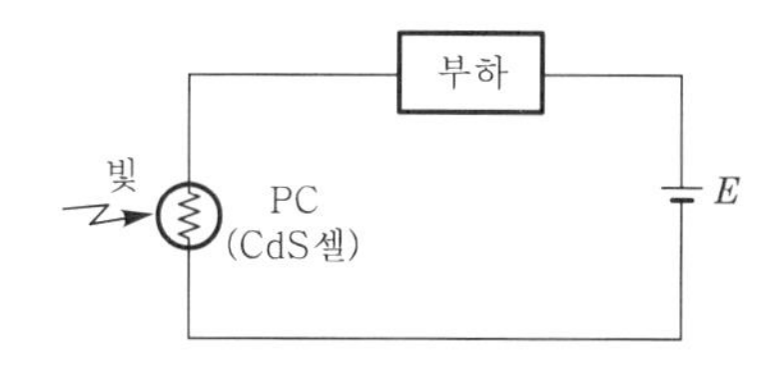

[그림 2-106] CdS 셀의 기본회로

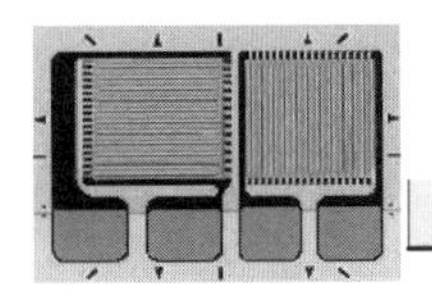

3 특징

(1) 장점

① 가시광 영역에 분광 감도를 가지고 있다.
② 비교적 큰 전류가 출력으로 잡힌다.
③ 교류 동작이 가능하다.
④ 노이즈에 강하다.

(2) 단점

① 다른 광 센서에 비해 응답속도가 늦다.
② 저조도 특성이 전력(前歷)에 의존한다.
③ 가시광 영역에 분광 감도를 가지고 있기 때문에 주위광이 외란광으로 되기 쉽다.

4 주요 용도

① 가로등의 자동 점등 장치
② 카메라의 노출계
③ 조도계
④ 포토 커플러

2.3.8 적외선 센서

1 적외선 센서의 개요

자연계에 존재하는 것은 그 온도에 따라서 적외광을 방출하고 있다고 말하고 있다. 온도가 높은 것은 파장이 짧은 적외광을, 낮은 것은 파장이 긴 적외광을 내고, 이것은 플랑크의 흑체 방사법칙에서 분명한 것이다.

한편 자연계에 존재하는 생물, 식물 등은 그 온도가 매우 엄밀하게 제어되고 있으므로 그 온도변화에서 이상 현상을 알 수가 있다. 또한 넓은 공간에 걸쳐 온도의 패턴은 모니터 링크 작업상 중요한 정보를 제공해 준다.

예를 들면, 해양상의 오염 모니터 링크에서는 오염된 영역의 물은 그 방사율이

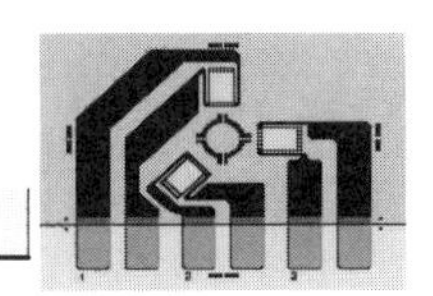

다른 것에 의해서 확실히 구별할 수 있다.

이와 같은 모니터 링크나 적외광의 검출에 사용되는 것이 적외선 센서이며 최근 그 중요성은 더욱 높아지고 있다.

2 분류와 특징

적외선 센서를 분류하면 크게 양자형과 열형으로 분류할 수 있다. 양자형은 PbS, HgCdTe 등의 반도체를 사용하는 것이므로 입사광의 호톤 에너지에 의해서 여기되는 전자에 의해서 생기는 도전율의 변화나 기전력을 검출하는 것이다. 열형은 흑체 방사에 기초를 두고 적외선 방사 에너지의 흡수에 의한 온도 변화를 이용한 것이다.

일반적으로 양자형은 열형에 비해서 감온, 응답 속도가 우수하고 종류도 많다. 그러나 양자형은 감도의 파장 선택성을 갖는 점과 특히 중적외, 원적외용에서는 감도를 높이기 위해 냉각을 필요로 하는 것이 많다.

이것에 대해서 열형은 수 μm에서 수십 μm의 넓은 적외 파장 영역에 걸쳐 평탄한 감도를 갖고 또한 실온에서 사용한다. 열형에는 도전률의 변화를 이용하는 서미스터 보로미터나 기전력을 검출하는 서모파일 등이 있지만 전자는 바이어스 전압을 필요로 하고 후자는 출력이 작은 것이다.

이들은 산업용으로서 사용되고 있지만 민생 기기의 응용에는 아직 적용되지 못하고 있다.

3 주요 용도

초전형 적외선 센서는 포토 셀 광전관과 같이 광원을 필요로 하는 센서와 달리 광원을 필요로 하지 않는 수동형의 센서이며 방범, 방화 분야에서 유리하게 이용되고 있다.

즉, 침입자 검지, 위험한 장소로의 사람 출입 검지, 재난 검지 등 방범, 방재 시스템으로의 응용과 인체 검지에 의한 에어 커튼의 제어, 조명의 자동 점등과 소등, 자동 도어, 절수 드레인, 조리기로의 이용 등 성에너지, 성력화을 목적으로 한 응용 등이 진행되고 있다.

2.4 에어리어 센서

2.4.1 에어리어 센서의 개요

에어리어 센서는 검출 물체가 일정 구역 내에 침입한 경우 이를 검출하는 기능을 가진 센서의 총칭으로 예를 들면 광 센서를 일직선상에 여러 개 배치하여 이른바 안전 스크린을 형성시켜 기계나 장치의 위험 부분에 설치하고 인체나 그 일부가 위험영역에 들어 왔을 때 이것을 검지하여 기계를 정지시키는 등의 제어에 이용된다.

이와 같은 에어리어 센서는 과거부터 프레스 안전장치로 많이 사용되었으며 최근에는 작업능률을 저하시키지 않고 안전성을 높인다는 목적으로 수요가 더욱 증가하고 있는 추세이다.

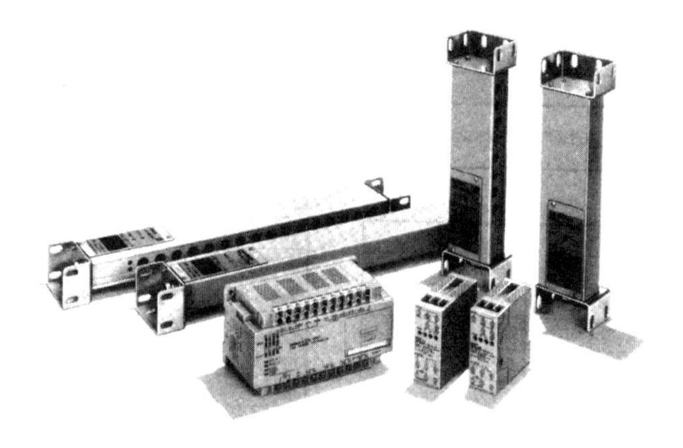

[사진 2-9] 에어리어 센서(광전식)

2.4.2 종류와 특징

에어리어 센서는 특정의 물리현상을 응용한 센서는 아니고 단지 넓은 범위의 검출이 주 목적이기 때문에 검출영역이 넓은 초음파 센서나 적외선 센서를 이용한 것이나 투과형 광전 스위치를 다축형태로 조립한 것 등이 사용된다.

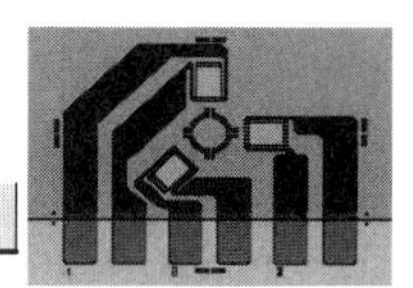

1 광전식 에어리어 센서

광전식 에어리어 센서는 [사진 2-12]에 그 외관을 나타낸 바와 같이 투과형 광전 스위치를 축렬로 조립한 것으로서 광전 스위치의 특징을 그대로 이용한 것이다. 이 형식은 조립된 광축의 수에 따라 검출범위가 결정되는데 현재 주로 사용되고 있는 것에는 8~24축 정도가 많이 사용되며 검출거리는 5 m 내외가 표준적이다.

광전식 에어리어 센서의 주된 용도로는 기계나 설비의 위험지역에 인체가 침입하였는지의 검출이나 대형 제품의 검출 등에 사용되고 특히 프레스 안전장치로 많이 이용되고 있다.

2 초음파식 에어리어 센서

초음파는 주파수가 높은 음파로서 일반적으로 인간이 귀로 들을 수 없는 가청음파보다 높은 주파수의 음파를 말한다. 이와 같은 초음파는 여러 가지 진동자를 사용하여 음파를 발생시켜 송파기를 통해 발사시키고, 검출 물체에 반사되어 돌아온 음파를 수파기를 통해 수신하여 물체의 위치나 물체와의 거리를 측정하는 용도로 사용되고 있는데 이러한 특성의 센서가 초음파 센서이다.

초음파 센서는 음파의 확산성이 크기 때문에 작은 크기의 센서로도 넓은 범위의 검출이 가능하다는 특징이 있는데 이 점 때문에 에어리어 센서로 초음파식이 이용되고 있다.

초음파식 에어리어 센서의 검출 방식에는 초음파 센서의 검출 방식과 동일하게 대향형과 반사형으로 분류된다. 대향형은 송파기와 수파기를 마주보게 설치하고 송파기를 통해 발사된 초음파는 수파기로 수신되는데 이와 같은 형태는 제한된 범위 내에서의 검출에 이용되는데 센서로서는 전기 기구 등의 리모트 컨트롤에 이용되고 있다. 또한 반사형은 독립형과 일체형으로 구분되는데 두 형식 모두 송파기로 발사된 음파가 물체에 반사되어 되돌아오는 음파를 수파기가 수신하여 물체의 유무검출이나 거리측정에 이용된다.

3 적외선식 에어리어 센서

적외선은 파장이 가시광보다 길고 전파보다 짧은 전자파의 일종으로 우리 인간은 물론 자연계에 존재하는 모든 물체에서 방사되고 있는데 이 적외선을 검지하

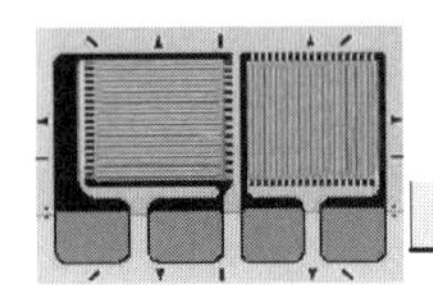

여 물체의 유무나 형상은 온도까지도 측정할 수 있다.

따라서, 적외선식 에어리어 센서는 검출 물체의 온도 변화를 검출하는데 검출 물체가 센서의 검출 범위 내에 진입하면 배경 온도와의 온도차에 의해 물체를 검출한다. 이 형식은 특히 인체검지와 경보 시스템에 이용되고 있다.

2.4.3 응용 예

1 롤러 구동부의 안전장치

가동되는 롤러 구동부에 작업자의 손이 끼는 것을 방지하기 위해 광전식 에어리어 센서를 설치하여 롤러 구동 지역에 인체가 침입하면 즉시 정지하도록 한다.

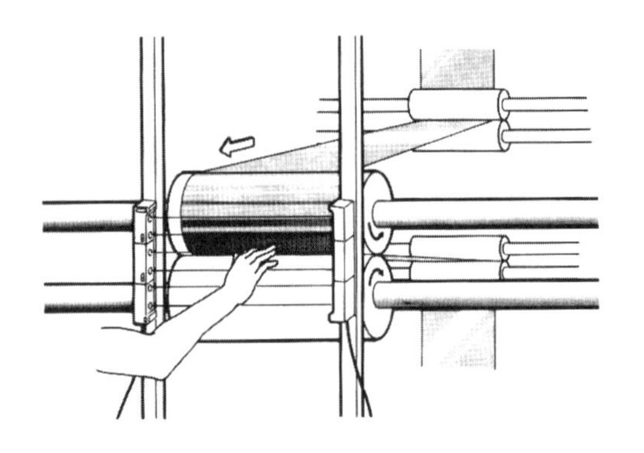

[그림 2-107] 롤러 구동부의 안전장치

2 가공 · 조립용 로봇의 안전지대 설정

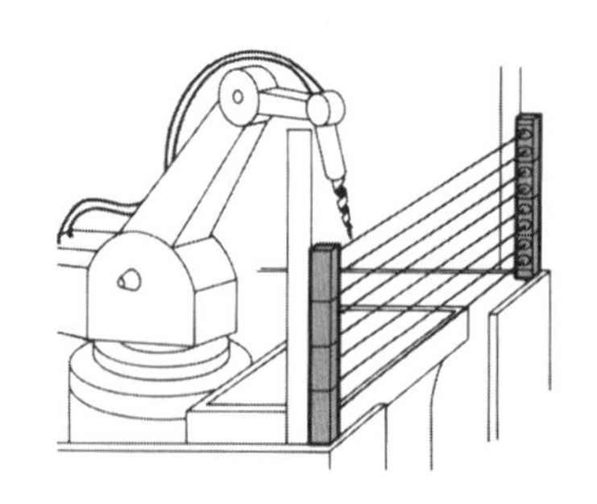

[그림 2-108] 로봇의 안전지대 설정

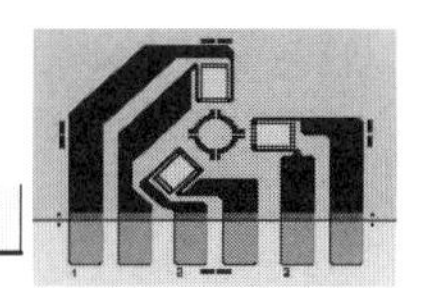

운동범위가 넓은 로봇의 작업 영역에 장애물이 침입하는 것을 방지하기 위해 에어리어 센서로 안전지대를 설정한다.

3 대형 제품의 배출 확인

수지 성형품과 같이 대형 제품이 작업 영역에서 완전히 배출되었는 지를 검출한다.

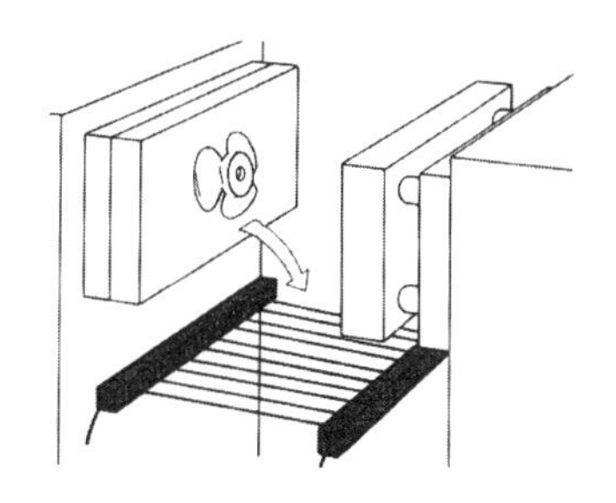

[그림 2-109] 대형 제품의 배출 확인

2.5 에어 센서

2.5.1 에어 센서의 개요

에어(air) 센서는 공기 흐름의 특성을 이용하여 물체의 유무를 비접촉식으로 검지하는 기기로서 자장이나 음파, 온도 등 주변환경의 영향을 받지 않으며, 출력 신호를 전기신호가 아닌 공기압으로 받을 수 있어 폭발성이 있는 환경에서도 사용 가능하다. 또한 투명한 물체도 감지할 수 있으며 주위 환경이 지저분한 곳에서도 사용할 수 있다.

이와 같은 에어 센서는 옛날에도 공기 마이크로미터와 같이 또한 최근에는 각종 반도체 압력 센서와 같이 어떤 방법으로 치수나 형상, 형태 등을 압력 신호로

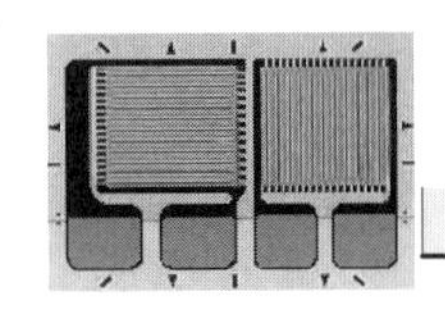

변화해서 추출하여 전기신호로 변화하는 센서를 말한다. 단지, 압력을 전기신호로 변환하는 압력 스위치나 압력 트랜스듀서와는 구별된다.

[사진 2-10] 에어 센서

2.5.2 에어 센서의 특징과 원리

에어 센서의 특징은 소형으로 고감도이면서 모든 검출 대상을 비접촉으로 검출하는데 물·오일 등이 가해지는 장소나 먼지가 많은 장소에서도 적용되는 점과 클린 룸에서의 진공압 대상 검출도 큰 특징이다.

성능적으로 디바이스인 압력 센서측에서 보면 정부압 어느 영역에서도 극히 변화량이 작은 미소한 차압을 취급하고 있다. 에어 센서의 공급압은 정압에서 0.05~3 kgf/cm^2이고 부압측에서 0.05~1 kgf/cm^2 정도여서 다른 공기압 기기의 공급압에 비하면 비교적 정압이므로 배관 등의 취급이 간단하다.

공기압을 이용하여 치수(안지름, 바깥지름, 판두께 등)를 측정하는 원리는 검출 노즐과 물체와의 갭의 크기에 따라 생기는 배압의 증감을 검출하는 것이다.

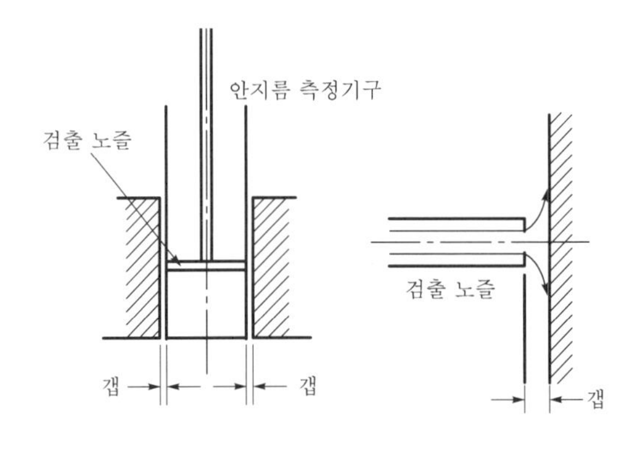

[그림 2-110] 에어 센서 검출의 원리

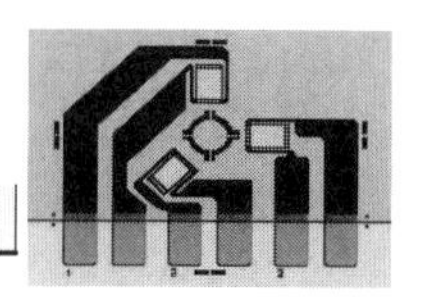

[그림 2-110]은 실린더의 안지름 측정 및 노즐 물체 간의 갭 양을 측정하는 예이다.

일반적으로는 검출 노즐로서 단순한 공기분사 구멍을 준비하여 배압을 유효하게 추출하기 위한 공기 저항관(스로틀)은 에어 센서측에 구성되어 있다.

2.5.3 종류

에어 센서의 의한 검출에는 다음과 같은 3종류의 검출방법이 있다.

(1) 게이지압 검출

센서가 검출하는 압력이 단지 대기압보다 높은지, 낮은지를 읽는 검출방법이다.

(2) 차압 검출

에어가 흐르고 있을 때 흐르는 도중에 오리피스가 있으면 전후에 차압이 발생한다. 차압 검출은 그 에어의 흐름의 변화를 추출하는 방법이다.

(3) 브리지형 차압 검출

공급 에어를 2회로로 분기하여 각각에 센서 노즐을 설치하여 양자의 배압차를 비교하는 방법이다.

검출 정밀도에서는 다른 전기계측기나 저울과 같은 메커니컬 계측과 마찬가지로 브리지형 차압 검출방법이 가장 고정밀도이고 다음이 차압 검출, 게이지압 검출의 순서로 된다. 그러나 브리지형 차압 검출이나 차압형 검출에서는 측정범위가 게이지압 검출에 비하여 좁아진다.

압력-전기 변환부측에서 보면 압력 변환으로서 이용되고 있는 물리현상에는 다음과 같은 것이 있다.

이같은 현상을 이용한 압력 변환기, 압력 스위치는 원리적으로 모두 에어 센서의 디바이스로서 이용할 수 있다.

① 압전 효과 : 세라믹 압력 센서

② 저항 변화 : 스트레인 게이지형 압력 센서, 박막형 반도체 압력 센서

③ 정전 효과 : 정전 용량식 압력 센서

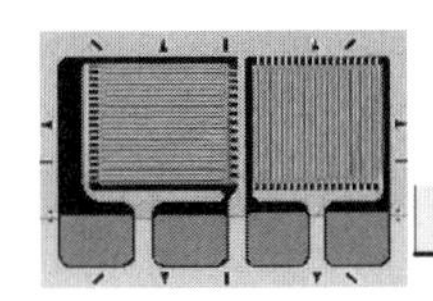

④ 힘 평형 : 힘－전류 평형형 압력 센서

⑤ 자기 스트레인 : 자기 스트레인 압력 센서

⑥ 홀 효과 : 홀 소자형 압력 센서

⑦ 접점형 : 전기접점형 · 리드 스위치형 압력 스위치

현재 시장에서 유통되고 있는 에어 센서에 사용되는 디바이스는 전기 접점형 · 리드 스위치형 압력 스위치 및 저항 변화에 의한 박막형 반도체 압력 센서가 주류이다.

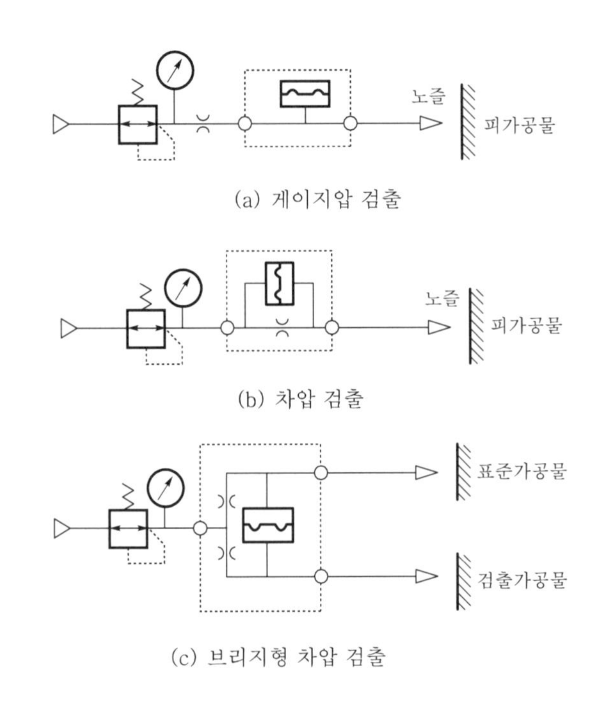

[그림 2-111] 에어 센서 검출 3형태

2.5.4 센서 노즐

검출하기 위한 노즐은 측정범위 또는 측정 목적에 따라 선정되는데 치구(治具)에 직접 가공해도 된다.

고정밀도 치수 검출 등의 경우에는 에어 마이크로미터 헤드를 이용할 수도 있다. 일반적으로는 게이지용 노즐, 배압형 노즐, 대향형 노즐, 반사형 노즐로 분

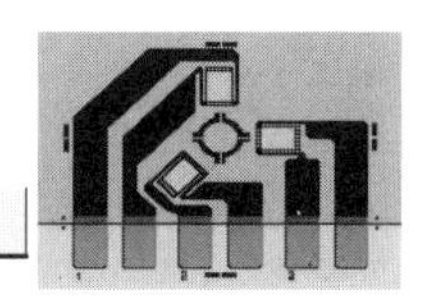

류된다.

게이지용 노즐은 단지 단일 구멍 노즐로 측정범위는 안지름의 1/4 이내의 근거리 범위이다. 이것은 노즐에서 분사되는 공기 분사류가 노즐에서 떨어질수록 확산되어 배압 효과를 저하시키기 때문에 생기는 한계이다. 배압형, 반사형 노즐은 2중관 게이지용 노즐의 외주에 또 하나의 공기층을 만들어 내측관으로부터 분사류가 확산되기 곤란하게 하여 3.5~6 mm가 떨어져도 배압 효과가 나타나도록 한 것이다.

대향형 노즐은 주로 물체의 존재 여부를 검출하는 것으로 다른 것에 비하여 측정범위는 길며 두 개의 노즐을 대향시켜 한쪽을 분사 노즐, 다른 쪽을 수압 노즐로 하여 검출 노즐로 한다.

그 노즐 간에 물체가 있으면 공기류는 수압측에 도달하지 못하고 수압 노즐측의 압력은 상승하지 않는다. 아무 것도 존재하지 않는 경우에는 분류를 받아 압력이 상승하는데 그 차를 이용하는 것이 대향형으로서 노즐측에 기름 방울 등이 들어가지 않도록 바이어스압을 가해 두면 좋다.

치구에 직접 가공하는 경우에는 게이지용 노즐의 안지름에 상당하는 긴 구멍을 가공하거나 또는 게이지용 노즐을 압입하여 사용한다. 어느 경우에도 분사류를 멀리까지 확산시키지 않도록 하는 것이 검출에 유리하기 때문에 베벨링은 하지 않고 직선부를 길게 가공하는 것이 좋다.

2.5.5 에어 센서 디바이스

1 게이지압 검출형

일반적으로 반도체 압력 센서, 압력 스위치로서 발표되고 있는 것이 이같은 종류의 것이다. 실리콘 다이어프램에 스트레인 저항체를 확산시킨 박막형 반도체를 다이어프램으로서 사용하여 다이어프램이 받는 압력을 전기신호로 변환하고 있다.

공급압력은 0~±1 kgf/cm^2에서 ON－OFF시키는 스위치 포인트가 전기적으로 설정된다. 정밀도는 ±3% 정도이다.

게이지압 검출형은 공급압 변동에 의하여 설정값이 변화하기 때문에 미세한 검출에는 적합하지 않지만 범용성이 풍부하다.

2 차압 검출형

[그림 2-112]과 같은 접점형은 차압 블록 스위치이다. 정밀도, 수명면에서 문제가 있지만 저 가격형으로서 이용되고 있다. 검출은 블록 내의 오리피스 전후의 압력차를 검출하여 전기신호(접점신호)로 하고 있다.

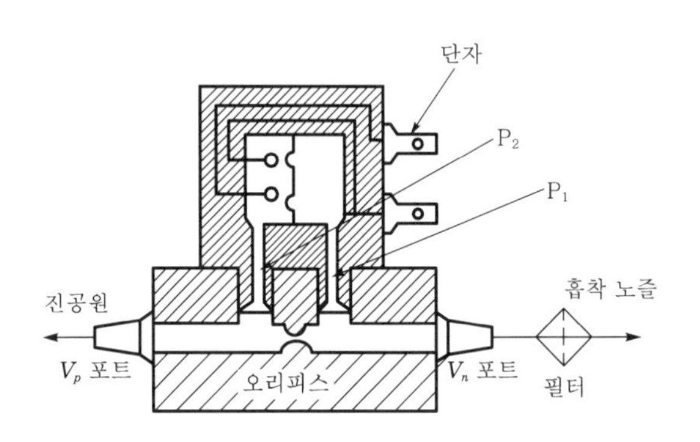

[그림 2-112] 차압 블록 스위치

3 브리지형 차압 검출형

PEL 스위치가 대표적인 것인데 변환부에 박막 반도체 압력 센서를 사용한 스위치이다.

디바이스로서 사용하고 있는 압력 변환부에 차압형의 반도체 압력 센서를 사용하여 공기압 회로에서의 브리지 조정과 전기적인 설정 조정이 가능하다.

제3장

변위 센서

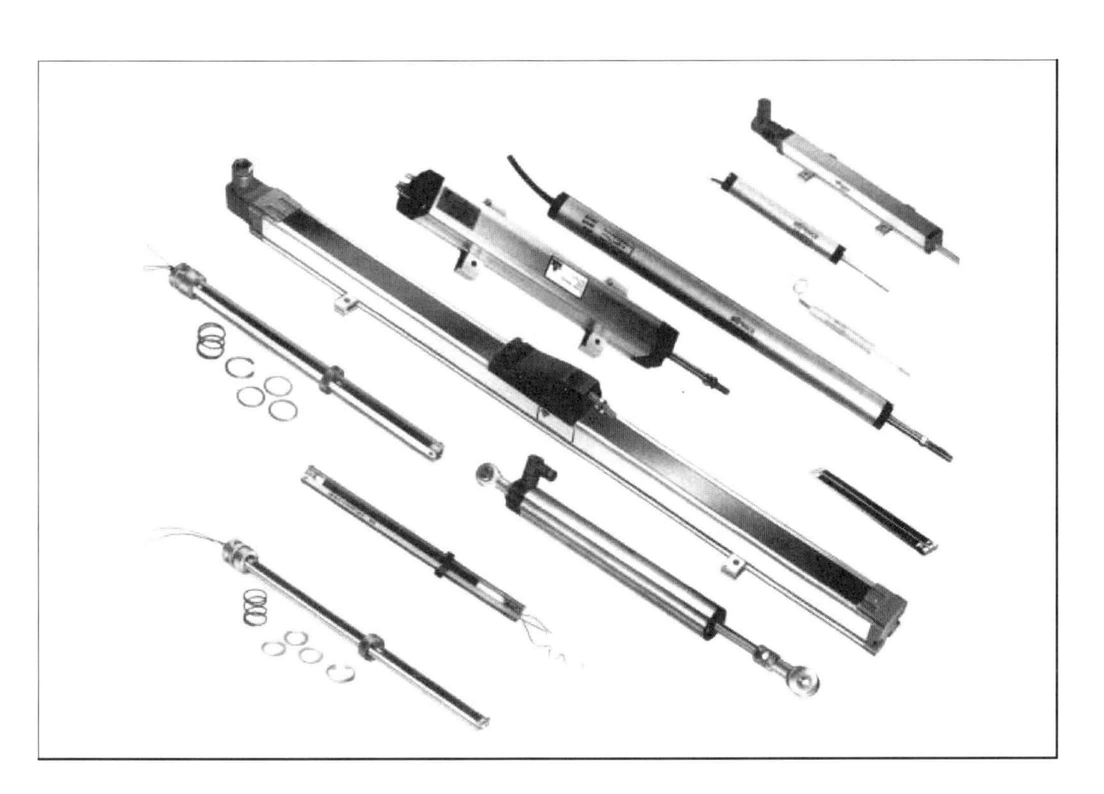

3.1 직선 변위 센서

3.2 각도 · 회전 변위 센서

3.3 형상 검출 센서

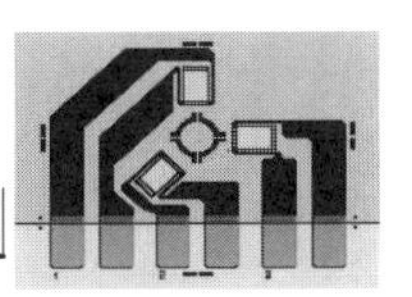

3.1 직선 변위 센서

3.1.1 직선 변위 센서의 개요

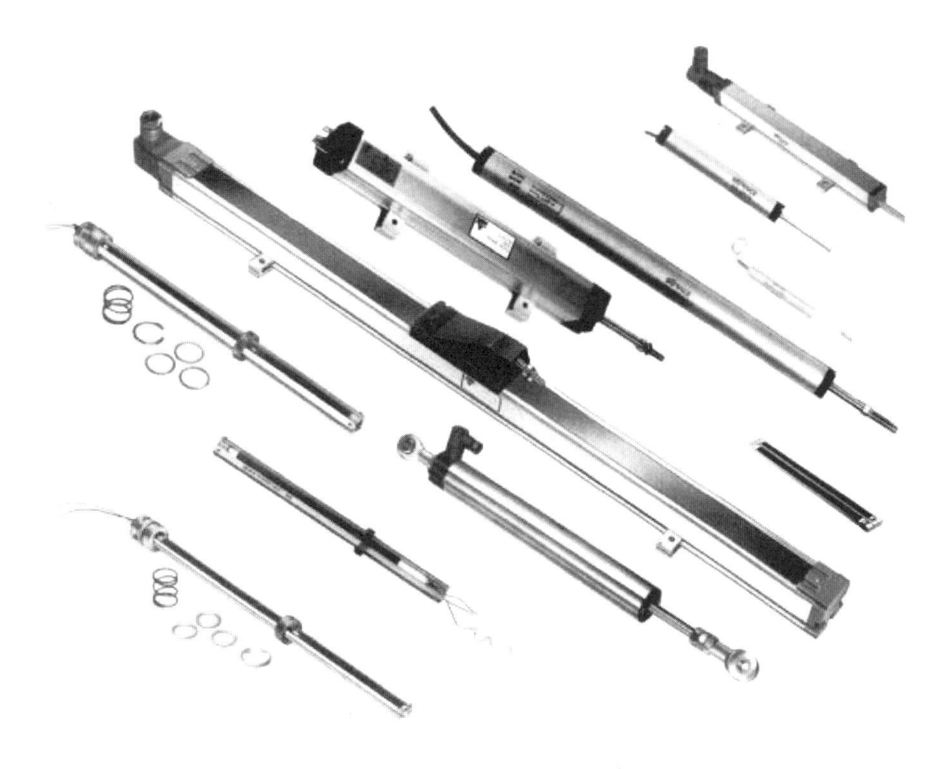

[사진 3-1] 직선 변위 센서

변위는 위치, 길이, 각도, 변형 등을 측정할 때 기준 상태와 비교해서 나타나는 차이의 양이므로 이들을 측정하는 센서를 사용한다. 변위의 계측을 크게 나누면 직선 변위와 회전 변위가 있다.

직선 변위에는 직선형 퍼텐쇼미터(potentiometer), 차동 변압기(differential transformer) 등이 주로 이용되고 있고, 회전 변위에는 회전형 퍼텐쇼미터, 리졸버, 싱크로 등이 이용되고, 광학과 전자장치가 조합되어 있는 광학식 인코더도 사용되고 있다.

센서가 검출하는 변위는 절대값보다 작은 차이값을 나타내므로 출력도 작아 환경 조건에 의한 노이즈 영향을 받기 쉽다. 따라서 센서의 선정과 사용 및 출력 방식에 따른 유의 사항은 다음과 같다.

1 센서의 선정과 사용

① 사용 환경의 온도 변화
② 기준점의 정기적인 교정
③ 검출 작용 힘에 의한 변위량 변화
④ 센서의 동특성

2 전기 출력 방식

① 불꽃 방전으로 인한 위험이 있는 경우 방폭 구조를 갖추고, 센서의 전원은 비위험 장소에서 공급한다.
② 높은 주파수를 사용할 때 정전유도 또는 전자 유도의 영향을 작게 하고, 검출부의 임피던스를 높이므로 출력전압은 크게 하고 온도 상승은 작게 한다.
③ 상용 주파수 등의 저주파 사용시는 전원 노이즈의 영향이나 사고시 철편이 가열되는 것에 유의한다.

3 공압 및 유압 출력 방식

① 이물질이 없는 깨끗한 압축 공기를 사용한다.
② 압축 공기는 일정한 압력으로 공급한다.
③ 출력 신호 압력이 낮은 경우 증폭기를 사용한다.
④ 유압으로 변환하는 경우 오일의 오염 상태를 관리한다.

4 빛의 이용

① 외란광의 영향을 제거한다.
② 출력 신호의 전송 방법을 고려한다.
③ 빛이 매질을 통과할 때 나타나는 광학 현상에 대해 주의한다.

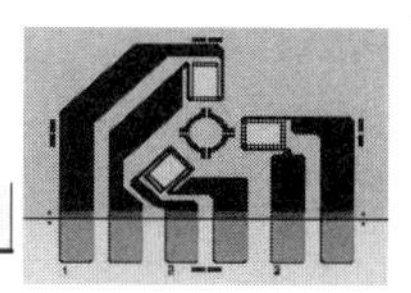

3.1.2 직선형 퍼텐쇼미터

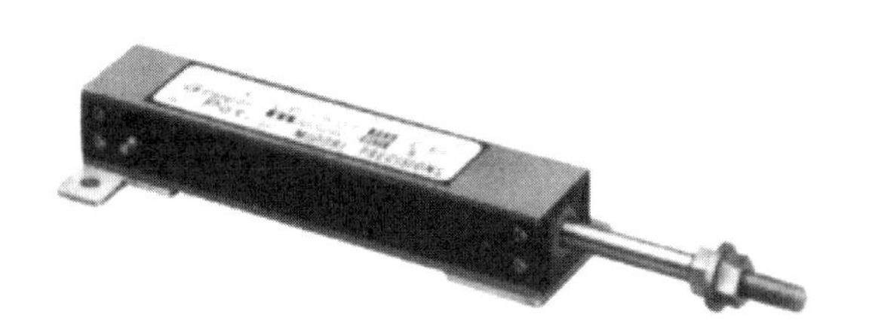

[사진 3-2] 직선형 퍼텐쇼미터

기계적인 직선 변위를 전기저항의 변화로 측정하는 것에는 직선형 전위차계가 있다. 직선형 퍼텐쇼미터는 단자를 가진 가변 저항기로 [그림 3-1]과 같이 3단자 중 2단자는 저항의 양끝에 있으며, 다른 1개는 가동 접점으로 되어 있다. 이 가동 접점을 이동시킴으로 다른 2단자와의 저항이 변화하게 된다.

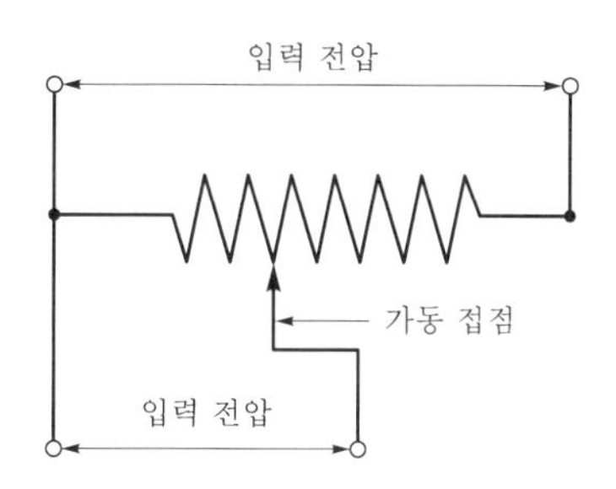

[그림 3-1] 퍼텐쇼미터 측정

1 권선식 퍼텐쇼미터

권선식 퍼텐쇼미터는 가동 접점이 권심에 감겨진 저항선 위를 섭동할 수 있도록 한 것이다. 권심은 내연성을 고려하여 세라믹 또는 합성 수지로 만든다.

[그림 3-2]에서 단자 ①과 ③ 사이에 입력 전압을 인가하고 가동 접점을 이동시키면, ①과 ② 사이에는 출력 전압이 얻어진다. 이것은 아래 그림과 같은 코일상의 저항선과 그 위를 직선적으로 이동을 하는 섭동자로 되어 있다. 변위의 크기는 섭동자를 가지는 검출용 모터의 움직임에 이해 섭동자와 저항선 간의 저항차에 비례하는 양이 된다. 따라서 저항선에 인가되는 일정의 기준전압을 분압된 전압으로써 취득한다.

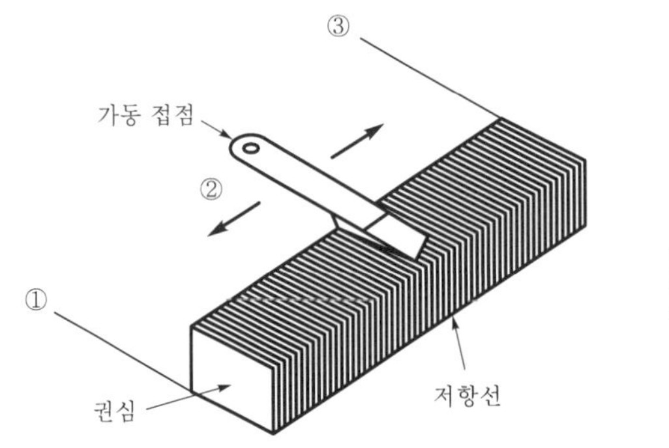

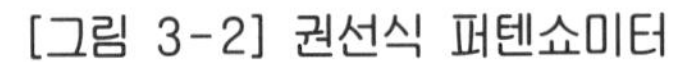
[그림 3-2] 권선식 퍼텐쇼미터

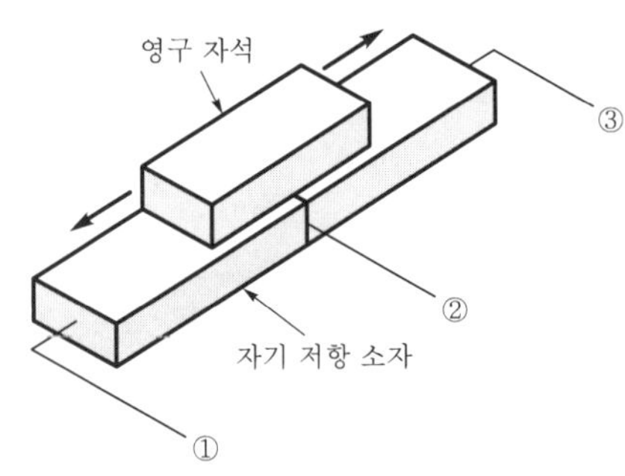

[그림 3-3] 자기 저항식 퍼텐쇼미터

2 자기 저항식 퍼텐쇼미터

자기 저항식 퍼텐쇼미터는 비접촉형으로 [그림 3-3]과 같이 자기 저항 소자 2개를 직렬로 배열하고 그 위에 영구 자석을 이동시켜 출력을 얻을 수 있다. 이는 섭동부가 없으므로 근소한 변위량이나 미소한 토크까지도 검출할 수 있다.

3 광 브리지형 퍼텐쇼미터

다음 그림은 광도전체를 사용한 광 브리지형 변위계는 두 개의 삼각형 광도전 셀을 역방향으로 향하고 있고, 광슬릿의 이동에 의해 한쪽 방향의 광전도 셀의 저항치가 증가하고, 다른 방향의 저항치는 감소하게 되어 브리지 회로를 이용한 변위를 전압으로 변환한다.

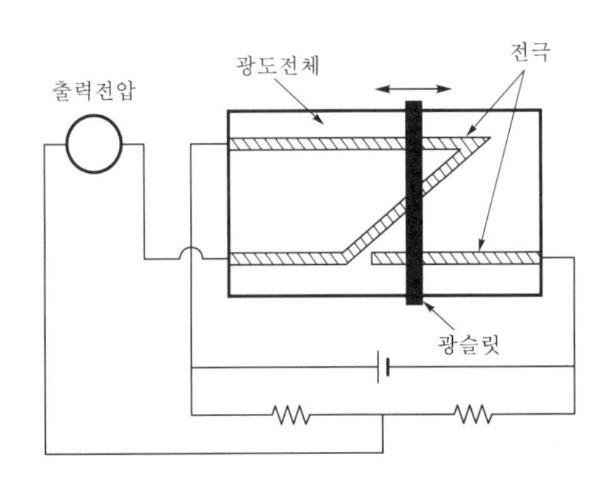

[그림 3-4] 광 브리지형 변위계

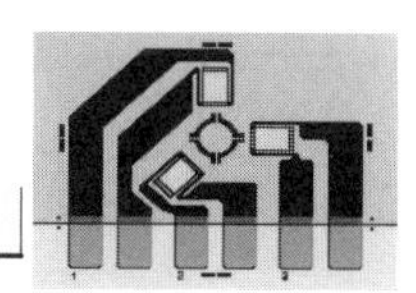

3.1.3 차동 트랜스

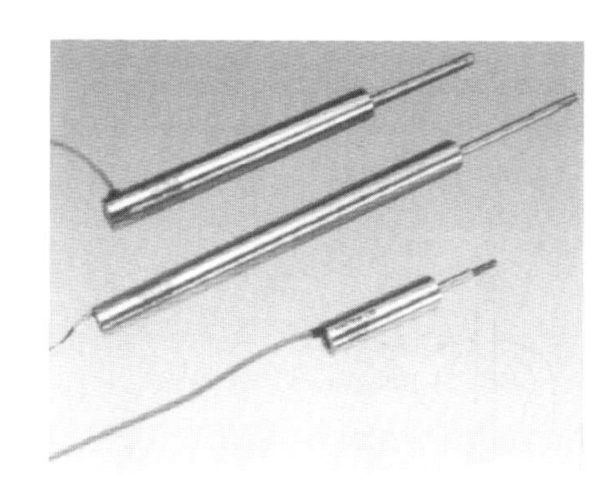

[사진 3-3] 차동 트랜스

1 차동 트랜스의 구성

선형 차동 변압기(LVDT : linear variable differential transformer)는 한 개의 1차 권선, 두 개의 2차 권선, 가동 철심(core) 및 절연 보빈(bobbin)으로 구성되어 있으며, 속이 빈 원통 보빈 안에 있는 가동 철심의 위치를 변화시킴으로써 2차 권선의 인덕턴스 변화량을 감지하는 것이다.

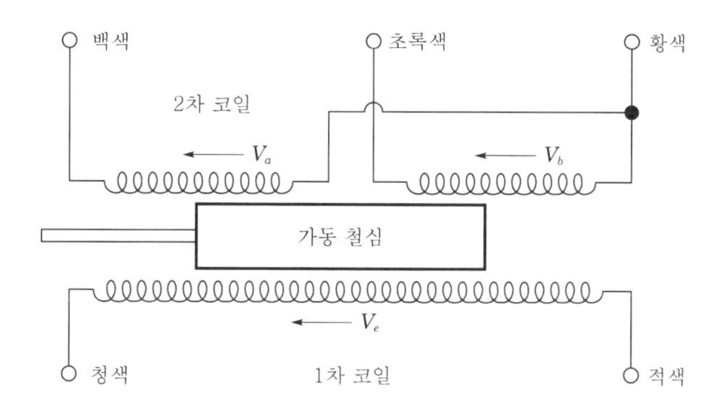

[그림 3-5] 차동 트랜스의 구성

2 차동 트랜스의 동작 원리

선형 차동 변압기의 원리는 [그림 3-6] (b)에서 1차 권선의 인덕턴스를 L_1, 2차 권선의 인덕턴스를 각각 L_{21}, L_{22}라 할 때, 2차 권선의 상호 인덕턴스 M_1,

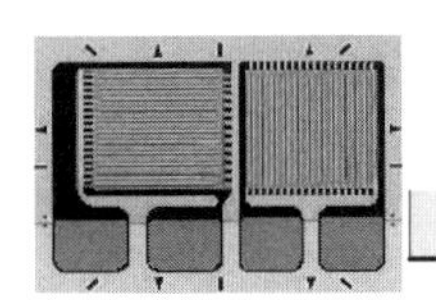

M_2는 다음과 같이 된다.

$$M_1 = k\sqrt{L_1 \cdot L_{21}} \ \text{(H)}$$

$$M_2 = k\sqrt{L_1 \cdot L_{22}} \ \text{(H)}$$

여기서 k는 결합 계수이며, 선형 회로에서 $k=1$이 된다.

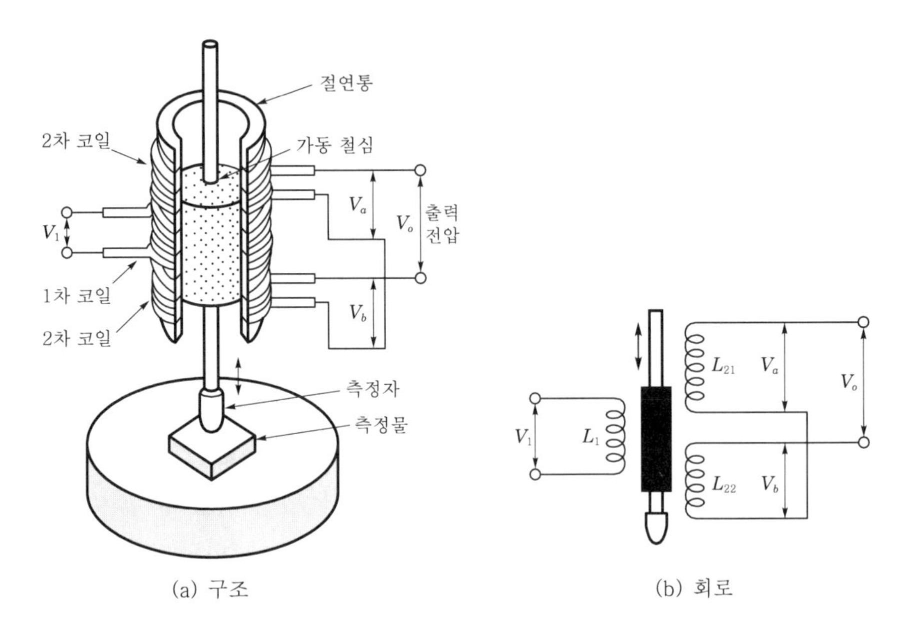

(a) 구조 (b) 회로

[그림 3-6] 선형 차동 변압기

[그림 3-7]은 선형 차동 변압기의 가동 철심의 위치 변화에 따른 특성 변화를 나타낸 그래프이다. 가동 철심을 그림 (a)와 같이 가동 철심의 위치를 1차 권선 쪽으로 이동하면 상호 인덕턴스는 $M_1 > M_2$가 되어, 유기 전압 V_a와 V_b 사이의 관계는 $V_a > V_b$가 된다. 이때 출력 전압 $V_0 = V_a - V_b$가 된다.

또한 그림 (c)와 같이 가동 철심의 위치를 아래쪽의 2차 권선 쪽으로 이동하면 상호 인덕턴스는 $M_1 < M_2$가 되고, 유기 전압은 $V_a < V_b$가 된다.

그러므로 출력 전압 $V_0 = V_b - V_a$가 된다.

선형 차동 변압기의 특징은 수명이 길고 분해 능력이 좋으며, 감도가 높고 나 구성이 크다. 그러나 사용할 때에 자기를 띠고 있는 장소나, 길이를 측정할 때에 길이 측정 범위가 긴 것은 피해야 하며, 온도 오차가 발생하는 결점이 있다. 차동 변압기는 길이, 표면 거칠기, 진동, 하중 측정 등에 널리 사용되고 있다.

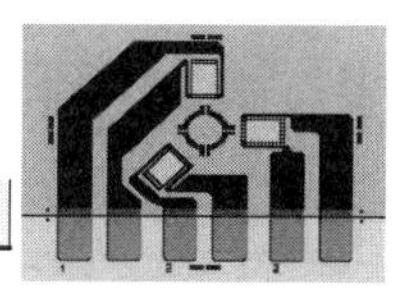

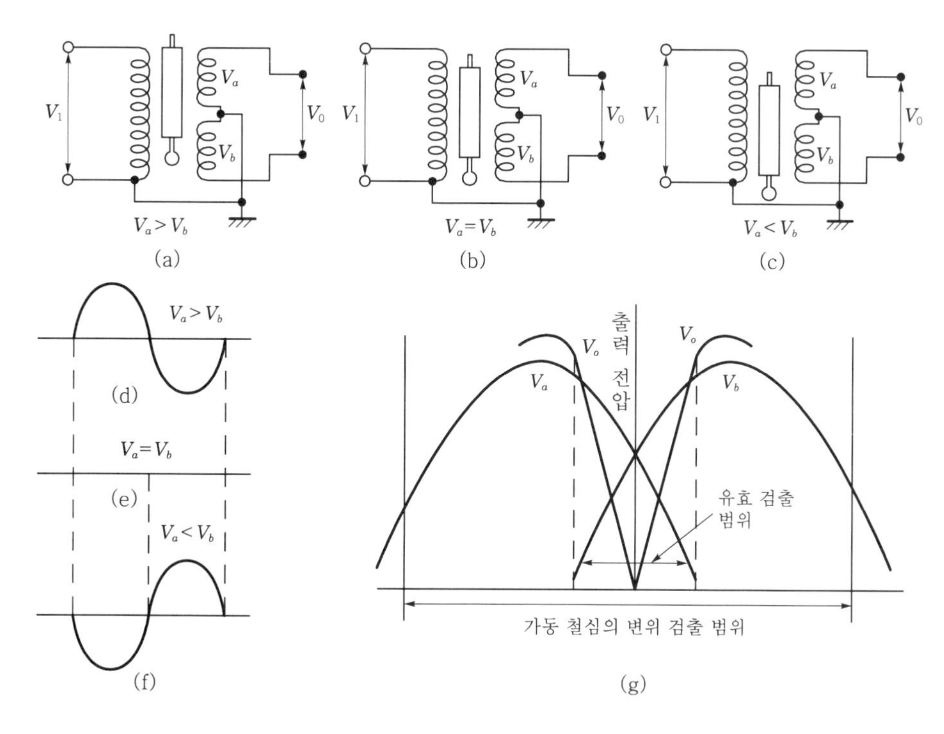

[그림 3-7] 선형 차동 변압기의 특성

[표 3-1] 선형 차동 변압기의 사양 예

항 목	내 용
측정 범위	±1 mm, ±5 mm, ±7 mm
비선 형성	±0.5% FRO
여기 전압	3 Vrms
반복 정밀도	0.0025 mm
주파수 범위	50 Hz~10 kHz
무효 전압	>1.0% FRO
준비 시간	1분 이하
전선 길이	300 mm
동작 온도	50℃~90℃
보관 온도	−60℃~95℃
프로브 힘	220 g
충격	2000 G/1 ms pack half sine
무게	85 g
케이스 재질	Alloy
취부	φ20

3 직류 차동 트랜스

직류 차동 트랜스는 코일 본체에 발진회로, 정류회로, 평활회로 등을 포함하고 있다.

정류회로는 두 개의 2차 코일을 이용 각각의 코일에서 정류한 전압의 차를 출력함으로 잔류 전압이 없어 부하에 대해 거의 직선성을 나타낸다.

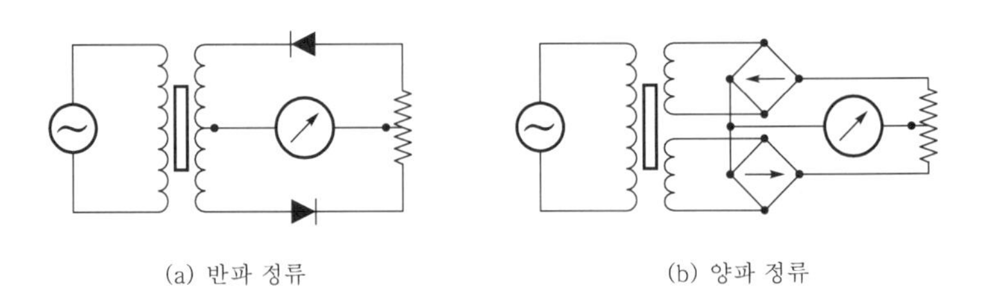

[그림 3-8] 직류 차동 트랜스

4 차동 트랜스의 적용 예

(1) 장력 조절

종이, 필름, 금속판, 천 등을 감을 때 감은 정도에 따라 두루말이의 직경이 증감하므로 재료의 장력도 변화한다. 이는 재료의 주름, 절단 등의 원인이 되므로 장력을 검출하여 제어하여야 한다.

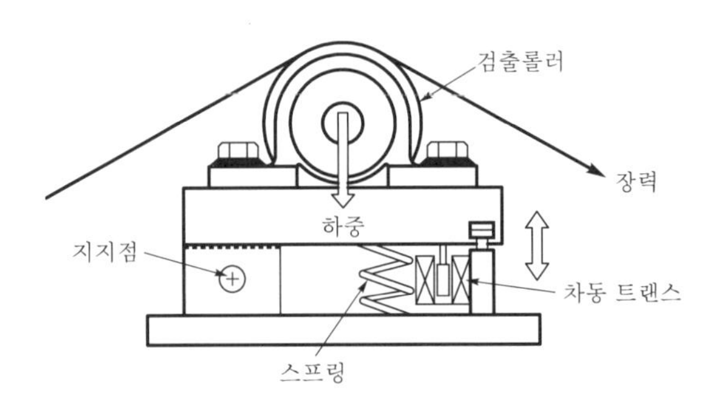

(2) 외경 측정

스핀들의 동작을 차동 트랜스에 의해 전기 신호로 변환하는 전기 마이크로미터를 이용하여 파이프의 외경을 측정하는 것이다.

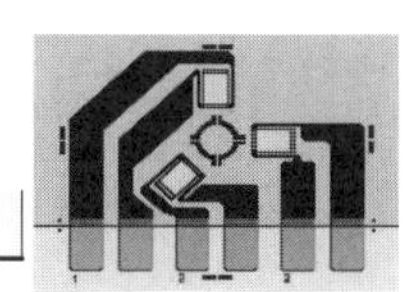

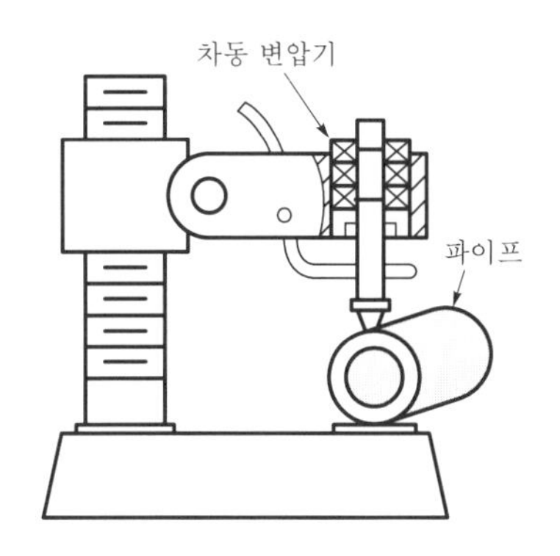

(3) 두께 측정

2개의 감지 롤러에 의한 변위를 이용하여 판재의 두께를 측정한다.

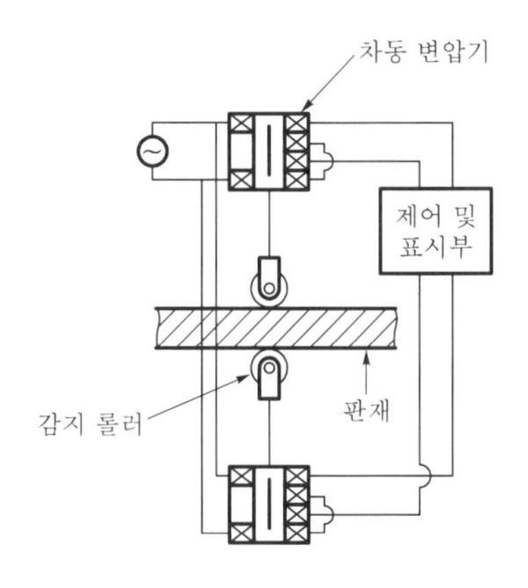

3.1.4 리니어 스케일

리니어 스케일이란 공간 좌표의 위치 검출에 사용되는 직선 위치 센서로, 검출 원리에는 광학, 자기 용량, 전자유도 등의 물리 현상을 이용한 것이 사용되고 있다. 여기서는 광학식 리니어 스케일(인코더)의 동작 원리, 응용 예에 대해 알아본다.

1 광학식의 리니어 인코더

광학식 리니어 인코더는 빛을 이용하여 직선 이동 물체를 검출한다. 광학식 리

니어 인코더는 본체와 1 mm 피치로 슬릿이 절삭되어 있는 인코드 판으로 구성되며, 인코더 본체 또는 인코드 판을 이동시키면 증가형 인코더와 같은 A상과 B상의 출력을 얻을 수 있다.

(1) 동작 원리

[그림 3-9]은 광학식 리니어 인코더에서 발광 소자, 수광 소자 및 인코드 판의 배치를 나타낸 것이며 다음과 같은 특징이 있다.

① 발광 소자와 수광 소자를 일체화한 구조이다.

② 수광 소자에는 3분할 포토 다이오드를 사용하고 있다.

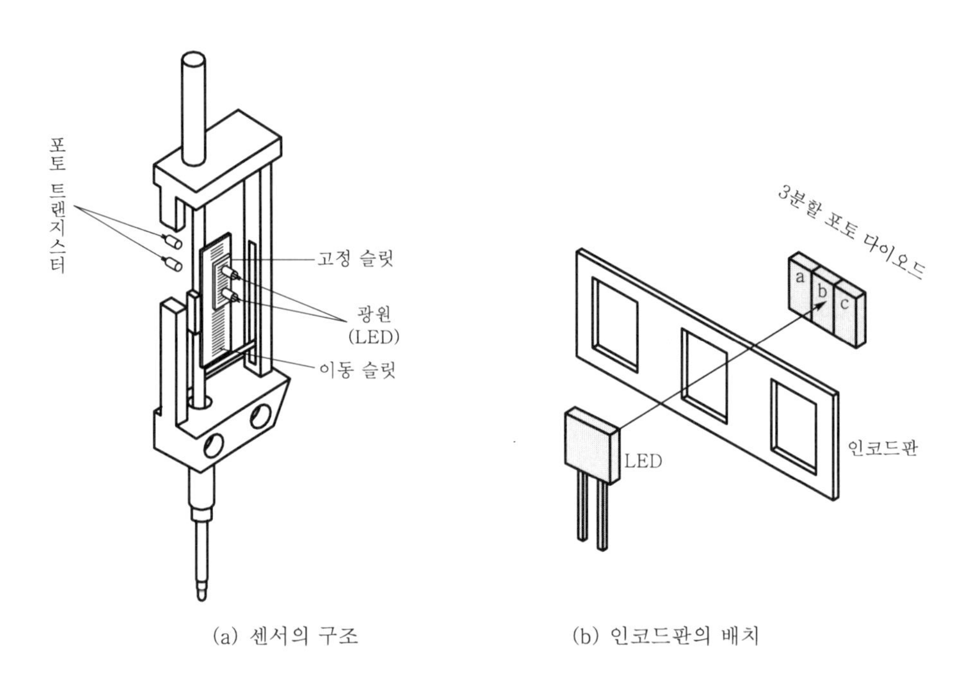

(a) 센서의 구조 (b) 인코드판의 배치

[그림 3-9] 광학식 리니어 인코더

발광 소자에 의한 광은 평행광으로 되어 인코드 판의 슬릿을 통과하여 3분할 포토 다이오드에 도달한다. 이때 광학식 리니어 인코더에는 수광 소자에 조사되는 광을 균일하게 하여 2상 출력의 위상차와 듀티비에 편중되는 것을 없애는 것과 인코더 본체와 인코드 판의 위치 편차에 대하여 출력 변동을 최소로 억제하는 광학 장치를 갖추고 있다.

[그림 3-10]은 수광부의 회로이다. 수광부는 3분할 포토 다이오드, 차동 앰

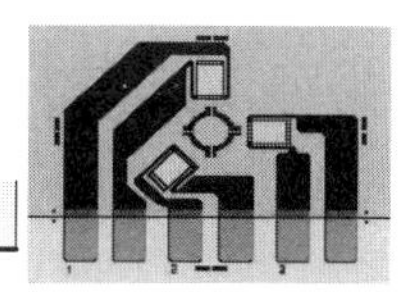

프, 비교기로 구성되어 있다. [그림 3-9]에서 인코드 판이 이동하면 인코드 판과 3분할 포토 다이오드의 분할 폭에 의해 포토 다이오드 a, b, c는 입광과 차광의 상태를 반복하게 된다.

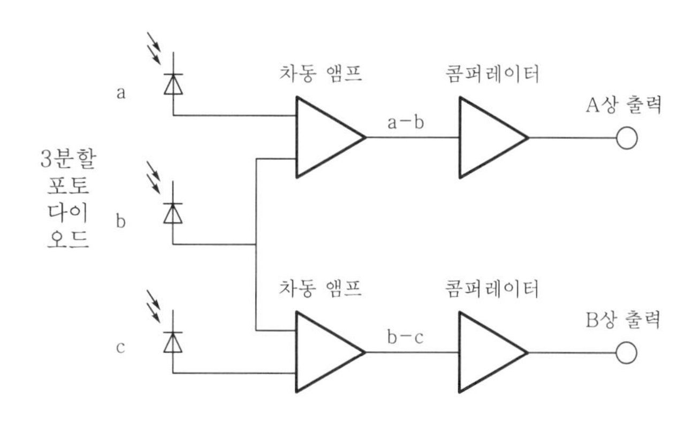

[그림 3-10] 수광부 회로

이러한 입광과 차광 상태의 반복에 의해 나타나는 수광량의 차이를 차동 앰프가 검출하고 비교기로 파형을 정형하여 A상과 B상으로 출력한다. [그림 3-11]은 수광회로 각 부의 파형을 나타낸 것이다.

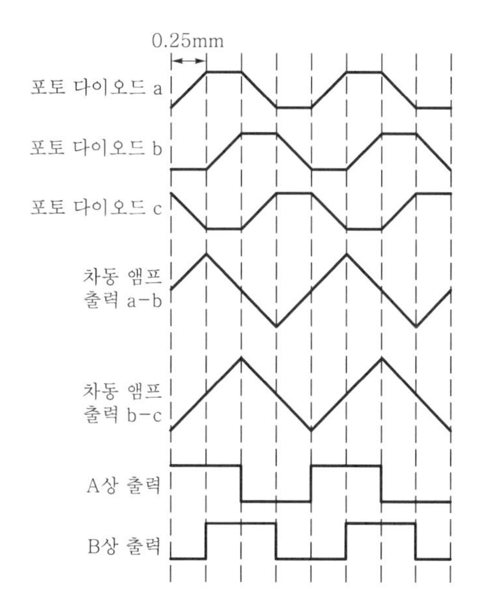

[그림 3-11] 수광 회로 각 부의 파형

(2) 사양

[표 3-2] 증가형 리니어 인코더의 사양 예

항 목	내 용
검출 방법	투과형
전원 전압	DC 24V ±10%(리플 포함)
소비 전류	50 mA 이하
검출 거리	10 mm 고정
인코드판	피치 1 mm, 슬릿 폭 0.5 mm
검출 속도	0~2.5 kHz(인코드 판 속도 0~2.5 m/s)
듀티비	0.25~0.75
위상차	43~135°
상대 오차	15% 이하 {(위상차의 오차÷360°)+(듀티비의 오차÷2)}×100
출력 형태	NPN 트랜지스터 오픈 컬렉터, 2상 출력
제어 출력	개폐 전류 : 50 mA 이하(저항 부하), 출력 내 전압 : 30V 잔류 전압 : 1V 이하(개폐 전류 50 mA시)
표시등	전원 표시 : 적색
사용 주위 조도	백열 램프 3,000 lx 이하, 태양광 10,000 lx 이하
절연 저항	20 MΩ 이상(DC 500V에서)
내전압	AC 1,000V 1분간
보호 구조	IP 40(IEC 규격)

2 절대형 리니어 인코더

인코더 판은 투명한 부분과 불투명한 부분으로 구성되어 있다. 그림에서 수직의 각 열은 4개의 부분으로 나뉘어져 있다. 인코더 판의 투명과 불투명 부분은 4개의 광 센서에 의해 감지된다.

투명 부분은 논리값 1을 불투명 부분은 논리값 0을 표시한다. 그림의 위치에서 인코더는 0111의 2진 코드를 출력 신호로 낸다. 이때 4개의 수직 열에 의해 16개의 서로 다른 논리 조합이 가능하다. 그러므로 이 조합에서 최소한의 거리 차이는 인코더 길이를 16으로 나눈 값으로 구해진다. 이것이 측정되어지는 변위의 분해능이 된다. 분해능을 높이기 위해서는 각 열의 구성 슬릿의 개수와 그에 해당한 광 센서를 증가시키면 된다.

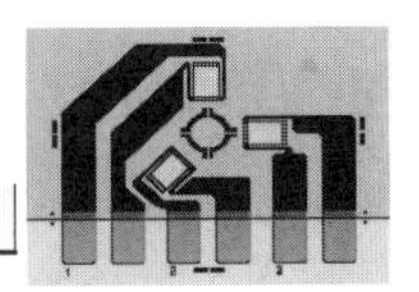

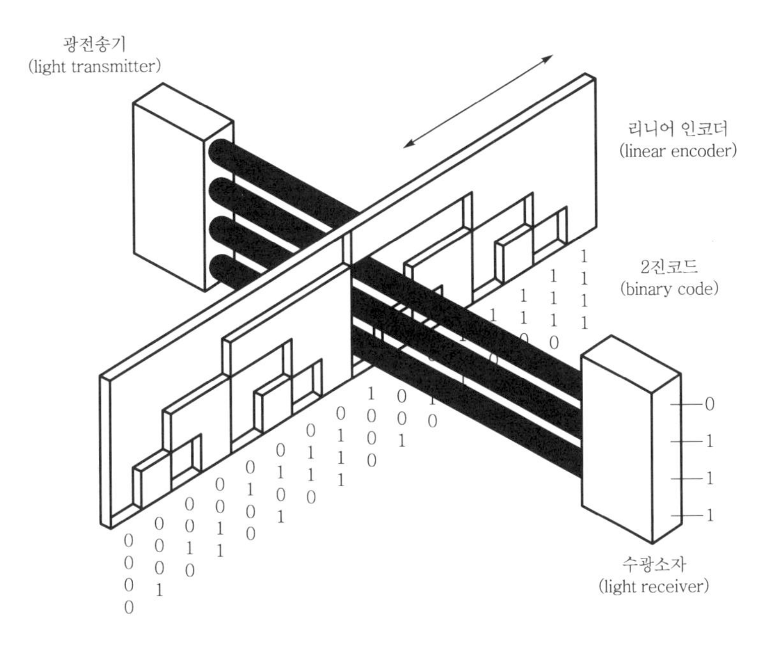

[그림 3-12] 절대형 리니어 인코더

3 광학식의 리니어 인코더의 응용 예

(1) 얇은 시편 절단

생물 조직의 시편을 유리 칼을 이용해 최대한 얇게 자르려 한다. 이를 위해 유리 칼의 미세한 이동을 리니어 인코더를 설치하여 측정하도록 한다.

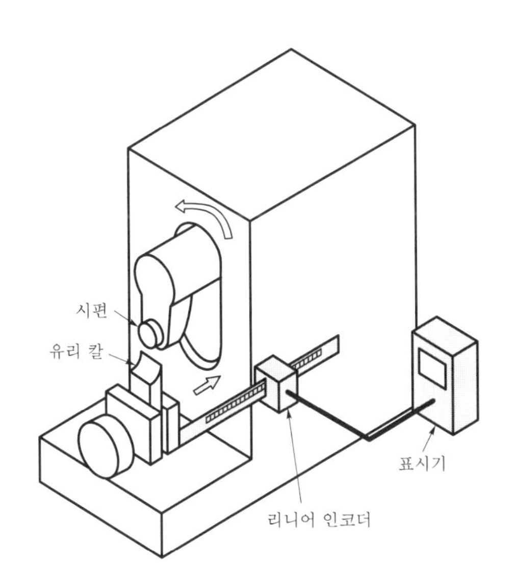

(2) **머시닝 센터의 인프로세스 계측**

머시닝 센터의 테이블에 설치되어 있는 리니어 인코더는 가공시 이송량을 결정함과 동시에 측정시에는 좌표 카운터의 역할도 할 수 있다.

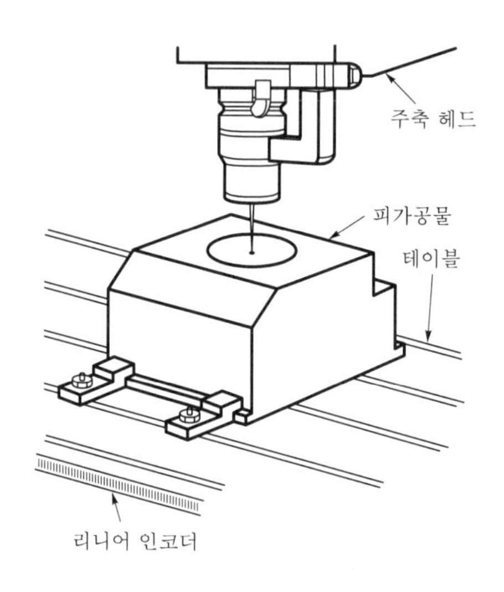

(3) **광자기 디스크 드라이버**

광자기 디스크에서 보이스 코일 모터 위치와 속도의 검출 센서로서 리니어 인코더를 사용하고 있다.

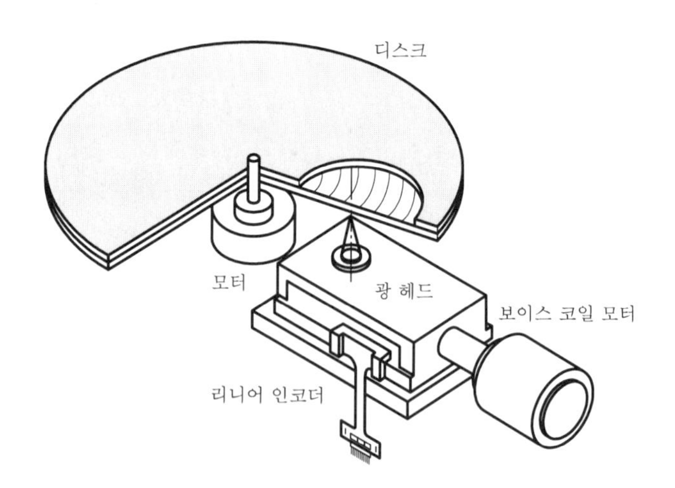

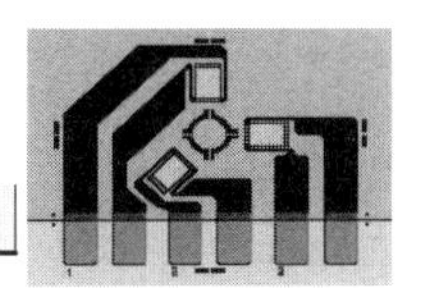

4 변위 센서의 용어 설명

여러 가지 환경조건에 따라 LVDT, 하프 브리지 형식을 선택할 수 있다.

① **측정 범위**(Measuring Stroke) : 프로브의 교정된 측정 범위이며, 예를 들어 ±1 mm와 같이 영점에서 양쪽 방향의 거리를 표시한다. 프로브의 선형성이나 감도는 교정된 범위 내에서만 적용된다.

② **총 행정 또는 총 범위**(Total Stroke or Full Range) : 교정된 측정범위의 전체 크기이며, 예를 들어 ±1 mm이면, 총 범위는 2 mm이다.

③ **영점으로부터의 바깥쪽 행정**(Outward Travel from Zero) : 코어의 전기적 영점으로부터 팁(tip) 쪽으로의 이동량의 크기를 말한다. 이것은 일반적으로 교정된 이동량 보다 크고, 예를 들어 ±1 mm의 측정범위일 경우 바깥쪽 행정은 1.15 mm라고 하며, 교정된 범위로부터 0.15 mm의 추가행정이 주어진다.

④ **영점으로부터의 안쪽 행정**(Inward Travel from Zero) : 코어가 전기적 영점으로부터 케이블 쪽으로의 이동량의 크기를 말한다. 이것은 일반적으로 교정된 이동량보다 크고, 예를 들어 ±1 mm의 측정범위일 경우 안쪽행정은 1.35 mm라고 하며, 교정된 범위로부터 안쪽으로 0.35 mm의 추가행정이 주어진다.

⑤ **전 행정**(Pre−Travel) : 바깥쪽 행정 끝 위치에서 측정범위가 시작되는 지점까지의 이동량의 크기이다. 어떤 형태의 프로브는 사용자가 조절 가능하며, 영점으로부터 바깥쪽 측정 범위를 효과적으로 조절할 수 있다.

⑥ **후 행정**(Over−Travel) : 교정된 측정범위 끝에서부터 완전한 안쪽 위치(정지점)까지의 이동량의 크기이다.

⑦ **반복 정밀도**(Repeatability) : 정상적이고, 평탄한 표면 위에서, 같은 작업자가 짧은 시간 안에 같은 기기와 환경 하에서 연속적으로 측정할 때 그 측정값들의 차를 말한다. 측정값은 일정한 방식의 팁의 왕복운동(팽창과 수축)으로 얻어지며, 일반적으로 마이크로 미터로 표시된다.

⑧ **선형성**(Linearity) : 기계적 입력에 대한 정비례의 이상 출력에 프로브의 전기적 출력이 얼마나 근접한지를 나타낸 것이다. 현재 두 가지 정의가 이용된다.

㉮ **측정값** : 이것은 오차 한계 안에서 이상적인 비례관계와의 편차를 나타내는 오차로 측정값이라고 한다. 이(Reading) 정의는 최대측정치의 20에 최소로 근접한 현재 측정된 값이며, 따라서, ±1 mm의 프로브의 경우 규정된 선형성이 측정값의 0.5%일 경우, 오차한계는 2 mm×0.0005=0.002 mm이

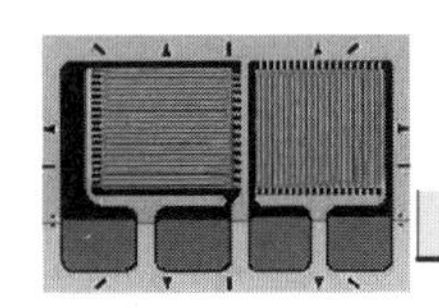

다. 이 오차는 감도 오차도 포함한다. 프로브는 다음의 규칙을 사용한다.

- 표준 단위 : 오차한계는 표준감도에 준한다.
- 특수 단위 : 오차한계는 실질적 감도에 준하는데, 이것은 교정표에 기록되어 있다.

Conditioning Electronics는 최고의 효율을 얻을 수 있도록 조절되어야 한다.

㈏ **총 범위** : 측정된 특성이 원점을 통과하는 정비례 직선(이상 직선)과 양이나 음으로 얼마만큼의 편차를(% Full Range) 가지는 지를 의미하며, 오차의 크기는 총 범위에 대한 %로 표시되며, 이러한 오차는 곡선이 원점을 지나지 않는 비대칭 오차도 포함하지만 감도 오차는 포함하지 않는다. ±1 mm의 총 범위 선형성이 0.3% 프로브의 이상 직선과의 비선형 오차는 다음과 같다. 실제로 오차는 일반적으로 Full Scale보다 원점 부근에서 작다. Conditioning Electronics는 감도에 맞게 조절되어야 한다.

⑨ **감도** : 여기 입력과 기계적 이동에 의한 출력의 크기를 말한다. 큰 변위 또는 큰 여기 전압은 큰 출력을 만들며, 따라서, 감도는 mV/V/mm로 표시된다. 선형성이 %측정값으로 표시되는 곳에서는 어떠한 감도 오차도 %측정값 오차에 합하여지며, 선형성이 %총 범위로 표시되는 곳에서 감도는 이상 직선의 기울기이고 오차는 정비례 직선과의 편차를 말한다.

⑩ **탄성계수** : 프로브 팁의 힘은 수평으로 측정된다. 만일 프로브가 수직으로 사용된다면, 구동부의 무게를 더하거나 빼야 한다. Gaiter의 효과도 이 값에 포함된다.

⑪ **여기값** : 센서의 여기 신호에 관련된 세 가지 요소가 다음에 구체적으로 기술되어져 있다. 주의해야 할 것은 프로브의 구동 조건은 여기 값들이 교정으로 사용될 때 이용된다.

㈎ **여기 전압** : 이 범위에 전압들은 프로브를 작동시키기 위하여 공급된다. 사인파의 유효전압으로 표시된다.

㈏ **여기 전류** : 프로브를 여기 시키기 위한 전류이다. 이것은 여기 전압과 비례하며, 따라서, mA/V로 표시되고, 여기 주파수에 따라 변화한다.

㈐ **여기 주파수** : 사용되는 여기 전압의 주파수의 범위이다.

⑫ **입 · 출력 위상차** : 여기 값과 출력신호 사이의 차이며 원점에서 안쪽 방향의 이동량이다. 양의 도형은 안쪽 방향에서 출력이 여기 신호보다 앞서는 것을 나

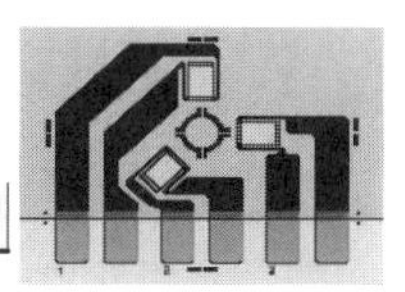

타낸다. 위상차는 영점에서 외부(바깥쪽) 방향에서는 반전된다. 이 도형은 여기 주파수에 의거한다.

⑬ **영 위상 주파수** : 입출력 위상차가 최소일 때 여기 주파수이다.

⑭ **최소 잔류 전압** : 영점에 도달했을 때, 최소 출력 전압이다.

⑮ **표준화** : 실제 센서의 출력을 규격화된 교정 값에 맞추는 공정이다. 표준화된 센서는 일반적으로 비표준화된 센서보다 좁은 감도편차를 가지고 있다.

3.2 각도 · 회전 변위 센서

[사진 3-4] 회전 변위 센서

3.2.1 각도 · 회전 변위 센서의 개요

회전 변위를 검출하는 센서에는 회전한 각도를 측정하는 경우와 회전수를 측정하는 경우가 있다. 회전수를 측정하는 센서는 회전수를 펄스 신호로 변환해서 인출하고 그것을 처리해 다시 회전수로 표시하는 방법이 취해진다. 펄스 변환식 센서의 최대 특징은 회전 정보를 펄스 간격, 즉 시간 정보를 바꾸어 처리하는 점이다. 즉, 측정 물체가 1회전하는 데 필요한 시간을 측정하여 이 측정 시간의 역수를 구하여 연산하는 주기측정 연산 방식이 있다.

단위로는 측정 물체가 1분 동안에 회전한 횟수를 나타내는 rpm으로 표시하는 것이 일반이다.

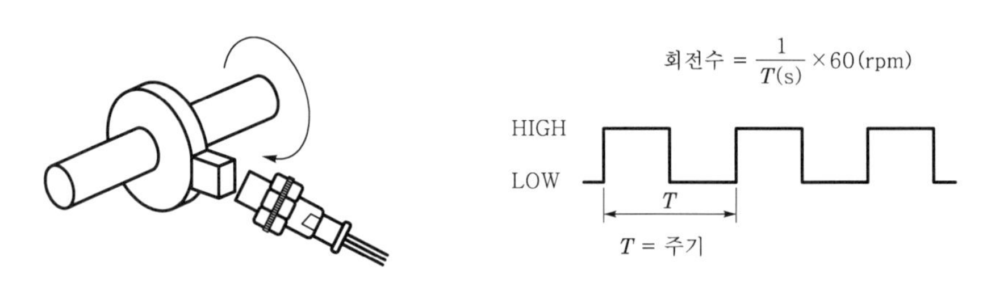

[그림 3-13] 회전수 측정 원리

회전각의 계측도 회전수의 계측과 같다. 기계적인 위치의 변화로부터 전기적인 주파수 신호로 변환해서 인출하고 그것을 전기적인 신호로 처리하는 것이다. [표 3-3]은 출력 신호의 종류에 따른 분류이다.

[표 3-3] 출력 신호에 따른 분류

<table>
<tr><td rowspan="13">출력 신호</td><td rowspan="2">아날로그식</td><td>전자 유도형</td><td colspan="2">싱크로, 리졸버</td></tr>
<tr><td>가변 저항형</td><td colspan="2">퍼텐쇼미터</td></tr>
<tr><td>하이브리드식</td><td>전자 유도형</td><td colspan="2">인덕토신</td></tr>
<tr><td rowspan="10">디지털식</td><td rowspan="5">인코더</td><td rowspan="2">광전식</td><td>증가형</td></tr>
<tr><td>절대형</td></tr>
<tr><td colspan="2">자기식</td></tr>
<tr><td colspan="2">접촉식</td></tr>
<tr><td colspan="2">전자식</td></tr>
<tr><td rowspan="5">근접 센서</td><td rowspan="2">광전식</td><td>반사형</td></tr>
<tr><td>투과형</td></tr>
<tr><td colspan="2">전자식</td></tr>
<tr><td colspan="2">자기식</td></tr>
<tr><td colspan="2">정전 용량형</td></tr>
</table>

3.2.2 퍼텐쇼미터

퍼텐쇼미터(potentiometer)는 구조가 간단하고 사용하기에 편리하여, 직선 변위 또는 회전 변위를 검출하는 데에 가장 많이 사용된다. 이 센서는 기계적 변위량(길이, 각도)을 저항 변화로써 검출하는 센서이며, 종류에는 접촉형과 비접촉형이 있다.

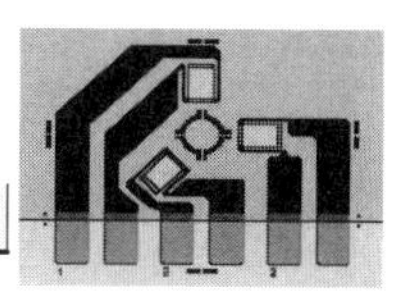

[사진 3-5] 회전 퍼텐쇼미터

1 접촉형 퍼텐쇼미터

접촉형 퍼텐쇼미터는 접촉자가 저항체의 위를 접촉하면서 움직이는 형태로 권선형, 도전성 플라스틱형이 있다.

(1) 권선형 퍼텐쇼미터

권선형 퍼텐쇼미터의 구조는 유리섬유 판을 여러 겹 겹쳐서 권심을 만들고, 절연체인 권심 위에 합금 저항선을 일정하게 감는다. 그리고 회전축에 접촉자를 끼워 축이 회전하면 접촉자가 저항선 위를 회전하도록 만들었다. 권선형 퍼텐쇼미터는 표준 저항선을 이용하기 때문에 온도 변화에 대한 저항값의 변화가 적다.

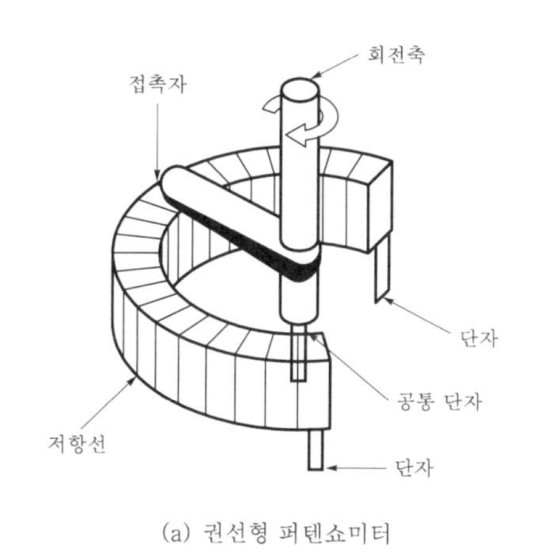

(a) 권선형 퍼텐쇼미터

(b) 플라스틱형 퍼텐쇼미터

[그림 3-14] 접촉형 퍼텐쇼미터

반면에 접촉자가 회전할 때에 저항선과 접촉하기 때문에 수명이 짧으며, 분해능력과 정밀도가 좋지 않고 토크가 고르지 못하다.

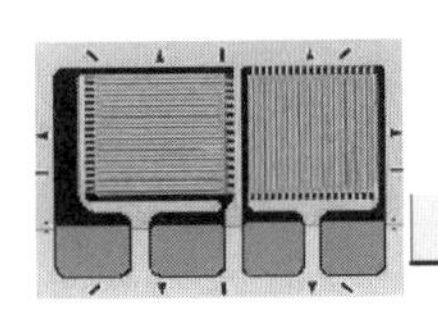

(2) 도전성 플라스틱형 퍼텐쇼미터

도전성 플라스틱형 퍼텐쇼미터는, 플라스틱 링의 내면에 도전성이 있는 흑연 가루 등을 혼합하여 점착시킨 도전성 플라스틱을 저항체로 사용한 것이다. 그 구조로는 저항체에 갈퀴 모양의 접촉자가 접촉하면서 회전한다. 분해 능력이 우수하고 수명이 길어, 고속 운동에서도 토크가 고르고, 고주파 특성이 좋다. 그러나 온도 특성이 나쁘고, 접촉자와 저항체간의 접촉저항이 약간 큰 것이 결점이다.

2 비접촉형 퍼텐쇼미터

비접촉형 퍼텐쇼미터는 자기 저항의 변위, 즉 자기장 세기의 변화를 자기 저항 소자로 검출하여 자기 저항값의 변화를 이용한 것이다. 접촉형에 비해 회전 토크가 작고, 접촉 잡음과 아크(arc)가 없어 고속 응답이 가능하다. [그림 3-15]는 고정된 자기 저항 소자 2개를 직렬로 연결하고, 반원형의 영구 자석판을 회전축에 연결시켜 회전하도록 만들었다.

동작은 그림 (a)에서 1, 3 단자 사이에 입력 전압 V_i를 인가한 다음, 중간 단자 2와 1 사이(MR_1)에서 출력 V_o를 얻는다. 축이 회전하면 영구 자석판도 회전하므로 출력 V_o의 값이 변하며, 출력 특성은 그림 (b)와 같다.

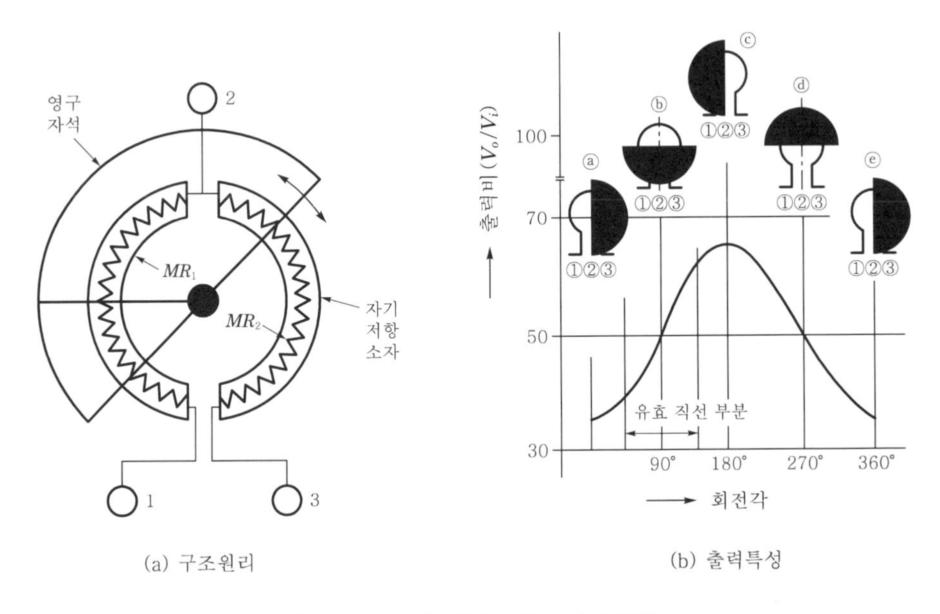

(a) 구조원리

(b) 출력특성

[그림 3-15] 비접촉형 퍼텐쇼미터

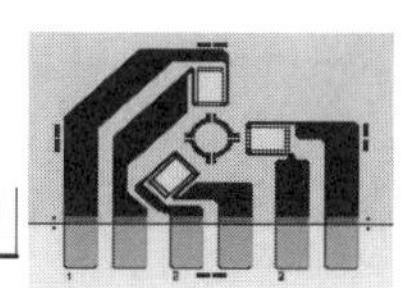

3.2.3 광학식 인코더

인코더(encoder)는 부호기의 뜻을 가지며 기계적인 변화량을 전기적인 신호로 변환하여 위치와 속도에 대한 정보를 출력하도록 설계된 센서이다.

인코더는 구조상 직선형(리니어) 인코더와 회전형(로터리) 인코더로 구분되는데, 기본적으로는 기계 측의 위치 이동에 비례한 일정량의 디지털 부호를 발생한다. 회전형 인코더는 회전량을 펄스 수로 변환하는 것으로 변환 방식으로 광학식, 브러시식, 자기식 등이 널리 사용되고 있다.

1 펄스 발생기

펄스 발생기(PG : pulse generator)는 엄밀하게 인코더라 하기는 어렵지만, 반복하는 펄스를 발생한다는 의미에서 가장 단순한 인코더라 할 수도 있다. 속도 신호는 단순히 펄스를 계수하는 방법과 임의의 시간 내에서 펄스를 계수함으로 얻는다. 속도 신호를 검출할 때는 태코 제너레이터의 역할을 하므로 인코더 태코 또는 디지털 태코 제너레이터라 부르기도 한다.

2 증가 인코더

증가(incremental) 인코더는 발광부에서 발생한 광선이 회전원판과 고정판의 슬릿을 통과해서 수광부에 도달하게 되면, 수광부 출력단에서 그때마다 펄스를 발생하게 된다.

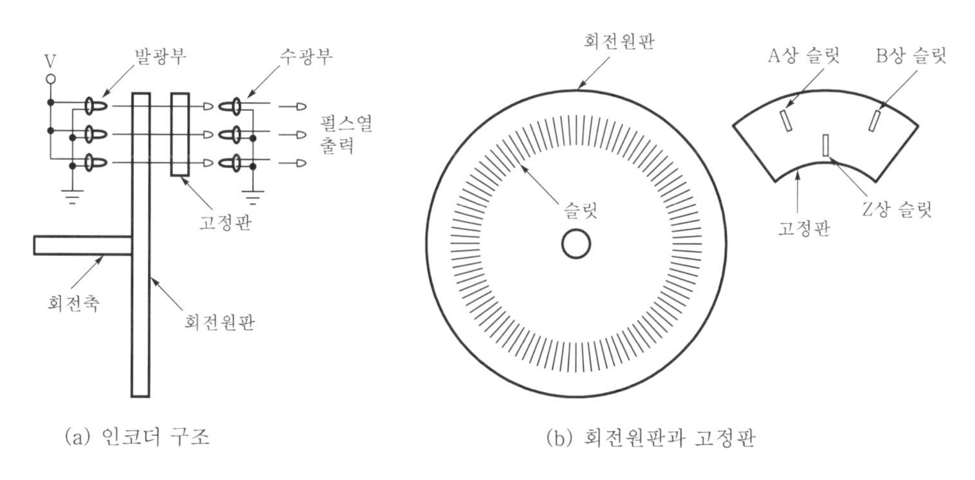

(a) 인코더 구조

(b) 회전원판과 고정판

[그림 3-16] 증가 인코더

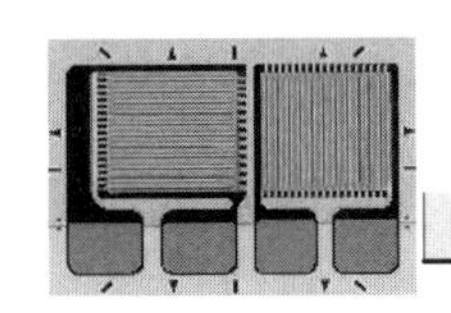

이와 같은 내부 구조를 갖고 있는 인코더를 광학식 인코더라고도 한다. 한편 인코더에서 출력되는 펄스 신호에는 기본적으로 3가지의 펄스 열(A상, B상, Z상 펄스)이 있다.

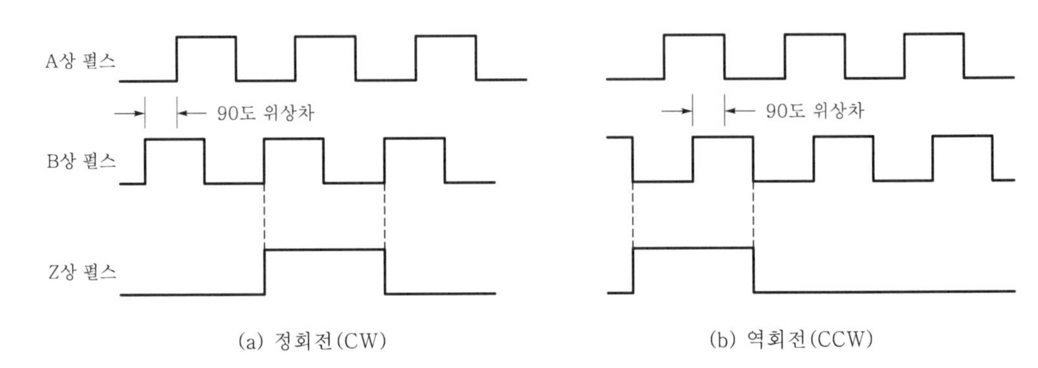

[그림 3-17] 인코더의 출력 펄스

[그림 3−17]은 모터가 정방향(CW : 시계방향)으로 회전하는 경우에 각 상의 출력 파형을 나타내고 있다. 이러한 경우 B상 펄스가 A상 펄스보다 위상이 90° 앞서고 있음을 알 수 있다. 그리고 모터의 원점 신호인 Z상 펄스는 B상 펄스의 상승 에지(rising edge)에 동기되어 발생하고 있다.

예로 A상 펄스와 B상 펄스는 1회전당 2,048개의 펄스가 발생할 때 Z상 펄스는 1개의 펄스가 발생하게 된다.

(1) 속도 검출의 원리

일반적인 서보 시스템에서 서보 모터가 회전하게 되면, 동일한 회전축에 연결된 인코더에서 펄스가 출력된다. 이러한 인코더 출력 펄스는 다음과 같이 회전 속도에 따라 펄스 폭이 변하게 된다.

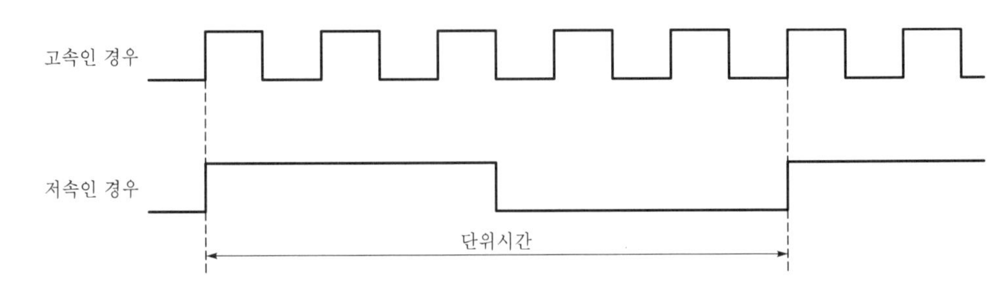

[그림 3-18] 속도에 따른 출력 펄스의 변화

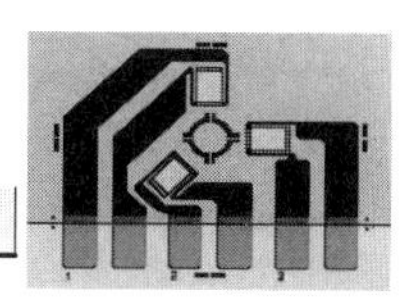

그림에서 보듯이 회전 속도가 빠를수록 단위 시간에 발생하는 펄스 수가 많아짐을 알 수 있다. 따라서 이러한 펄스 수와 속도와의 관계를 이용하여 회전 속도를 검출하고, 계산하게 된다. 인코더에서 발생하는 펄스로부터 회전 속도를 검출하는 방식에는 일반적으로 ① 주파수－전압(Frequency-Voltage) 변환 방식, ② 펄스 카운트 방식, ③ 주기 측정 방식이 이용되고 있다.

① 주파수-전압 변환 방식은 인코더에서 출력되는 펄스의 주파수가 F－V 변환기를 통해서 아날로그 신호인 전압 신호로 바뀌는 방식이다. 따라서 회전 속도에 비례한 크기를 나타내는 전압 신호가 최종적으로 출력되는 것이다.

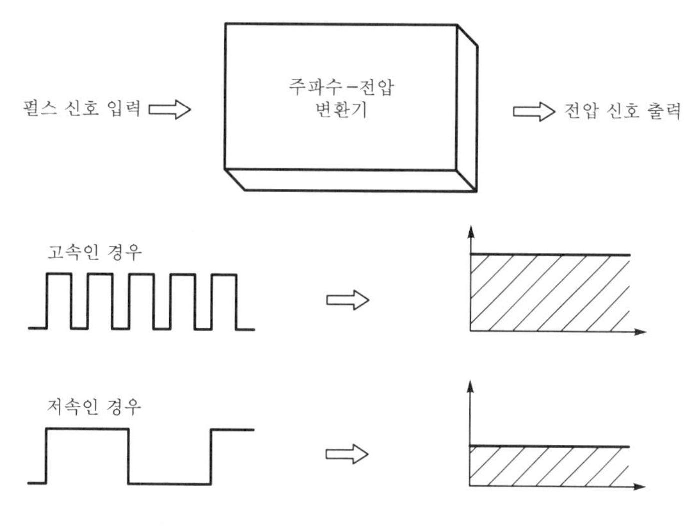

[그림 3-19] 주파수-전압 변환 방식

[그림 3－19]와 같이 디지털 신호인 펄스 신호가 주파수－전압(F－V) 변환기에 입력되고, 펄스 신호인 주파수에 비례한 전압 신호(아날로그 신호)가 F－V 변환기를 통해서 출력된다. 고속의 경우 펄스 주파수가 높기 때문에 높은 전압 레벨을 나타내고 있으며, 저속의 경우 펄스 주파수가 낮기 때문에 낮은 전압 레벨을 나타내고 있다.

② 펄스 카운트 방식은 단위 시간당 인코더에서 발생하는 펄스 수를 계수하여 이를 회전속도(rpm)로 환산하는 방식이다.

즉, 디지털 카운트 회로에서는 일정한 시간 간격(단위 시간)으로 입력되는 펄스 수를 계산하는 것이다. 그리고 계산된 펄스 수를 단위 시간으로 나눔으로 회전 속도를 구할 수 있게 된다. 이를 수식으로 표현하면 다음과 같다.

(카운트된 펄스 수/단위시간)÷1회전당 인코더 출력 펄스 수＝회전속도

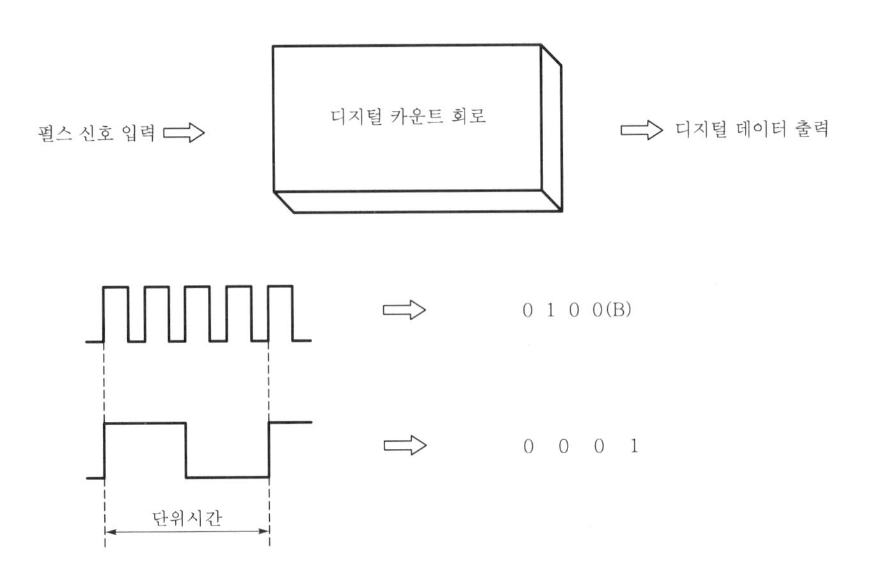

[그림 3-20] 펄스 카운트 방식

③ 주기 측정 방식은 디지털 타이머 회로를 이용하여 인코더에서 발생하는 출력 펄스의 한 주기를 측정하고, 이를 속도 신호로 환산하는 방법이다. 이러한 방식은 특히 저속 영역에서 보다 정확한 속도 측정이 이루어진다. [그림 3-21]에서와 같이 디지털 타이머 회로에 의해서 측정된 펄스 신호의 주기 T는 다음과 같은 수식을 통해서 속도 신호로 변환된다.

$(1/T)\times 60 \div 1$회전당 인코더 출력 펄스 수=회전 속도[rpm]

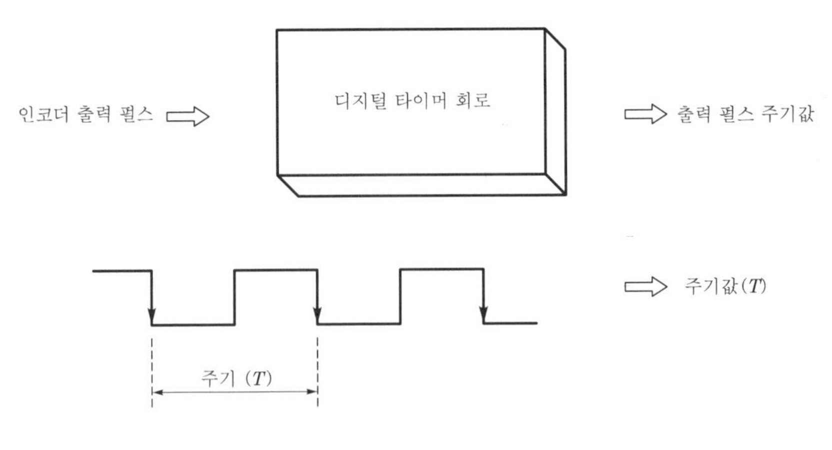

[그림 3-21] 주기 측정 방식

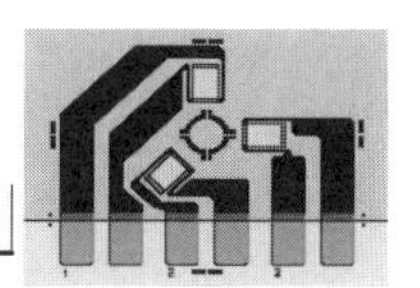

(2) **위치 검출의 원리**

증가 인코더의 A상과 B상에서 1회전당 2,048개의 펄스가 출력되고, Z상에서는 1회전당 1개의 펄스가 출력된다고 가정하자. 그러면 인코더의 A상이나 B상에서 출력되는 펄스의 분해능은 0.176도(360÷2,048 펄스=0.176도)가 된다.

즉 인코더에서 출력되는 펄스가 1개당 모터의 회전자가 0.176도 만큼 회전함을 의미한다. 그러므로 인코더에서 출력되는 펄스를 카운트함으로써 회전자의 위치에 대한 정보를 얻을 수 있다.

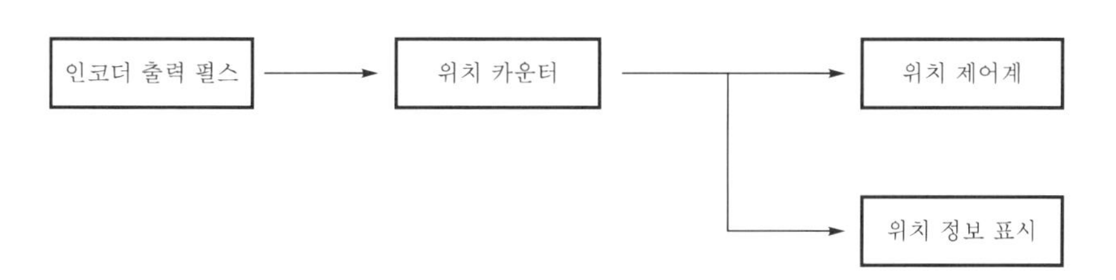

[그림 3-22] 회전자의 위치검출

3 절대 인코더

절대(absolute)란 절대값이라는 의미로 회전축의 0° 지점을 기준으로 하여 360°를 일정한 비율로 분할하고, 그 분할된 각도마다 인식 가능한 디지털 코드(BCD, BINARY, GRAY 코드 등)를 지정하여 회전 위치(각도)에 따라 디지털 코드를 출력하도록 한 센서이다.

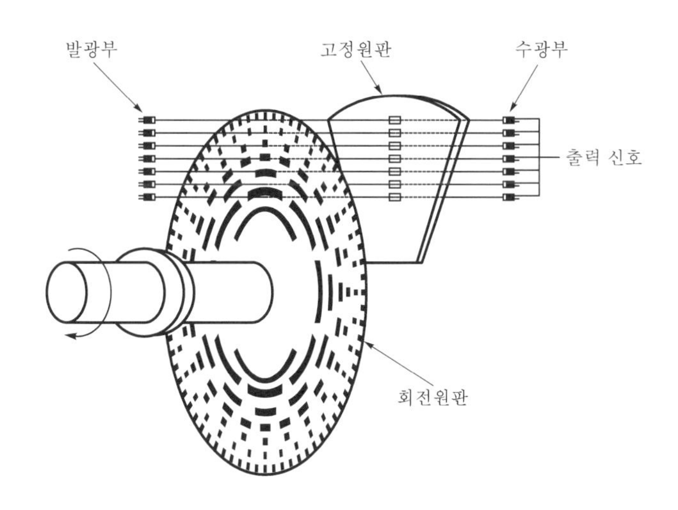

[그림 3-23] 절대 인코더

따라서 회전축의 회전 각도에 대한 출력값을 어떠한 전기적 요소에 의해서도 변화하지 않으므로 정전에 의한 원점 보상이 필요 없을 뿐만 아니라 전기적인 노이즈에도 강한 특징이 있다.

순 2진 출력은 8비트(20~27)에서 14비트 정도의 분해능을 가진 것이 많이 사용되지만 20비트 정도의 고분해능의 것도 실용화되어 있다. 2진화 10진 출력으로는 0~9999 또는 0~3599인 것이 주로 이룬다.

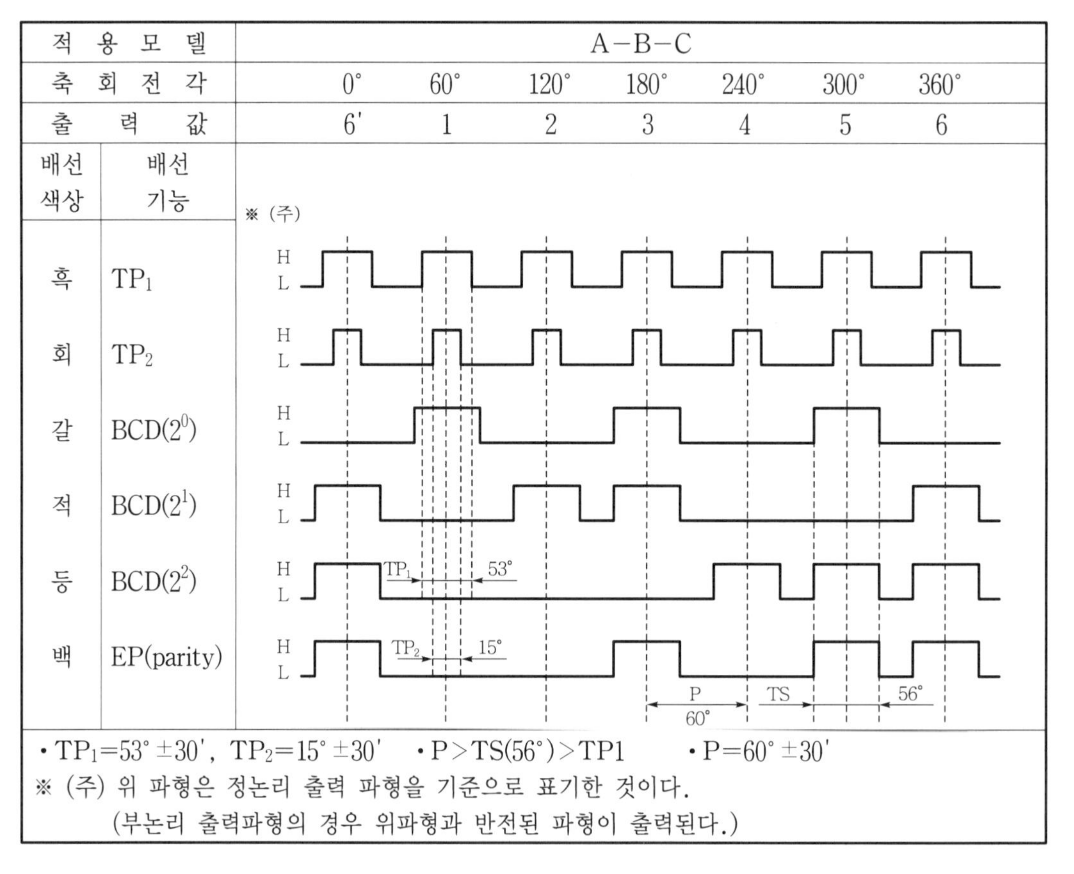

[그림 3-24] 6분할 출력 파형 예

3.2.4 리졸버

리졸버(resolver)는 싱크로와 유사한 아날로그형 센서이다. 그 구조는 양측이 모두 고정자와 회전자의 구조를 갖는데, 일반적으로 싱크로의 권선이 3상 권선인

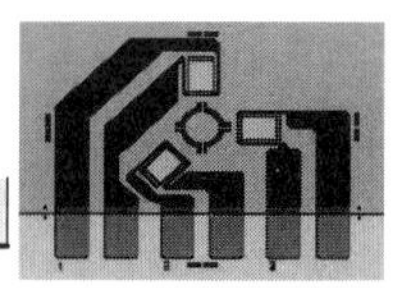

데 대해 리졸버는 2상 권선으로 되어 있는 것이 특징이다. 리졸버는 sin과 cos으로 표시되는 2개의 교류 전압 신호를 얻도록 되어 있는데, 리졸버는 여자 방식에 따라 1상 입력 2상 출력과 2상 입력 1상 출력의 종류가 있다.

리졸버의 위치 검출시 특징은 다음과 같다.

① 장기간의 신뢰성이 우수하다.
② 절대각의 검출이 용이하다.
③ 고정밀도가 가능하다.
④ 디지털 신호 사용시 R/D(리졸버 신호/디지털 신호) 변환기가 필요하다.

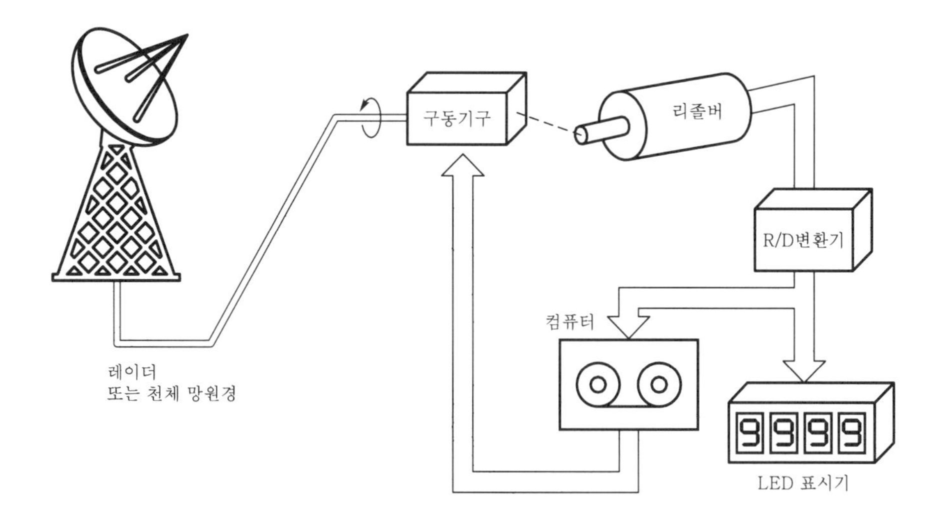

[그림 3-25] 레이더의 방위각 검출

3.2.5 싱크로

싱크로(synchro)는 코일 간의 전자 유도 현상을 이용하는 것으로 권선형 동기 발전기와 유사하고, 발신기와 수신기로 구성되어 있다. 발신기 회전축의 회전각도 변위를 전기 신호로 변환하여 수신기에 보내어 수신기 회전축의 회전각도 변위로 변환한다. 즉, 기준으로 사용되는 것이 싱크로 발신기이며 동기시키는 것이 싱크로 수신기이다. [그림 3-27]은 싱크로 발신기와 싱크로 수신기를 접속한 회로도이다. 그림에서 양쪽의 싱크로가 같은 움직임을 하고 있을 때 수신기의 회전자에는 전압이 유도되지 않는다.

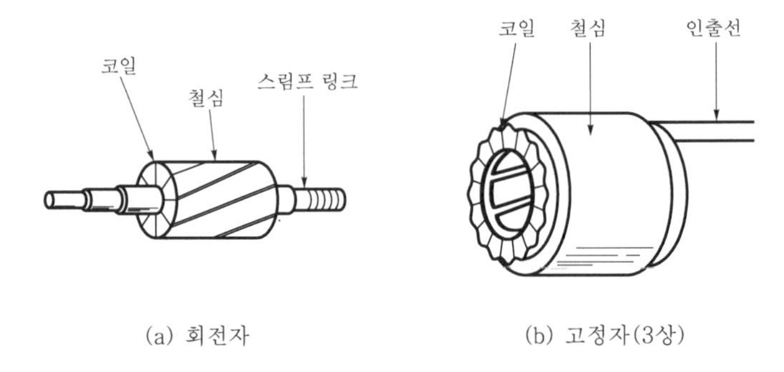

[그림 3-26] 싱크로의 구조

그러나 상호 회전자가 동기 상태에서 벗어나 회전하면, 수신기 회전자에 회전각 차에 비례하는 유도 전압이 발생한다. 이 전압이 0이 될 때까지 싱크로 수신기의 회전자를 돌리면 원래와 같이 동기 상태를 유지할 수 있다. 즉, 증폭기의 출력을 서보 모터의 제어 회로에 연결하고 수신기를 회전시키도록 구성하면, 발신기로부터 수신기까지 멀리 떨어져 있는 압연기의 위치 제어 등의 서보 제어에 적용한다.

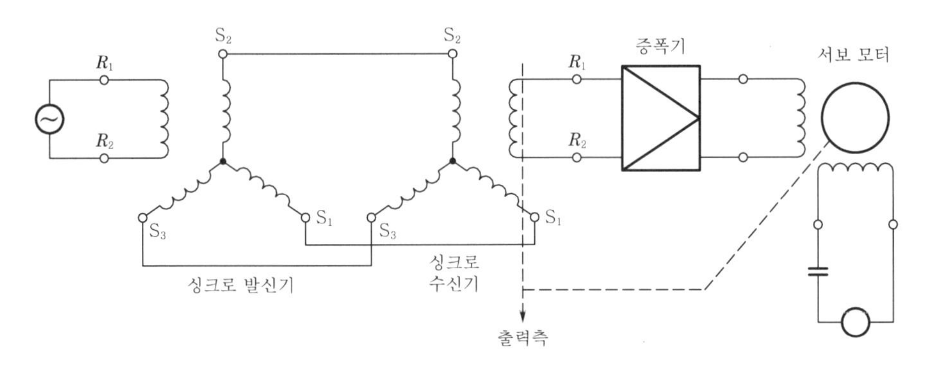

[그림 3-27] 싱크로의 회로도

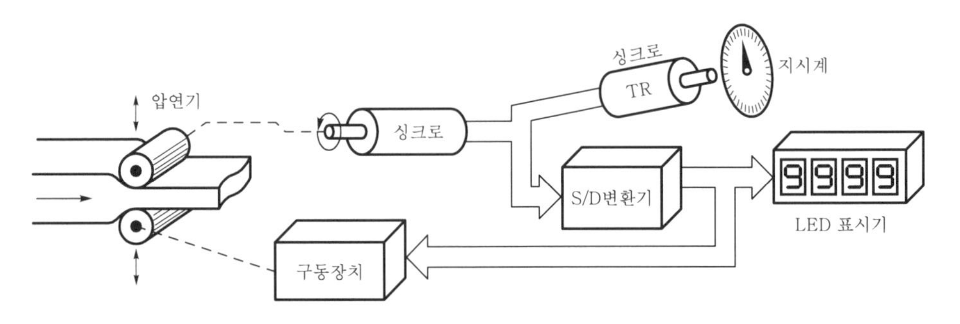

[그림 3-28] 압연기의 위치 제어

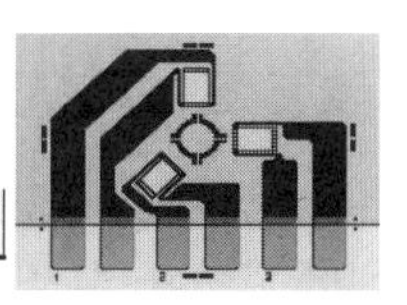

3.3 형상 검출 센서

[사진 3-6] 형성 검출

3.3.1 형상 검출 센서의 개요

형상 검출 센서란 광전 센서의 일종으로 대상물에서 광의 양을 전기적으로 변환하여 기기를 자동화하는 것이다. 광전 센서에는 점(0차원), 선(1차원), 면(2차원), 입체(3차원)가 있으며 정보량의 1의 0차원에서 차원이 증가되는데 따라 많은 화상정보(이미지)를 얻을 수 있다. 선의 정보를 얻는 것을 리니어 센서라고 하며 대상물의 폭, 치수 등을 계측하는데 사용된다. 면의 정보를 얻는 것은 영역 센서라 한다. 특히 면정보를 얻는 2차원 방식 또는 명도 정보까지를 상세히 검출하는 3차원 방식을 총칭하여 시각 센서라 하는 경우도 있다.

이러한 시각 센서는 여러 개의 광전 센서를 배열하는 것을 기본으로 시작되어, 최근에는 수십만 화소를 가진 것도 등장하고 있다. 초기의 이미지 센서는 수 개에서 수십 개의 광전 센서를 선상으로 배열하여 각각의 출력선을 조합한 형태이었다. 현재도 검출 정보량이 적은 제조업의 분야에서는 많이 사용되고 있다. 그러나 정보량이 많아지면 출력선이 복잡하게 되고 제작에도 어려움이 따라 반도체의 칩상에 다수의 광전 센서를 집적하는 방법이 개발되게 되었다.

화소수가 수십, 수백, 수천으로 되면 출력을 병렬로 인출하기 위해 시분할의 방법을 사용하게 되었다. 즉, 소자를 하나씩 주사하여 각 소자에서 수천분의 1초

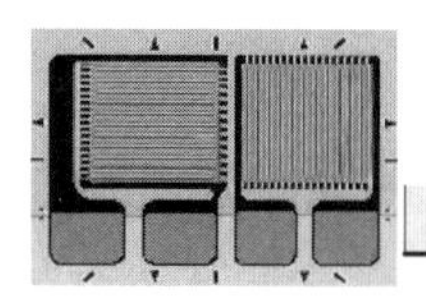

씩 출력을 얻는 것이다. 이 속도가 이미지 센서의 주사속도가 된다. 이것은 통상 카메라의 셔터 속도에 대응하는 것으로 속도를 증가하기 위해 밝은 렌즈나 강한 조명을 필요로 하게 된다.

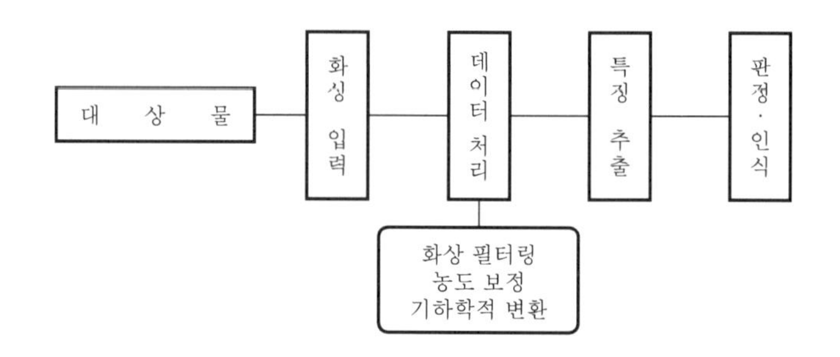

[그림 3-29] 형상 검출의 개요

3.3.2 이미지 센서

이미지 센서는 촬상관과 고체 이미지 센서로 크게 나눌 수 있으며 전자에는 비디콘·플럼비콘 등이 있고, 후자에는 금속산화물 반도체(MOS), 전하 결합 소자(CCD) 등이 있다.

이들은 텔레비전 카메라 등에 사용되며 입체적인 피사체나 평면적인 피사체를 렌즈와 함께 사용하여 촬영한다. 고체 이미지 센서 중에는 팩시밀리나 화상계측 등에 사용하는 것도 있다. 또한 이미지 센서는 인간의 눈으로는 볼 수 없는 자외선 영역 등의 불가시상을 가시상으로 변환하는 것도 이미지 센서의 중요한 기능이다.

1 고체 이미지 센서

이미지 센서란 1차원 또는 2차원 이상의 광학 정보를 시계열의 전기 신호로 변환하는 광 센서의 한 종류라 할 수 있다. 이미지 센서에는 진공관을 사용한 촬상관이나 반도체를 사용한 고체 이미지 센서가 있으나 일반적으로는 후자의 것이 주로 사용되고 있다. 촬상관에 비해 고체 이미지 센서는 소형, 경량, 저전압 동작, 낮은 소비 전력 등의 장점이 있다. 고체 이미지 센서에는 CCD형과 MOS형이 있다.

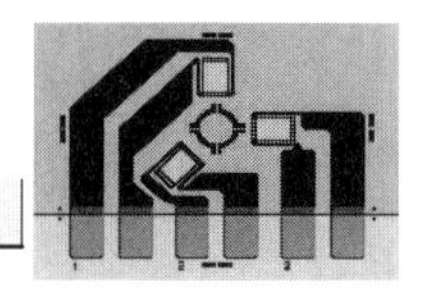

(1) CCD

고체 이미지 센서의 신호 전송 방식이 각 화소의 출력 신호를 동시에 전하 전송 소자로 전송하고 나서 그 신호를 순차로 판독하는 방식에서, 전하 전송 소자로 CCD(charge coupled device : 전하 결합 소자)를 사용할 때 CCD 이미지 센서라 한다.

CCD 고체 이미지 센서는 포토다이오드 어레이에 의한 광전 변환부, 전하 축적부, 전하 판독부로 구성되어 있다. [그림 3-30] (a)는 CCD에 대한 전하 전송의 원리를 나타낸 것으로 Φ_1의 전극에 전압을 가하면 A 전극 아래 전위 우물이 형성되어 전하가 축적된다.

다음에 전압이 Φ_1에서 Φ_2로 이동되면 전하의 축적도 A에서 B 전극 아래로 이동하게 된다. 다시 전압을 Φ_2에서 Φ_3으로 이동하면 전하도 C 전극 아래로 이동하게 된다. 이 동작은 그림 (b)의 CCD 레지스터에 응용되고 있다. 감광부에 입사한 빛은 포토다이오드에서 광전 변환되며 인접한 MOS형 콘덴서에 전하로 축적된다.

감광부에 축적된 전하는 시프트 게이트 펄스에 의해 각 화소가 동시에 CCD 레지스터로 전송된다.

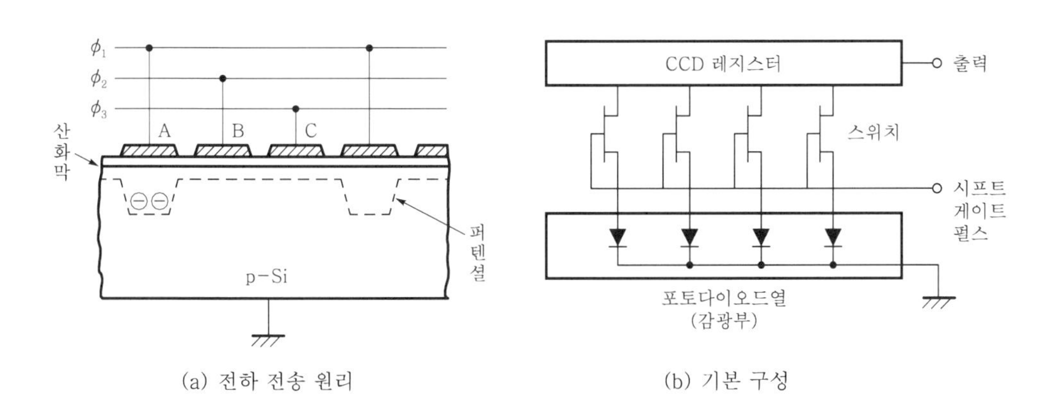

(a) 전하 전송 원리 (b) 기본 구성

[그림 3-30] CCD 이미지 센서

CCD 카메라의 해상도는 그 화소 수에 의하지만 6분의 1인치의 광학계에서 6~8만 화소, 3분의 1인치로 41만 화소, 3분의 2인치로 200만 화소(하이비전 방식)를 구현하기도 한다. CCD 카메라는 가정용 비디오 카메라를 비롯하여 은행이나 백화점 등의 감시 카메라로 폭 넓게 사용되고 있다.

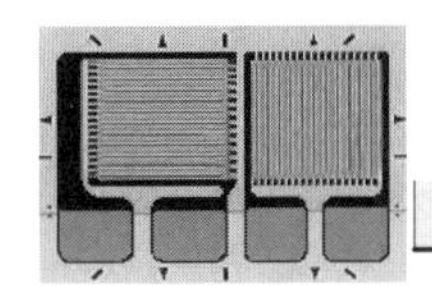

(2) MOS

MOS 이미지 센서는 각 화소의 발생 신호를 순차 트랜지스터로 선택적으로 판독해 내는 방식으로, CCD 이미지 센서와 같이 신호 전하를 전송시키는 자기 주사 기능을 갖고 있지 않다.

MOS 이미지 센서는 대부분 P 채널 MOS 구조의 센서가 주류이며 감광면은 모두 포토다이오드 어레이로 되어 있다. 포토다이오드에 축적된 신호 전하는 수평 주사 회로의 SWH와 수직 주사 회로의 SWV에서 발생하는 펄스 전압의 도통 상태에 따라 순차 판독한다. 주사 회로는 MOS 시프트 레지스터로 이루어지고 2상의 클록 펄스로 구동시킨다.

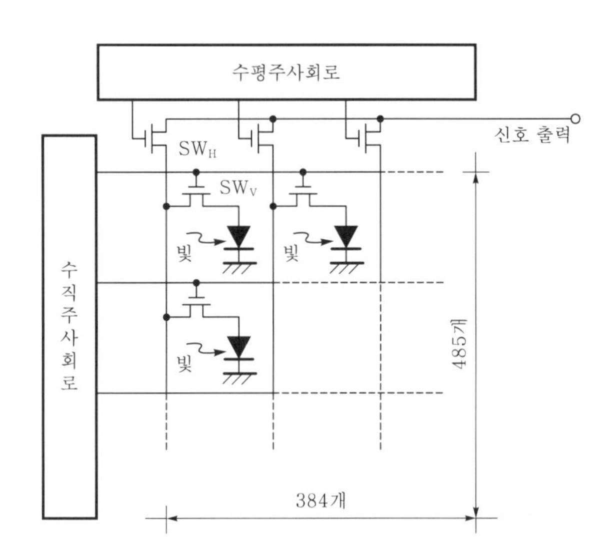

[그림 3-31] 2차원 MOS 이미지 센서

3.3.3 촬상관

CCD 카메라가 가정용 비디오 카메라로 사용되고 있는데 비해 고성능을 요구하는 방송용이나 산업용에는 촬상관이 많이 사용되고 있다. 촬상관은 영상 신호를 전기 신호로 변환하는 일종의 진공관으로 전자총, 전자 빔 편향 장치, 광전도막으로 구성되어 TV 브라운관과 유사한 구조를 갖는다. 브라운관과 다른 점은 광전도막이다. 이는 광도전형 소자의 박막 물질이다. 광전도막은 어두운 곳에서

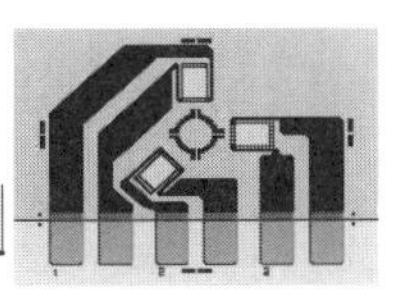

는 상당히 높은 저항값을 가지며, 빛이 조사되는 부분에서는 빛이 전자를 여기 상태로 들뜨게 하여 광전도막의 저항을 작게 하는 특성을 가지고 있다.

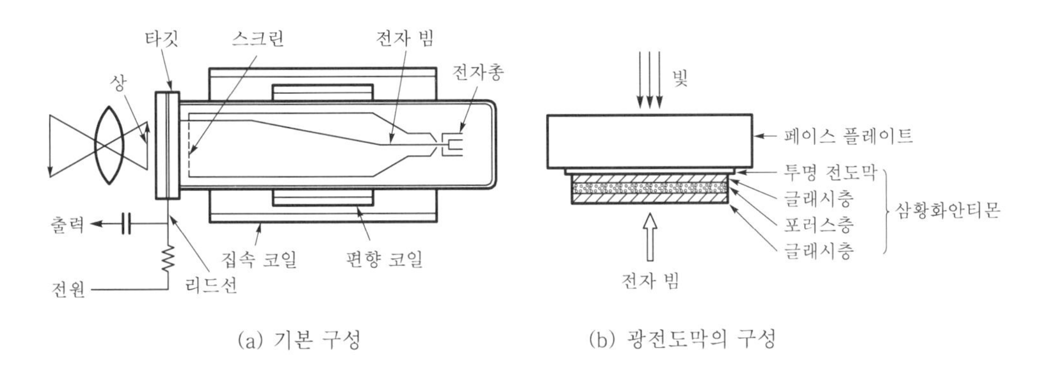

[그림 3-32] 비디콘

[그림 3-32]는 삼황화안티몬(Sb_2S_3)을 소재로 한 광전도막의 구조이며 기판에 해당되는 페이스 플레이트 위에 투명 전도막, 삼황화안티몬이 증착되어 있다. 전자 빔이 글래시층에 주사되면 투명 전도막에 연결되어 있는 리드 선을 통해 외부로 신호를 출력한다. 이 때 타킷의 각 점에서는 다음 주사 때까지의 입사광 강도에 따라 광전도막의 저항값이 낮아지므로 그 점의 표면 부분을 통과해 전류가 흐르며, 다음 주사 빔이 돌아올 때까지 표면 전압은 상승하고 있다. 출력 전류는 빔이 +로 대전한 영역을 0전위로 되돌릴 때 발생한다. 촬상관에는 비디콘(vidicon), 플럼비콘(plumbicon), 새티콘(saticon) 등이 있다.

[표 3-4] 촬상관의 특징

명 칭	광전도막 재료	감도(μA/lm)	특 징	주요 용도
비디콘	Sb_2S_3	150~400	전기적 감도 조절 가능, 저가격	일반 감시용
플럼비콘	PbO	320~400	저잔상, 저소결	방송용, 의료용, 업무용
새티콘	Se, As, Te	350	고해상도, 저잔상	방송용, 의료용, 업무용

비디콘이 다른 광전도막에 대해 다음과 같은 장점을 갖는다.

① 주사 빔을 조절할 수 있으므로 렌즈에 조리개가 불필요하다.

② 다이내믹 레인지가 넓다.
③ 광전도막의 제작이 용이하여 저가이다.
④ 피크 감도가 비시감도(400~750[nm])와 일치한다.

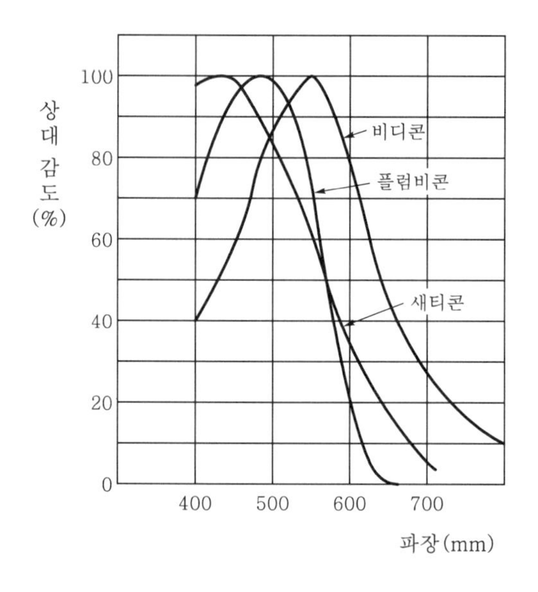

[그림 3-33] 촬상관의 분광 감도 특성

3.3.4 형상 검출 센서의 응용

자동화의 발달과 함께 생산성이나 제품 품질의 향상 및 생산의 유연성이 매우 크게 요구되고 있다. 따라서 공정 중의 검사, 판별, 계측, 관찰 및 위험한 작업 환경 등에 형상 검출 센서가 사용되고 있다. 일반적으로 산업에 사용되고 있는 화상 처리장치의 입력부는 TV 카메라가 사용되고, 이 화상 정보는 컴퓨터에 입력되어 처리되고 있다.

(1) 캡슐 포장 검사

① 이종 삽입
② 캡슐 방향
③ 유무 검사

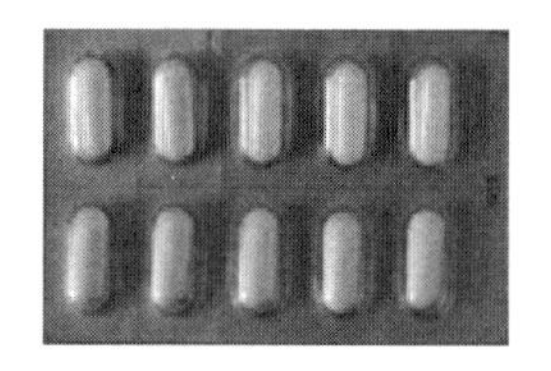

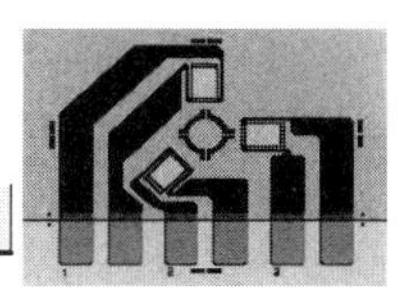

(2) 커넥터 검사

① 핀의 개수 카운트
② 핀의 피치

(3) OCR 판독

① 각종 제품 분류
② 오자 인식
③ 유무

(4) 콘덴서 상태 검사

① 개수 판별
② 대, 소 분류
③ 방향 판별

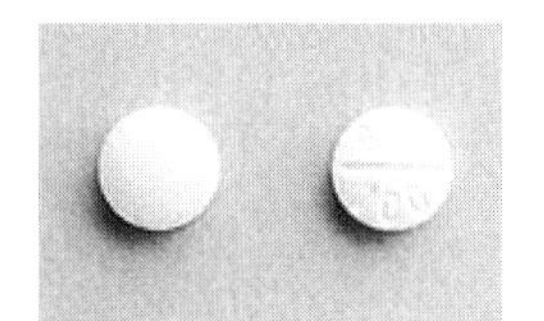

(5) 의약품 검사

① 종류 판별
② 방향 판별
③ 불량 검사

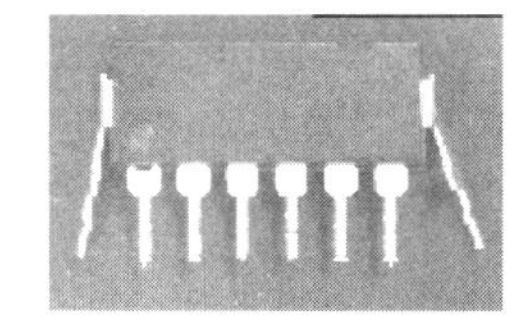

(6) IC 핀 검사

① IC 핀 불량 검사
② 휨 검사

(7) 샘플 검사

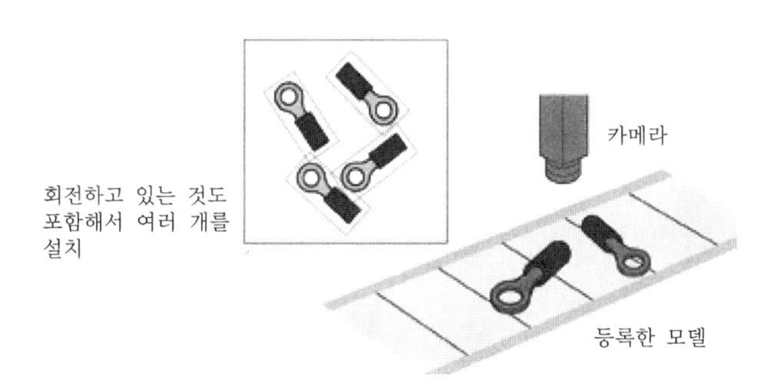

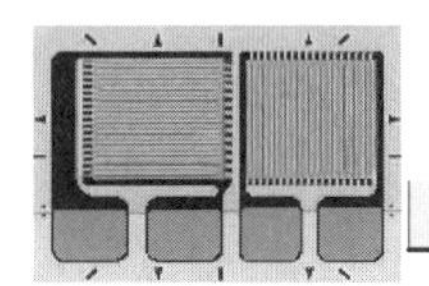

1개의 모델을 등록해 카메라로 찍은 같은 형상의 모든 제품 수량과 위치, 경사도를 비교하여 판단한다

(8) IC 상태 검사

IC의 패드와 개수, 위치, 크기, 볼의 변형 등을 검사한다.

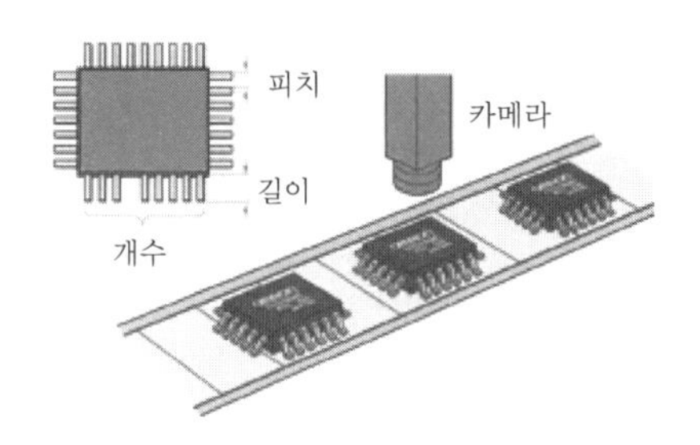

(9) 커넥터 갭 검사

커넥터 내의 단자 갭을 계측하여 측정한다.

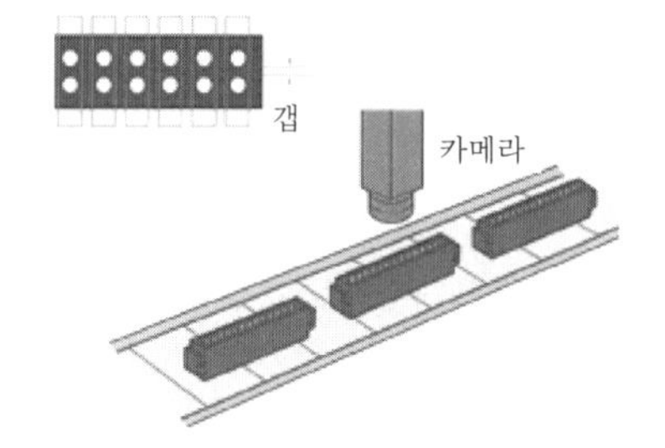

제4장

역학량 센서

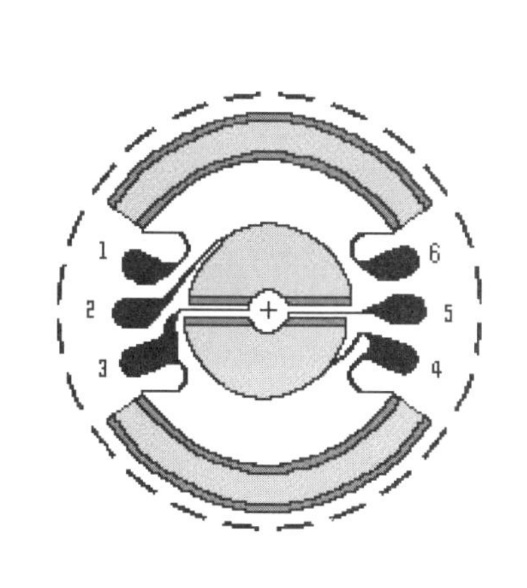

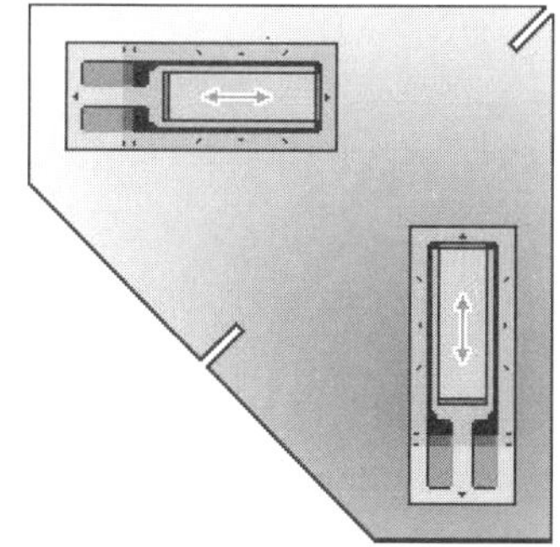
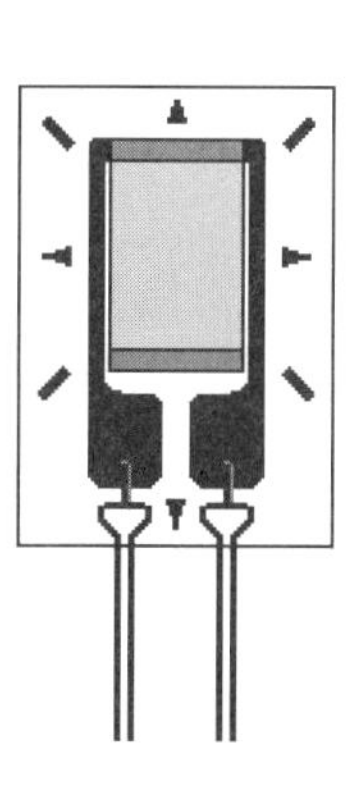

4.1 힘 센서

4.2 압력 센서

4.3 토크 센서

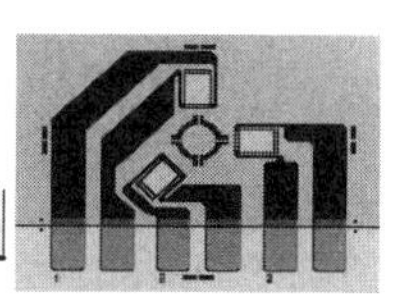

4.1 힘 센서

4.1.1 힘 센서의 개요

1 힘의 정의

자유 이동하는 물체에 힘을 가하면 그 물체의 운동상태는 변화한다. 이 같은 예는 우리 주위에서 찾을 수 있다.

- 사람이 던진 공의 이동
- 엔진의 출력에 따른 자동차의 가속도
- 제동 장치에 의한 자동차의 제동
- 로켓 엔진에 의한 로켓의 추진

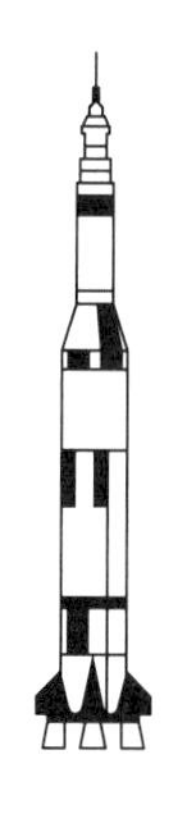

(a) Saturn-V 로켓

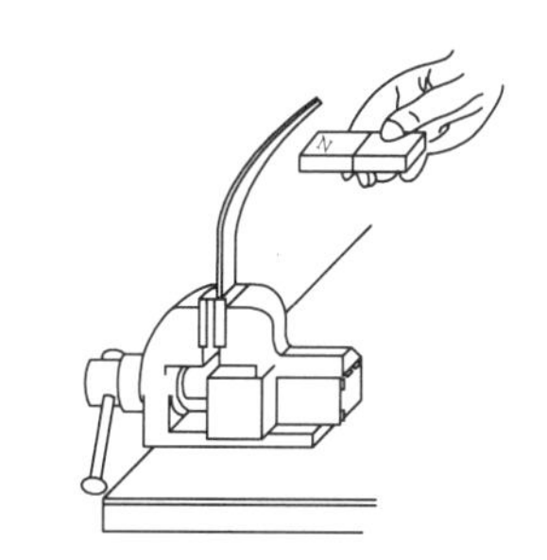

(b) 자력에 의한 판 스프링의 변형

[그림 4-1] 힘의 예

뉴턴(1643~1727)에 의한 힘의 정의는 다음과 같다.

$$F = m \cdot a$$

여기서 F는 힘을, m은 질량을, a는 가속도를 각각 의미한다. 힘이 작용하는 물체가 이동할 수 없다면, 물체는 변형이 일어나며 종국에 가서는 부러짐이 발생한다.

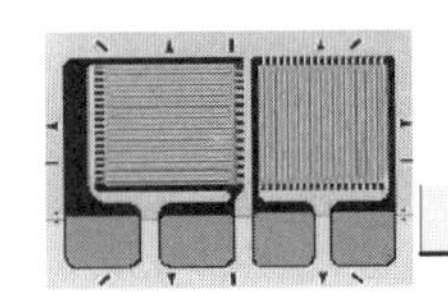

• 자력에 의한 판 스프링의 구부러짐
• 종이의 찢어짐
• 해머에 의한 철의 변형

2 힘의 단위

힘의 측정 단위는 뉴턴(N)이다. 1 N의 힘은 1 kg의 질량을 갖는 물체를 1초 동안에 1 m/s의 속도에 도달하도록 하는 작용이다. 예전에 사용하던 힘의 측정 단위는 kilopound(kp)로 SI 단위와는 다른 것을 사용하였다. 이는 지구 중력에서의 질량 1 kg에 해당하는 물체로 정의된 것으로 다음의 관계를 갖는다.

$$1\,\text{kp} = 9.81\,\text{N}$$

이를 SI 단위에 의해 설명하면, 1 kg의 질량을 갖는 물체는 지구상에서 9.81 N에 해당하는 무게를 갖는다고 할 수 있다. SI는 International System of Units(국제단위계)의 약자이다.

위의 식에서 계수는 중력 상수 $g = 9.81\,\text{m/s}^2$을 반영한 것으로, 보통의 경우에는 $10.0\,\text{m/s}^2$의 계수를 사용하는 경우도 있다.

힘의 기술적 분류는 그 적용에 따라 다음과 같이 분류한다.

① 물체의 탄성 변형에 의한 스프링력
② 압축된 가스 또는 압력이 작용하는 유체에 의한 피스톤의 팽창력
③ 공압 실린더의 경우는 압축된 공기의 팽창을, 내연 기관의 경우는 공기와 혼합된 가솔린의 점화에 의한 팽창

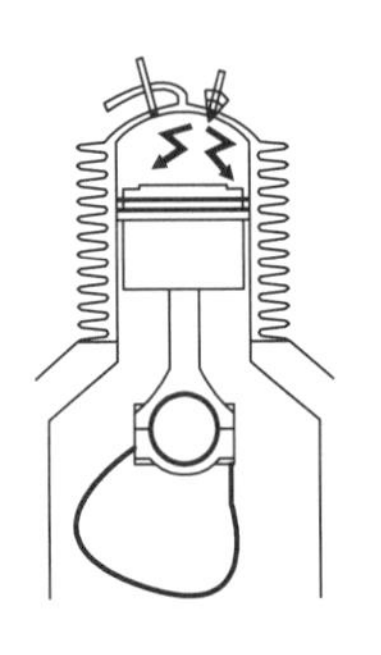

(a) 내연기관의 팽창력

(b) 근육세포에 의한 근력

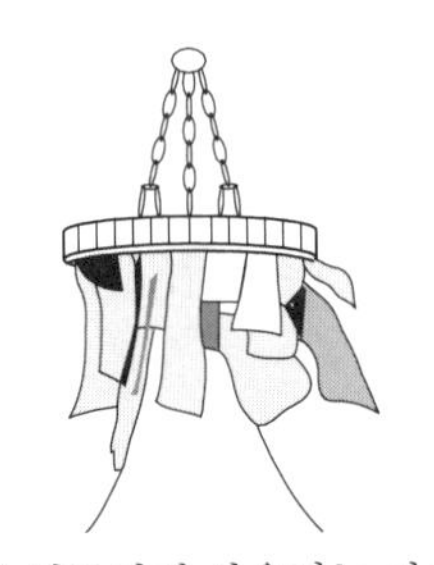

(c) 기중기에 사용되는 자력

[그림 4-2] 힘의 형태

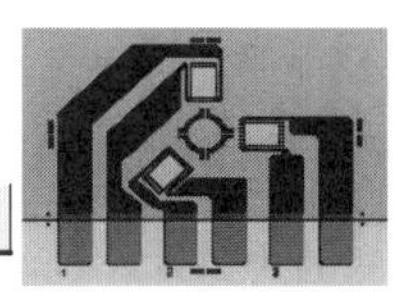

④ 릴레이와 콘택터의 동작을 나타내는 자기력

⑤ 자동차를 정지 상태로 유지시키거나 벽에 박힌 못이 그 상태를 유지시키도록 하는 마찰력

⑥ 생화학적 작용에 의한 근력

3 탄성 변형

자유로이 이동할 수 없는 물체에 힘이 작용하면 물체 내부에는 기계적 응력(stress)이 발생한다.

$$\sigma = \frac{F}{A}$$

여기서 σ는 압력을, F는 힘을, A는 면적을 의미한다.

물체에 작용하는 응력은 물리적 방법으로 직접 측정이 곤란하다. 그러나 측정하고자 하는 물체에 작용하는 응력은 길이의 변화 등과 같은 변형을 나타낸다.

변형 ε는 물체의 길이 변화의 상대적 크기로 정의한다.

$$\varepsilon = \frac{\Delta l}{l}$$

변형 ε는 무차원이다. 그러나 물리적 의미를 강조하기 위해 cm/m와 같은 측정 단위를 이용하기도 한다.

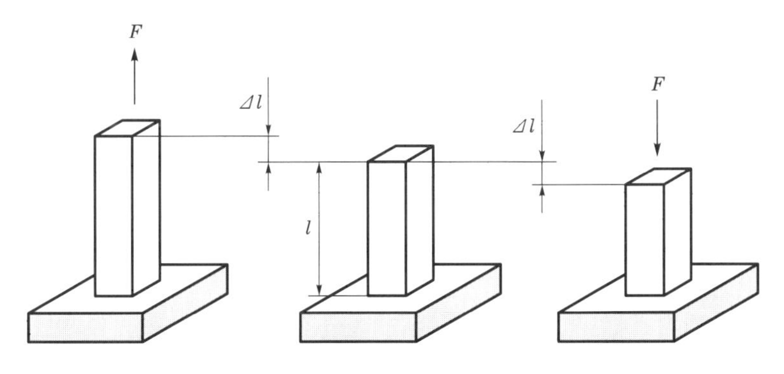

[그림 4-3] 인장과 압축

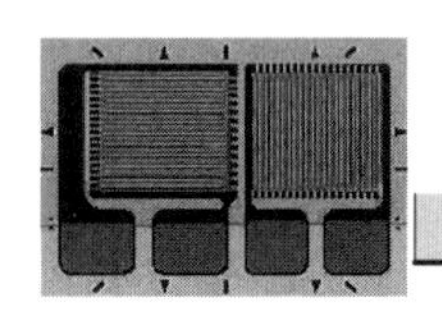

예로 1%의 변형을 다음과 같이 나타낼 수 있다.

$$\varepsilon = 0.01\,\mathrm{m/m} = 1\,\mathrm{cm/m}$$

인장 응력(tensile stress)은 positive 응력으로, 압축 응력(compressive stress)은 negative 응력으로 나타내기도 하며, 이들은 구별하지 않고 응력이라고도 한다. 마찬가지로 인장력과 압축력에 대해서도 같이 적용한다.

응력(stress)과 변형(strain)의 관계를 설명한 사람은 Hooke(1635~1703)이며, Hooke의 법칙은 다음과 같다.

$$\sigma = \varepsilon \cdot E$$

여기서 E는 물체의 탄성률, ε는 변형, σ는 응력을 나타낸다.

이 식은 인장과 응력 사이의 선형적 관계를 나타내는 것이다. 특별한 경우를 제외한 대부분의 경우 주어진 물체의 탄성률 E는 상수 값을 갖는다. Hooke의 법칙은 탄성의 한계 내에서만 적용된다.

[그림 4-4]는 강철 샘플에 인장력을 작용시켰을 때 변형 ε와 응력 σ 사이의 관계를 나타낸 것이다.

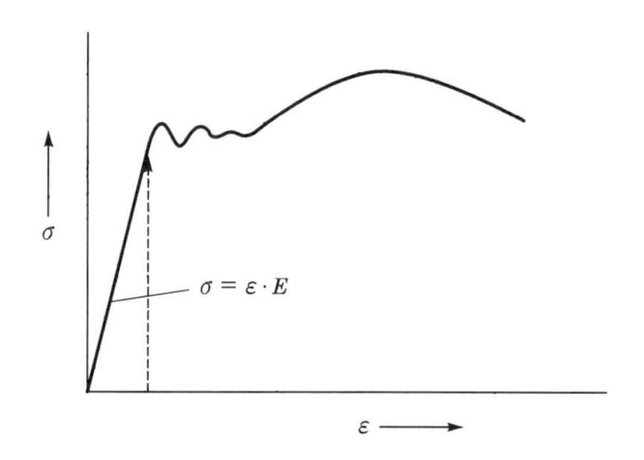

[그림 4-4] 강철 샘플에 대한 변형과 응력 관계

초기의 직선적 팽창 이후에는 불규칙함이 나타나는 데 이는 강철에 극단적인 변형이 일어남을 의미한다.

즉 최대로 팽창한 이후에도 응력이 계속 가해지면 강철이 끊어짐을 의미한다. 강철이 아닌 대부분의 물체에서는 탄성에서 소성으로의 변화가 분명히 나타나지

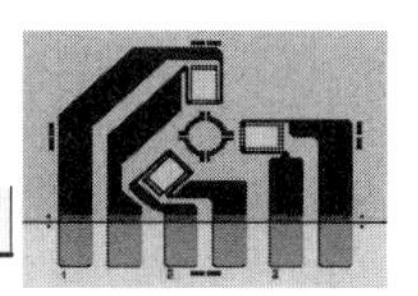

않는다. 즉 탄성과 소성의 변화가 중복하여 발생한다.

영구적인 변형이 발생하는 물체에서도 그 변형은 가역적이 될 수 있지만 측정을 위한 스프링 요소로는 부적합하다. 스프링 요소라 하더라도 부하 변동에 의한 노화에 의해 탄성계수가 변화된 것은 마찬가지로 적합하지 않다.

로드의 수직적 변화에 의한 힘의 측정은 비교적 큰 힘을 측정하는 곳에 주로 사용된다. 작은 힘의 측정에는 스프링 요소가 주로 사용된다. 이러한 목적의 간단한 구성에는 한쪽 끝이 고정된 축을 이용하는 것이다.

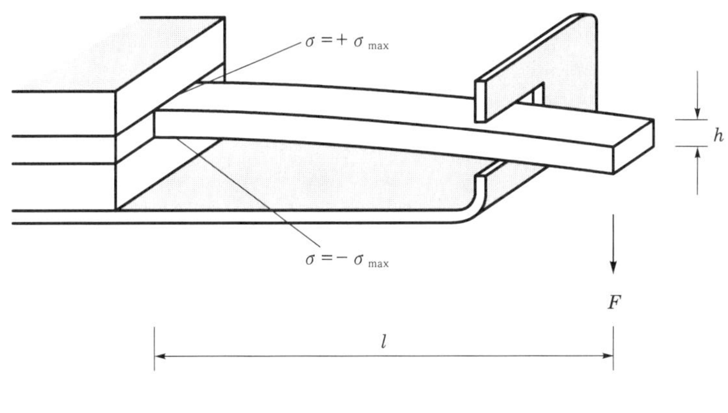

[그림 4-5] 편향 축

편향 축의 끝단에 힘 F를 작용시키면, 편향축의 상부에는 증가하는 값이 하부에는 감소하는 값의 최대 응력이 작용함을 나타낸다.

4.1.2 스트레인 게이지

1 구조

스트레인 게이지는 변형이 발생하는 방향으로 저항선을 부착하여 만든다. 스프링 요소에 변형이 발생하면, 이 저항선도 같은 크기의 변형이 발생된다. 이때 저항선을 여러 번 왕복하여 부착함으로 전체적으로는 긴 길이의 변형이 발생하도록 유도한다.

여기서 구조적으로 피할 수 없는 짧은 거리는 변형이 발생하는 방향과 직각이 되지만 전제적으로는 무시하고 있다.

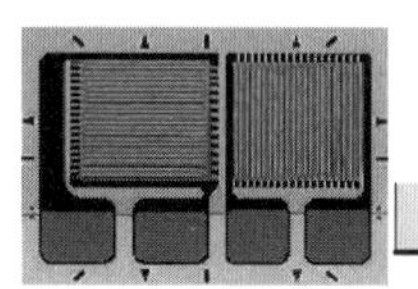

저항선이 갖는 저항 R은 길이 l, 단면적 A, 고유 저항 ρ에 의존하며, 다음 식으로 표현된다.

$$R = \rho \frac{l}{A}$$

저항선에 변형이 발생하면 이들 세 가지 요소가 모두 변화한다.

변형에 의한 길이의 변화는 다음과 같다.

$$\frac{\Delta l}{l} = \varepsilon$$

저항선의 단면은 positive 변형(인장)의 경우 감소되며, negative 변형(압축)의 경우 증가된다. 이러한 단면은 재질의 positive 계수 μ에 따라 수축 또는 신장한다. 대부분의 금속에 대한 푸아송 계수는 약 0.3이다. 따라서 단면의 변화는 다음과 같다.

$$\frac{\Delta A}{A} = -\mu \cdot \varepsilon$$

고유 저항의 변화는 다음과 같다.

$$\frac{\Delta \rho}{\rho} = \eta \cdot \varepsilon$$

η은 전자의 밀도와 이동 정도에 따르는 물질 상수이다.

금속 저항선에 가해진 변형에 의한 전체 저항의 변화는 다음과 같다.

$$\frac{\Delta R}{R} = \frac{\Delta l}{l} - \frac{\Delta A}{A} + \frac{\Delta \rho}{\rho} = \varepsilon \cdot (1 + \mu + \eta) = k \cdot \varepsilon$$

계수 k는 스트레인 게이지에 대한 중요한 특성 값으로 일반적으로 $k=2$인 합금이 주로 사용된다.

스트레인 게이지에 사용되는 저항선의 저항값은 120, 350, 600Ω 등이 주로 사용되며, 표준형과 다이어프램식이 있다.

표준형은 사각형 구조로 점의 변형을 측정하는데 사용되고, 다이어프램식은 4개의 스트레인 게이지로 구성되어 압력 센서에서와 같이 측정의 최적화를 요구하는 곳에 사용된다.

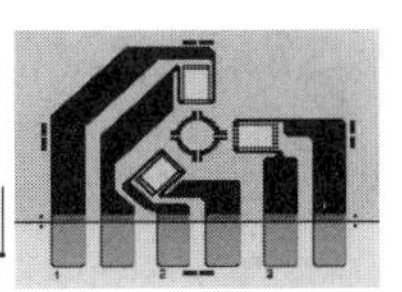

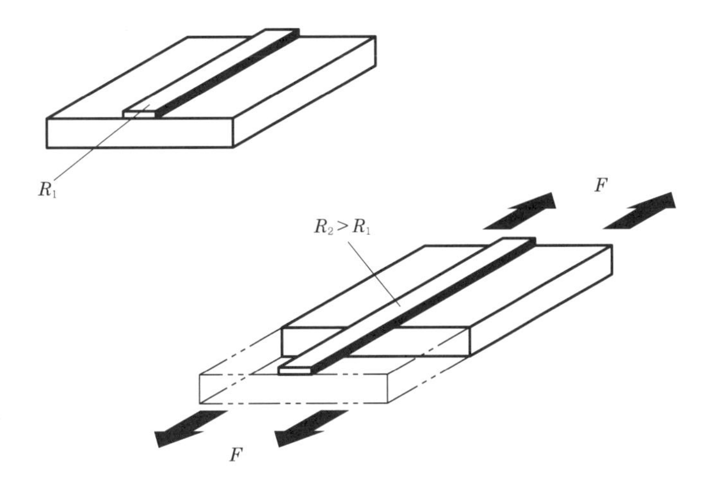

[그림 4-6] 단면적과 길이 변화

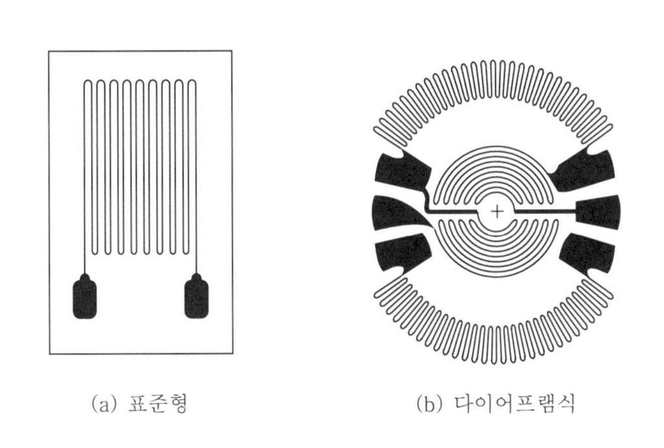

(a) 표준형　　(b) 다이어프램식

[그림 4-7] 스트레인 게이지의 구조

2 힘의 측정

스트레인 게이지만을 이용한 힘의 측정은 사실상 어려움이 많다. [그림 4-8]에는 힘의 측정을 위한 센서 및 측정 회로를 나타내었다. 즉 측정을 위한 센서의 조합은 (1)에, 실제 센서는(2), 신호의 결정은 (3), 보조 전원 공급기는 (6), 신호 증폭기는 (4), 신호의 표시는 (5)에 각각 나타내었다.

스트레인 게이지는 전기적 신호를 만들지 않는 수동 센서이다. 따라서 스트레인 게이지의 저항 변화를 휘트스톤 브리지(Wheatstone bridge)를 이용하여 전압 신호로 변환하여야 한다.

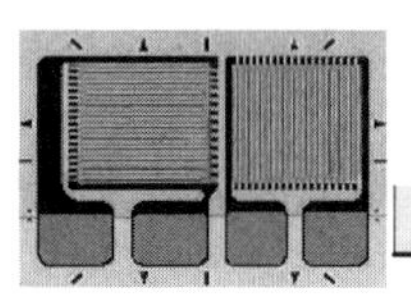

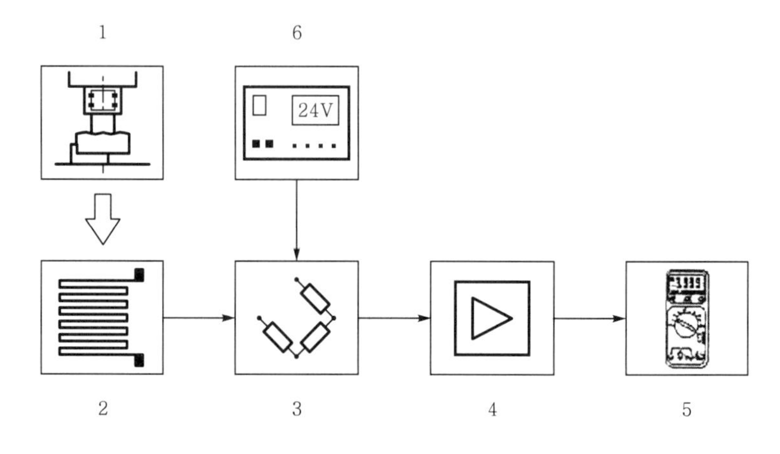

[그림 4-8] 측정 회로

[그림 4-8]의 (3)에 나타낸 휘트스톤 브리지는 quarter 브리지의 한 형태로 네 개의 저항 중에 하나만이 센서이다. Half 브리지의 경우에는 두 개의 저항을 센서로 사용하는 것이며, full 브리지에서는 네 개의 저항 모두를 센서로 사용한 경우가 된다.

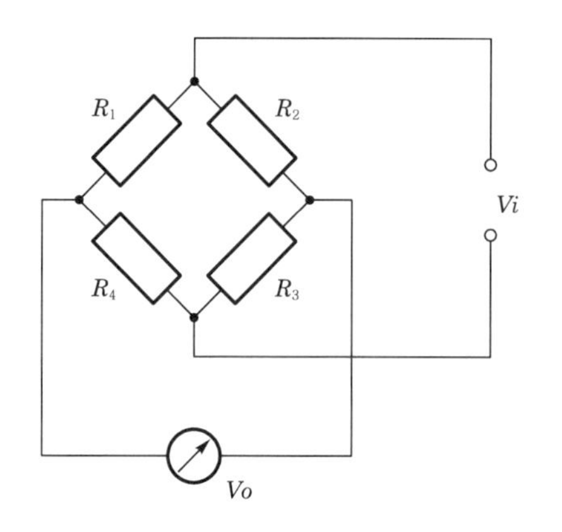

[그림 4-9] 휘트스톤 브리지 회로

여러 개의 센서를 브리지 회로에 부가하는 것은 온도 변환에 따른 간섭과 같은 효과를 보상하기 위함이다. 때로는 다이어프램식과 같은 다중 스트레인 게이지를 half 또는 full 브리지 회로에 사용하기도 한다.

휘트스톤 브리지에는 입력 전압 V_i를 두 개의 전압으로 분리하는 저항 R_1과 R_4, R_2와 R_3이 있다.

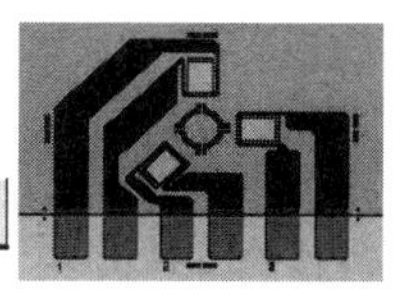

R_1과 R_4, R_2와 R_3에 의한 출력 전압 V_0는 다음과 같이 구해진다.

$$V_0 = \frac{R_1}{(R_1+R_4)} \cdot V_i - \frac{R_2}{(R_2+R_3)} \cdot V_i$$

$$\frac{V_0}{V_i} = \frac{R_1 \cdot R_3 - R_2 \cdot R_4}{(R_1+R_4)\cdot(R_2+R_3)}$$

이때 $R_1=R_2$, $R_3=R_4$이면 $V_0=0$으로 브리지는 평형적이다.

$$\frac{R_1}{R_4} = \frac{R_2}{R_3} \quad \text{또는} \quad R_1 \cdot R_3 - R_2 \cdot R_4 = 0$$

또한 브리지에 사용된 모든 저항들이 같은 크기를 가질 때도 브리지는 평형이 된다.

실제로 브리지 회로가 평형 되도록 구성하는 것은 거의 불가능하다. 따라서 신호 증폭기에는 V_0의 영점 조정을 위한 기능이 부가되어 있다. 그러므로 여기서는 $R_1=R_2=R_3=R_4$인 완전 평형 상태의 브리지라는 가정 하에 R_1에서 R_4까지 모든 저항에 $\Delta R_1 \sim R_4$의 변화를 적용하면 다음과 같다.

$$\frac{V_0}{V_i} = \frac{1}{4}\left(\frac{\Delta R_1}{R_1} - \frac{\Delta R_2}{R_2} + \frac{\Delta R_3}{R_3} - \frac{\Delta R_4}{R_4}\right)$$

Quarter 브리지의 경우 R_1만이 센서이고 나머지 저항들은 변하지 않으므로 $\Delta R_2 = \Delta R_3 = \Delta R_4 = 0$이 되고, 스트레인 게이지의 변형에 의한 전체 저항의 변화는 $\Delta R/R = k \cdot \varepsilon$이므로 위의 식은 다음과 같이 정리된다.

$$\frac{V_0}{V_i} = \frac{1}{4} k \cdot \varepsilon_1$$

Half 브리지에서는 R_1과 R_2가 같은 종류의 스트레인 게이지이므로

$$\frac{V_0}{V_i} = \frac{1}{4} k \cdot (\varepsilon_1 - \varepsilon_2)$$

와 같이 되며, full 브리지의 경우에 대해서도 다음과 같이 정리할 수 있다.

$$\frac{V_0}{V_i} = \frac{1}{4} k \cdot (\varepsilon_1 - \varepsilon_2 + \varepsilon_3 - \varepsilon_4)$$

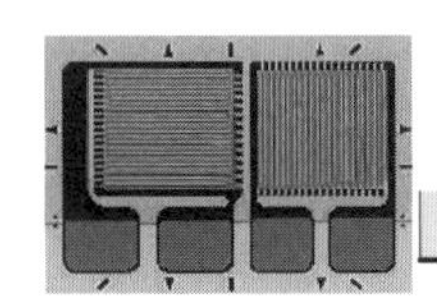

3 게이지 그리드 개수에 따른 분류

(1) 싱글 게이지

주로 주응력을 알고 있을 때 사용하며 그리드(grid)가 하나이기 때문에 한 방향에 대한 측정만이 가능하다.

일반적으로 가장 많이 사용하는 형태의 게이지이다.

(2) T형 로젯 게이지

주로 주응력과 그에 반대되는 부응력을 알고 있을 때 사용하며, 일반적으로는 재료의 푸아송 비를 구하고자 할 때 많이 사용한다.

(3) 로젯 게이지

로젯(rosette) 게이지는 하나의 매트릭스 내에 3개의 게이지가 한꺼번에 부착된 형태로 되어 있으며, 그 배열에 따라서 0°, 45°, 90°의 값을 측정할 수 있는 사각 구조, 120° 간격으로 배치되어 삼각형 모양으로 구성된 삼각 구조 등이 있다. 주 용도는 복잡한 형상을 가지고 있는 구조물 각 부위의 주·부 응력을 정확하게 찾아내기 위해 이러한 구조를 이용해서 각각의 방향에 대한 최대 응력을 측정한다.

(4) 가위형 게이지

그리드의 방향이 일직선이 아닌 45° 방향만큼 비틀어져서 있는 형태이다. 이는 회전 또는 비회전 축의 토션 즉, 비틀림을 측정하기 위한 용도로 사용된다.

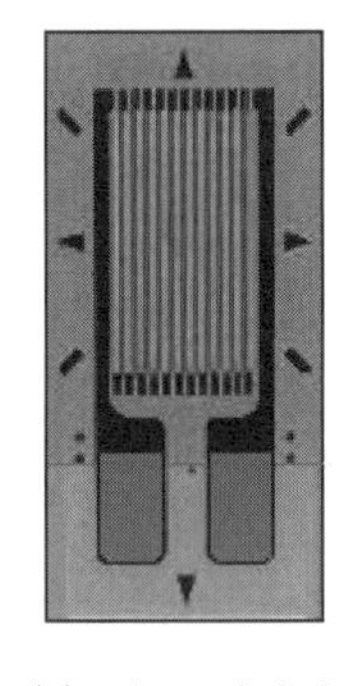

(a) 싱글 게이지

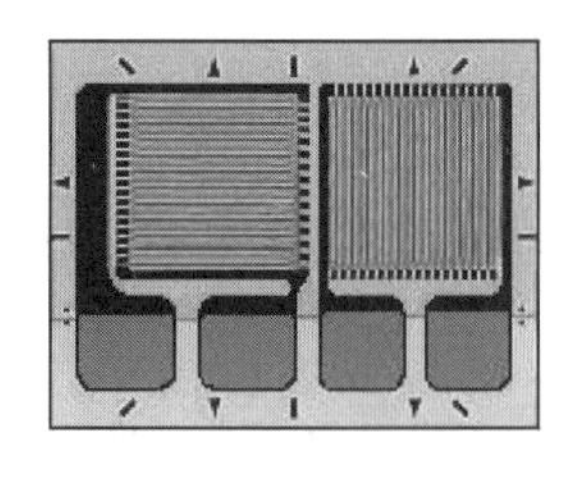

(b) T형 로젯 게이지

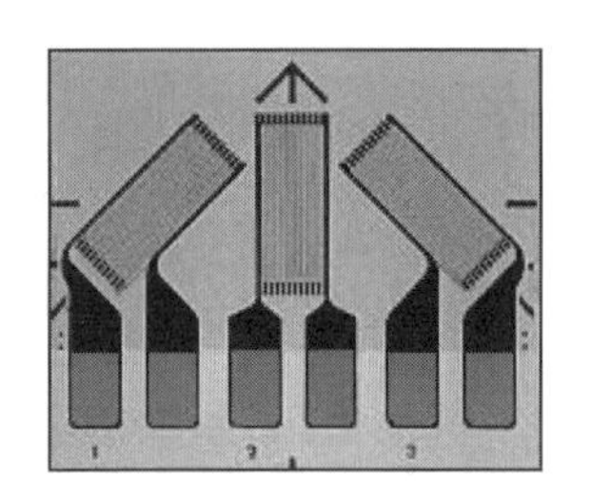

(c) 로젯 게이지

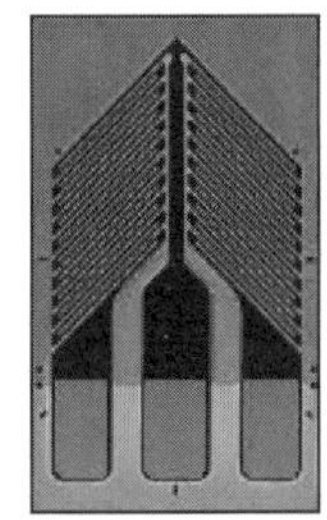

(d) 가위형 게이지

[그림 4-10] 그리드 개수에 따른 분류

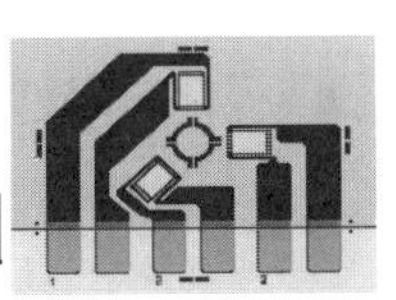

4 게이지 저항에 따른 분류

스트레인 게이지는 50~1,000Ω 정도이나 가장 일반적으로 사용하는 것은 120Ω, 350Ω 두 가지를 사용한다.

보통의 경우에는 120Ω을 많이 사용하나 사용자의 요구에 따라서 보다 높은 정도를 요구하는 경우에는 350Ω을 사용한다. 항공기 부품 및 동체의 비행 시험 및 자동차 구조물 시험 등이 좋은 예이다.

가격적인 면에서는 120Ω이 350Ω보다 저렴하지만 정밀도 면에서는 350Ω이 약 3배 정도가 좋은 것으로 계산된다. 즉, 120Ω이 1/120로 약 1%의 변화를 나타내는 반면 350Ω은 1/350로 0.3%의 변화를 나타낸다.

옴의 법칙을 적용한다면 $V=I\times R$이므로, 당연히 저항이 커지므로 출력 V는 커지게 되어서 미세한 변화에 대해서도 보다 큰 출력으로 변화 양상을 확인할 수 있다.

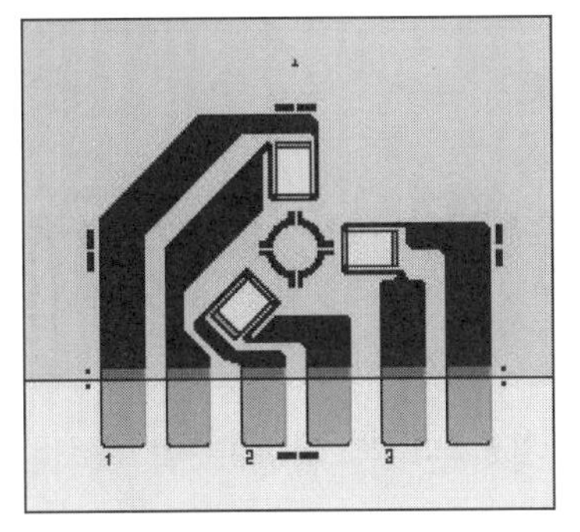

(a) 잔류 응력용

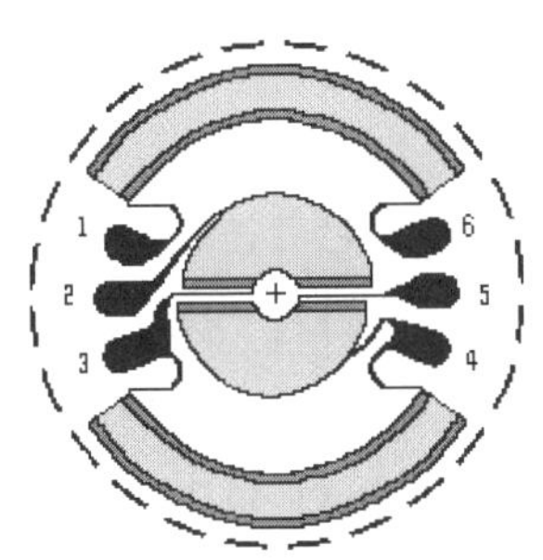

(b) 압력 측정용

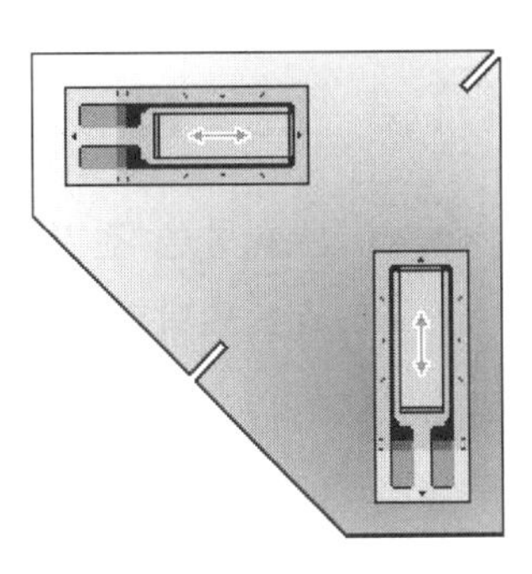

(c) 용접형

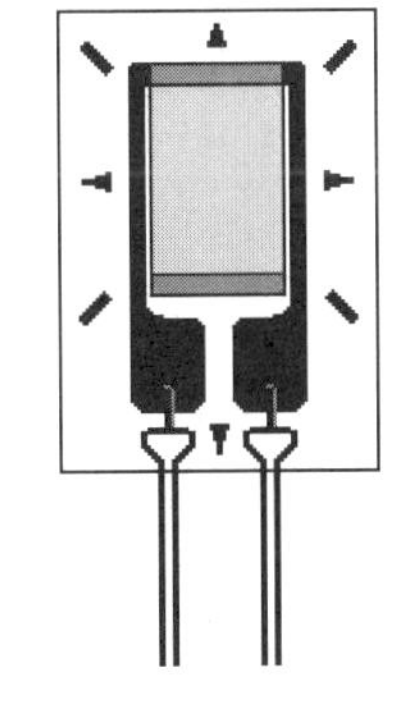

(d) 표면 온도 측정용

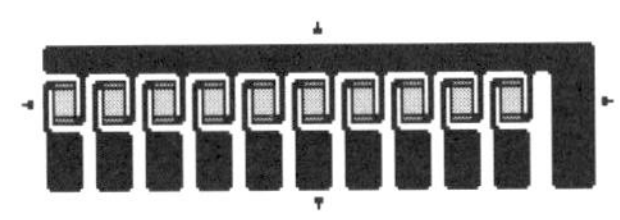

(e) 경사도 측정용

(f) 균열 확산 측정용

[그림 4-11] 스트레인 게이지 종류

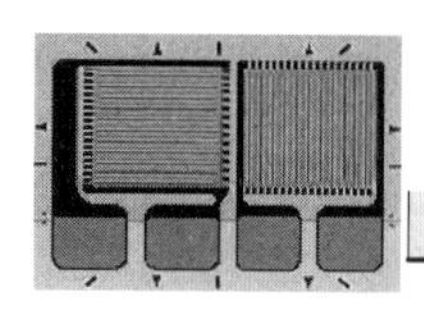

5 기타 환경 및 조건에 따른 분류

① 시험 환경에 따라 상온용, 고온용, 저온용

② 시험 시편의 종류에 따라 스틸용, 알루미늄용, 유리용, 복합재료용, 플라스틱용

③ 피로 측정 게이지

④ 잔류 응력용 게이지

⑤ 압력 측정용(다이어프램) 게이지

⑥ 용접형 게이지

⑦ 표면 온도 측정용 게이지

⑧ 스트립 경사도 측정용 게이지

⑨ 균열 확산 측정용 게이지

4.1.3 로드 셀

하중을 전기 신호로 변환하는 방법에는 스트레인 게이지식, 정전용량식, 압전식, 인덕턴스식 등 여러 가지 방법이 있지만, 현재는 스트레인 게이지식이 가장 많이 사용되고 있다.

스트레인 게이지를 각각의 피측정물에 접착하는데는 많은 노력과 기술이 필요하기 때문에 스트레인 게이지와 피측정물을 일체화한 로드 셀(load cell)이라는 하중 변환기가 상품화되어 있다. 이것은 금속 탄성체의 비례한도 내에서의 응력과 왜곡을 이용한 것으로 하중에 의한 왜곡을 가장 발생시키기 쉬운 수감부에 스트레인 게이지를 부착한 것이다.

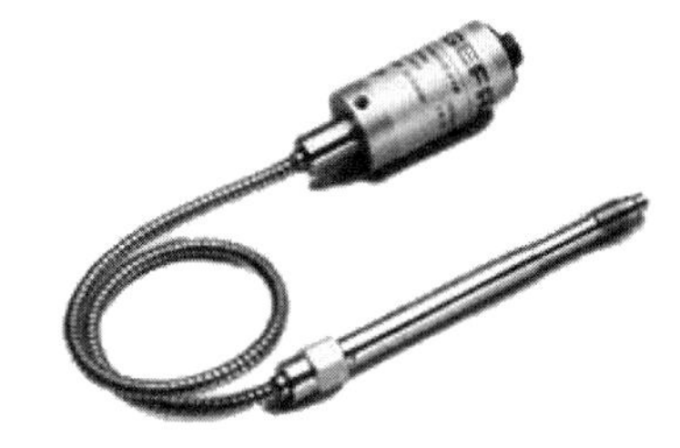

[사진 4-1] 로드 셀

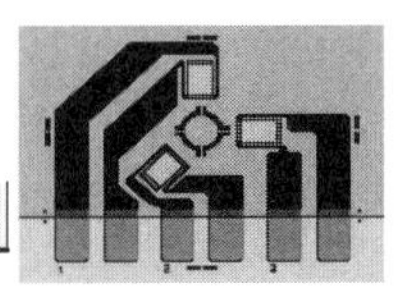

따라서 로드 셀의 용량, 성능 등은 이 수감부의 치수, 재질로 결정된다. 이러한 로드 셀은 이름대로 하중계이므로 저울에서부터 자동차 화물의 중량 계측 및 생산 공정의 자동화, 합리화에 널리 사용되고 있다.

1 로드 셀의 원리

로드 셀은 [그림 4－12] (a)와 같이 하중 F를 받는 금속 탄성체의 수감부 4곳에 스트레인 게이지를 가로와 세로 방향으로 접착하고, 이들 게이지를 휘트스톤 브리지 회로를 구성하여 하중에 비례하는 저항 변화를 출력하는 것이다.

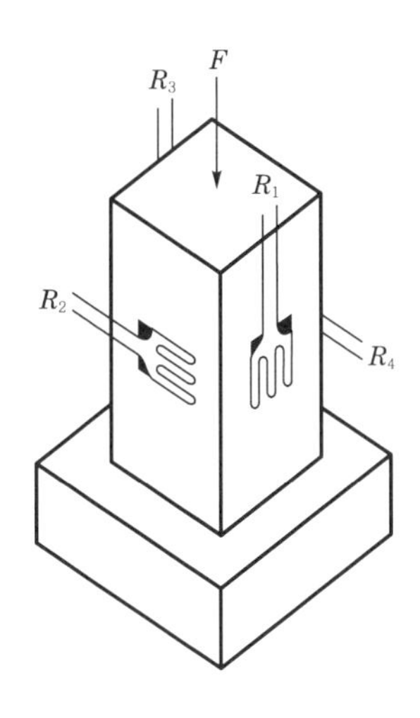

[그림 4-12] 로드 셀

2 로드 셀의 전기 보상 회로

로드 셀의 브리지 회로에는 온도에 의한 제로점의 이동과 감도의 변동이 일정값 이내가 되도록 스트레인 게이지의 외부에 보상 저항을 추가한다. 또한, 브리지의 초기 상태 제로점을 보상하기 위해서도 보상 저항을 추가하는 것이 일반적이다.

로드 셀의 성능을 좌우하는 인자들은 다음의 것 등이 있다.

① 주위 온도 변화에 의한 브리지 평형점의 이동

② 주위 온도 변화에 의한 로드 셀 감도의 변화

③ 하중에 의한 왜곡을 발생시키는 수감부의 비직선성

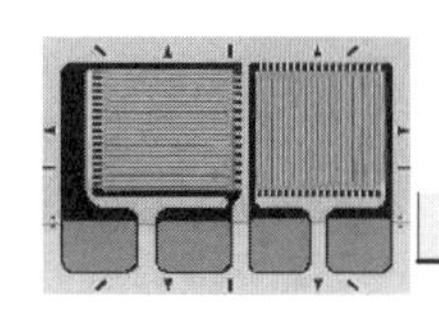

④ 하중에 의한 왜곡을 발생시키는 수감부의 히스테리시스

⑤ 스트레인 게이지의 클립

⑥ 스트레인 게이지의 이완(relaxation)

[그림 3-13]은 ①, ②에 대한 대표적인 보상용 전기 회로이다. 그림 중의 ◯ 표시의 저항은 로드 셀 조립 후에 추가하는 것이고 그 외의 스트레인 게이지나 저항은 로드 셀의 내부에 부착되어 있다.

③의 비직선성 오차는 로드 셀의 가장 중요한 특성이다. 주로 하중의 수감부와 스트레인 게이지 그 자체의 설계에 관한 것이다.

하중과 출력 사이의 비직선성이 적고 단순한 경향으로 끝나면 전자 회로로 보상하는 것도 가능하다.

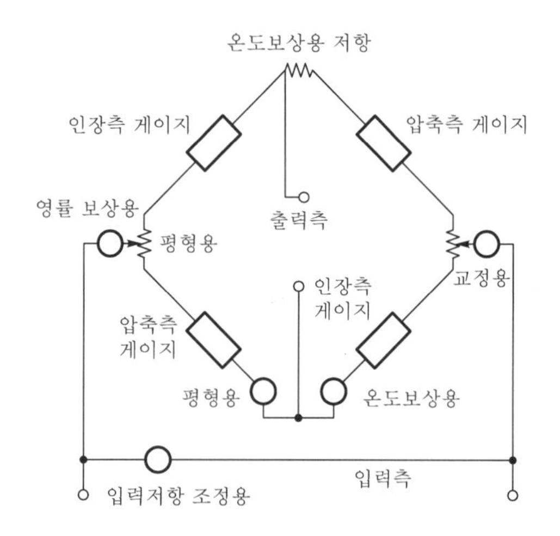

[그림 4-13] 로드 셀의 보상 회로

④, ⑤, ⑥은 스트레인 게이지와 그것을 접착하기 위한 접착제에 기인하는 것이다. 접착제에는 고분자 재료가 이용되지만, 온도에 의해서 특성이 크게 변동하는 결점을 갖고 있다. 그러므로 로드 셀은 지정된 온도 범위 내에서 사용하지 않으면 고정밀도를 얻을 수 없다.

3 로드 셀의 출력

로드 셀의 출력은 일반적으로 브리지 회로에 가해지는 전압 1V당 출력 전압(mV/V)으로 표시한다. 이 출력 전압은 브리지에 인가되는 전압을 V_i, 브리지

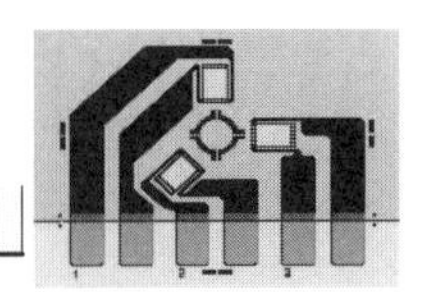

의 출력 전압을 V_0, 브리지가 받는 등가 변형을 ε, 스트레인 게이지의 변형율을 모두 동일하게 k로 하면 다음과 같이 된다.

$$\text{전압 출력} \quad \frac{V_0}{V_i} = \frac{1}{4} k \cdot \varepsilon$$

즉, 로드 셀의 출력 전압 감도는 브리지의 전원 전압 및 등가 변형에 비례함을 알 수 있다. 등가 변형은 수감부의 치수, 재질에 따라 결정되는 것으로 수명과 관계하므로 주의하여야 한다. 따라서 출력 전압을 높이기 위해 브리지의 전원 전압과 브리지의 저항값을 높여야 한다.

[표 4-1] 로드 셀의 사양

항 목	정밀급	보통급
정격 부하	200 kg ~ 100 t	50 t ~ 2000 t
정격 출력	3 mV/V ±0.1%	2 mV/V ±1%
비직선성	0.05% FS	0.2% FS
히스테리시스	0.02% FS	0.3% FS
재현성	0.02% FS	0.15 S
허용 인가 전압	20V AC/DC	20V AC/DC
브리지 불평형	±1% FS	±1% FS
입력 저항	350Ω ±3.5Ω	350Ω ±5Ω
출력 저항	350Ω ±5.0Ω	350Ω ±5Ω
온도에 의한 영점 이동	0.003% FS/℃	0.005% FS/℃
온도에 의한 출력변화	0.003%/℃	0.01%/℃
온도 보상	−10℃ ~ +75℃	−10℃ ~ +75℃
허용 온도	−20℃ ~ +100℃	−20℃ ~ +100℃

현재는 대부분 350Ω의 스트레인 게이지가 많고, 인가 전압도 10~20V의 것이 주류이다. 출력 전압은 3 mV/V를 기본으로 0.5~4 mV/V의 범위에 있다. 그리고 로드 셀의 제조사에 따라서는 출력 전압을 마이크로 스트레인(μstrain 또는 10^{-6} strain)으로 표시하는 경우도 있다. 이것은 수감부에 부착한 스트레인 게이지가 모두가 받는 변형값으로 표현한 것이다.

예를 들어 3 mV/V의 표시를 변형값으로 환산하는 경우, $k=2$(대부분의 스트레인 게이지가 2이다.)라 하면 3 mV/V$=6000\times10^{-6}$ strain이 된다. 반대로 2000μstrain의 표시는 1 mV/V가 된다.

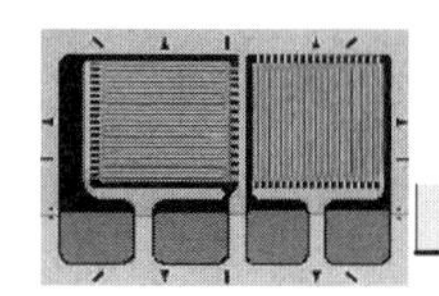

4 로드 셀 지시계

OP 앰프를 이용한 로드 셀용 지시계 회로로 브리지를 구동하기 위해 +, −의 정전압 전원을 사용하고 있다.

전원부는 OP 앰프와 트랜지스터의 이득과는 관계 없으나, 제너 다이오드와 귀환저항의 온도 계수는 전압 안정도에 영향을 준다. 지시계 입력 단에 삽입된 LC 필터는 고주파 노이즈를 감소시킨다. 신호의 증폭은 평형 차동형으로 사용하고 있다.

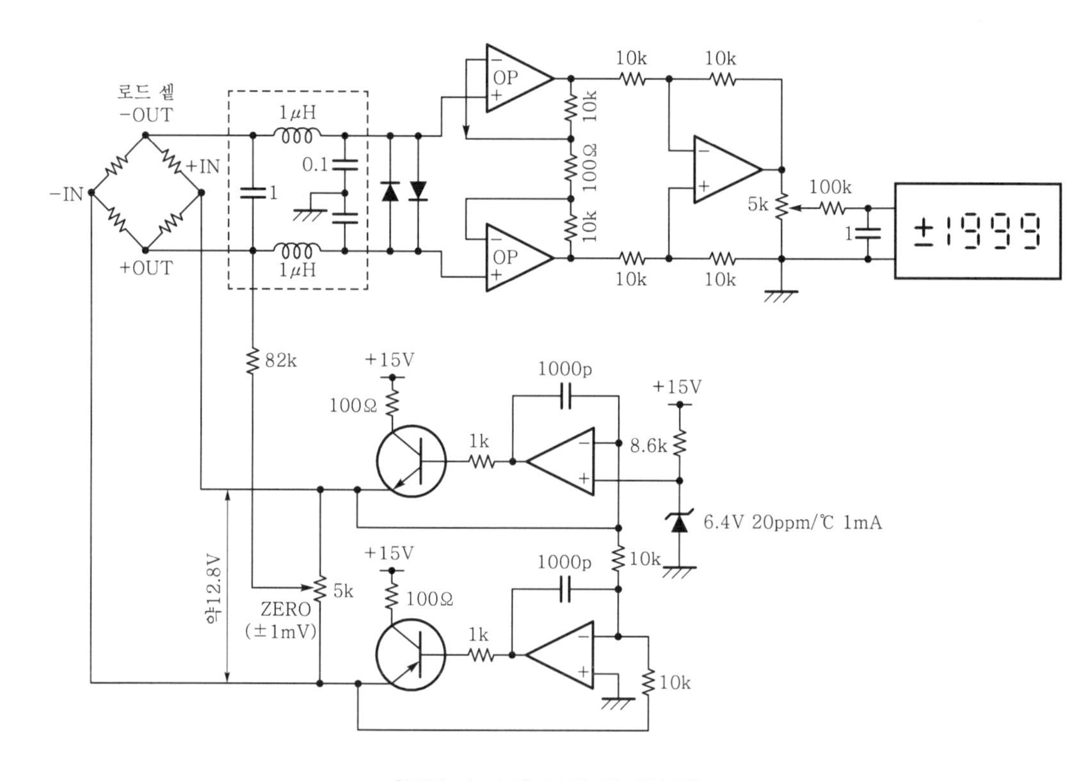

[그림 4-14] 로드 셀 지시계

회로의 성능은 다음과 같다.

① 전원 : 약 12.8V, 30 mA

② 입력 범위 : 최대 이득으로 0.8 mV/V

③ 제로 조정 범위 : 약 ±1 mV/V

④ 표시 범위 : 0~1999

⑤ 제로 드리프트 : 2 μV/℃ RTI 이내

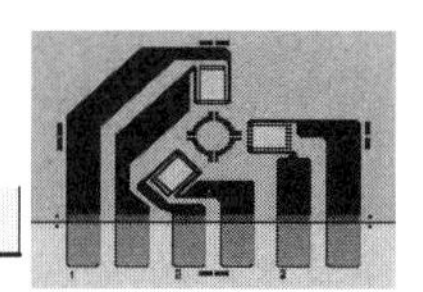

⑥ 게인 드리프트 : 0.01%/℃ 이내
⑦ 비직선성 : ±0.05%/FS 이내
⑧ 인가전압 드리프트 : 0.005%/℃ 이내
⑨ 노이즈 : 1.5μV_{P-P} RTI 이내(RTI : 입력 환산값)

4.2 압력 센서

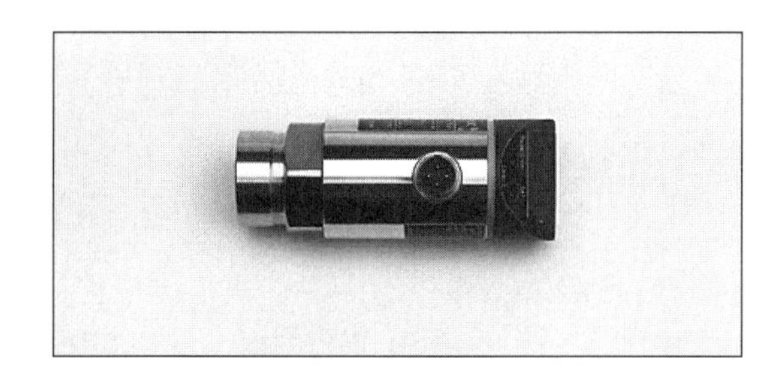

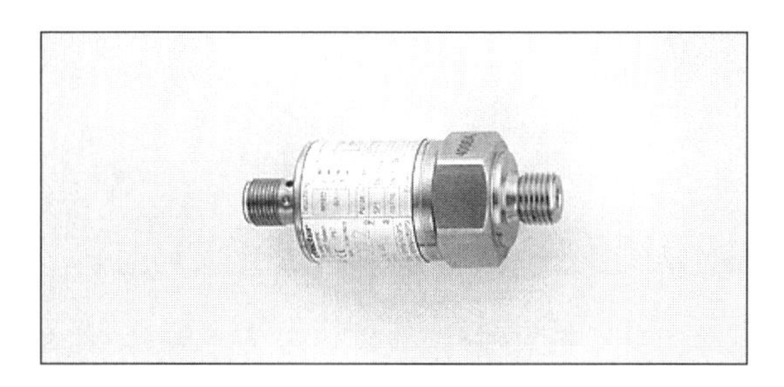

[사진 4-2] 압력 센서

4.2.1 압력 센서의 개요

압력은 물질이 인접하는 각 부분에 서로 미치는 힘의 크기를 나타내는 양이며, 단위는 면적당에 작용하는 면과 법선 방향의 힘으로 정의한다. 물질의 상태 기체, 액체, 고체 중에서 고체는 기체와 액체에서의 성질과 다르다. 고체 내에서는 압력에 따른 유동이 없으므로 힘의 방향성이 보존된다. 즉, 압력은 방향성을 지니고 있어, 한 점에서의 압력도 방향에 따라 크게 다르다. 고체와는 대조적으로 기체, 액체와 같은 유체는 힘의 치우침에 따라 유동하므로, 압력은 방향성이 없고 어떤 점에서 어느 방향의 면에 대해서도 같은 크기의 압력이 작용한다. 따라서 한 점에 대해 하나의 압력값이 결정된다.

이러한 유체의 등방적 성질을 발견한 파스칼(B. Pascal : 1623~1662)의 이름을 따라 파스칼의 원리라 한다. SI 단위계에서 압력의 단위로 사용하는 파스칼($Pa=N \cdot m^{-2}$)는 그의 이름을 딴 것이다. 또한 압력의 측정은 유체의 상태를 아는 데 있어 온도와 함께 중요한 요소로, 이의 측정으로부터 힘이나 무게 등을 유추하게 된다.

① Pa(파스칼)

국제 단위계(SI)에 의한 압력 단위로 1평방 미터당 1뉴턴($N=kg \cdot m/s^2$)의 힘에 대한 압력이다.

따라서 $1\,Pa=1\,N/m^2=1\,kg/m \cdot m^2$의 관계가 있다.

② kgf/cm^2

표준 중력 가속도 $9.8\,m/s^2$하에서 1평방 cm^2 당 1 kg의 질량이 작용하는 힘의 크기에 대응한 압력으로, 압력계의 지시 단위로서 많이 사용되고 있다. 기체, 액체의 게이지압, 차압의 표시에 사용된다.

③ mmHg(밀리미터 수은주)

표준 중력 가속도 $9.8\,m/s^2$하에서 표준 상태(0℃, 1기압)의 수은(밀도 $13595.1\,kg \cdot m^{-3}$)의 액주차 1 mm에 대응하는 압력으로, 진공도의 표시에 많이 쓰인다. 독일에서 사용되는 진공압 단위 torr(토르)도 같은 크기이다.

④ mmH_2O(밀리미터 수주)

표준 중력 가속도 $9.8\,m/s^2$하에서 표준 상태(4℃, 1기압)의 물(밀도 $1g \cdot m^{-3}$)의 액주차 1 mm에 대응하는 압력으로, 게이지압이나 차압의 저압 영역의 표시에 주로 쓰인다.

⑤ bar(바)

$1\,cm^2$당 10^6 dyne($1\,dyne=1g \cdot cm/s^2=10^{-5}N$)의 힘에 대응하는 압력으로 대기압이나 그 이상의 절대 압력 표시에 사용한다.

⑥ psi(pound per square inch)

미국 등 파운드 질량 단위권에서 쓰인다. 1평방 인치 당에 작용하는 1중량

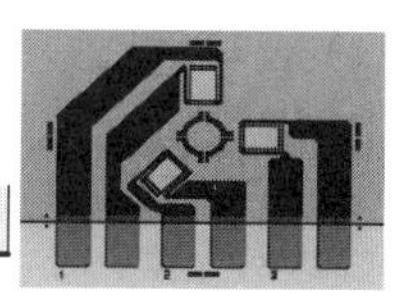

파운드(0.4 kg · 중)의 힘에 대응하는 압력

1 psi≒0.070307 kgf/cm^2

압력은 힘으로부터 유도된다. 즉 압력이란 단위 면적에 작용하는 힘을 나타낸다.

$$P = \frac{F}{A}$$

여기서 P는 압력을, F는 힘, A는 면적을 의미한다.
압력의 측정 단위는 파스칼에 의한 Pa를 사용한다.

$$1\,\mathrm{Pa} = 1\,\frac{\mathrm{N}}{\mathrm{m}^2}$$

[표 4-2] 압력 단위 환산표

구분	Pa	kgf/cm^2	cmHg	mmHg	mmH_2O
1 Pa	1	1.01972×10^{-5}	7.5006×10^{-4}	7.5006×10^{-2}	0.101972
1 kgf/cm^2	98067	1	73.556	735.56	10000
1 cmHg	1333.22	0.12595	1	10.000	135.95
1 mmHg	133.322	0.0013595	0.100	1	13.595
1 mmH_2O	9.8067	0.000100	0.007556	0.073556	1

1 N/m^2=1 Pa
1 atm=101325 Pa=1.03323 kgf/cm^2
1 bar=100000 Pa=1.01972 kgf/cm^2
1 torr=1 mmHg=133.322 Pa
1 psi=6894.7 Pa=0.070307 kgf/cm^2

1 절대 압력 센서

절대 압력 센서는 기준 압력을 진공(P=0 Pa)으로 하는 매체의 절대 압력을 측정하는 것이다. 따라서 절대 압력 센서는 진공을 이루고 있는 공간에 게이지가 설치되어 있다. 이 게이지는 얇은 다이어프램으로 구성되어 측정하고자 하는 압력에 따라 변형이 가해진다.

진공을 이루는 공간은 절대 진공을 형성할 수 없으며 기준 압력으로 약 0.1 Pa를 사용한다. 이는 대기압의 백만분의 일 정도에 해당한다.

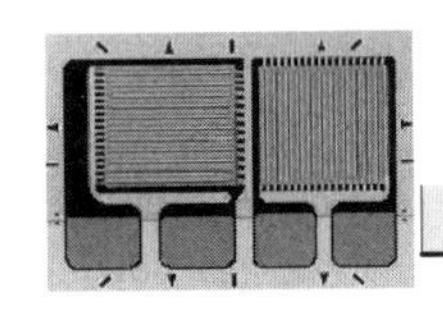

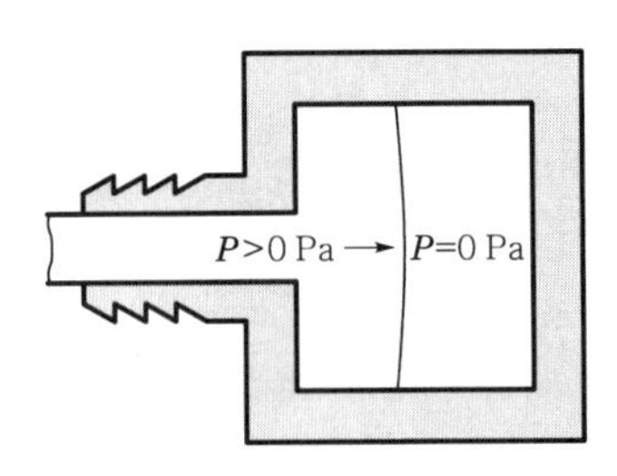

[그림 4-15] 절대 압력 센서

2 상대 압력 센서

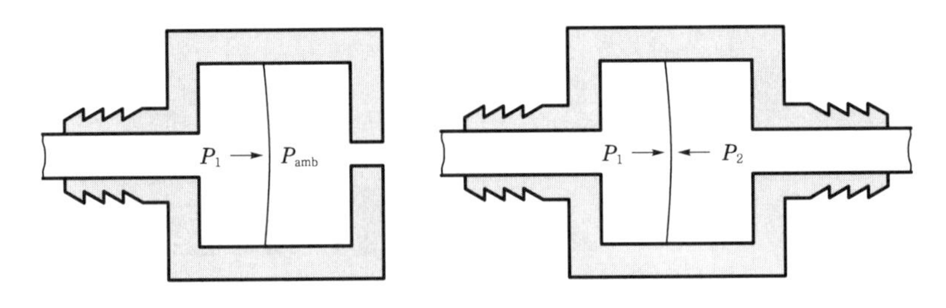

[그림 4-16] 상대 압력과 차등 압력 센서

상대 압력 센서는 P_{amb}로 주어지는 대기압을 기준으로 하는 차등 압력을 측정하는 것이다. 대기압이라 함은 일정한 값이 아니라 지형적, 기상적 변화에 따라 변하는 압력이다. 상대 압력 센서를 세분하면 양의 압력 센서와 음의 압력을 측정하는 진공 센서로 나눌 수 있다.

3 차등 압력 센서

차등 압력 센서는 측정 원리에서 상대 압력 센서와 크게 다르지 않다. 이는 주어진 두 압력 사이에 나타나는 차등 압력을 측정하는 것이다.

4.2.2 액주형 압력계

1 U자관

이것은 구조가 가장 간단한 압력계로서 관경이 일정한 글라스관을 U자형으로

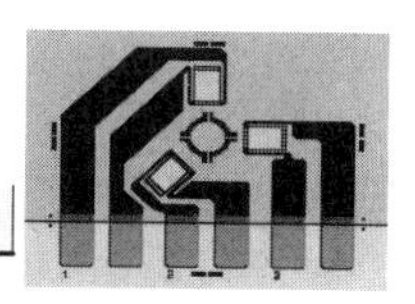

해서 그 내부에 액체를 충전시키고 양관에 서로 다른 미지의 압력을 가했을 때 또는 일측을 대기 개방시키고 타측에 미지의 압력을 가하기도 하며, 전자는 차압을, 후자는 압력 즉 게이지를 측정하는 압력계이다.

U자관 압력계(U-tube manometer)에서 관의 형상은 크게 중요하지 않고 단지 두 액면 사이의 높이 차만이 중요하다.

2 단관식

U자관 압력계(시스턴 : cistern manometer)의 한쪽 관의 단면적을 크게 하여 압력계의 크기를 줄인 것이 시스턴 압력계이다. 액체를 넣을 때는 액면이 눈금의 영점과 일치하도록 넣어야 한다. 압력을 시스턴에 가하면 액체는 가는 유리관을 통하여 올라간다.

3 경사관식 압력계

경사관식 압력계의 구조는 [그림 4−17]과 같이 시스턴 압력계의 유리관을 일정한 각도로 기울여 놓은 것이다.

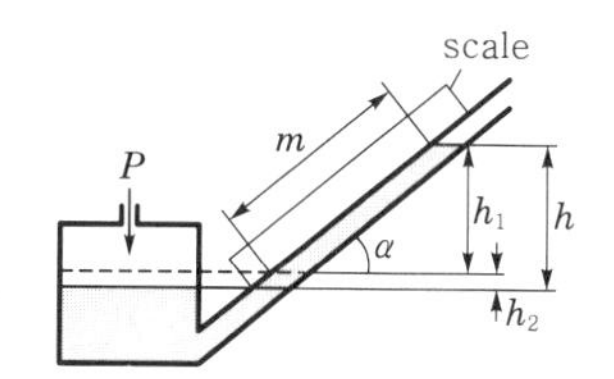

[그림 4-17] 경사관식 압력계

4.2.3 분동식 압력계

수은 압력계가 1기압 이하의 저압 영역에서 주로 사용되는 데 비하여 분동식 압력계는 1기압 이하의 낮은 압력부터 1만 기압 이상의 초고압까지 널리 사용되고 있다.

분동식 압력계는 압력의 기본 원리를 그대로 재현한 것이기 때문에 재현성이 좋고 구조가 단단하므로 고장이 거의 없는 장점이 있으나 연속 측정이 곤란하고 이동이 불편한 단점이 있다. 대부분 표준기나 공장용 기준기로 사용하고 있다.

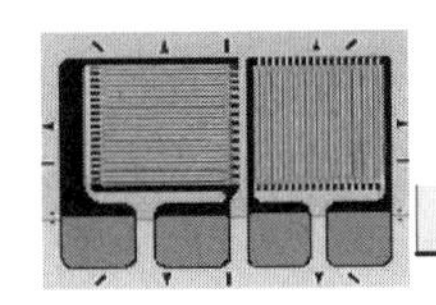

1 단순형 분동식 압력계(simple piston gage)

이 압력계의 가장 큰 결점은 고압에서는 탄성 변형에 의해 피스톤과 실린더 사이의 간격이 벌어지며, 이로 인해 유효 단면적의 변화가 크게 나타나기 때문에 고압에서는 정밀도가 현저하게 감소되는 것이다. 그러나 구조가 간편하고 고장이 적기 때문에 산업체 현장에서 사용하는 대부분의 분동식 압력계는 단순형 실린더 구조를 갖고 있다.

2 재귀형 분동식 압력계(re-entrant piston gage)

재귀형 실린더에서는 측정 압력과 같은 압력이 실린더 외부에서 가해지기 때문에 실린더 내부의 탄성 변화가 감소된다. 이 압력계는 단순형에 비해 제작성 특별한 어려움이 없으면서도 정밀도가 높기 때문에 표준기관 등에서 표준기로 많이 사용하고 있다.

3 간격조절 분동식 압력계

재귀형은 고압에서 피스톤과 실린더 사이의 간격을 통한 압력 유출을 감소시키기 위해 고안된 것이다. 그러나 이 압력계로 피스톤과 실린더 사이의 간격을 조절하는 데는 한계가 있다. 이와 같은 단점을 보완하기 위하여 고안된 것이 간격조절형 분동식 압력계(controlled clearance piston gage)이다.

피스톤과 실린더 사이의 간격을 임의로 조절할 수 있으며, 다음과 같은 두 가지 장점이 있다.

첫째는 압력계수(pressure coefficient)를 결정하기 위해서는 단지 피스톤의 탄성변형에 의한 효과와 재킷 압력(jacket pressure)에 의한 피스톤-실린더 사이의 간격 변화만을 고려하면 된다.

두 번째 장점은 압력 유체가 변할지라도 실험을 통해서 항상 최적의 상태를 찾아낼 수 있으므로 압력 유체가 변할지라도 실험을 통해서 항상 최적의 상태를 찾아낼 수 있으므로 압력 유체의 변화에 따른 오차를 감소시킬 수 있다.

4 경사형 분동식 압력계

일반적으로 분동식 압력계의 가장 큰 단점은 피스톤 자체의 무게 때문에 측정 압력의 하한이 정해진다는 것이다. 이와 같은 결점을 보완하기 위하여 고안된 것

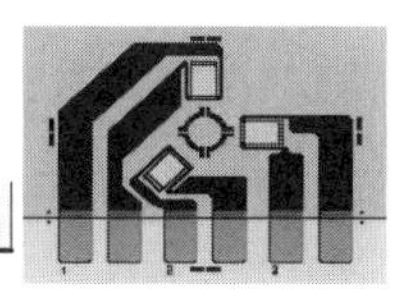

이 경사형 분동식 압력계(tilting piston gage)이다.

경사형 압력계에서는 피스톤-실린더 시스템을 일정한 각도로 눕혀서 피스톤 자체의 무게를 감소시킬 수 있게 되어 있다.

5 구형 분동식 압력계

일반적으로 분동식 압력계의 피스톤과 실린더는 원통형으로 되어 있다. 그러나 구형 분동식 압력계(ball type piston gage)에서는 피스톤이 볼(ball)로 되어 있고 실린더도 반구 모양이다. 피스톤과 실린더가 구형으로 되어 있으므로 피스톤에서 압력 유체의 점성저항을 현저하게 감소시킬 수 있다. 이 압력계는 유압에서는 사용이 불가능하며 공기압에서 주로 일정한 압력을 공급시키기 위한 레귤레이터(regulator)로 많이 사용하고 있다.

4구의 크기에 따라 측정범위가 정해지는 데 대체로 저압에서 그 효용성이 현저하다.

4.2.4 탄성체식 압력계

1 부르동관 압력계

부르동관(Bourdon tube)은 타원형 형상을 갖는 튜브를 한쪽은 고정시키고 다른 쪽은 자유롭게 변형할 수 있도록 만들었으며 부르동이란 말은 프랑스 발명가의 이름을 딴 것이다. 부르동관 압력계는 탄성 변위 변환소자로서 이용한 것으로 압력에 의한 자유 단의 변위를 링크와 섹터, 피니언을 통하여 지침에 의해 눈금판에 확대 지시하는 기계식이 많이 사용된다.

(1) 장점

① 구조가 간단하다.
② 광범위한 압력범위를 갖는다.
③ 가격이 저렴하다.
④ 압력 스위치로 사용이 가능하다.
⑤ 전기저항, 전기용량 등 다른 전기적인 시스템으로도 사용이 가능하다.

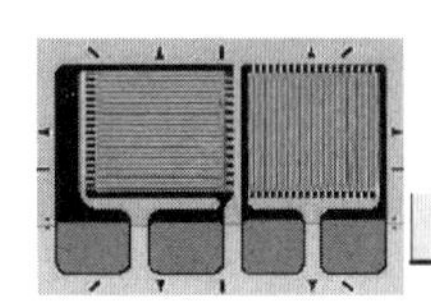

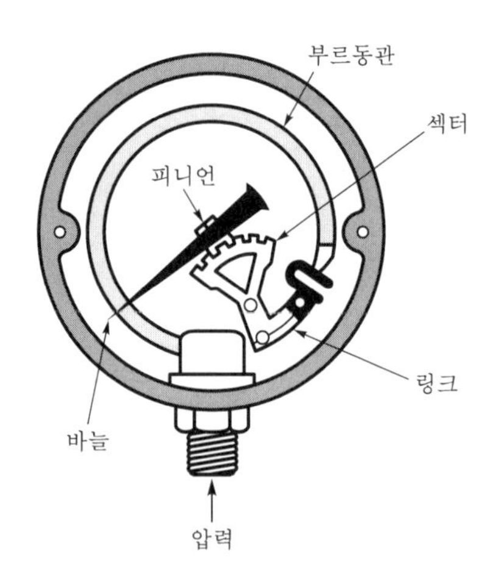

[그림 4-18] 부르동관 압력계

(2) 단점

① 다른 센서에 비해 외관이 크기 때문에 설치 공간이 제한적이다.

② 기계적 마찰에 의한 오차가 발생할 수 있다.

③ 응답 속도가 느리다.

④ 히스테리시스 오차를 갖는다.

2 다이어프램 압력계

다이어프램 센서는 미소 압력의 변화에도 민감하게 반응하는 얇은 막을 이용하여 압력을 감지한다. 다이어프램은 자신의 압력 변형 특성을 이용하는 금속 다이어프램과 스프링 같은 탄성 요소에 의해 지지되는 비금속 다이어프램으로 구별된다.

다이어프램은 용도에 따라 평판형, 물결 무늬형 2개의 다이어프램을 접합하여 만든 캡슐형으로 구별한다.

[그림 4-19]는 다이어프램의 종류를 나타내며, 그림 (d)은 캡슐로 제작한 전형적인 다이어프램 압력계의 구조이다.

① 평판형은 비교적 저압용으로 사용된다.

② 다이어프램의 강도를 높이기 위하여 동심원의 물결무늬를 만든다.

③ 이 물결무늬는 유압이나 기계적인 압축으로 성형한다.

④ 강도는 물결 무늬의 수를 증가시키고 깊이를 감소시킴으로써 높일 수 있다.

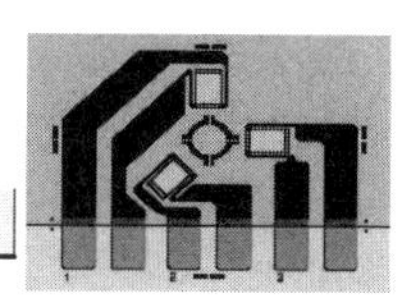

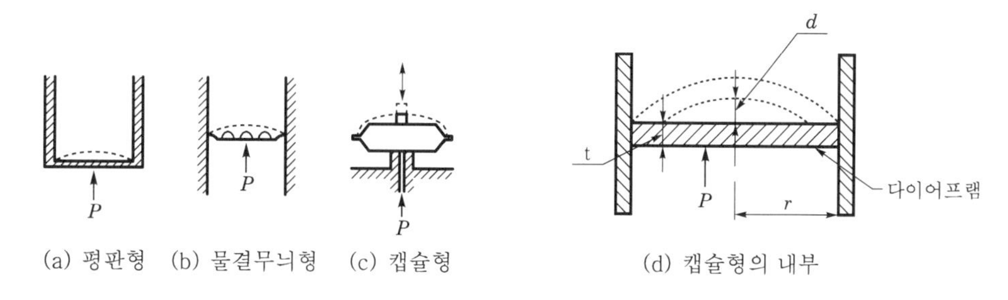

[그림 4-19] 다이어프램의 종류

3 벨로즈형 압력계

벨로즈는 압력의 변화에 대응하여 자체 길이와 체적이 정밀하게 변하는 요소로 정의된다.

벨로즈는 압력에 따른 길이의 변화가 부르동관이나 다이어프램보다 커서 보통 저압 측정에 많이 사용된다.

벨로즈의 사용한도는 내압에 의해 결정되며 내압 증가를 위해서는 벨로즈의 벽 두께를 증가하여야 하나 이것은 강성도의 증가를 가져와 선형도가 나빠지므로 보통 10 kg/cm^{2}가 내압의 한도이다. 그러나 선형도가 문제가 되지 않는 경우에는 내압을 200 kgf/cm^{2}까지도 가능하다.

[그림 4-20]은 벨로즈 압력계이다.

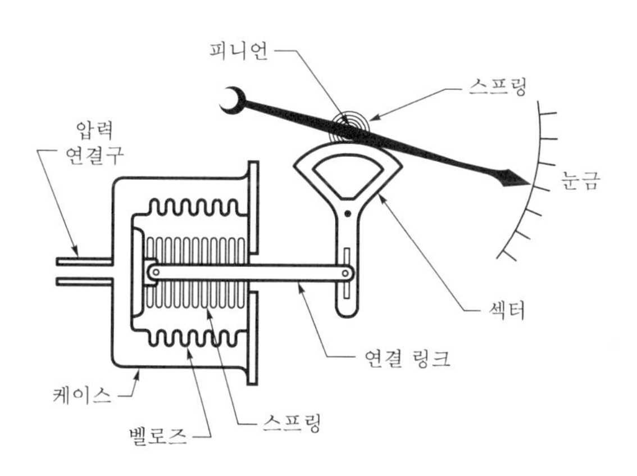

[그림 4-20] 벨로즈 압력계

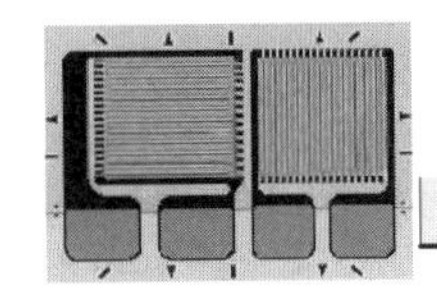

4.2.5 전기식 압력 센서

1 스트레인 게이지 압력 센서

압력 측정에 이용되는 스트레인 게이지에는 접착형과 비접착형의 두 가지가 있으며 그 원리는 동일하다. 즉 도선이 탄성적으로 늘어나면 그 길이와 지경이 변하여 도선 전체의 전기 저항이 변화하는데 스트레인게이지는 이 원리를 이용한 것이다.

따라서 다이어프램, 벨로즈, 부르동관 같은 길이 변환장치와 스트레인 게이지를 결합하면 압력을 전기적 신호로 감지할 수 있게 된다.

[그림 4-21]는 다이어프램에 많이 쓰이는 스트레인 게이지이다.

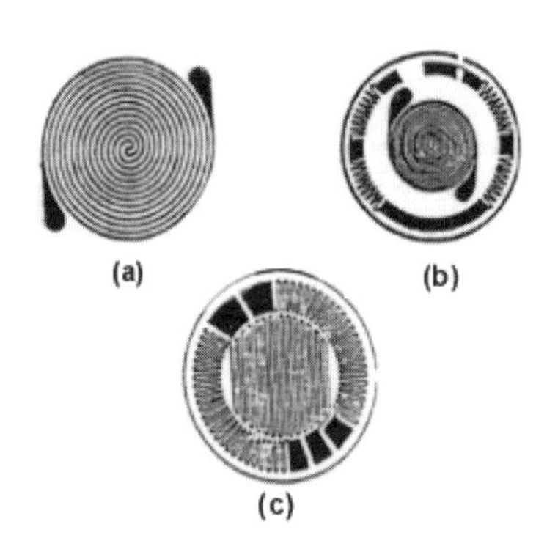

[그림 4-21] 다이어프램

(1) 장점

① 높은 정밀도를 갖는다.
② 온도 영향이 작고, 온도 보상이 가능하다.
③ 정압 뿐 아니라 동압에도 사용 가능하다.
④ 직류, 교류 상관 없이 사용 가능하다.
⑤ 작은 충격 및 진동에도 영향을 적게 받는다.
⑥ 연속적 출력 및 높은 분해능을 갖는다.
⑦ 양호한 주파수 응답 특성을 갖는다.
⑧ 설계가 단순하다.

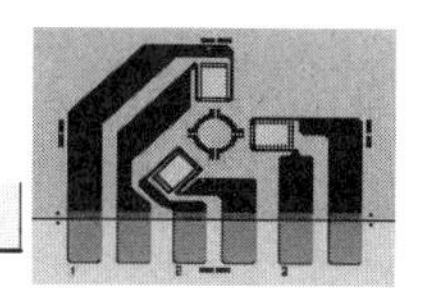

(2) **단점**

① 주변 조건이 나빠지면 교정값이 불안정하게 된다.

② 큰 진동에는 반응한다.

③ 출력값이 낮다.

2 용량형 압력 변환기

용량형 압력 변환기는 정압이나 동압 측정에 널리 쓰이며 크게 두 가지 형식이 있다. 하나는 [그림 4-22]와 같은 평판형이며, 다른 하나는 [그림 4-23]과 같이 원통형이다. 평판 용량형 변환기의 압력 감지는 주로 다이어프램이 이용되며 이는 또한 커패시터의 한쪽 전극으로도 사용한다.

다이어프램이 압력을 받으면 이에 상응하는 위치의 변화가 일어나며 이로 인해 전기용량의 변화가 생긴다. 변환기 자체만의 가격은 싸며 만들기 쉽고 유지가 편리한 장점이 있지만, 이의 출력을 받아 압력값으로 바꾸어 주는 전자장비는 비교적 고가이다.

평판형 커패시터를 설계할 때 다음 몇 가지를 유의하여야 한다.

첫째, 평판은 평평하여야 하며 두 평판이 평행을 유지하여 비선형 요인을 제거하여야 하며 압력을 받아 변형할 때도 평행면을 유지할 수 있어야 한다.

둘째, 온도가 변하더라도 재질의 특성 및 기하학적 위치가 일정하여야 한다.

세째, 일부 평판 용량형 압력 변환기는 온도 영향을 민감하게 받는 경우가 있지만 대부분의 압력 변환기는 300%의 과부하에 견디고, 400%의 온도에서도 1% 이내의 정확도를 유지한다.

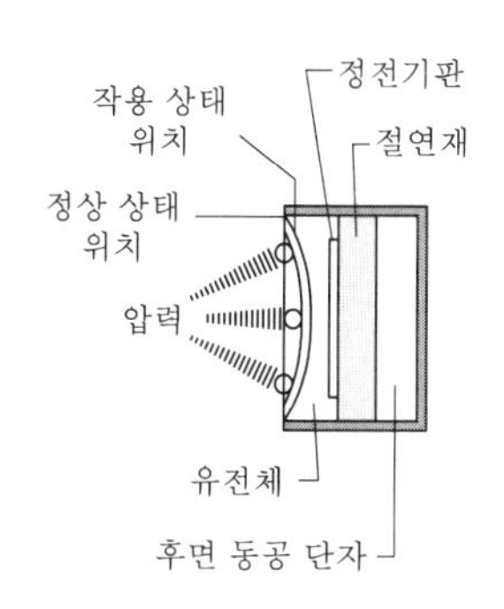

[그림 4-22] 평판형

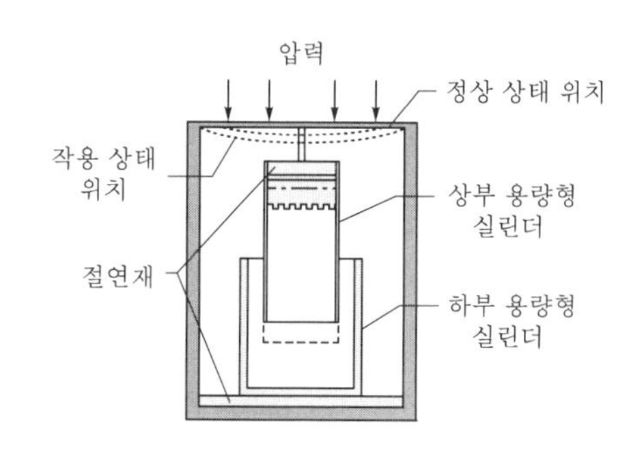

[그림 4-23] 원통형

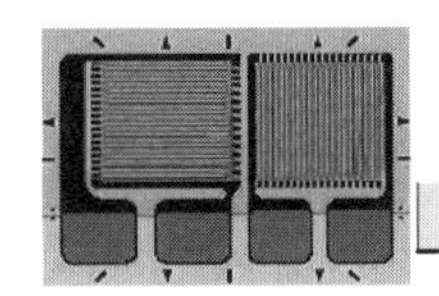

용량형 압력 변환기의 장단점을 비교하면 다음과 같다.

(1) 장점

① 가볍고 견고하다.
② 감도의 조정이 쉽다.
③ 제작이 비교적 쉽다.
④ 분해능이 높다.

(2) 단점

① 온도변화에 민감하다.
② 전자장비가 비교적 복잡하다.
③ 실드 선의 사용이 불가피하다.

3 압전형 압력 변환기

몇몇 종류의 결정체는 특정한 방향으로 힘을 받으면 자체 내에 전압이 유기되는 성질을 갖고 있으며 이와 같이 전압이 유기되는 현상을 압전 효과라고 한다.

압전형 압력 변환기는 이러한 압전 효과를 이용하여 입력 압력에 대응하는 전기적 출력을 얻을 수 있도록 설계된 변환기이다.

$$E = \frac{Q}{C_P}$$

단, E : 출력 전압, Q : 발생 전하, C_P : 병렬 정전 용량

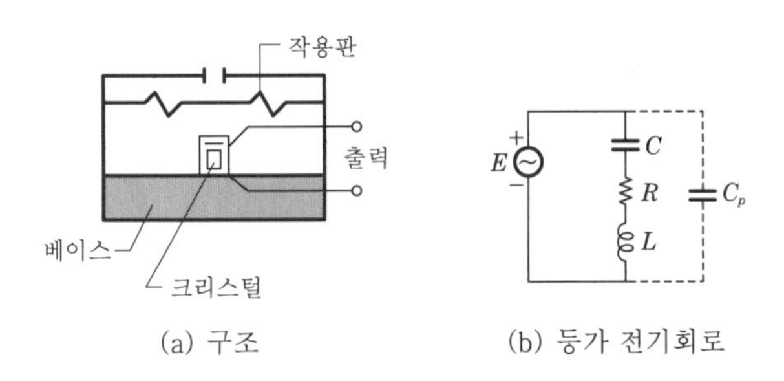

[그림 4-24] 압전형 압력 변환기

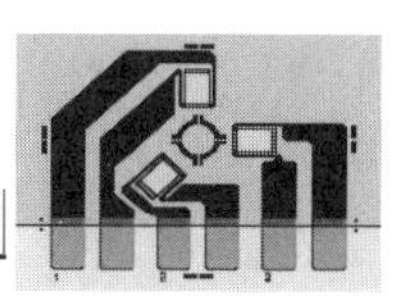

(1) 장점

① 선형성이 좋다.
② 시간이 경과해도 그 특성은 거의 일정하다.
③ 고주파 응답 특성이 좋다.
④ 출력이 높다(1.0~40 mV · psi).
⑤ 크기가 작다.
⑥ 구조가 견고하다.

(2) 단점

① 큰 진동에는 반응한다.
② 정밀 측정에는 적당하지 않다.
③ 온도 변화에 민감하다.

4 전위차계형 압력 변환기

전위차계형 압력 변환기는 부르동관, 벨로즈, 다이어프램을 이용하여 입력 압력에 따른 기계적 센서들의 위치 변화가 가변 저항의 자유단(movable contact)에 직접 전달되게 하여 저항을 변화하도록 설계한 것이다.

따라서 가변 저항의 양 고정단에 일정한 전압을 인가하고 자유단과 고정단 사이의 전압 변화를 측정함으로서 그에 대응하는 압력값을 알 수 있다.

전위차계형 압력 변환기를 정리하면 다음과 같다.

① 압력 측정 형태 : 게이지압, 절대압, 차압
② 압력 측정 범위 : 센서에 따라 결정됨.
③ 분해능 : 0.2% FS
④ 정확도 : ±0.25%
⑤ 진동 효과 : 매우 둔감

[그림 4-25]는 전위차계 압력 변환기의 기본적인 구조를 나타낸 것이다.

(1) 장점

① 값이 싸다.
② 출력이 크다.
③ 직류, 교류 모두 사용이 가능하다.

④ 증폭 회로가 필요 없다.
⑤ 진동의 영향이 거의 없고 온도 보상이 쉽다.

(2) **단점**

① 와이어를 감은 형태는 분해능에 제약이 있다.
② 기계적 마찰이 크다.
③ 수명이 길지 않다.
④ 마모시 소음이 발생한다.
⑤ 변위가 커야만 한다.
⑥ 가능한 한 저주파 영역에서 사용해야 한다.

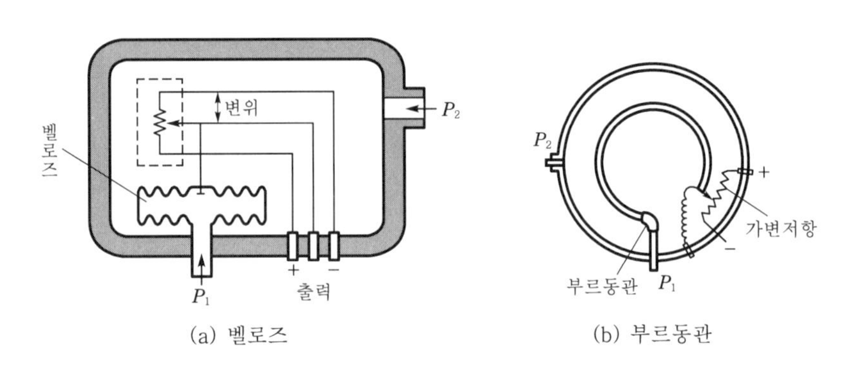

[그림 4-25] 전위차계 압력 변환기

5 인덕턴스형 압력 변환기

자기적 변환기의 간단한 형태가 가변 인덕턴스형 변환기이다. 인덕턴스형 변환기는 절연 재료로 만든 관에 도선을 감고 내부에 자성 재료로 만든 코어로 구성되어 있다.

코일에 전류가 흐르면 유도되는 인덕턴스는 코일 내부에 들어 있는 코어의 양에 비례한다. 비례 인덕턴스형은 코일 중앙에 도선을 연결, 두 개의 인더터를 형성하여 코어가 움직이면 한쪽 인덕터의 출력은 증가하고 다른 쪽은 감소하게 된다. 이렇게 하여 감도와 선형성을 향상할 수 있다.

LVDT(Linear Variable Differential Transformer)를 이용한 인덕턴스형 압력 변환기의 구조와 동작원리는 [그림 4−26]과 같다. 이는 역학적 변환부어

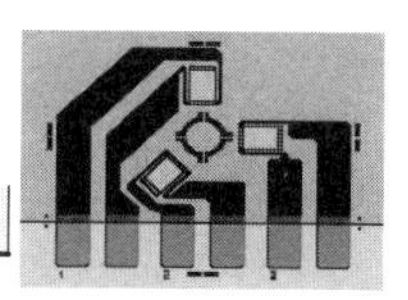

코어를 연결시켜 압력이 인가됨에 따라 이들의 위치가 변하도록 설계되어 있다.

1차 코일에 전압을 인가시켜 주면 2차 코일에는 유도 기전력이 생기게 되는 데 코어의 위치가 변함에 따라 유도 기전력의 변화를 감지할 수 있게 된다. 인덕턴스형 변환기는 비접촉식이므로 마찰에 의한 오차를 없앨 수 있고 분해능을 임의로 조정할 수 있다는 이점이 있다.

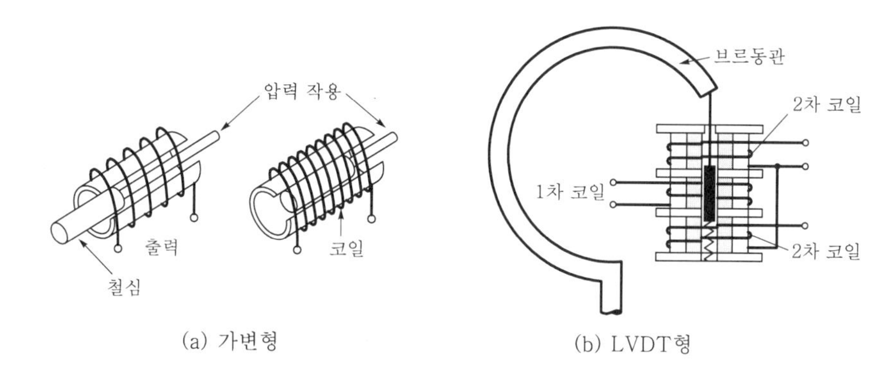

[그림 4-26] 인덕턴스형 압력 변환기

(1) 장점

① 정압과 동압 측정이 가능하다.
② 구조가 간단하다.
③ 분해능이 우수하다.
④ 히스테리시스가 작다.
⑤ 출력이 높다.
⑥ 마찰이 없다.
⑦ 선형성이 우수하다.

(2) 단점

① 교류전원이 필요하다.
② 진동에 민감하다.
③ 차폐선이 필요하다.
④ 감도가 높지 않다.

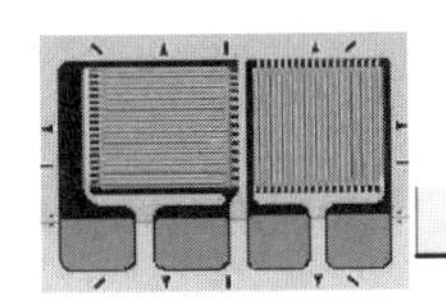

6 반도체 압력 변환기

반도체를 압력 센서로 이용하려는 연구는 일찍부터 진행되었다. 현재 실험실에서 제작된 반도체형 압력 센서들의 정확도는 0.02%인 것까지 제작되고 있으며, 상품화된 것들의 정확도는 1%내외이다. 반도체 압력 센서에는 스트레인 게이지형과 용량형이 있다. 스트레인 게이지형은 반도체 다이어프램 위에 스트레인 게이지 역할을 할 금속을 직접 확산시켜 브리지를 형성한 것으로 일반 스트레인 게이지형보다 감도가 좋고 접착할 필요가 없으므로 접착시 발생하는 문제점이 자동 해소된다.

용량형 반도체 압력 센서는 반도체 다이어프램을 한쪽 전극으로 한 것으로 안정성 등 특성이 뛰어나고 대량 생산이 가능하므로 활발하게 연구되고 있다.

[그림 4-27]은 스트레인 게이지형 반도체 압력 센서의 기본 구조이다.

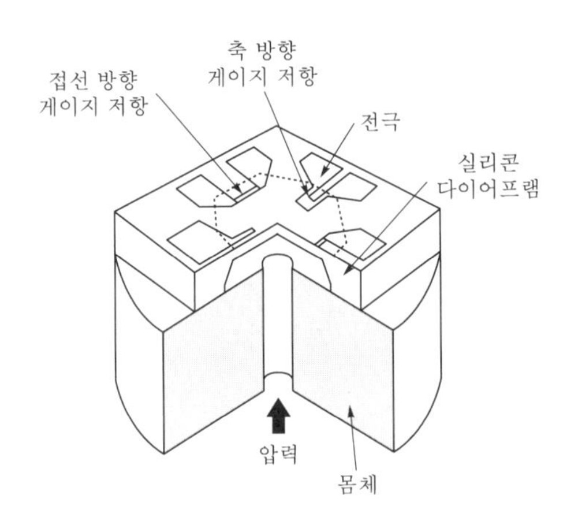

[그림 4-27] 스트레인 게이지형 반도체 압력 센서

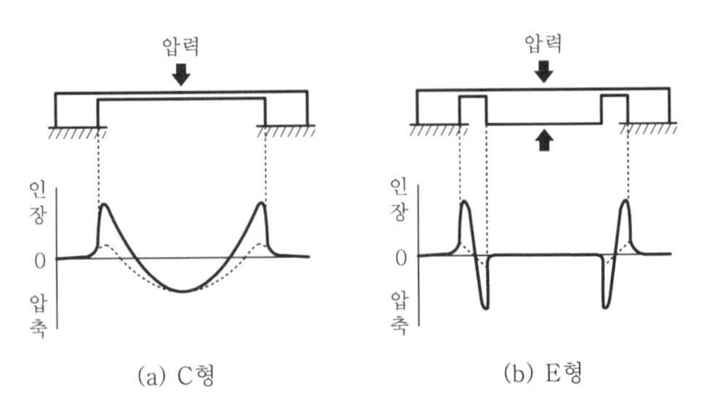

[그림 4-28] 실리콘 다이어프램

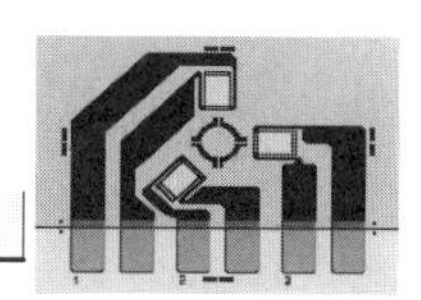

그림에서 알 수 있듯이 압력이 가해지면 실리콘 다이어프램이 변형을 일으키고 이로 인해 실리콘 다이어프램의 윗면에 생성되어 있는 스트레이인 게이지들의 저항값이 변하게 되어 입력 압력에 대응하는 출력 전압의 검출이 가능해지는 것이다.

반도체 압력 센서에서 사용하는 실리콘 다이어프램의 특성은 다음과 같다.

① 스트레인 게이지의 위치를 발전된 반도체 기술을 이용 수 미크론 이내로 정확하게 고정시킬 수 있다.
② 다이어프램의 고유진동수는 대체로 150 kHz 이상이므로 진동과 충격에 거의 반응하지 않는다.
③ 실리콘 결정으로 다이어프램을 만들기 때문에 히스테리시스가 거의 없다.
④ 센서의 감도가 충분히 크므로 신호제어 회로가 간단해진다.
⑤ 실리콘 다이어프램은 C형이나 E형 형태로 가공한다.
⑥ 각 형태는 나름대로의 장단점을 가지고 있으므로 용도에 따라 적합한 형태를 선정 후가공 하면 된다.

반도체형 압력 센서의 장·단점을 비교하면 다음과 같다.

(1) 장점

① 초소형 센서의 제작이 가능하다.
② 히스테리시스가 거의 없다.
③ 온도보상 회로 등 부속회로를 직접 다이어프램 위에 형성할 수 있다.
④ 직접회로의 일부로 사용이 가능하다.
⑤ 감도가 좋아서 증폭회로가 필요 없다.
⑥ 생산공정의 자동화가 가능하다.

(2) 단점

① 온도에 민감하다.
② 사용 범위에 제한을 받는다.
③ 사용온도에 제한을 받는다.

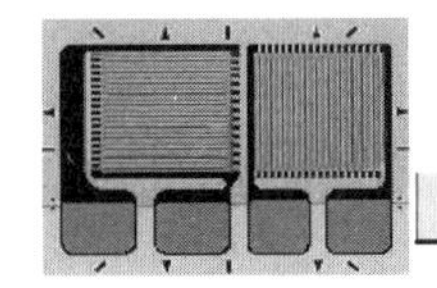

4.2.6 압력 스위치

1 다이어프램식 압력 스위치

다이어프램식 압력 스위치는 스프링의 반발력에 의해 현재의 상태를 유지하다가, 밀봉된 공간에 압력이 형성되면 다이어프램은 변형이 발생한다. 그 결과 스위치를 전환하게 된다. 스위치 ON 포인트는 조절나사를 조절함으로 결정할 수 있다.

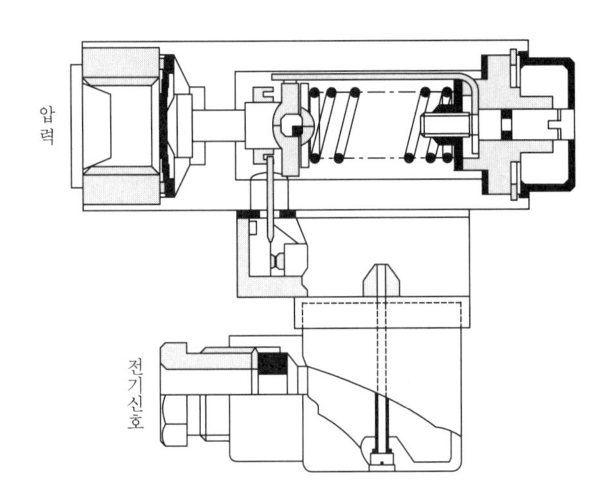

[그림 4-29] 다이어프램식 상대 압력 스위치

2 기계식 압력 스위치

기계식 압력 스위치는 기존의 마이크로 스위치나 밀봉된 리드 접점의 형태로 구성된다. 따라서 경우에 따라서는 자장의 영향으로 스위칭 동작이 발생할 수도 있다.

스파크에 의한 접점의 마모를 방지하기 위해 작은 유리관에 접점과 불활성 가스를 봉입한 구조를 갖는다.

기계적 스위치의 장점으로는 직류, 교류 모두 사용할 수 있다는 것이지만, 접점의 바운싱(bouncing) 현상이 발생하는 단점도 있다.

이러한 바운싱 현상은 천분의 일 초 단위에서 수 회의 스위칭이 발생하는 것을 말하며, 전자 장치에서는 이에 대한 대책이 있어야 한다.

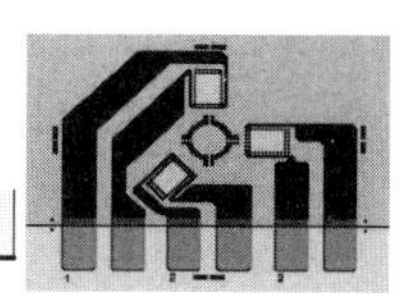

3 공압-전자 압력 스위치

전자적 압력 스위치는 접점의 바운싱 현상을 제거하고 명확한 스위칭 동작을 갖는다. 그러나 대다수의 전자적 압력 스위치는 일정 크기의 전압과 직류 전원만으로 제한되는 것이 일반적이다. 교류 전원용 또는 겸용형으로 개발된 것도 있다.

전자적 압력 스위치에는 유도형 또는 정전 용량형과 같은 전자적 근접 센서가 사용된다. 이들은 다이어프램의 거리를 측정함으로 압력에 의한 변형을 간접적으로 확인한다.

그림은 공압-전자 압력 스위치로, 유도형 근접 센서가 금속 벨로즈의 베이스 변위를 감지하도록 구성되어 있다. 벨로즈가 변위된 길이는 P_1과 P_2에 공급하는 압력의 차와 스프링의 장력에 의해 결정된다.

이 차등 압력 스위치는 다음의 세 가지 기능으로 사용할 수 있다.

① 압력 스위치 : P_1을 이용하여 0.25~8 bar까지 작동되는 압력 스위치로 사용

② 진공 스위치 : P_2를 이용하여 −0.25~−1 bar 범위를 검출하는 진공 압력 스위치로 사용

③ 차등 압력 스위치 : P_1과 P_2를 모두 이용하며 검출 범위는 −1~8 bar 사이에서 조절 가능하다. 스위칭 차등 압력은 스프링으로 조절하며, 히스터리시스의 영향을 고려하여 P_1의 압력이 P_2의 압력 보다 0.25 bar 이상이 되도록 한다.

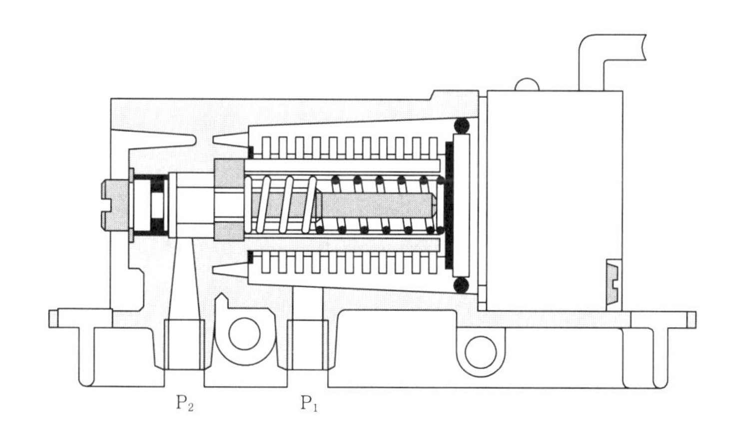

[그림 4-30] 공압-전자 압력 스위치

4.3 토크 센서

4.3.1 토크 센서의 개요

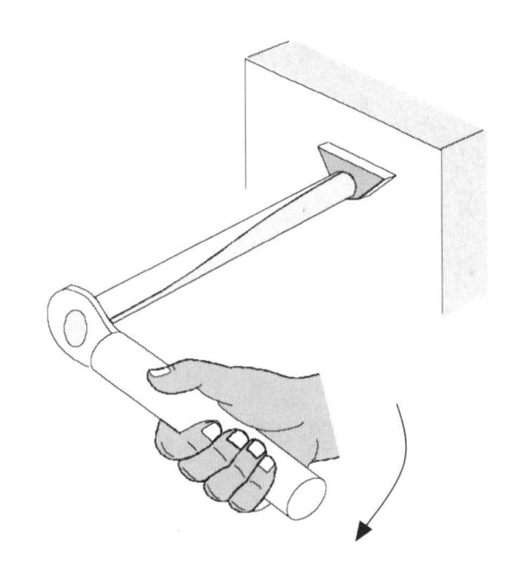

토크란 물체를 그 회전축 주위로 회전시키려는 회전력으로 일명 비틀림 모멘트라고도 한다.

즉, 회전하고 있는 물체가 그 회전축 주위에서 받는 짝힘을 말한다. 예로 반지름이 r인 원형단면을 가지는 회전체가 축으로 받쳐져 있는 경우 원주의 접선방향으로 힘(F)이 작용하고 있다면 회전체는 $F \times r$의 모멘트로 회전운동을 한다. 이때 회전축의 모멘트가 토크이다.

보통의 경우에는 원동기와 구동되는 기계장치 사이에서 축의 비틀림 각도를 계측하여 비틀림 동력을 측정하는 것과 동력 전달축을 제동장치와 결합하여 그 일을 열 또는 전기 에너지로 변환하여 그 때의 제동량으로부터 토크를 측정하는 방법이 있다.

토크 미터는 토크량을 측정하는 부분과 회전수를 측정하는 부분으로 구성된다. 후자는 흡수 동력계라 하여 전기, 물, 공기, 고체 마찰 동력계로 분류된다. 전자는 토크 미터라 하고 실제로 움직일 때의 전달 토크 계측이 가능한 것이 특징이다. 이러한 토크 센서에는 회전체 혹은 회전축의 비틀림 응력을 센서 내부에 부

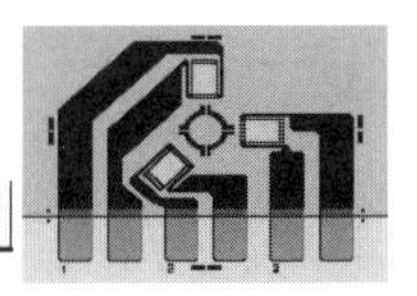

착된 스트레인 게이지를 이용하는 것과 자기변형식, 위상차 검출형이 있다. 토크의 단위는 kgf · m, lb · in 등으로 표시한다.

4.3.2 토크 센서의 종류

토크의 측정은 기계 계측에서는 가장 중요한 것의 하나지만 토크를 그 자체의 형태로 측정하는 것은 비교적 적고 동력, 마찰저항, 압력 등의 형태로 측정하는 경우가 많다. 토크는 직접 봉의 비틀림으로서 측정되는 수도 있고, 토크=길이×힘의 형태로 힘을 측정하여 구하는 경우도 있다. 또 힘의 상태에 따라 정적인 힘과 동적인 힘으로 나눌 수가 있다.

[표 4-3] 힘의 상태

분 류	내 용
정적인 힘	정지된 점에 작용하는 경우
	운동하고 있는 점에 작용하지만 변화가 없는 경우
동적인 힘	진동적인 힘의 경우
	충격적인 힘

(1) 정적인 힘의 측정

정적인 힘의 측정에 있어서는 시스템의 동특성은 문제가 되지 않으므로 각종의 저울과 같은 방법을 그대로 이용할 수 있는 경우가 많다.

(2) 동적인 힘의 측정

동적인 힘의 측정에 있어서는 계의 강도가 문제가 되면 현상이 빠르면 빠를수록 그 강도를 증가시켜야 한다. 정현적으로 변화하는 힘의 경우에는 가속도계의 경우와 같이 취급하면 된다 충격적인 힘을 충실히 재현시키는 것은 불가능하며 가급적 고유진동수를 높게 잡을 수밖에 없다. 강도를 증가시키려면 중량을 가볍게 하고 스프링을 강하게 한다. 토크 센서는 비틀림 하중이 부과되는 축의 회전 유무에 따라서 비회전형(reaction)과 회전형(rotating)이 있으며, 회전형의 경우에는 센서 내부에 부착된 스트레인 게이지에 인가하는 전원 공급 방식과 출력 신호의 처리 방식에 따라서 브러시를 이용하는 슬립 링 방식과, 내부 코일의 유도

전압을 이용한 로터리 트랜스포머 방식의 두 가지로 나뉘어진다. 측정하고자 하는 축의 회전 속도는 1,000~27,000 rpm까지 가능하다.

회전형의 경우에는 내부에 장착되어 있는 기어 치수와 외부의 픽업 속도 센서를 이용해서 축의 회전속도를 rpm으로 측정할 수 있게 된다.

신호 증폭을 위한 증폭기로는 슬립 링의 경우 일반적인 스트레인 게이지 방식의 앰프가 사용 가능하나, 로터리 트랜스포머 방식은 캐리어 주파수를 이용하므로 기존의 스트레인 게이지 방식은 사용할 수 없으며, 이에 해당하는 전용 앰프를 사용해야 한다.

1 신호 전달 방법

토크 센서는 주로 회전체에 사용되므로 토크를 검출하여 전기 신호를 전송하기 위한 슬립 링이 필요하다. 슬립 링은 회전체의 응력, 진동, 온도 등의 측정시에도 사용된다.

[표 4-4] 신호 전달 방식의 비교

항 목 \ 방 식	접촉식	비접촉식
회 로	출력 입력	출력 입력
교정 출력의 크기	스트레인 게이지 출력 전압	출력 전압×M%
증폭기	캐리어 또는 직류 타입	캐리어 타입
출력 노이즈	슬립 링과 브러시의 접촉저항 변화	자계 변화
보수	브러시	없음
가격	낮다.	높다.

주) 전달 효율 M%는 브리지 출력이 트랜스포머를 거치는 경우와 아닌 경우의 비로 표시한다.

(1) 접촉식

금속 링(은 재질)과 브러시(은, 흑연)를 사용하고 회전하는 링의 신호를 브러시와 접촉 섭동에 의해 신호를 전달한다.

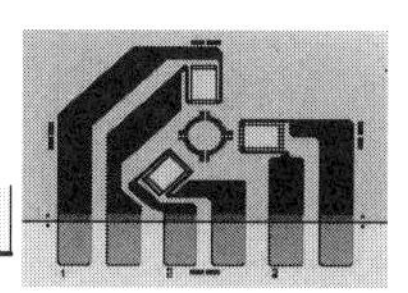

(2) **비접촉식**

로터리 트랜스포머 등을 사용하고 전자유도를 이용하여 신호를 전달하는 것으로 회전체와 고정측은 비접촉이다.

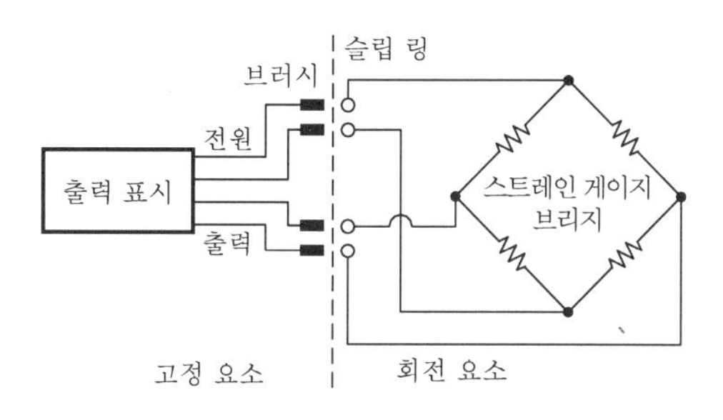

(a) 슬립 링 측정 시스템

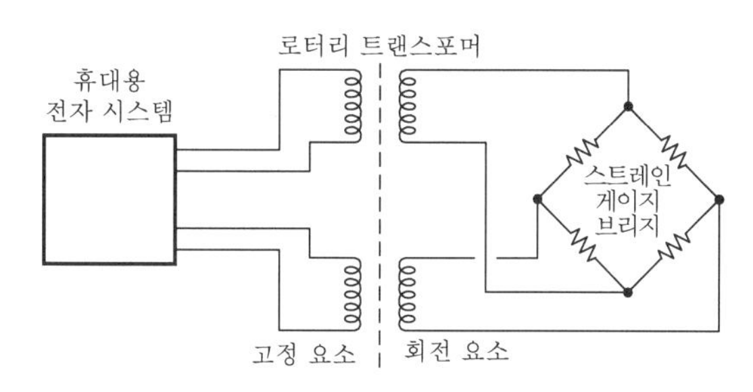

(b) 로터리 트랜스포머 측정 시스템

[그림 4-31] 토크 센서의 신호 전달

2 비회전 방식의 리액터 타입

1회전 이상 되지 않는 곳에 이용하며, 한쪽 축이 고정되는 축 구동 형태와 플랜지형이 있다.

(축 구동)

(플랜지 구동)

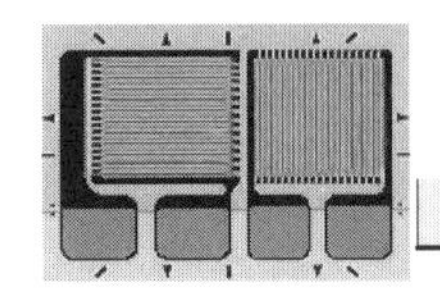

3 슬립 링 타입

회전시 스프링 브러시를 이용하는 접촉 방식의 슬립 링 타입

(축 구동) (플랜지 구동)

4 로터리 트랜스포머 타입

유도 전압을 이용한 비접촉식 회전 방식의 로터리 트랜스포머 타입

5 토크 센서의 구조

비접촉형 토크 센서의 구조는 로터와 스테이터로 구성되며, 각 브리지의 입력단에 1차와 2차 코일이 쌍을 형성하고 코일을 싸는 레미네이션 코어가 들어 있다. 스트레인 게이지는 로터 축에 부착되고 축은 베어링에 의해 지지되어 있다. 따라서 비접촉식의 수명은 베어링에 의존하게 된다.

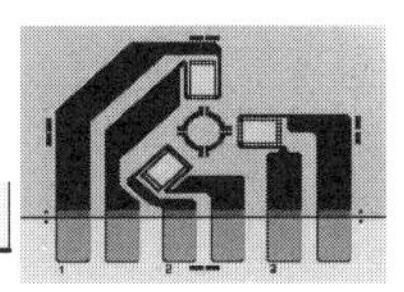

[표 4-5] 토크 센서의 사양 예

항 목	내 용
정격 용량	±20 kgf · m
정격 출력(rated output)	$3,000 \times 10^{-6}$ 스트레인 이상
비직선성	0.3% RO
히스테리시스	0.2% RO
재현성	0.3% RO
최대 인가 전압	5VAC
회전에 의한 영점 변동	0.3% RO
온도에 의한 영점 변동	±0.1% RO/10℃
온도에 의한 출력의 영향	±0.1% RO/10℃
허용 온도 범위	−15~75℃
최대 회전수	10,000 rpm
허용 과부하	120% (rated load)
회전에 의한 온도 상승	30℃ 이하

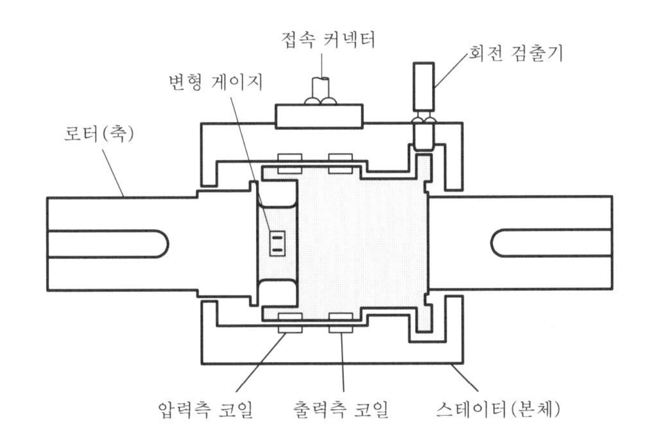

[그림 4-32] 비접촉형 토크 센서의 구조

4.3.3 토크 센서의 응용

토크 센서는 모터 등의 토크력, 각도 및 속도를 직접 측정하거나 공정제어를 위한 수치를 응용함으로써 시험, 인증, 검사 등 산업분야에 많은 적용 분야를 가지고 있다.

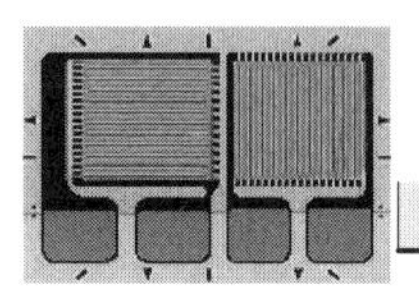

(1) **선박의 축 구동력 측정**

선박의 축 구동력을 측정하여 연료 소비율의 데이터를 확보한다.

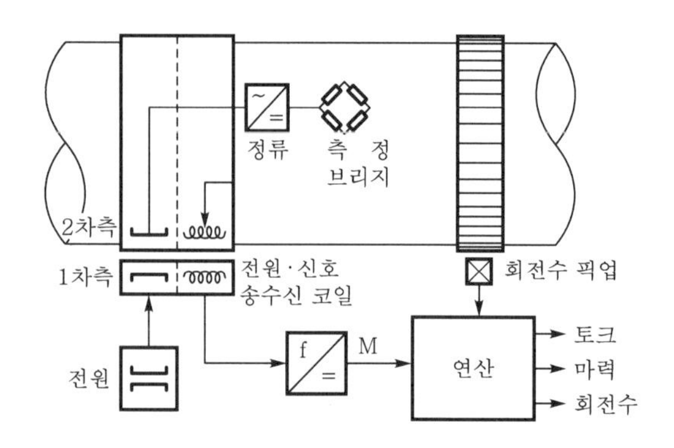

(2) **바퀴 또는 핸들의 토크 측정**

바퀴 또는 핸들의 토크를 측정하여 설계에 활용한다.

(바퀴 토크 센서)

(핸들 토크 센서)

(3) **회전 기구체의 저항력 측정**

축이 동력을 전달하는데 마찰력에 의한 손실을 측정한다.

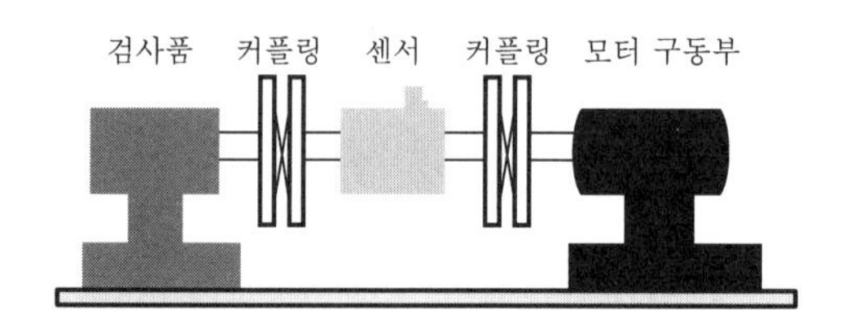

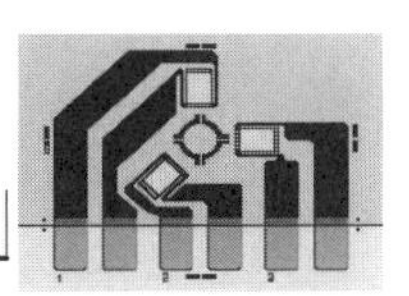

(4) **베어링의 토크 검출**

베어링이나 VTR용 캡스터 릴의 토크를 검출한다. 검출기는 베어링이 없는 토션 바를 사용한다.

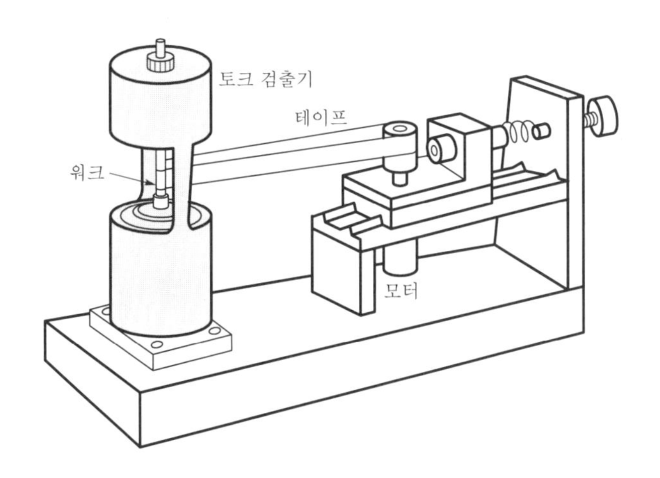

4.3.4 용어 설명

본 토크 센서관련 용어 설명은 DIN 51309에 규정된 설명에 따른 것이다.

① **수동형 센서**(passive transducer) : 스트레인 게이지의 센서로 증폭기나 전압 증폭기가 사용되지 않은 센서로서 출력 신호는 사용되는 소자에 의해 결정된다. 일반적으로 사용되는 스트레인 게이지의 출력은 약 0.5~3 mV 이다.

② **능동형 센서**(active transducer) : 증폭기가 내장된 센서로 출력 신호는 전압 또는 전류의 형태로 나타내며, 토크 센서의 출력 레벨은 ±5V, 10V, 0~20 mA, 4~20 mA, +10~−10 mA, +12~−8 mA의 종류가 있다.

③ **측정 범위**(measuring range) : 제공되는 기술 사양에 의거 오차 범위에 따른 측정 가능한 토크를 나타낸다.

④ **비재현성**(non-repeatability) : 동일한 기계적 크기와 측정 단계에 따른 특성 곡선상의 2점에 있어서 10회 측정시 출력 신호의 비교 표준 변위를 의미한다.

⑤ **정확도**(accuracy class) : 센서의 출력 신호 중에서 개별의 가장 큰 차이값

을 의미하며, 여기서 센서의 민감성(sensitivity)은 고려하지 않는다.

⑥ **정격 토크**(nominal torque) : 규정된 오차 범위를 초과하지 않는 측정 범위에서 센서의 토크의 최대값

⑦ **서비스 토크**(service torque) : 센서가 규정된 측정 특성의 변경이 없이 가해질 수 있는 가장 큰 토크를 의미하며, 이러한 서비스 토크 범위는 예외적인 경우에만 사용될 수 있다.

⑧ **한계 토크**(limit torque) : 서비스 토크의 도달까지 규정된 측정 특성의 변경이 없이 가해질 수 있는 최대 허용 토크를 의미한다. 규정된 오차는 한계 토크에는 적용되지 않는다.

⑨ **파괴 토크**(ultimate torque) : 센서의 기계적인 구조가 파괴는 시점을 의미한다.

⑩ **신호**(signal) : 일반적인 센서에서 전달되는 전기적 특성을 말하며, 종류는 아날로그와 디지털 신호가 이 있으며 각도, 속도는 각각 5V TTL 레벨의 신호로 출력된다.

⑪ **최대 동적 하중**(max. dynamic load) : 센서의 정격 토크와 관련하여 정현파(sine frequency)로 나타나는 하중의 폭이다.

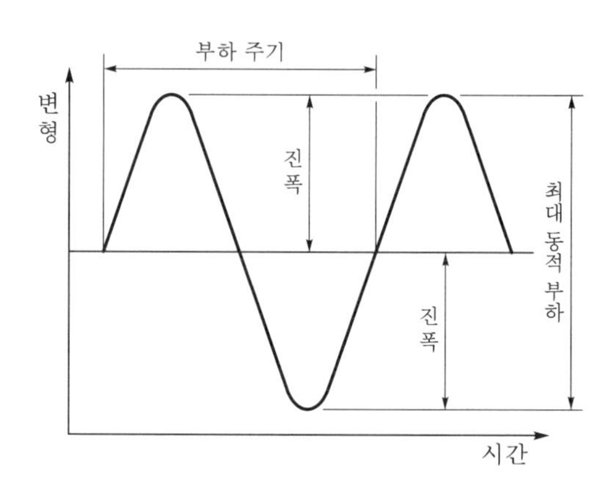

⑫ **브리지 저항**(bridge resistance) : 회로도 내에 연결된 측정 저항으로 옴으로 표시된다. 토크나 하중 센서에 사용되는 스트레인 게이지의 회로 저항은 주로 350, 700, 1000Ω 등이 있다.

⑬ **응답성 온도상수**(temperature coefficient of sensitivity) : 상온인 10K에서 변화하는 센서 실제 응답의 상대 변화를 의미한다.

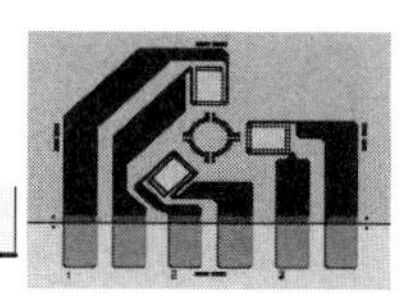

⑭ **제로 온도상수**(temperature coefficient of zero) : 센서에 하중이 가해지지 않은 상태에서 상온인 10K에서 변화하는 센서 출력 신호의 상대 변화를 의미한다.

⑮ **정격 온도 범위**(nominal temperature range) : 센서가 나타내는 기술적 특성과 공차 범위를 가질 수 있는 대기중 온도의 범위를 의미한다.

⑯ **서비스 온도 범위**(service temperature range) : 센서가 측정 특성을 변화됨이 없이 작동될 수 있는 온도를 의미하며, 이러한 범위에서는 특정 오차 범위를 적용할 수 없다.

⑰ **감도**(sensitivity/nominal balance) : 정격 토크 내에 센서가 나타내는 이론적 출력 신호

⑱ **보정 제어**(calibration control) : 센서 내부의 제어저항으로 정격 하중의 측정 구간에서 올바른 값이 나오도록 조정하는 것을 의미한다. R_1 저항에 R_k를 병렬로 연결하여 정격토크의 50%이나 100%의 출력신호를 낼 수 있도록 조정하는 역할을 한다. 아날로그 출력 신호 센서의 보정은 전압신호에 의해 이루어지며 무부하시와 정격 토크시를 측정한다.

L(low signal)<2.0V과 H(high signal)>3.5V 그리고 디지털 신호는 소프트웨어에 의한 보정이 실시된다.

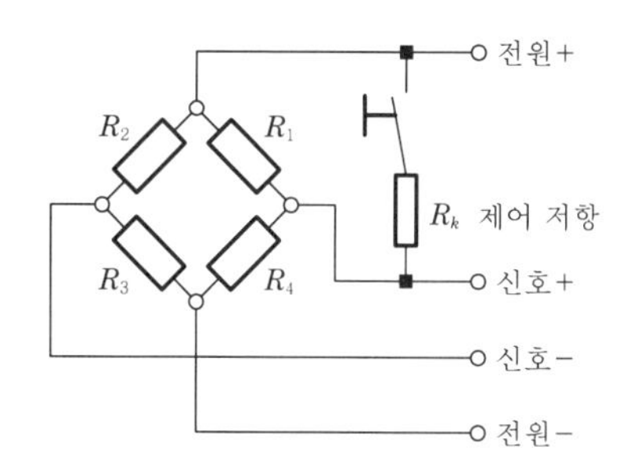

⑲ **정격 토크시 비틀림**(twist angle by nominal torque) : 정격 토크시 그로 인하여 고정장치에 발생하는 각도의 변위를 말하여 이때의 비틀림에 따라 검사품의 고유 주파수도 변화한다. 이러한 주파수변 화에 따른 간섭을 막기 위하여 가능한 비틀림이 작도록 준수되어야 한다.

⑳ **임펄스/회전수**(impulse/revolution) : 센서의 각도 및 속도에 대한 펄스로 동시에 두 가지를 받기 위해서는 90°의 변위를 가지고 출력 신호를 발생시키며 구형파의 형태를 가진다.

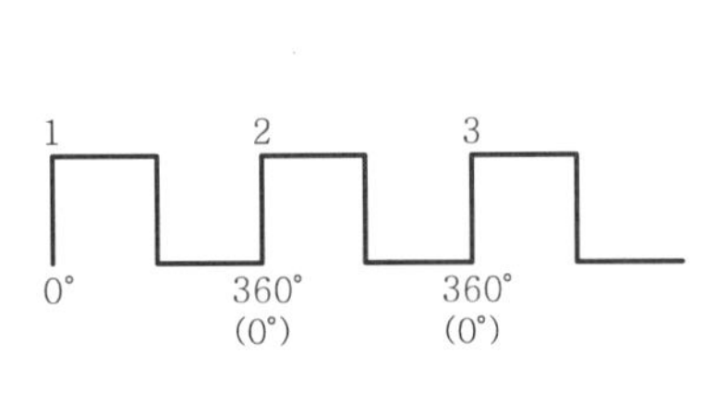

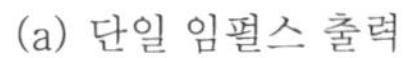
(a) 단일 임펄스 출력

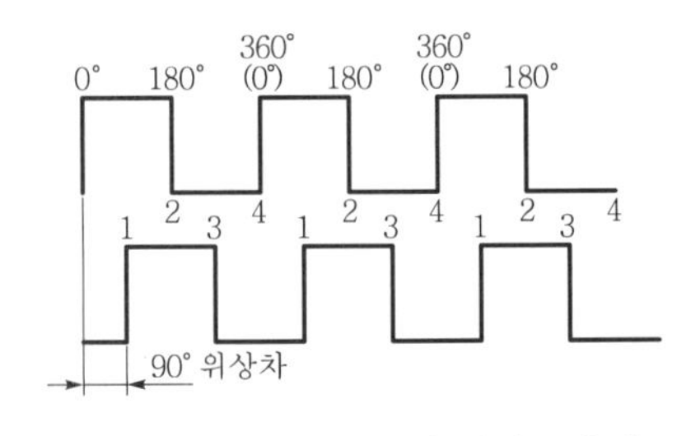

(b) 90° 위상차를 갖는 2차 임펄스 출력

㉑ **내부 응력**(moment of inertia) : 물체가 가속력에 반하여 발생하는 내부의 힘으로 측정부의 응력을 최소화하기 위해 하중을 작게 하여야 한다.

㉒ **허용 축력**(maximal thrust load) : 센서에 미치는 축 방향의 최대 힘

제5장

열 · 유체량 센서

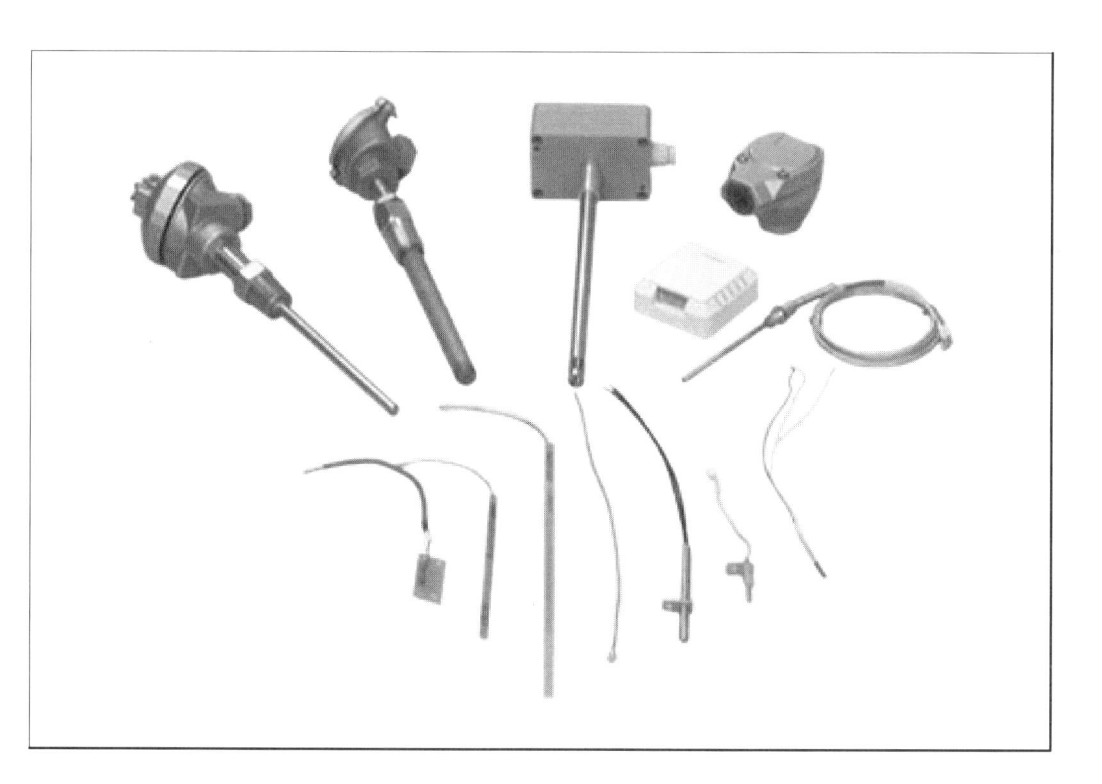

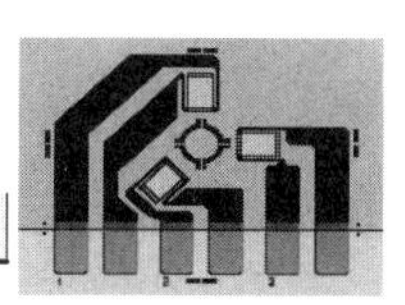

5.1 온도 센서

5.1.1 온도 센서의 개요

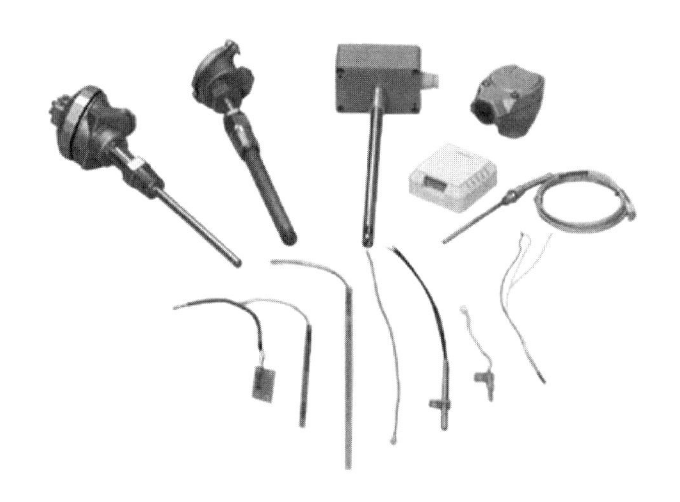

[사진 5-1] 온도 센서

온도라는 것은 원자 또는 분자가 갖고 있는 운동 또는 진동 에너지의 크기를 나타내는 것으로 이 에너지가 열이다. 즉, 온도는 물리적 상태량의 일종이지만 이것을 직접 계측할 수는 없고, 변위, 압력, 저항, 전압, 주파수 등의 다른 물리량으로 변환하여 계측하여야 한다. 보통의 재료나 전자 소자는 온도에 따라 전기 특성이 변화하기 때문에 모두 온도 센서가 될 수 있는 것이지만, 검출 온도 영역, 정밀도, 온도 특성, 신뢰성, 양산성, 가격 등의 면에서 사용 목적에 적합한 것이 사용되고 있다.

온도의 계측은 온도 센서를 측정 대상물과 열적으로 접촉시켜 양자의 온도를 같게(열평형 상태)하는 접촉식 계측이 있다. 이 방법은 센서 자체가 측정 대상 온도를 견디며 소정의 동작을 해야 한다.

반면에 센서와 대상물을 접촉시키지 않고 열방사를 이용한 비접촉식 계측이 있다. 이때의 센서는 가시 또는 적외의 방사 검출기이고 센서 자체의 온도와 측정 대상물의 온도와는 관계가 없다.

[표 5-1] 접촉 방식과 비접촉 방식

구분	접촉 방식	비접촉 방식
필요 조건	· 측정 대상과 검출 소자의 충분한 접촉 · 측정 대상에 검출 소자를 접촉 시켰을 때 전자의 온도(측정량)가 실용상 달라지지 않을 것.	· 측정 대상에서의 방사가 충분히 검출 소자에 도달할 것, · 측정 대상의 실효 방사율이 명확하게 알려져 있거나, 혹은 재현 가능할 것.
특징	· 열용량이 적은 측정 대상은 검출 소자의 접촉에 의한 측정량 변화가 생기기 쉽다. · 운동하고 있는 물체의 온도는 측정하기 힘들다. · 측정 개소를 임의로 지정할 수 있다.	· 검출 소자의 접촉을 필요로 하지 않으므로 측정으로 인해 측정량이 변화하는 일은 일반적으로 없다. · 운동하고 있는 물체 온도도 측정할 수 있다. · 일반적으로 표면 온도를 측정한다.
온도 범위	· 100℃ 이하의 온도 측정은 용이하다.	· 일반적으로 고온 측정에 적합하다.
정도	· 일반적으로 눈금 범위의 1% 정도	· 일반적으로 10℃ 정도
지연	· 비교적 크다.	· 비교적 적다.

5.1.2 열전대

열전대(thermocouple)는 서로 다른 두 금속 접합부에서 나타나는 제벡(Seebeck) 효과를 이용한 온도 센서이다. 제벡 효과는 1921년 독일의 물리학자 제벡(T. J. Seebeck)이 구리와 안티몬 사이에서 발견한 현상으로 발견자의 이름을 따서 붙여졌다.

1 열전대의 원리

열전대는 그림 (a)에서 다른 종류의 금속선 A, B의 양끝을 접합해서 양 접점에 온도차를 주면 그 사이에 열기전력이 발생하여 열전류가 흐르게 되는데(제벡 효과) 이를 열전쌍이라고도 한다.

그림 (b)와 같이 한쪽을 절단하여 놓으면 금속선의 종류와 접점에 가해지는 온도차에 따라 열기전력이 다르게 발생한다. 이 경우 금속선의 형상이나 크기 변화

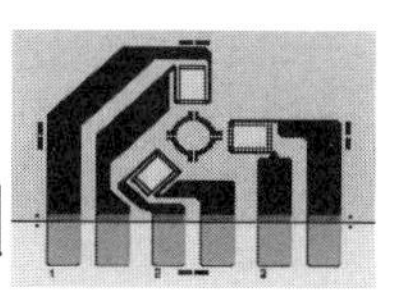

에는 민감하지 않아, 한 쪽의 온도와 열기전력을 알면 다른 쪽의 온도를 알 수 있게 된다. 그러나 열전대를 이용한 측정은 발생되는 열기전력이 미약하여 정교한 신호 처리계를 구성하여야 한다.

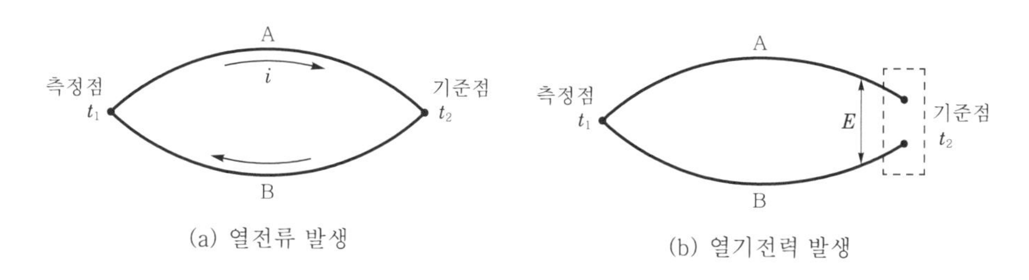

[그림 5-1] 열전대의 원리

2 열전대의 종류

열전대를 구성하는 소선은 고온에 접촉하므로 다음의 조건을 만족하여야 한다.

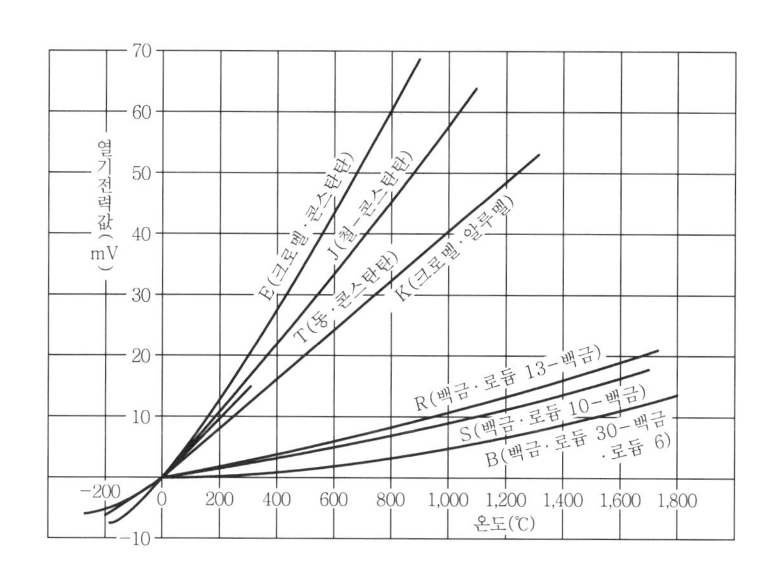

[그림 5-2] 열전대의 열기전력 특성

① 열기전력이 클 것

② 온도-열기전력 특성의 분산이 작을 것

③ 열기전력 특성이 연속적이고 직선적일 것

④ 열적, 화학적, 기계적으로 안정할 것

⑤ 경년변화가 적을 것

⑥ 가공이 쉽고 가격이 저렴할 것

현재 널리 사용되고 있는 열전대로는 구성 재료에 따라 B, R, S, K, E, J, T의 7종류로 규격화되어 있다.

다음의 [표 5-2]는 열전대의 구성에 따른 사용온도 범위와 특징를 보여 준다.

[표 5-2] 열전대 사용 온도 범위와 특징

기호	⊕	⊖	온도 범위[℃]	특　징
K	크로멜	알루멜	−200～+1000	열기전력의 직선성이 좋고, 내산화성이 양호, 환원성 분위기에 약함.
E	크로멜	콘스탄탄	−200～+700	K에 비해 저렴, 열기전력이 크다, 환원성 분위기에 약함.
J	철	콘스탄탄	−200～+600	K와 E에 비해 저렴, 열기전력의 직선성이 양호, 품질 특성의 변동이 크고, 녹에 약함.
T	구리	콘스탄탄	−200～−300	가격이 저렴, 저온 특성이 좋다, 균질성이 좋고, 환원성 분위기에 적합, 열전도 오차가 크다.
R	백금 · 로듐 13%	백금	0～+1400	안정성이 좋고, 분산이나 열화도 적다. 표준 열전대로 적합, 산화성 분위기에 강함. 감도가 좋지 않다. 0℃ 이하 저온 측정이 불가. 환원성 분위기에 약하고, 가격이 비쌈.
S	백금 · 로듐 10%	백금	0～+1400	
B	백금 · 로듐 30%	백금	+300～+1500	상온의 열기전력이 매우 적음. 보상 도선이 불필요, 가격이 고가.
크로멜=니켈 · 크롬 합금, 알루멜=니켈 · 알루미늄 합금, 콘스탄탄=니켈 · 구리 합금				

한편 열전대는 측온 접점이나 소선이 피측온물, 분위기 등에 직접 접촉하지 않도록 보호하기 위한 보호관의 사용에 따라 [그림 5-3]과 같은 종류가 있어 필요에 따라 선택할 수 있다.

그림 (a)는 물체 표면의 온도가 비교적 낮은 경우에 측정할 수 있고, (b)는 보호관이 있는 경우로 실험실 등에서는 소선만 사용하는 경우도 있으나 공업용에서는 기계적 강도, 내열성, 내식성 등의 목적 때문에 보호관에 넣어 사용한다.

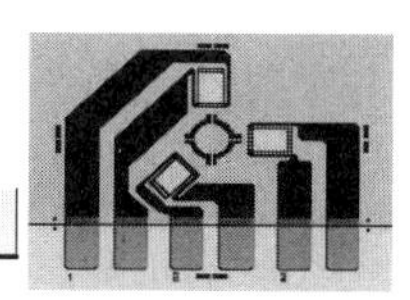

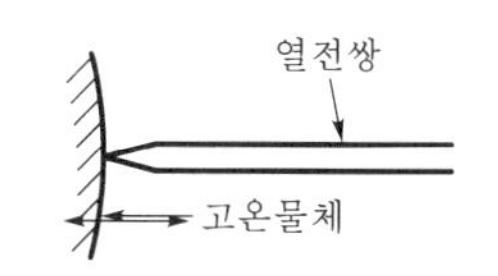

(a) 보호관이 없음

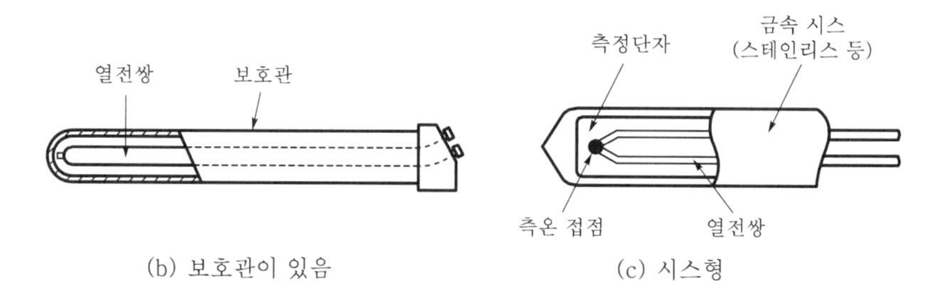

(b) 보호관이 있음

(c) 시스형

[그림 5-3] 열전대의 종류

보호관이 있는 열전대는 단자, 보호관, 열전대 소선으로 구성되어 있다. 보호관에는 스테인리스 등을 사용한 금속 보호관과 알루미늄 자기 등의 비금속 보호관이 있다.

또한 고온뿐 아니라 환경조건이 나쁜 곳에서도 사용할 수 있는 (c)같이 생긴 금속관(금속 시스) 속에 열전대 소선을 넣고 그 주위에 무기 절연물(MgO 또는 Al_2O_3)을 단단하게 채우고 열전대 소선간 및 금속 시스와 열전대 간을 절연함과 동시에 소선을 기밀상태로 해서 부식과 열화를 방지한 시스형이 있다. 이것은 보호관이 있는 열전대에 비해 응답이 빠르고 내열성이나 내진성이 우수하며, 어느 정도의 굽힘도 가능하다.

외형 치수는 0.2~8 mm 정도의 것이 있으며 피측정체에 납땜에서 사용할 수도 있다.

3 보상 도선

열전대를 이용 온도를 측정하는 데는 열전대를 계기에 직접 접속하는 것이 이상적이나, 측정점과 계기 사이의 거리가 먼 경우 열전대 소선을 계기까지 연장하면 가격이 높아지게 된다. 따라서 열전대와 동일하거나 유사한 특성을 가진 도선을 이용한다. 이 도선을 보상 도선이라 한다. 보상 도선은 상온을 포함한 상당한 온도 범위에서 조합하여 사용하는 열전대와 거의 동일한 열기전력 특성을 가지

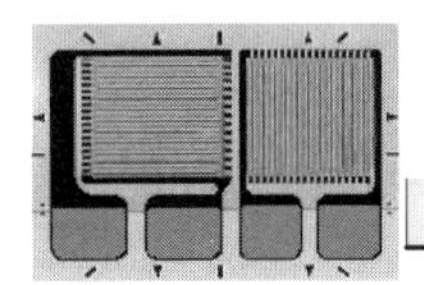

고, 열전대와 기준 접점 사이를 이것에 의해 접속하고, 열전대의 접속 부분과 기준 접점의 온도차를 보상하기 위하여 사용하는 한 쌍의 도체에 절연을 하도록 한다. 열전대와 보상 도선의 접속은 열전대의 +각을 보상 도선의 +쪽 심선에, 열전대의 -각을 보상 도선의 -쪽 심선에 접속하여야 한다.

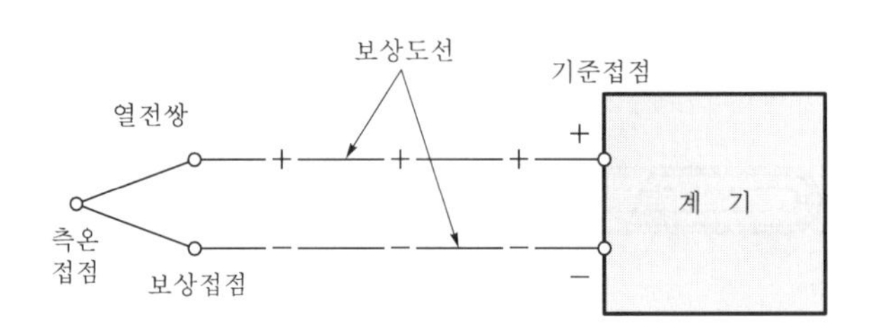

[그림 5-4] 열전대와 보상 도선

5.1.3 서미스터

온도 변화에 따라 전기저항이 크게 변화하는 반도체 감온 소자를 서미스터(thermistor)라 한다. 특히 온도에 대하여 안정적이고 온도 특성의 재현성이 좋은 것을 서미스터 온도 센서로 사용된다.

사용되고 있는 대부분의 서미스터는 세라믹 서미스터로 기본 특성에 의해서 분류하면 온도가 상승함에 따라 전기 저항이 지수 함수적으로 감소하는 부(-)의 온도 계수를 갖는 NTC(negative temperature coefficient) 서미스터, 반대로 비직선적으로 전체 저항이 증가하는 정(+)의 온도 계수를 갖는 PTC(positive temperature coefficient) 서미스터, 또는 NTC와 동일 특성을 갖지만 어떤 온도 경계에서 전기 저항이 갑자기 감소하는 급변 서미스터 CTR(critical temperature resistor)의 3가지가 있다.

단순히 서미스터라고 부를 때는 NTC 서미스터를 가리키는 경우가 많다. PTC, CTR은 넓은 온도 범위의 온도 센서로서는 사용할 수 없으나 온도가 특정한 온도(저항이 급변하는 온도)를 초과하는가의 여부를 검출하는 데에 사용하면 편리하다.

예를 들면 PTC에 전류를 흘리면 발열하고 급변 온도를 초과하면 저항이 크게 되어 전류가 감소해서 발열하지 않게 되므로 전자 보온 밥솥에 부착하여 내부 온

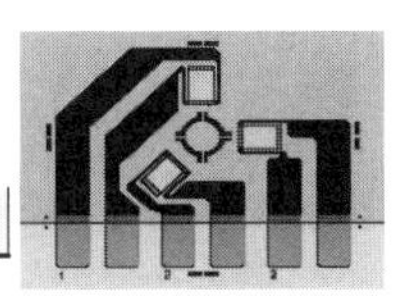

도를 일정하게 유지하거나 건조기나 드라이어(drier)에 부착해서 온도 스위치를 동작시킬 수 있다.

종 류	사용 온도 범위	특성 커브	비 교
NTC 음의 온도 계수	−50~ +400℃	R ↑ → T	각종 온도 측정 (망간, 니켈, 코발트) 전력형의 파워 서미스터도 있다. (러시 커런트 방지용)
PTC 양의 온도 계수 (스위칭 특성)	−50~ +150℃	R ↑ → T	온도 스위치 (티탄산바륨)
CTR 음의 온도 계수 (스위칭 특성)	0~ +150℃	R ↑ → T	온도 경보 (산화바나듐)

[그림 5-5] 각종 서미스터의 온도 특성

1 NTC 서미스터

부의 온도계수를 가지고 연속적으로 전기 저항이 변화하는 서미스터로서, NTC라고 약칭되기도 한다.

NTC는 NiO, CoO, MnO, Fe_2O_3 등을 주성분으로 그 저항값은 공기 중에서도 안정하여 서미스터로서 매우 적당하다. 현재 많이 사용되고 있는 것은 서미스터 정수가 2000~5000K 정도이고, 사용할 수 있는 온도 범위는 −50~300℃ 정도이다. 이는 트랜지스터 회로의 온도 보상, 온도 측정, 제어 또는 통신기의 자동 이득 조절 등에 많이 이용되고 있다. NTC의 구조와 특징을 나타내면 다음과 같다.

서미스터는 본래 100℃ 이상의 온도에서 소결한 것이기 때문에 사용방법에 잘못이 없으면 충분히 장기간 안정된 특성을 유지한다. 그러나 모든 물질에 경년변화가 있듯이 영구히 변화하지 않는 것은 아니다.

구 조	소결체	기본 소자	특 징
비드형	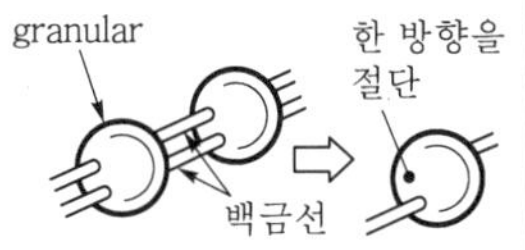 granular, 한 방향을 절단, 백금선	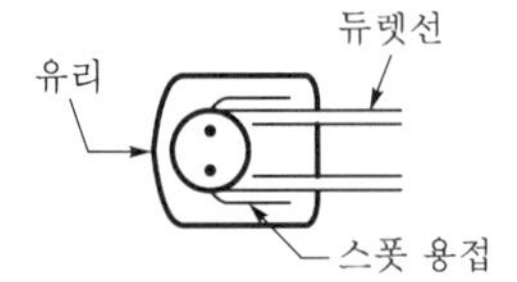 유리, 듀렛선, 스폿 용접	· 소자에 대한 기밀성이 높아 고온까지 사용할 수 있다. · 안정도도 높아 온도 계측에 최적이다. · 가격이 비싸다.
칩형	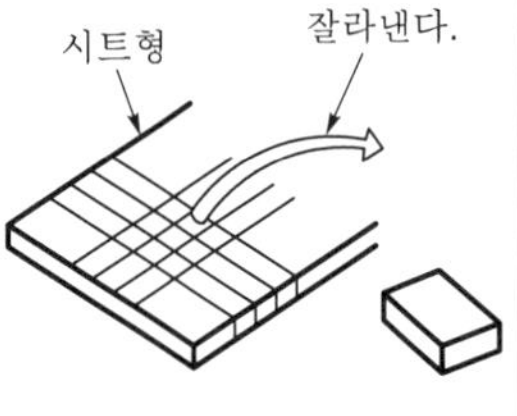 시트형, 잘라낸다.	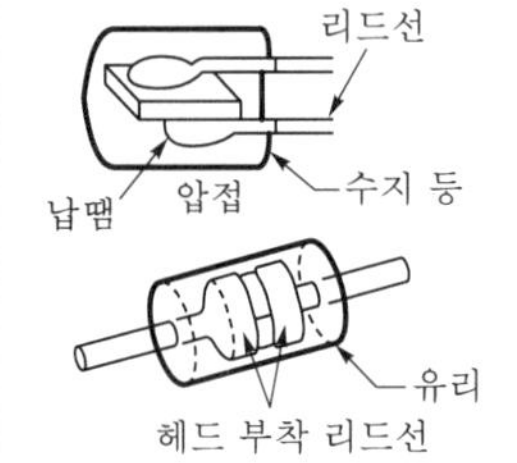 리드선, 납땜, 압접, 수지 등, 유리, 헤드 부착 리드선	· 비드형에 필적하는 소형품도 있으며, 양산에 적합하기 때문에 값이 싸다. 15℃ 정도까지 일반온도 계측에 적합하다. 압전형은 200~300℃에서도 사용 가능하다. · 안정도는 비드형보다 나쁘다.
디스크형 (와셔형을 포함)	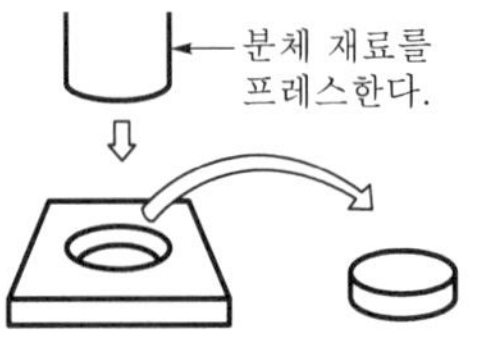 분체 재료를 프레스한다.	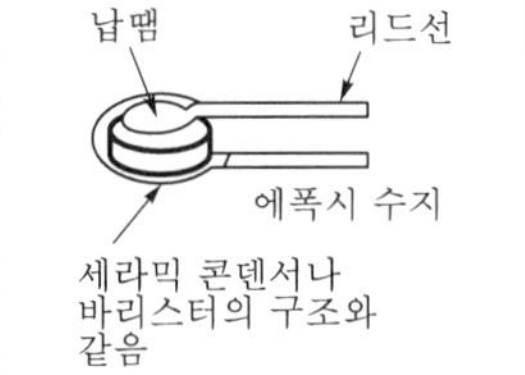 납땜, 리드선, 에폭시 수지, 세라믹 콘덴서나 바리스터의 구조와 같음	· 값이 싸고 튼튼하다. 보상용이나 대형 저저항품은 파워 서미스터로서 래시 전류방지용으로 사용된다. · 간단한 공조용 온도 센서로는 충분히 사용할 수 있다. · 액 속에서의 사용이나 온도계측에는 부적합하다.

[그림 5-6] NTC의 구조와 특징

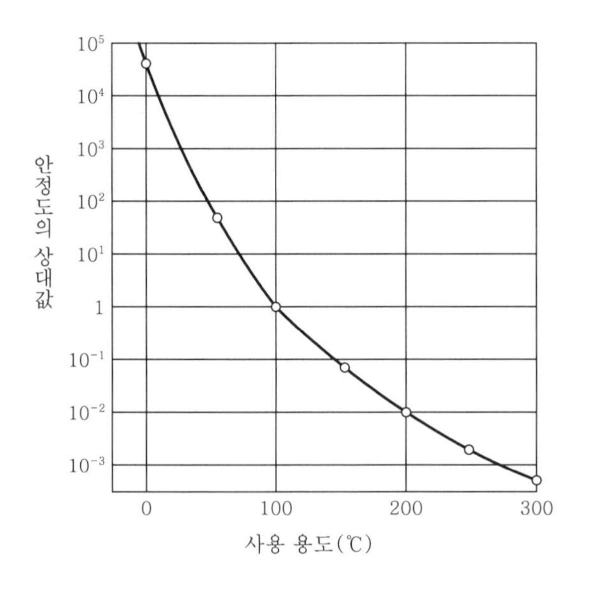

[그림 5-7] 서미스터의 안정도

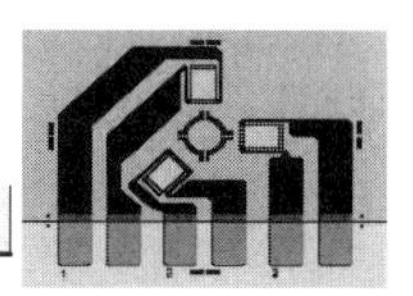

[그림 5－7]에서는 100℃에서 사용한 경우의 안정도를 1로 했을 때의 상대 값을 나타낸 것으로 고온이 될수록 안정도가 저하하고 있는 것을 알 수가 있다. 이것은 서미스터의 재료, 소결 조건에 따라 달라지지만 100℃ 정도의 저온에서 사용할 때는 이 원인에 의한 변화는 무시할 수 있다.

만일 저온도에서 변화가 있다면 외형의 손상으로 수분이나 용제 등이 침입한 것이라고 생각된다.

2 PTC 서미스터

PTC 서미스터는 그 주성분인 티탄산바륨($BaTiO_3$)에 미량의 희토류 원소(Y : 이트륨, La : 란탄, Dy : 디스프로슘 등)를 첨가하여 전도성을 갖게 한 N형 티탄산 바륨계 산화물 반도체의 일종이다. 티탄산 바륨 특유의 퀴리 점에서 상(相)의 전이에 따라 소자가 특정한 온도에 달하면 저항 값이 급격히 증대하는 성질을 가진다.

PTC 서미스터의 주위 온도를 바꾸어가면서 줄(Joule)열에 의한 자기 발열을 수반하지 않을 정도의 미소 전압(직류 1.5V 이하)에서 측정된 저항－온도 특성에서, 저항값이 급격히 증가하는 때의 온도를 저항 급변점 온도 또는 퀴리 온도(TC)라 한다.

퀴리 온도는 R_{min}(최소 저항값)의 2배 저항 값에 대응하는 온도로 정의한다. 또한 온도를 높여 가면 일단 저항이 최대 값을 나타낸 후에는 온도 상승에 따라 반대로 저항값이 감소하는 성질을 나타낸다.

(1) 저항 온도 특성

PTC 단자간의 전압을 서서히 높여 가면 줄 열의 자기 발열에 의해 소자의 온도가 서서히 상승하고 퀴리 온도 부근에 도달하면 부성 전류 특성(전압의 증가에 따라 전류가 감소)을 나타낸다.

그러나 소자에 인가하는 전압이 어떤 값을 넘으면 전압 증가에 따라 전류도 증가하고 결국에는 파괴에 이르게 된다. 이 전압을 파괴 전압(V_b)이라 하며, 정격 사용 전압에 대한 안전 여유를 주어야 한다.

이러한 PTC 서미스터는 그 구조가 간단하기 때문에 전류 제한 소자(퓨즈 기능 소자), 정온도 발열체, 가전 제품의 온도 센서로 사용되고 있다.

즉, 초기에 대전류가 흐리고 그 후에 감소하여 미소 전류로 억제되는 성질을 이용 온도 상승이 빠른 발열체로 또는 회로의 과대전류 방지용, 초기에만 대전류를 필요로 하는 컬러 TV의 자기 소거용, 신뢰성이 높은 모터 기동용 무접점 스위치용 등이 있다.

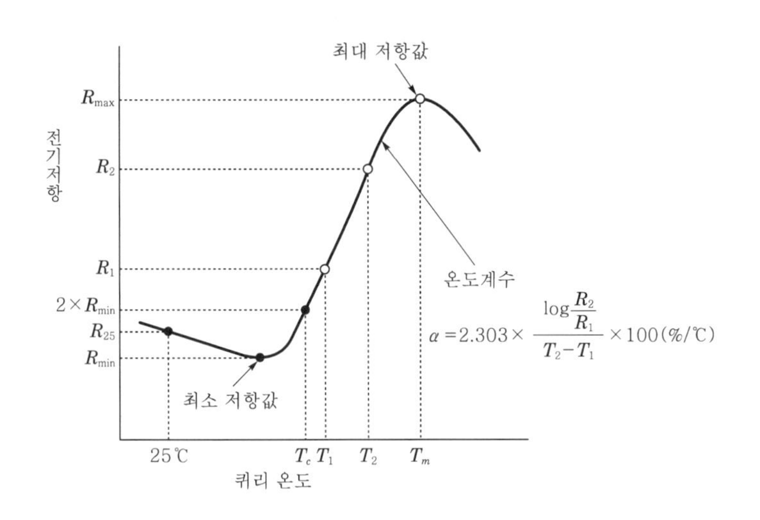

[그림 5-8] 저항-온도 특성

(2) 제품 형상에 따른 특성

PTC는 용도 및 조건에 따라 여러 가지 재료나 형상을 갖는 종류가 있다.

[표 5-3] PTC의 제품 형태

PTC 제품 형태	소자 자체 형상	원판, 사각판, 원통, 원주, 도넛형 등
	리드선 딥 형상	도장품, 비도장품
	케이스 내장	플라스틱, 세라믹 케이스 등
	어셈블리 형상	유닛 제품

형상은 세라믹 성형의 금형 소성 후의 커팅이나 연마 기능 등에 따라 여러 가지 형태와 크기로 할 수 있다. 또한 소자의 평상 온도에서의 저항(R_{25})은 재료의 비저항($\rho 25$: Ω · cm) 형상의 크기 관계에서 구하게 된다.

이러한 형상 외에 소자에 직접 납땜하는 형태에서는 기계적 보호, 전기적 절연, 내습성 등을 향상시키기 위해 내열성 도료 등이 사용되는데 이에 따라 서로 다른 형상의 사용 조건이나 용도에 따라 필요하다.

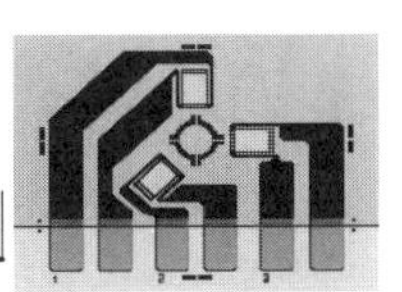

구 분	형 상	치수(mm)	전기 저항 환산
원판형	D, t	$D=\phi 5\sim 35$ $t=1\sim 5$	ρ : 비저항($\Omega\cdot$cm) R : 전기저항 $R=\frac{4t}{\pi D^2}\cdot\rho$
사각판형	W, L, t	$W=10\sim 45$ $L=5\sim 35$ $t=1\sim 5$	$R=\frac{t}{L\times W}\cdot\rho$
도넛형	d, D, t	$D=\phi 10\sim 35$ $t=1\sim 3$	$R=\frac{4t}{\pi(D^2-d^2)}\cdot\rho$
원통형	L, d, D	$L=10\sim 30$ $D=\phi 5\sim 10$ $t=\phi 3$	$R=2.303\times\frac{\rho}{2nL}\log\frac{D}{d}$
원주형	L, D	$L=5\sim 15$ $D=\phi 5\sim 10$	$R=\frac{4L}{\pi D^2}\cdot\rho$

[그림 5-9] 형상에 따른 전기 저항의 환산

(3) 용도에 따른 분류

[표 5-4] PTC 서미스터의 분류

구분	분류	기능 특성	용 도 별	
PTC 서미스터	전류 제한용	자기복귀 퓨즈 기능 (과대 입력 감쇠 특성을 이용)	과대 전압 입력 보호	트랜스 보호, 보안기 접촉 보호, 테스터 입력 회로 보호
			과대 전류 보호	모터 가열 보호, 회로 단락 보호
			가열 방지	트랜지스터 과열 방지
		대전류 감쇠비 기능 (초기 대전류 이용)	소자용	TV, 컴퓨터 디스플레이의 소자
			모터 기동용	냉장고, 에어컨 컴프레셔, 모터의 기동
	발열용	정온 발열 기능 ($V-I$ 특성의 정전력 특성 이용)	전자 모기 퇴치기, 헤어 컬러, 석유 온풍 난방기, VTR 실린더의 결로 방지, 복사기 결로 방지, 수정 진동자 보호, 액추에이터	
	감열용	센서 기능 ($R-T$ 특성 이용)	트랜지스터, 사이리스터 등의 과열 방지, IC 컴퍼레이터, 트라이액 위상 제어 회로와 조합	

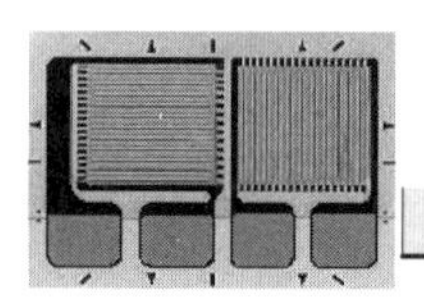

3 CTR 서미스터

V－O계 화합물은 어떤 온도에서 반도체－금속의 전리를 일으키고 전기 저항값이 급격히 변화한다.

특히 VO_2는 70℃ 부근에서 2자리 이상의 저항 변화를 나타내므로 이를 이용 서미스터로 사용한다. CTR는 특정 온도의 정전 측정, 적외선 검출, 온도 경보 등에 이용할 수 있다.

4 서미스터 응용 회로

(1) 온도 검출 기본 회로

온도 검출을 위한 기본 회로로 [그림 5－10] (a)는 서미스터와 저항 R을 직렬로 연결한 것으로 출력은 다음과 같다.

$$E_0 = \frac{R}{R_{Th} + R} \cdot E_b$$

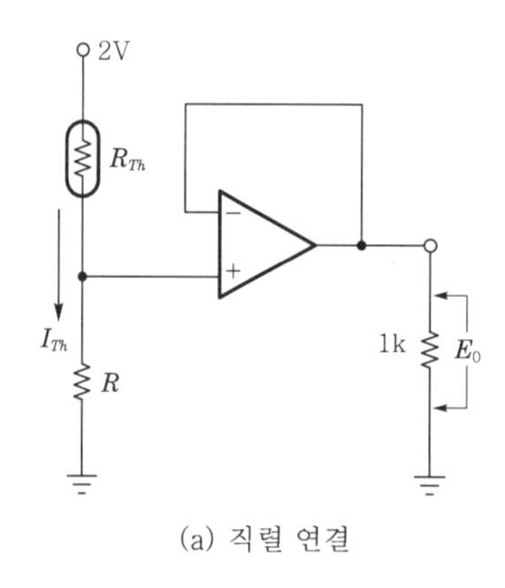

(a) 직렬 연결

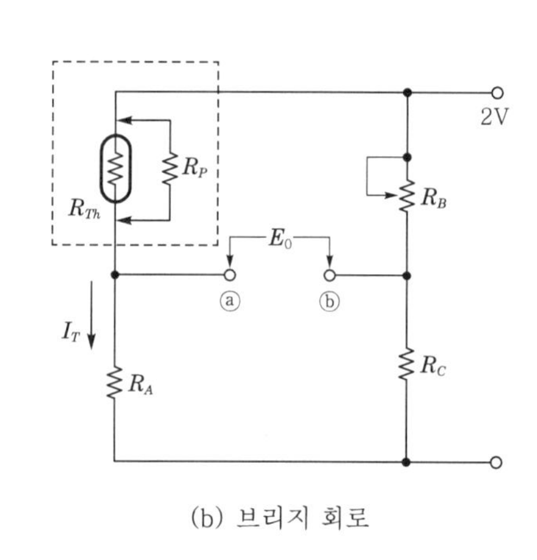

(b) 브리지 회로

[그림 5-10] 온도 검출 기본 회로

즉, 전원 전압의 변동이 출력에 직접 영향을 주므로 주의하여야 한다.

그림 (b)는 저항 브리지 회로로 하나의 저항을 NTC 서미스터로 대치한 것이다. 따라서 회로의 ⓐ~ⓑ 사이 출력은 다음과 같다.

$$E_0 = \left(\frac{R_A}{R_{Th} + R_A} - \frac{R_C}{R_B + R_C} \right) \cdot E_b$$

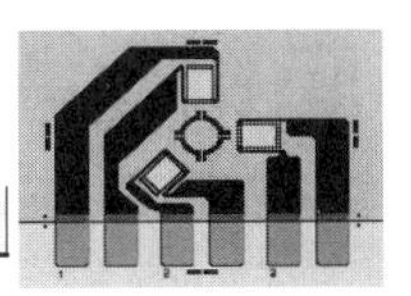

회로에서 서미스터 R_{Th} 에 병렬로 삽입한 R_P 는 서미스터의 저항 증가를 억제하기 위한 것이다.

(2) **온도 제어 회로**

PTC 서미스터는 전기 부품의 과열 방지용으로 주로 사용되나, 온도 센서로 사용할 때는 사이리스터나 트라이액 등의 위상 제어 회로와 조합하여 사용한다. 다음 회로는 고정 저항이 일체화되어 있는 방열형 PTC 서미스터를 이용한 온도 제어 회로이다.

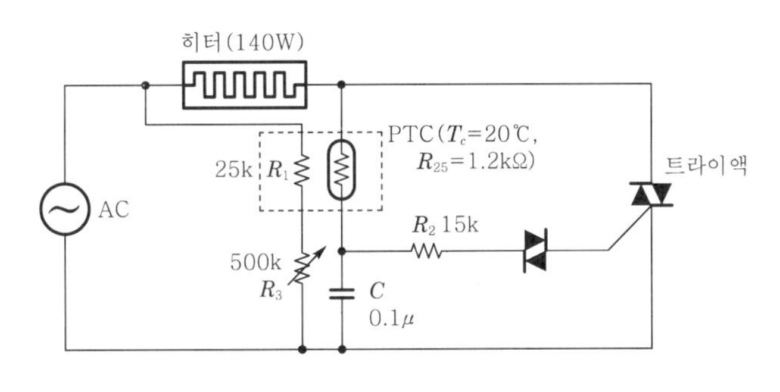

[그림 5-11] 온도 제어 회로

5.1.4 측온 저항체

온도 센서의 소재로는 서미스터(thermistor), 백금 등을 이용한 측온 저항체(RTD), 열전대(thermocouple), 적외선 센서, 감온 페라이트 등 다양한 종류가 있는데, 이중 저항식 온도 센서로 주로 사용되는 백금 측온 저항체의 경우, 다른 소자에 비해 저항 변화가 크고 넓은 온도 영역에서 직선성이 좋은 선형 상태를 유지하며 서미스터와는 달리 센서 간의 호환성이 보증되고 재질적으로도 매우 안정된 생태를 갖고 있으므로 장기적으로 고정밀도의 측정에 용이하다.

흔히 RTD(Resistance Temperature Detector)라고 불리는 백금 측온 저항체는 저항식 온도계(resistance thermometer)의 소자로 백금(platinum)을 사용한 것이다. 백금의 특징은 팽창계수가 유리와 거의 같으며, 공기 및 수분에 대해 매우 안정적이다.

또한 고온으로 가열하여도 변하지 않고 또 단일 묽은 산에 대하여도 안정적이

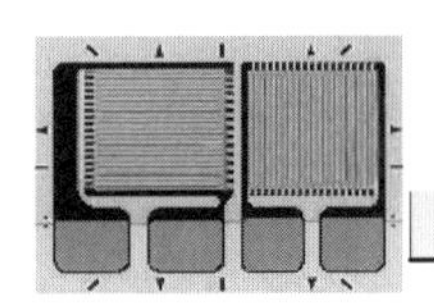

므로 여러 가지 기구의 제작에 적합한 특징을 갖고 있다.

백금선을 이용한 Pt RTD의 현재 구조는 봉 형태로, 유리 에폭시 또는 기타 절연체 위에 요구되는 사양에 맞는 백금 저항선을 감고 그 주위를 절연물로 밀봉해 주는 형태가 대부분이다.

그 주요 공정은, 저항선 감기 → 납땜(단자) → 테스트(저항) → 조립(전선) → 접착(요소, 에폭시) → 고온 프레스 → 절단 → 최종 테스트 → 포장으로 이루어진다.([그림 5-4] 참조)

백금 저항 온도계는 국제 실용 온도 눈금의 표준 온도계로도 쓰이는데, t℃에서의 저항을 R_t로 하여 $R_{100}/R_0<1.3920$이라야 한다. 표준 온도계로서의 사용범위는 대체로 −183~630℃ 사이이지만 실제로는 14 K에서 1600℃ 정도까지 사용된다.

1 개요

일반적으로 물질의 전기 저항이 온도에 따라 변화하는 사실은 잘 알려져 있다. 금속은 온도에 거의 비례하여 전기 저항이 증가하는 이른바 양(+)의 온도 계수를 가지고 있으며, 금속의 순도가 높을수록 이 온도 계수는 커진다.

금속의 저항률 ρ는 온도 t에 거의 비례한다. 이를 식으로 표시하면 $\rho \propto \alpha t$이 된다.

여기서 α를 저항 온도 계수라 하며, 온도 0℃에서의 저항률을 ρ_0로 할 수 있다. 따라서 저항률을 구하는 식은 $\rho=\rho_0(1+\alpha t)$이 된다.

또한 금속체의 길이 l이나 단면적 S가 온도에 의한 변화는 매우 적으므로 이를 무시하고 저항률에 l/S를 곱하여 금속의 저항 R을 얻을 수 있다.

즉, $R=R_0(1+\alpha t)$가 된다. R_0는 0℃일 때의 저항이다. 이와 같이 금속의 저항을 측정하여 온도를 구하는 센서를 측온 저항체라 부른다.

[그림 5-12] (a)는 금속 저항의 온도 변화를 0℃의 저항을 1로 했을 때의 비를 나타낸 것이다. 즉, 백금의 저항은 0℃에서 100.0Ω이고, 100℃에서 139.16Ω이므로 백금의 저항의 온도 계수는 0.39%/℃가 된다. 순금속의 비저항은 매우 작기 때문에 가늘고 긴 금속선을 사용하여 저항치를 높이고, 보호관을 이용 기계적, 화학적으로 보호하는 구조를 갖추고 있다. [그림 5-13]은 백금선을 마이카로 감고 보호관을 씌운 구조이다.

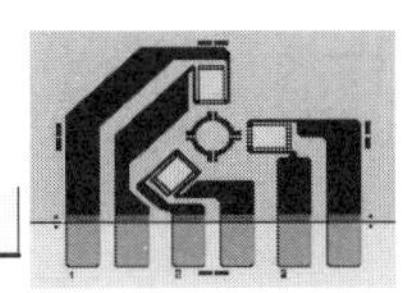

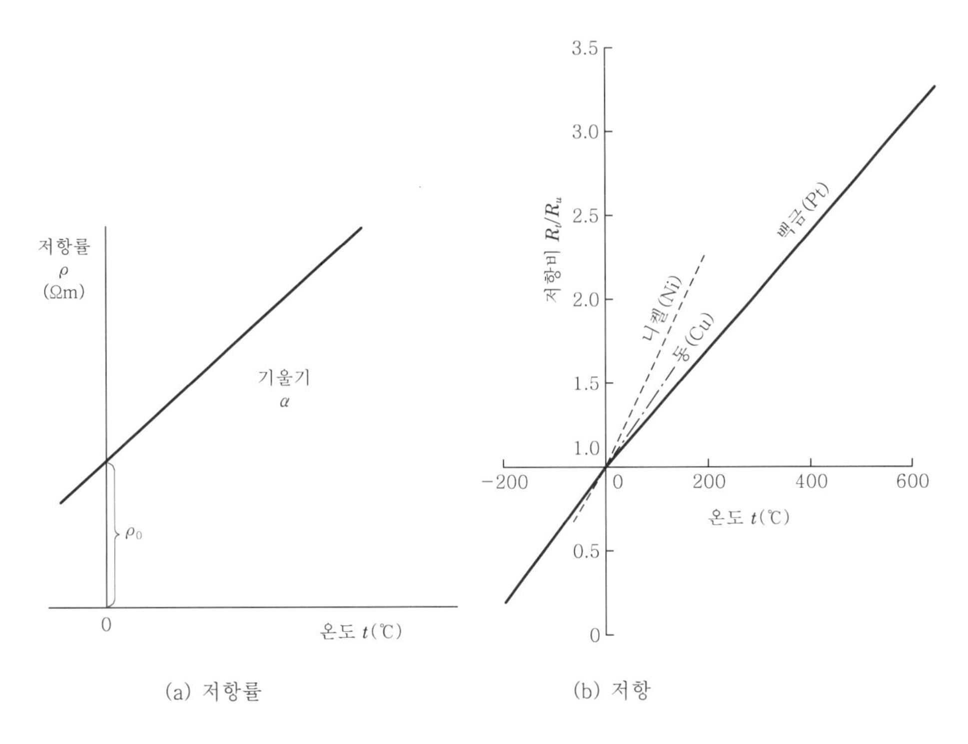

(a) 저항률　　　　(b) 저항

[그림 5-12] 금속 저항체의 온도 변화

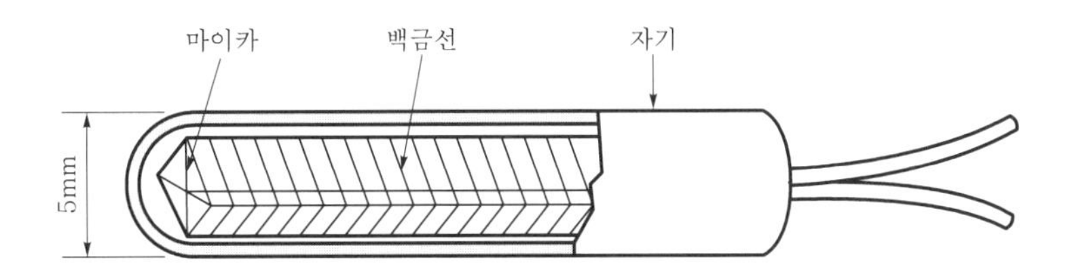

[그림 5-13] 보호관 부착 백금 측온 저항체

2 측온 저항체의 종류

측온 저항체는 접촉식 온도 센서로서 열전대나 서미스터와 함께 널리 사용되고 있는데 저항체로는 백금, 니켈, 구리 등의 순수 금속을 사용하며, 표준 온도계나 공업 계측에 널리 이용되고 있는 것은 고순도(99.999% 이상)의 백금(Pt)이다.

(1) 백금 측온 저항체

실용화되어 있는 센서 중에서 가장 안정하며 온도 범위가 넓으며 높은 정확도가 요구되는 온도 계측에 많이 사용된다.

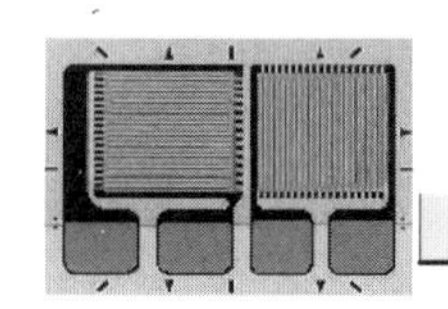

단점으로는 저항 소자의 구조가 복잡하여 형상이 크고 응답이 느리며 기계적 충격이나 진동에 약하다.

(2) 구리 측온 저항체

백금 다음으로 순도가 높고 저렴하며, 온도 특성의 분산이 적은 안정된 소자이다. 그러나 구리의 고유 저항이 작고 형상이 크며, 고온에서 산화하기 쉽고 사용 온도 범위가 좁다.

(3) 니켈 측온 저항체

백금에 비해 저렴하고 저항 계수가 크다는 장점이 있으나, 340℃ 부근에서 온도 계수의 변곡점이 발견된다. 또한 불순물에 의한 온도 저항값 특성이 분산되고, 호환성 있는 니켈선을 얻기가 어렵다.

[표 5-5] 측온 저항체의 종류와 특징

종 류	구성 재료	사용 온도 범위	특 징
백금 측온 저항체	백금	−200~640℃	· 사용 범위가 넓다. · 정확도, 재현성이 양호하다. · 가장 안정하며 표준용으로 사용 가능 · 20K 이하에서는 측정 감도가 나쁘다. · 자계의 영향이 크다.
구리 측온 저항체	구리	0~120℃	· 사용 온도 범위가 좁다.
니켈 측온 저항체	니켈	−50~300℃	· 사용 온도 범위가 좁다. · 온도 계수가 크다.
백금 코발트 측온 저항체 Pt−Co	백금 코발트 합금(코발트 0.5% 함유)	2~300K	· 재생성이 좋다. · 20K 이하에서도 감도가 좋다. · 실온까지 사용할 수 있다. · 자계의 영향이 크다.

(4) 백금-코발트 측온 저항체

미량의 코발트 0.5%를 포함한 것으로 극저온용으로 저항값 및 저항 온도계수가 백금보다 크다.

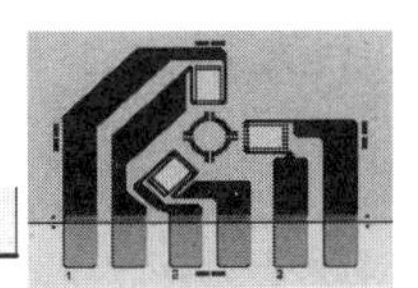

3 측온 저항체의 배선방법

측온 저항체의 온도에 따른 저항값 변화는 휘트스톤 브리지 회로를 기본으로 한 저항－전압 변환회로($R-V$ 변환회로)에 의해 전압 신호로 변환된다. 또한 측온 저항체는 인출선에 따라 2선식, 3선식, 4선식으로 나눌 수 있다.

(1) 2선식 측정회로

측온 저항체에서 측정 회로까지의 배선은 보통 구리선이 사용되는데, 구리선의 저항 R_l이 측온 저항값 R_t에 가산되므로 도선 저항이 측정 오차로 작용한다.

$$\text{출력 전압} \quad V_0 = \frac{(R_t + 2R_l - R_0)R_B}{(R_B + R_t + 2R_l)(R_B + R_0)} \times V_r$$

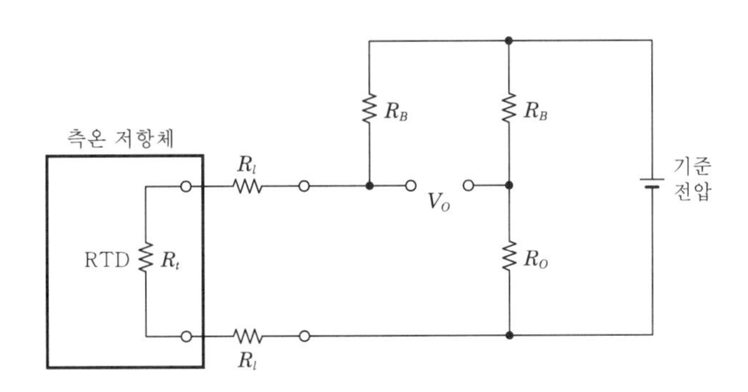

[그림 5-14] 2선식 배선의 등가 회로

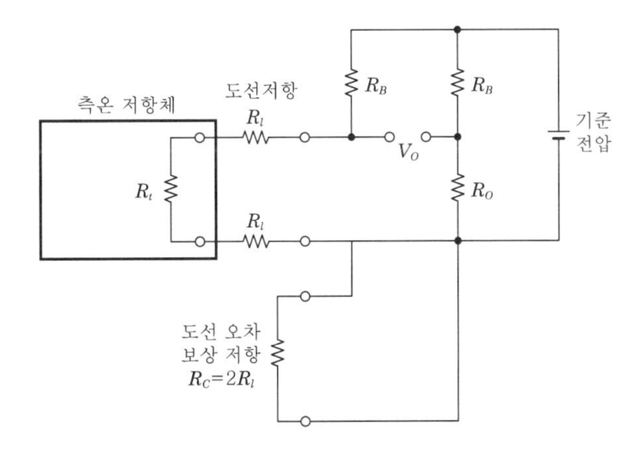

[그림 5-15] 도선 저항을 보상한 2선식 배선

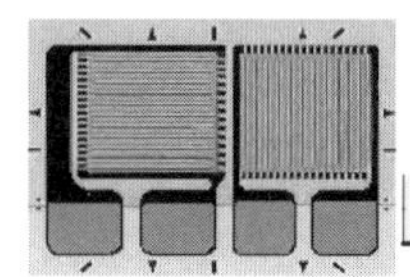

구리선 영향에 의한 오차를 보상하기 위해 보상 저항을 사용한다.

그러나 도선 주위 온도 변화에 따르는 오차는 제거할 수 없으므로 도선 저항이 충분히 작은($R_t \gg R_l$) 것을 선택한다. 이 조건을 만족할 수 없는 경우에는 3선식 또는 4선식의 방법을 적용할 수 있다.

(2) 3선식 측정회로

도선 저항의 영향을 없애기 위해 3선식 배선을 사용한다.

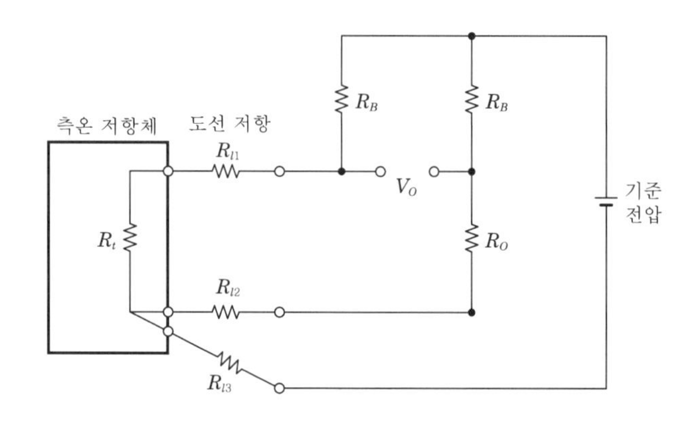

[그림 5-16] 3선식 배선의 등가 회로

출력 전압 V_0는 다음과 같다.

$$V_0 = \frac{[(R_t + R_{l_1}) - (R_0 + R_{l_2})]R_B}{(R_B + R_t + R_{l_1})(R_B + R_0 + R_{l_2}) + R_{l_3}(2R_B + R_t + R_{l_1} + R_0 + R_{l_2})} \times V_r$$

여기서 $R_{l_1} = R_{l_2} = R_{l_3} = R_l$이라 하면, 도선 저항이 브리지의 양변에 분배되어 상쇄되므로 도선 저항에 의한 오차는 거의 무시된다.

그러나 실제의 측온 저항체 R_t는 온도에 따라 변화하므로 도선 l_1과 l_2에 흐르는 전류에 차이가 발생 브리지의 출력은 비직선 오차를 일으킨다.

(3) 정전류 브리지의 3선식 배선

브리지의 양변에 모두 정전류를 사용했을 때의 출력 전압 V_0는 다음과 같다.

$$V_0 = [(R_t + R_{l_1}) - (R_0 + R_{l_2})]I$$

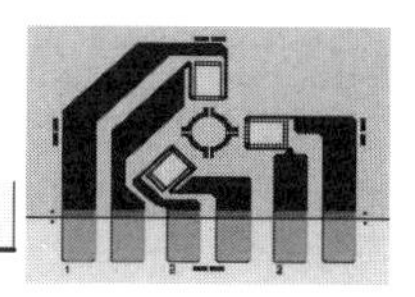

이 때, $R_{l_1} = R_{l_2}$가 되면, 도선 저항이 브리지 출력 전압에 미치는 영향은 없어지게 된다.

즉, R_t가 온도에 따라 변화해도 도선의 전류는 정전류로 일정하며, R_t의 저항값 변화에 비례한 출력 전압을 얻을 수 있다.

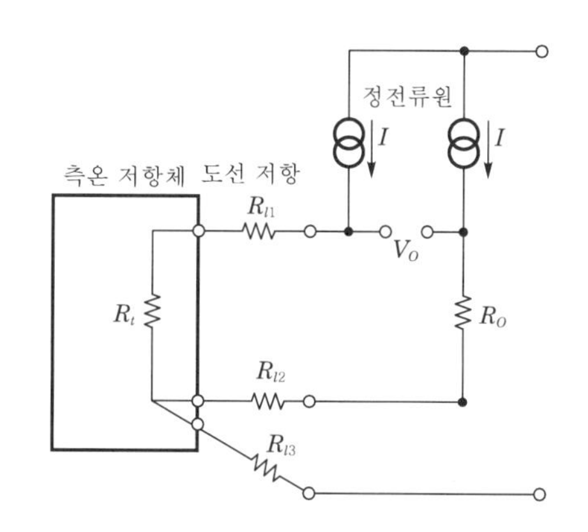

[그림 5-17] 정전류 브리지의 3선식 배선

(4) 4선식 측정회로

3선식에서는 각 도선의 저항값과 그 온도계수 및 도선의 온도 분포가 고르지 않으면 오차가 발생한다. 이 방법은 전류 단자와 측정용 전압 단자가 구분되어 있다.

전류 단자에는 일정한 전류를 흘리고, 전압 단자의 전압을 높은 입력 임피던스를 갖는 계기로 측정하면, 도선 저항에 의한 오차를 제거할 수 있다.

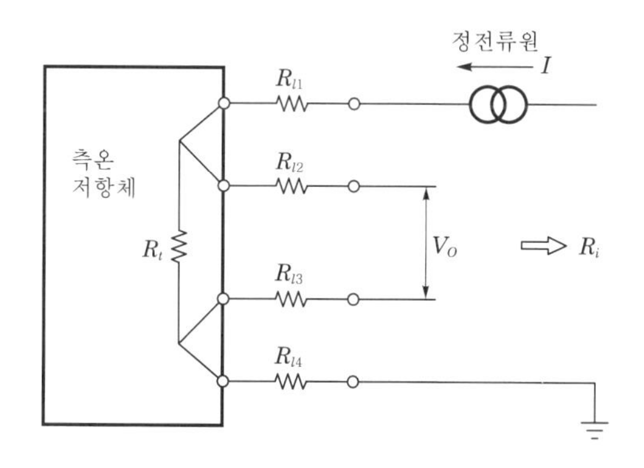

[그림 5-18] 정전류 브리지의 4선식 배선

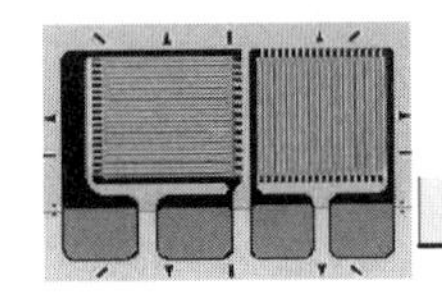

5.1.5 감온 리드 스위치

감온 리드 스위치(thermal reed switch)는 감온 페라이트(ferrite : 아철산염), 페라이트 마그넷과 리드 스위치로 구성된다. 감온 페라이트는 온도에 따라 자기 특성이 급변하는 Mn−Zn계의 소프트 페라이트이다. 페라이트 마그넷은 자속의 공급원이다. 리드 스위치는 자성체로 만들어진 2장의 리드를 유리관에 봉입한 자기 감응형 스위치이다.

[그림 5−19] (a)는 저온의 경우 감온 페라이트는 보통의 투자율을 가지게 되므로 긴 막대 자석으로 N극에서 나온 자속은 S극으로 유입된다. 따라서 리드 스위치는 ON된다.

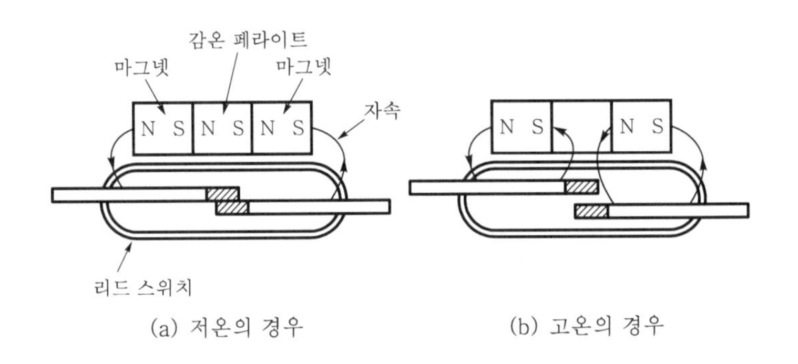

[그림 5-19] 감온 리드 스위치

한편 그림 (b)는 고온의 경우에는 감온 페라이트의 투자율이 저하되어 마그넷은 분리되어 자속이 연결되지 못하고, 리드 스위치는 OFF된다.

감온 리드 스위치에는 동작 온도 이상의 온도에서 접점이 OFF되는 상시 폐쇄형과 동작 온도 이상의 온도에서 접점이 ON으로 되는 상시 개방형 등이 있다.

이와 같은 감온 리드 스위치의 특징은 다음과 같다.

① 온도 정확도가 높다(±1℃).

② 미소 부하에 적합하며 수명이 길다.

③ 내환경성이 양호하다.

④ 임의의 동작 온도 설정이 가능하다.

⑤ 취급이 간단하다.

하지만 이러한 특징이 있더라도 사용할 때는 충격 혹은 후가공(절단/절곡)등에 따른 특성 변화에 유의하고, 특히 외부 자계에 의한 온도 변동에 유의하여야

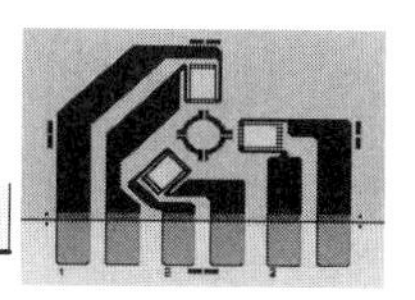

한다. 이는 철판이나 스테인레스 등의 강자성체에 붙여 사용하거나 코일 자계가 발생하는 부근에서 사용할 경우, 감온 리드 스위치가 외부의 자기적 조건에 따라 동작 온도가 바뀔 수 있기 때문이다.

다음은 감온 리드 스위치를 이용 냉각 팬을 구동하는 회로이다.

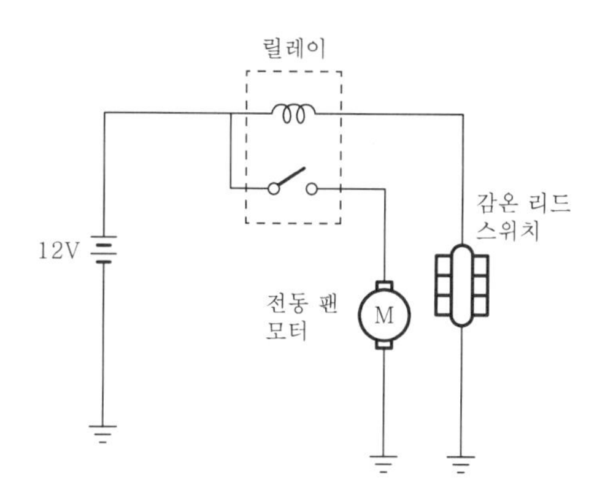

[그림 5-20] 냉각 팬 구동

5.1.6 바이메탈 스위치

열팽창 계수가 큰 금속과 작은 금속의 판을 접합시키면, 온도 변화에 따라서 변형 또는 내부 응력을 발생하므로 온도 센서가 된다. 바이메탈이라고 불리는 것으로 온도계나 온도 조절에 중요하게 사용되어 왔다.

1 바이메탈의 동작 원리

바이메탈은 [그림 5-21] (a)와 같이 동일 온도 조건에서 열 팽창률이 서로 다른 2 종류의 금속판 A, B를 임의의 온도 T_1℃에서 같은 길이 l이 되도록 한다. 그리고 온도를 T_2℃로 상승시키면, 각 금속판이 가지고 있는 열 팽창률에 따라서 Δl_A, Δl_B의 열팽창을 하게 된다.

이러한 성질을 가진 두 금속판을 그림 (b)와 같이 온도 T_1℃의 조건으로 접합하고, T_2℃의 온도로 상승시키면, 열팽창률의 차($\Delta l_A < \Delta l_B$)에 따라 전체가 일정한 곡률로 휘게 된다.

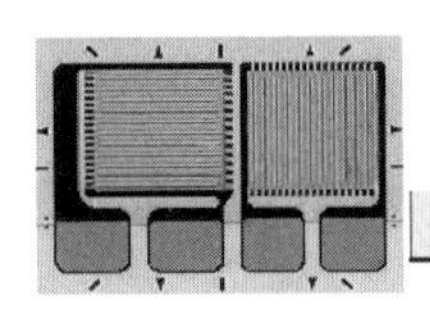

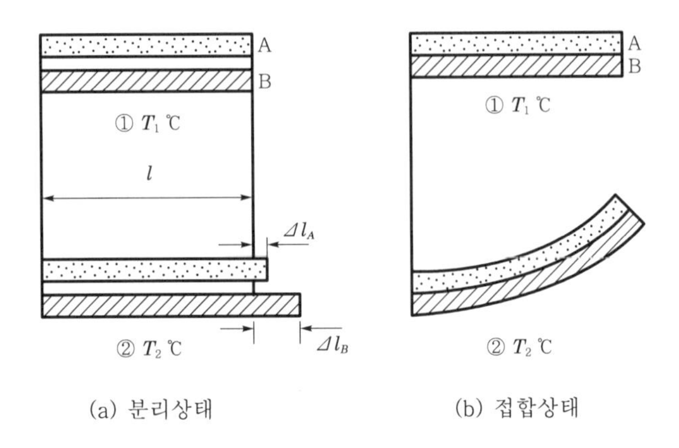

[그림 5-21] 바이메탈의 동작

이 바이메탈은 열 에너지를 기계적인 운동과 힘으로 변환할 수 있으며, 그 출력은 열 에너지에 비례한다. 사용 조건이 정확하면 재현성은 반영구적이며 가장 신뢰성이 높은 온도-힘 변환기라고도 할 수 있다.

2 바이메탈 스위치의 구조

바이메탈 스위치의 기본적인 구조를 [그림 5-22]에 나타내었다. 이것은 바이메탈과 판 스프링을 평행하게 붙이고, 한쪽 끝에는 접점을 설치하고 다른 쪽은 절연물에 고정한 구조이다.

판 스프링은 응력 증가를 방지하는 역할을 하고 있다. 또 바이메탈의 휘는 방향을 변화시킴으로 온도가 상승할 때, 바이메탈 스위치의 동작이 ON 또는 OFF가 되도록 설정할 수 있다. 이러한 바이메탈 스위치는 화재 경보, 다리미의 온도 조절, 형광등의 글로우 램프(점등관), 대형 컴퓨터의 냉각 팬 제어 등에 사용되고 있다.

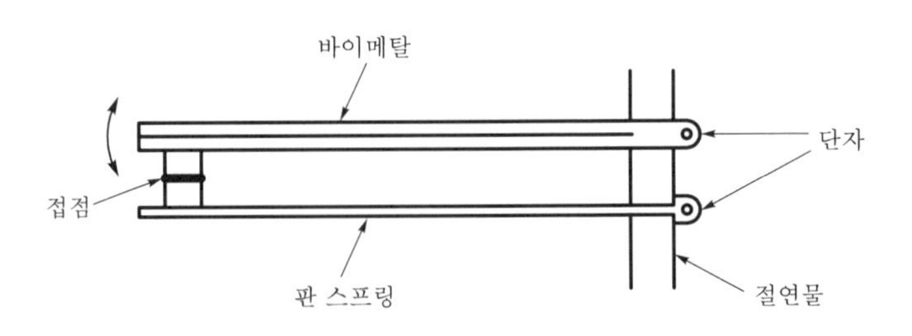

[그림 5-22] 바이메탈 스위치 구조

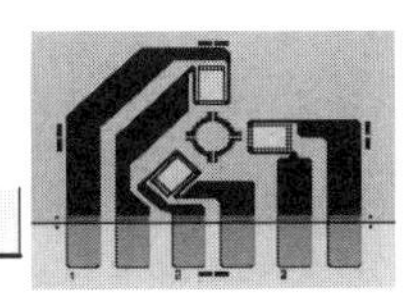

3 바이메탈의 사용시 주의

바이메탈은 주위 환경에 의한 온도로 변위가 발생하지만, 금속의 부피 저항률을 이용하여 바이메탈에 직접 전류를 흐르게 함으로 자기 발열에 의한 변위를 발생시킬 수도 있다. 이 경우에는 바이메탈의 온도-부피 저항률 변화의 특성을 고려하여 사용하여야 한다.

또한, 바이메탈에 온도 변화를 주면 내부에 응력이 발생되며, 이 응력이 평형 상태에 도달할 때까지 변위가 발생하는데, 이 때 평형 상태로의 이행을 저지하면 내부 응력의 불균형이 외력으로 되어 바이메탈에 작용한다. 즉, 외력이 긴 시간에 걸쳐 작용하게 되면, 바이메탈 작용의 재현성이 나빠지므로 허용 응력 이하에서 사용하도록 하여야 한다.

[그림 5-23]은 정상시 냉각 팬에 의해 히터의 과열을 방지하지만, 냉각 팬의 이상 동작시 바이메탈 스위치에 의해 경보 장치와 보조 냉각 팬을 기동함으로 컴퓨터와 같은 전자 장치의 과열을 예방할 수 있다.

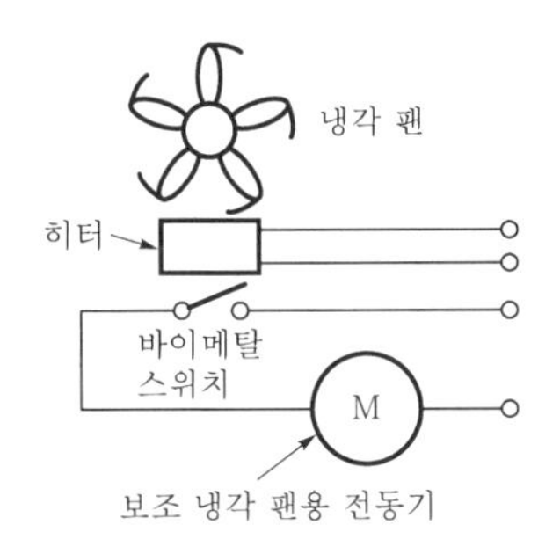

[그림 5-23] 바이메탈 스위치의 작동 원리

5.2 유량 센서

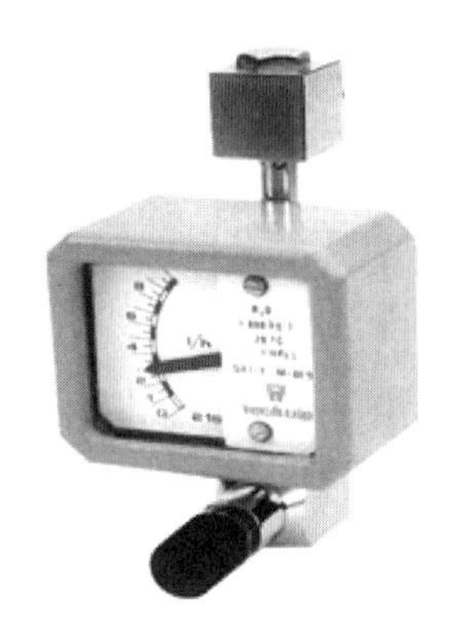

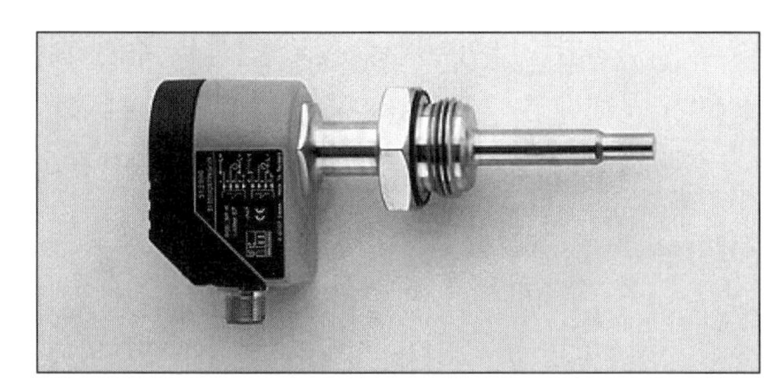

[사진 5-2] 유량 센서

5.2.1 유량 센서의 개요

현대의 산업에서 많은 물질이나 에너지가 유체의 형태를 갖고 공급되고 있다. 특히 프로세스 산업에서는 에너지 이외에 원료나 제품 부산물, 배출물이 대부분 유체의 형태를 갖고 있으므로 유체 측정은 프로세스의 물질이나 에너지의 출입 즉 물질의 출입과 에너지의 출입과는 밀접한 관계가 있다. 가정에 있어서도 전력 이외의 에너지는 거의 유체로 공급되어지고 있다.

그러나 유속이나 유량의 측정은 고체의 속도를 측정하는 것보다 어렵고 힘들다. 유체는 고체와 달리 속도를 측정하기 위하여 기준점의 설정이 곤란할 뿐만 아니라 흐르는 과정에서 형태가 변형되는 경우가 있다. 따라서 측정하는 유체의 종류에 맞게 여러 가지 측정법과 그것을 구체화한 유속 · 유량 센서가 사용되고 있다.

유량을 측정하는 센서에는 다음과 같은 성질이 요구된다.

① 측정의 정확성, 신뢰성이 우수할 것

② 고감도와 더불어 측정범위가 넓을 것

③ 유체의 종류(기체, 액체, 성분 등)에 의존하지 말 것

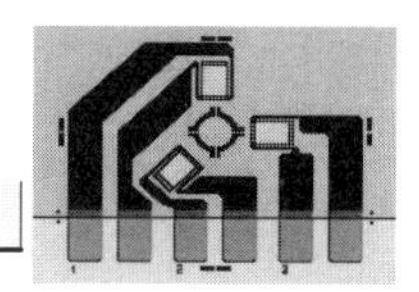

④ 유체의 조건(온도, 압력, 점도 등)에 의존하지 말 것

⑤ 측정할 때 유체의 에너지 손실이 최소일 것

⑥ 유량 측정이 용이할 것

여기서 ①, ②의 요구사항은 유량 센서가 갖추어야할 요구 조건이다. ③, ④의 조건은 일종의 센서가 응용되고, 응용 범위를 확대할 때 요구되는 조건이다. 유체의 유량 및 유속을 측정하는 것은 매우 어려워 위의 조건을 만족하면서 측정하기는 더욱 어렵다. ⑤의 조건은 유체 흐름을 방해하지 않으면서 구하기 위한 것이며, ⑥의 조건은 유량의 흐름이 나타나는 유량을 측정하든가 어떤 시간 안에 유량의 총량을 측정할 필요가 있을 때에 이용되는 조건이다.

위의 조건들을 모두 만족하는 센서는 존재하지 않는다. 따라서 각각의 원리, 구조를 특징으로 하는 센서는 검출하려는 대상이나 조건에 따라 사용할 수밖에 없다. 원리를 중심으로 물리적 현상을 대별하면 다음과 같다.

① 유속변화에 의한 압력차

② 전자유도현상

③ 유체진동현상

④ 파동의 전파 시간차

⑤ 유체에 띄운 부표의 이동속도

⑥ 유체의 흐름에 의한 냉각효과

⑦ 유체에 작용하는 힘

⑧ 일정한 용적기로 구분하여 계수

등의 원리가 있다.

①에서 ⑦까지는 유속을 변환하는 구조로서 관로의 단면적을 속도에 편승하여 유량을 구하는 것이고 ⑧은 직접 유량을 측정하는 원리이다.

5.2.2 유량 측정의 원리

유량 측정의 기본 원리는 매우 간단하며, 유량 및 유속에 따른 보정 계수를 생략하여 설명하면 다음과 같이 간단하게 몇 가지로 구분하여 나타낼 수 있다.

첫째, 이미 알고 있는 단면적을 통과하는 유속(ΔV)을 측정하여, 유속에 단면적을 곱하여 유량값(ΔQ)의 기본 원리 공식을 구할 수 있다.

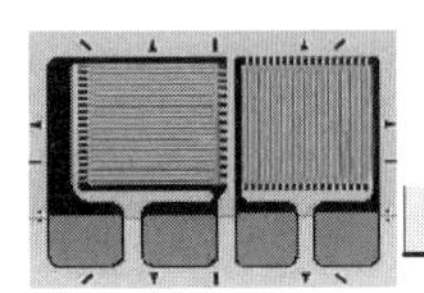

$$\varDelta Q = A \times \varDelta \overline{V}$$

여기서 $\varDelta Q$는 유량(m^3/s), A는 유체가 통과하는 단면적(m^2), $\varDelta \overline{V}$는 단면적을 유체가 통과하는 평균 속도(m/s)가 된다.

대부분의 경우, 특히 배관(pipe) 내에서는 위와 같은 공식이 적용된다고 할 수 있다. 이 때 변화하는 유량($\varDelta Q$)을 측정하기 위해서는 기본인자인 변화하는 유속($\varDelta V$)을 정확하게 측정하는 것이 필수적이라 할 수 있다. 직접적으로 유속을 측정하는 것은 곤란하므로 유속에 비례하여 나타나는 프로펠러의 회전, 전자기 신호변화, 와류발생, 압력차, 초음파 신호변화 등과 같이 간접적으로 유속을 구하며 이에 따른 유량을 구하게 되는 것이다.

둘째로는 압력식 유량계에서의 유량측정도 기본원리 공식에 근거하여 변화하는 유속에 따른 압력에너지($\varDelta \overline{P_v}$)를 구하여, 유속으로 환산 후 유량값을 구하는 방법이다.

$$\varDelta Q = A \times \sqrt{\frac{2 \times g \times \varDelta P_v}{\gamma}}$$

$$\text{(베르누이 정리는 } \varDelta P_v = \frac{\gamma \cdot V^2}{2 \cdot g} \text{ 이므로)}$$

여기서 $\varDelta Q$는 유량, A는 유체가 통과하는 단면적, g는 중력가속도($9.8\ m/s^2$), γ은 유체의 비중량(kg/m^3), $\varDelta \overline{P_v}$는 유체가 통과하는 평균 속도압(kg/m^2)이 된다.

세째, 일정한 유속에 따라 변화하는 단면적의 크기($\varDelta A$)를 측정하여, 유속에 단면적을 곱하여 유량값($\varDelta Q$)의 기본 원리 공식을 구할 수 있다.

$$\varDelta Q = \varDelta \overline{A} \times V$$

여기서 $\varDelta Q$는 유량, $\varDelta \overline{A}$는 유체가 통과하는 단면적, V는 유체가 통과하는 속도가 된다.

유속을 일정하게 한다는 것은 불가능하다. 하지만 이와 같은 원리를 응용하는 경우가 관수로에서 면적식 유량계, 개수로에서 개수로식 유량계가 여기에 해당된다 할 수 있다. 면적식 유량계는 플로트를 이용하여 유체가 흐르는 단면적의 변화($\varDelta A$)에 따라 움직이는 플로트의 위치를 측정하여 유량값을 구하는 방법이다.

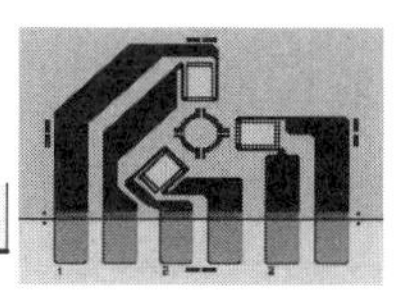

네째, 개수로식 유량계는 규격화되어 있는 수로와 같은 설비를 이용하며, 유량의 변화에 따라 변화하는 단면적의 변화 즉, 수위의 변화(ΔH)를 측정하여 유량값을 구하는 방법이다.

$$\Delta Q = \Delta H \times W \times V$$

여기서 ΔQ는 유량, ΔH는 규격화된 수로에 통과하는 유체의 평균 수위(m), W는 규격화된 수로에 통과하는 유체의 횡폭(m), V는 유체가 통과하는 속도이다.

다섯째, 변화하는 유속($\Delta \overline{V}$)과 동시에 변화하는 단면적($\Delta \overline{H}$)을 측정한 후 이들 값을 곱하여 유량값을 얻는 경우도 있다. 여기에서는 평균 유속을 측정하는 것도 중요하지만, 먼저 규칙적인 수위에 따른 단면적의 변화를 아는 것이 매우 중요하다.

따라서 일반적으로 대형의 장방형, 정방형 수로, 또는 비만수 상태의 대형 관거에서 주로 사용하는 공식이 된다.

$$\Delta Q = \Delta \overline{A} \times \Delta \overline{V}$$

여기서 ΔQ는 유량, $\Delta \overline{H}$는 유체가 통과하는 평균 단면적, $\Delta \overline{V}$는 유체가 통과하는 평균 속도이다.

5.2.3 유량계의 종류

① 용적 유량계(positive displacement flowmeter)
② 터빈 유량계(turbine flowmeter)
③ 차압 유량계(differential pressure flowmeter)
④ 와 유량계(vortex flowmeter)
⑤ 면적 유량계(area flowmeter)
⑥ 위어 유량계(Weir flowmeter)
⑦ 플룸 유량계(Flume flowmeter)
⑧ 전자 유량계
⑨ 초음파 유량계

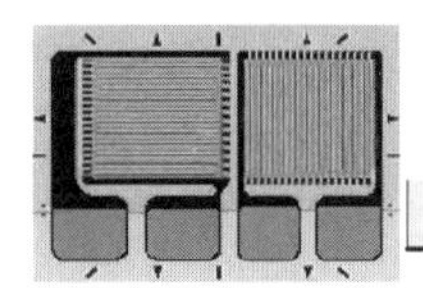

⑩ 열전달 유량계

⑪ 코리올리스(coriolis) 질량 유량계 등

1 면적식

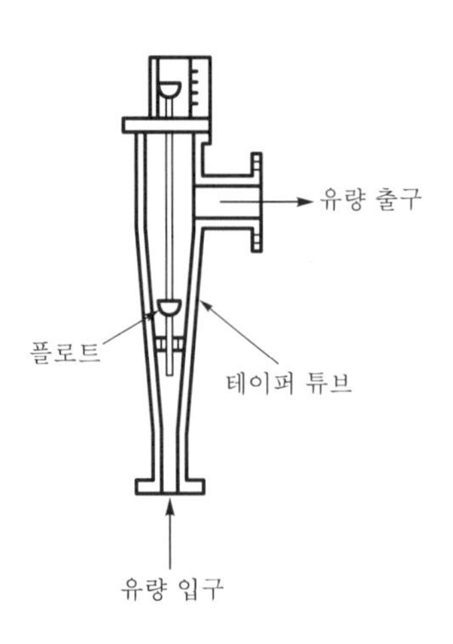

[그림 5-24] 면적식 유량계

조리개형에서는 베르누이 정리에 의하여 유량 측정을 유도하였는데 이는 직경을 일정하게 하여 압력차로부터 유량 Q를 구할 수 있다.

이에 반하여 압력차가 일정하게 되도록 면적을 변화시켜 유량을 구하는 것이 면적식 유량 센서이다.

면적을 변화시키는 것은 그림과 같이 상부에 어느 정도 관의 내부의 단면적이 크게 되어 수직한 테이퍼 관 밑에서 위로 유체가 흐르고 그 유체에 의하여 플로트를 뜨게 한다.

관내를 적당한 형태로 조절하여 부자에 부딪히는 유량에 대하여 거의 직선적으로 변화하게 할 수 있다. 그리고 면적식 유량 센서의 특징은 다음과 같다.

① 순간 유량을 직접 측정할 수 있다.

② 조리개형과 같은 차압 검출기나 차압 도관이 불필요하므로 직진성을 얻을 수 있다.

③ 용적식 유량계보다 혼입된 불순물에 대하여 조건이 까다롭지 않다.

④ 흐르는 방향이 제한되는 단점이 있고 관내의 오염도에 영향을 받는다.

⑤ 압력차가 밀도에 영향을 받으므로 조리개형과 원리가 같다고 볼 수 있다.

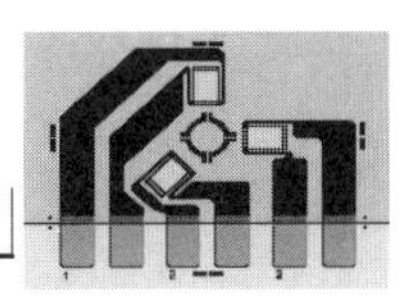

2 용적식

통과하는 유체를 일정한 용적체로 측정하여 용적체의 개수를 세는 방식을 유량 센서라 한다. 가정용의 가스 미터기는 이런 유형의 유량계가 많이 있다.

유량은 회전수로 하여 검출하는 것이 보통이므로 회전 센서를 이용할 수도 있다. 그러나 원심력 방식과 같이 힘으로 검출하는 것은 오차가 크기 때문에 펄스를 카운트하는 방식이나 발전 방식을 이용하는 것이 간단하고 손쉬운 방식이 된다.

회전수를 센서에 전송하는 것은 축에 보통의 패킹을 이용하는 것과 자석을 이용하여 완전히 밀폐된 벽을 통하여 밖으로 인출하는 방식이 있다. 주된 종류를 [그림 5-25]에 나타내었다.

용적 유량 센서의 특징은

① 원리로는 적산형의 유량 센서이다.

② 밀도나 배관의 조건의 영향이 적고 일정 이상의 점도에서는 점도의 영향도 적다.

③ 회전수 변환장치를 필요로 한다.

④ 저점도에서는 누수에 의한 오차가 증가한다. 작은 압력차에서 회전이 없으면 오차가 크게 나는 경향이 있다.

⑤ 필터에 이물질을 제거하지 않으면 이물질이 쉽게 빨려 들어간다.

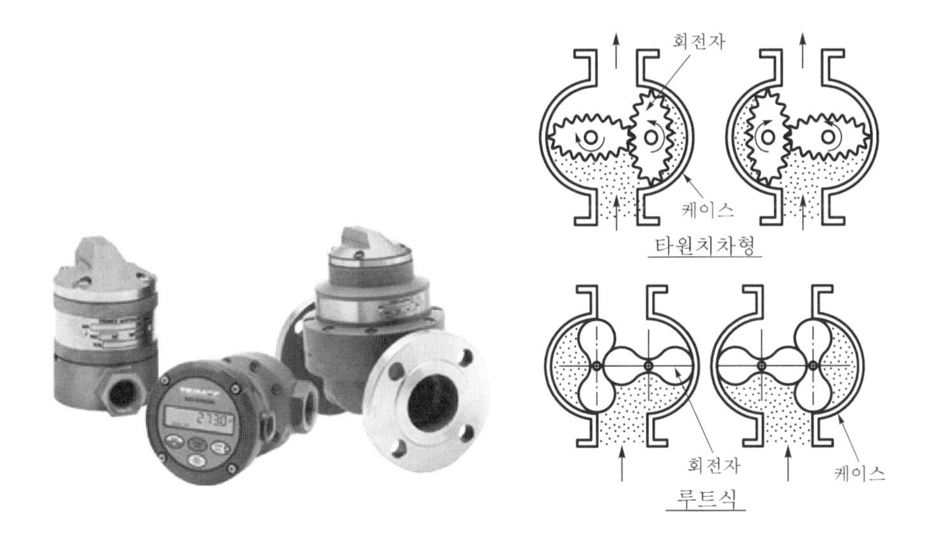

[그림 5-25] 용적식 유량계

멀티 펄스 용적식 유량계는 일반적으로 널리 알려진 피스톤 방식을 채택하여 성능을 향상시키고, 현대적인 엔지니어링 재료를 사용하여 비용 절감을 실현하였고, 산업용 유량 측정에 탁월하고 다양한 범위에서 사용하는데 신뢰할 수 있는 유량계이다.

3 터빈식

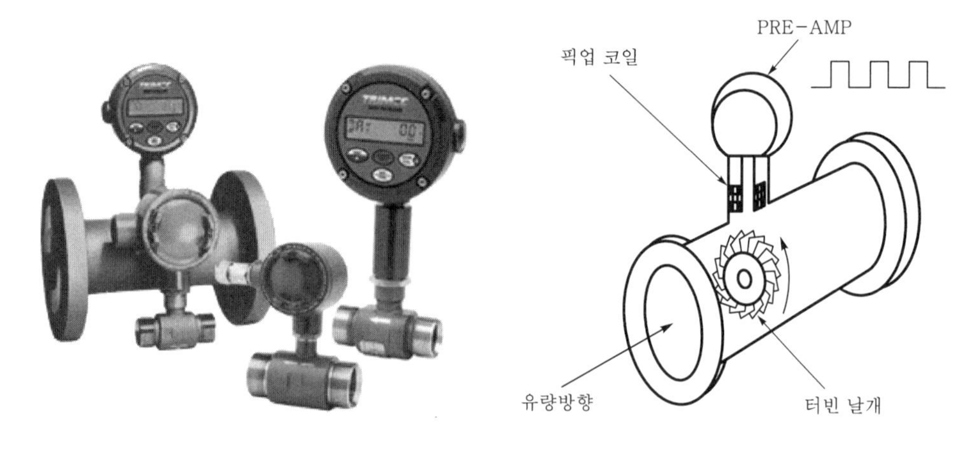

[그림 5-26] 터빈식 유량계

터빈식 유량 센서의 원리는 흐르는 유체 내에 가볍게 회전하는 플레이트 판을 넣으면 터빈의 원리에 의하여 플레이트 판이 유출입하는 유체에 의하여 회전을 하게 하여 유량을 측정할 수 있다. 회전하는 부분을 로터라 부르고 회전부분의 마찰이 적을 때에는 로터의 회전수는 유속에 비례한다. 이 원리를 이용한 것을 터빈식 유량계이다.

회전수의 검출 방법에 있어서 회전수를 검출하는 데는 날개의 앞부분이 관벽에 있는 피크 Off 코일 근방을 통과하는 횟수를 펄스로 하여 검출한다. 터빈에 들어가는 날개의 재료를 자성재료로 만들었을 때는 영구자석과 날개 사이에 코일을 삽입시켜 자속 밀도의 변화를 검출한다. 내식성 등을 위하여 날개를 자성재료로 만들지 않을 때에는 관벽에 고주파 발진 코일을 삽입하여 날개를 통과할 때 생기는 인덕턴스의 변화를 이용한다.

터빈식 유량 센서의 특징은 다음과 같다.

① 저점도의 유체, 저온 그리고 고온의 유체에도 검출할 수 있다.

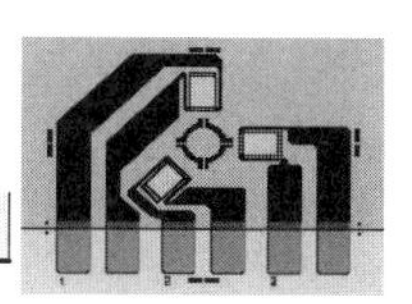

② 전기 전도성이 없는 액체도 압력손이 적게 검출할 수 있다. 그러므로 석유 제품이나 액화 가스에 많이 이용되고 있다.
③ 완전 실드에 의하여 고압, 부식성에 대한 고려가 쉽다.
④ 디지털 검출이 가능하여 디지털 처리가 쉽다.
⑤ 축을 받치는 부분을 보호하기 위하여 액이 청결해야 한다.
⑥ 선회하는 유체를 측정할 때는 오차가 있으므로 상측의 직관부에 선회방지를 위하여 유량 여과기를 삽입하는 경우도 있다.
⑦ 조건에 의하여 조리개형이나 면적식에도 정밀도가 양호한 센서를 얻을 수 있으므로 인입용 유량 센서로도 사용할 수 있다.
⑧ 측정할 때에 기포가 발생하면 오차가 발생하므로 압력을 인가할 필요가 있다.

대표적인 적용 사례로는 화학, 복합 제품, 약제품, 연료, 이온화 액체, 연료추가 등이다.

4 전자식

전자식 유량 센서의 원리는 패러데이의 전자유도 법칙에 의하여 도전성의 물체가 자계속을 움직이면 기전력을 발생하는 자계유도의 법칙을 이용하는 것이고 직경 d(m)의 파이프에 같은 자속밀도 B(Wb/m^2)가 가해져 있고 그 속을 평균유속 v의 도전 물질이 흐르면 자속과 흐름과에 직교 방향으로 설치된 회로에 $E=Bdv$의 전압이 생긴다.

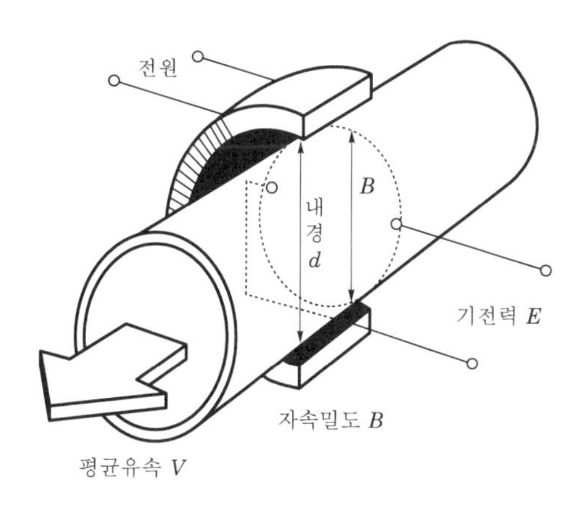

[그림 5-27] 전자식 센서

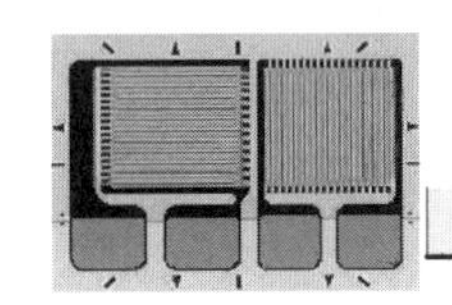

실재로는 분극을 피하기 위해 교류자장(50 Hz, 60 Hz)을 쓴다.

도전률이 작은 유체 즉 기체, 증기, 기름 등의 측정은 곤란하며 최저 도전률은 2~10 μΩ/cm 정도, 최소 유속은 0.5~1 m/s 정도이다.

전자식 유량 센서의 특징은 다음과 같다.

① 압력손실이 없고 이물질이 들어간 액체에서도 검출이 가능하다.
② 평균 유속만을 고려한다. 즉 체적유량이 측정되므로 밀도, 압력, 온도, 유체 등의 영향을 피할 수 있다.
③ 라이닝(lining)보다 내식성, 내마모성, 내압력성의 대책이 손쉽다.
④ 도전성을 갖는 액체에 한정된다.
⑤ 관내가 채워져야 하므로 기포 등을 포함하지 말아야 한다.
⑥ 직관부나 정류장치에 의한 균일화가 요구된다.
⑦ 미약한 신호전압을 취급하므로 정전유도, 전자유도 등에 의한 노이즈를 방지할 대책이 필요하다.

5 초음파식

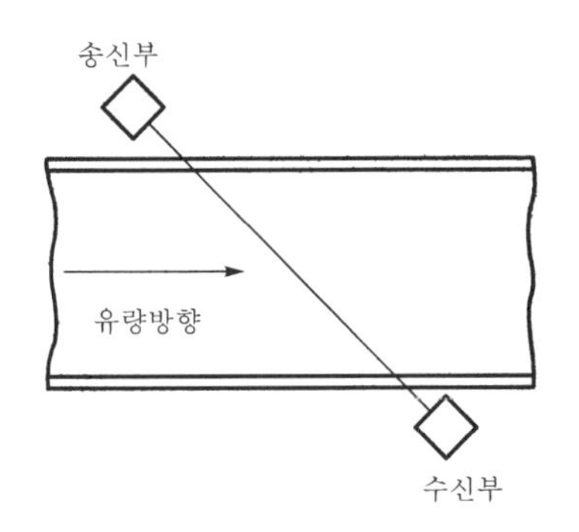

[그림 5-28] 초음파식 유량 센서

초음파식 유량 센서에는 순방향과 역방향의 시간차에 의한 것, 도플러(Doppler)법 그리고 싱크 어라운드(sink around)법 등 세 방법이 있다.

첫째로, 순방향과 역방향의 시간차에 의한 방법은 2조의 발신기 수신기를 사용한다. 즉, 도착하는 데 소요되는 시간의 차는 유속에 비례하므로 Δt를 알면 유속이나 유량을 검출할 수 있다.

둘째로, 싱크 어라운드법은 첫째 방법에서 수신기가 수신하면 동시에 증폭하여

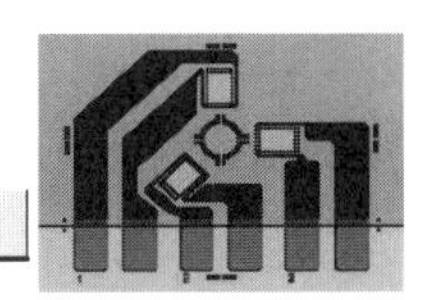

발신기로 되돌아가 발신하게 되며 그 주파수는 시간의 역수가 되므로 그 차 Δf를 구할 수 있다. 즉, 음속에 관계 없이 Δf는 유속에 비례한다.

실제의 장치에는 발신기와 수신기의 진동자는 공동으로 사용하고 관의 외부에 설치하므로 환경 조건이 양호한 장소에 사용해야 한다.

셋째, 도플러법은 발신 주파수의 주파수가 유량에 반사하여 수신 주파수로 될 때 그 주파수의 차 Δf로 유량을 측정한다.

초음파 유량 센서의 특징은 다음과 같다.

① 관의 외부에 설치하므로 추가설치도 가능하여 압손, 부식, 내압, 온도, 점도의 문제도 없고 보수도 쉽다.

② 유체의 음파전달 조건의 영향과 속도분포의 영향을 받는다.

(1) 개수로 및 관로 유량 측정

현재 현장에 이미 설치되어 있는 각종 유량계의 점검 및 보수용 등으로 사용분야가 다양한 휴대형 도플러 및 전파 시간차 방식 초음파 유량계, 개수로용 초음파 유량계를 중심으로 유량 측정 기본 원리에 대해 알아보고자 한다.

도플러 방식과 전파 시간차 방식의 초음파 유량계의 가장 큰 공통적인 특징은 센서가 유체에 직접 접촉하지 않고 측정할 수 있는 것, 배관을 절단하지 않고 센서를 설치할 수 있으며 유체에 접촉하지 않고 유량을 측정할 수 있다는 것이다.

(2) 전파 시간차법을 이용한 관로 유량 측정

전파 시간차법은 초음파가 직접적으로 유체를 통과하는 투과파를 이용하는 방법으로, 유체의 흐르는 방향의 정방향과 역방향으로 초음파를 투과(전파)시키면 일정한 거리(배관 직경)를 각각 전파(투과)하는 시간이 유속에 따라 다르게 나타난다.

이러한 정방향과 역방향의 초음파 전파시간차를 이용하여 변환기를 거쳐 전기적인 신호로 바꾸어 평균 유속(V)을 구하며, 관 내면의 단면적과 곱하여 현재 유량값을 나타내거나 적산 유량값을 나타낸다.

전파 시간차법의 단점으로는 투과파를 이용하므로 유체 속에 초음파를 교란시키는 입자나 기포가 많으면 측정하기 어렵다. 즉, 유체 속에 입자가 섞여 있지 않은 비교적 깨끗한 물이나 상수의 측정에 적합하다.

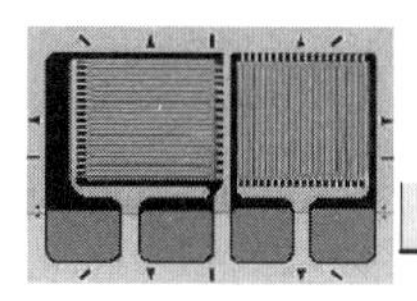

(3) 도플러법을 이용한 관로 유량 측정

도플러법은 송신기에서 초음파를 발생시키고 액체 속의 부유 입자나 기포로 산란되는 초음파(반사파)를 수신하는 방법이다. 즉, 유체 속에 고체입자나 기포 등을 표적으로 삼아 그 이동속도를 측정한다. 도플러법에서는 유체 속에 부유하는 입자가 섞여 있는 것이 필요하므로 유체가 깨끗하면 측정이 곤란하므로 하수나 오수 등 슬러리액의 측정에 적합하다.

(4) 센서의 설치 방법

① Z법의 사용 경우

트랜스듀서 설치 공간이 협소할 때, 혼탁도가 높은 경우, 모르타르 라이닝의 배관, 배관이 노화되어 스케일링이 심한 경우, 일반적으로 트랜스듀서의 거리는 배관 직경의 1/2이다. 직경이 작은 경우 정밀도가 낮아질 수 있다.

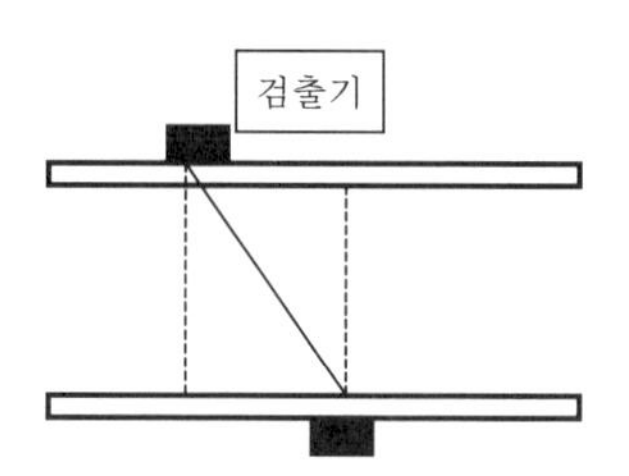

[그림 5-29] Z법 설치

② V법의 사용 경우

가장 일반적인 설치 방법, Z법에 비하여 측정 오차의 감소로 좋은 정밀도를 요구할 때 사용, 설치용 레일을 이용한다.

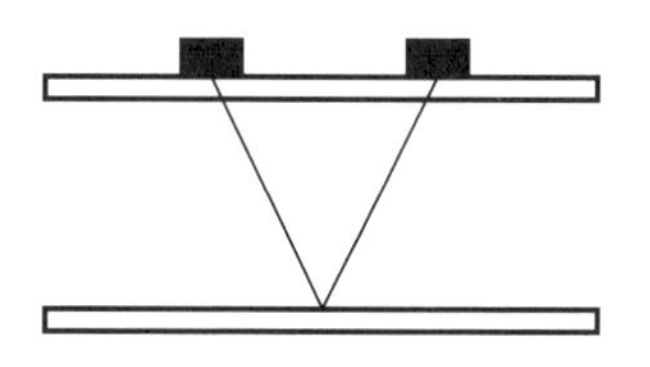

[그림 5-30] V법 설치

③ W법의 사용 경우

배관 직경이 작을 경우(2인치 이하의 경우), 혼탁도가 높은 경우는 적용이 불가하다.

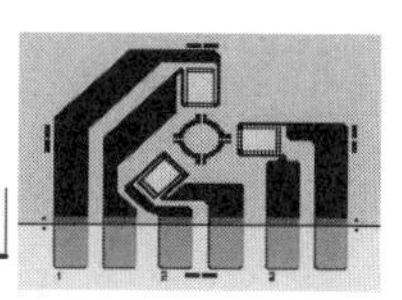

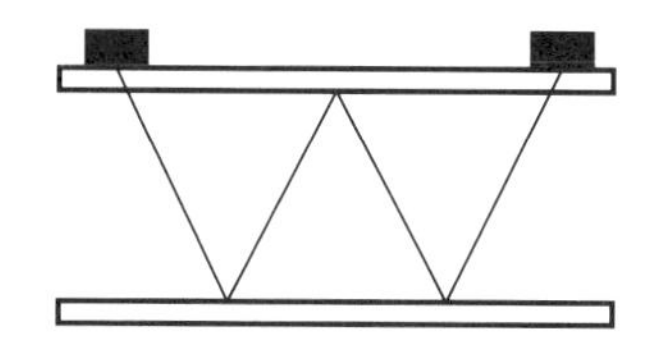

[그림 5-31] W법 설치

6 스로틀식

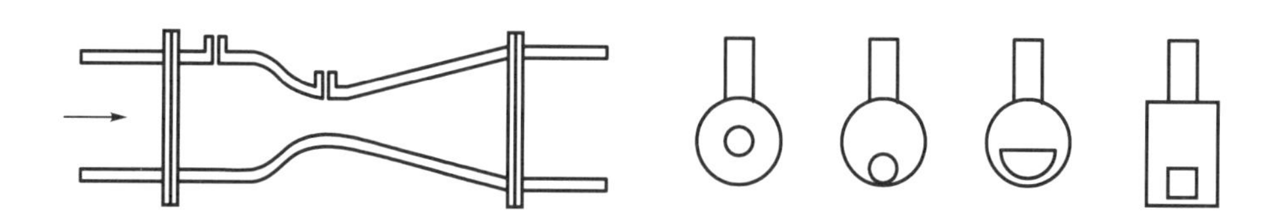

[그림 5-32] 스로틀식 유량 센서

관로 내에 차압 기구를 설치하여 그 전후(상류측과 하류측)의 차압으로부터 유량을 구하는 방법으로 만들어진 유량계이다.

차압 기구로는 오리피스(orifice), 벤츄리(Venturi), 피토(Pitot)관, 노즐(flow nozzle), 가변 오리피스 등이 있다.

스로틀식 유량계에서는 일반적으로 단면적이 원형의 관에 원형의 조리개형 구멍을 갖는 것이 많다. 특징은 압력차는 유량의 2승에 비례하는 것이다. 즉 유량이 적게 되면 압력차가 현저히 작게 되므로 측정정밀도가 좋지 않고 측정 범위가 좁게 된다.

7 소용돌이(vortex)식 유량 센서

유체가 흐르는 도관 내에 유선형이 아닌 물체를 삽입하면 그림과 같은 소용돌이가 발생되는데 이 소용돌이를 카알만 소용돌이라 한다. 어떤 조건에서는 안정하여 연속적으로 나타난다.

도관의 폭을 d, 유속을 v라 하면 발생하는 소용돌이(맥동)의 발생 주파수는 $f = S_t \frac{v}{d}$로 구할 수 있다.

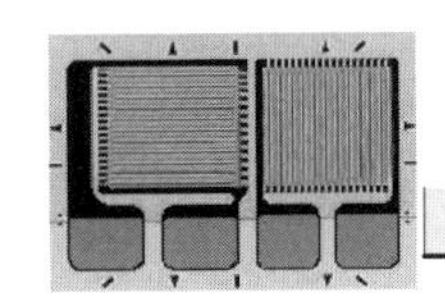

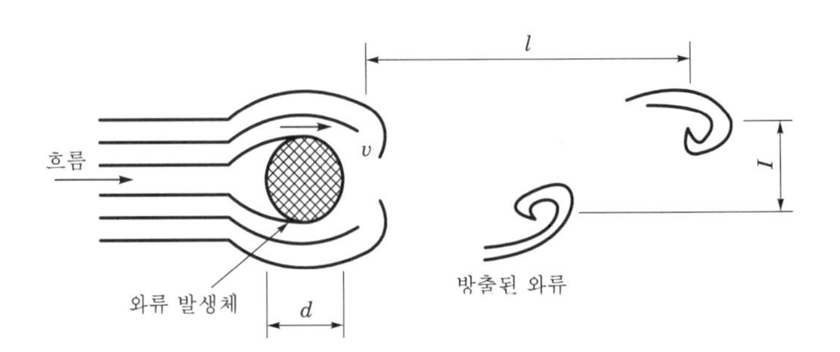

[그림 5-33] 소용돌이식 유량센서

여기서 S_t는 스토로할(Strouhal)수라 말하는데 물체의 형상이나 레이놀즈(Reynolds)수로 결정되지만 실용 범위 내에서는 일정한 것으로 간주하므로 발생하는 소용돌이 수를 검출하여 유속 v를 알 수 있다. Re 수가 500~100,000의 범위에서 약 0.2가 된다. 따라서 소용돌이의 발생수를 알 수 있다면 유속을 알 수 있다. 소용돌이식 유량 센서의 특징은 다음과 같다.

① 유속에 비례한 펄스파를 얻을 수 있으므로 압력, 온도, 유체의 종류에 관계없이 체적유량을 측정할 수 있다.
② 디지털 검출할 수 있으므로 디지털 처리가 쉽다.
③ 압력에 의한 손실이 적고, 유체에 들어가는 부분이 작아 가동부를 최소화시킬 수 있다.
④ 직선관을 필요로 하므로 유속분포가 같은 곳에 설치해야 한다.
⑤ 소용돌이가 발생하는 도관에 오물이 부착하지 않도록 유의해야 한다.

5.2.4 유량계의 분류 및 선정

유량계는 측정 대상인 유체의 종류가 다양하며, 측정환경이 복잡하고, 또한 측정 목적도 다양하다. 따라서 한 종류의 유량계로 모든 유체를 측정하고, 복잡한 환경에 적용시키며, 또한 다양한 측정 목적에 부합시키는 것은 무리이며 불가능하다고 말할 수 있다. 실제로 유량계는 원리가 다양하고 유량계마다 구조가 다상이하다. 따라서 유량계를 올바르게 사용하려면 용도 및 목적에 부합하는 것을 선정하는 것이 그 무엇보다도 중요하다.

유량계는 아래와 같이 분류할 수 있다.

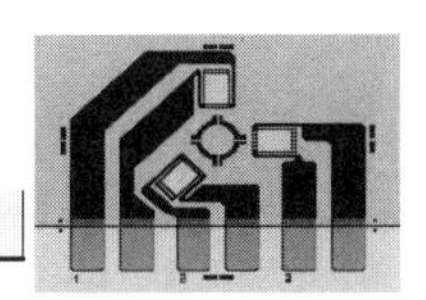

① 측정 유체와 에너지원에 의한 분류
② 검출부의 구조에 의한 분류
③ 측정 유체의 종류에 의한 분류
④ 측정량에 의한 분류
⑤ 측정 유로에 의한 분류
⑥ 측정 원리에 의한 분류

1 측정 유체와 에너지원에 의한 분류

유체가 흐르면 유체 자체가 유동에 의한 에너지를 가지고 있다. 예를 들면 용적 유량계, 차압식 유량계, 면적 유량계 및 터빈 유량계 등은 측정 유체가 유량 측정 소자에 에너지를 공급함으로 인하여 압력손실이라는 형태로 에너지의 손실이 있지만 유량계 자체는 외부에서 별도 에너지를 공급받지 않고도 유량을 측정할 수 있는 특징이 있다.

[표 5-6] 측정 유체와 에너지원에 의한 분류

구분	유체의 에너지를 이용하는 형	별도의 에너지원이 필요한 형
유량계 종류	· 용적 유량계, 터빈 유량계 · 차압식 우량계, 와 유량계 · 면적유량계, Weir 유량계 · Flume 유량계	· 전자 유량계, 초음파 유량계 · 열량질량 유량계
특징	· 압력손실, 수두 손실이 발생 · 전원 등의 별도 에너지원이 불필요 · 검출부가 유체에 접촉됨	· 압력손실이 적음 · 전원 등의 에너지원이 필요 · 검출부가 유체에 접촉이 안 됨

위와는 달리 전자 유량계, 초음파 유량계, 열량 질량 유량계 등은 원리적으로 측정 유체 자체에는 에너지 손실이 없는 대신 유량계 자체는 유량을 측정하고 지시하기 위해서는 외부에서 별도의 에너지를 필요로 한다.

2 측정 유체에 의한 분류

유량계를 사용하는 유체는 기본적으로 액체와 기체이다. 따라서 측정 유체의 종류로 유량계를 분류한다면 액체용, 기체용 및 액체/기체 양용의 3 종류가 있다.

전자 유량계는 유체가 어느 정도 이상의 도전율을 가지고 있어야 하므로 원리적으로는 액체 전용이다. 한편, 열량 질량 유량계는 원리적으로는 양용이지만 액체는 필요로 하는 열량이 너무 크므로 주로 열량이 적은 기체용으로 사용된다.

차압식 유량계나 와 유량계는 원리적으로 양용이다. 차압과 와류를 검출하거나 신호를 변환하는 출력신호가 낮은 기체의 경우도 전자 회로의 발달에 따라 실용화되어 있으므로 검출부와 변환부는 동일한 것으로서 범위를 바꾸면 기체, 액체 모두에 사용할 수 있다.

초음파 유량계나 터빈 유량계는 원리적으로는 기체, 액체, 양용이지만 제품의 질적인 면에서는 액체용과 기체용이 다르다.

예를 들면 기체용 초음파 유량계에서는 액체용에 비해 측정 유체의 밀도가 너무 낮아 진동자를 측정 유체에 접촉시키는 구조로 되어 있어 주파수를 낮추지 않으면 신호 검출 감도를 얻지 못하므로 액체용과는 다른 구조로 만들 필요가 있기 때문이다.

[표 5-7] 측정 유체의 종류에 의한 분류

측 정	유량계 종류
액체용	용적 유량계, 전자 유량계, 초음파 유량계, Weir 유량계, Flume 유량계, 터빈 유량계
기체용	열량 질량 유량계, 초음파 유량계, 용적 유량계, 터빈 유량계
기체, 액체 겸용	차압 유량계, 와 유량계, 면적 유량계

3 측정량에 의한 분류

유량계가 대상으로 하는 측정량의 내용을 분석하여 보면 다음과 같이 다섯 가지로 되어 있다.

① 유속, ② 부피 유량, ③ 질량 유량, ④ 적산 부피 유량, ⑤ 적산 질량 유량

제조 공업에서는 여러 종류의 유체를 적절하게 반응시키기 위해 각각의 유량을 보정할 때가 많다. 이 경우에 필요한 측정량은 질량 유량이다. 즉, 적절한 반응비는 각 성분의 mol비로서 결정되며 mol비는 질량비이다. 따라서 질량 유량을 측정할 필요가 있으나 유체가 액체인 경우에는 일반적으로 질량 유량과 부피 유량과의 사이에는 별 차이가 없거나 또는 차이가 문제가 되지 않도록 조건을 조절할 수 있으므로 부피 유량이 널리 쓰이고 있다.

기체의 경우에는 부피 유량에 온도와 압력을 보정하여 사용하는 것이 필수적이

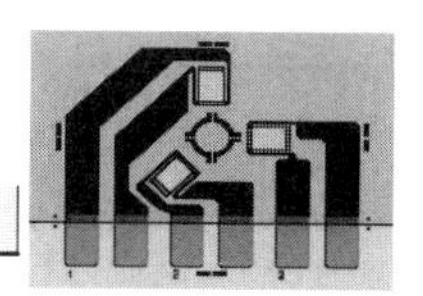

다. 기체용 질량 유량계는 열 방법 이외에 실용화된 것이 거의 없으며 열 방법도 유체가 깨끗하고 적은 유량에만 사용할 수 있다.

적산 부피 유량이 직접 필요한 것은 탱크에 어떤 수위까지 유체를 채울 때와 유체를 뽑아낼 때이다. 유체를 뽑아낼 때는 최종적으로 적산 질량 유량을 측정하여야 할 필요가 있을 때가 많다.

[표 5-8] 측정량에 의한 분류

측정량	유량계의 종류
유속	열선 유속계, 피토관, 전자 유량계 와 유량계, 터빈 유량계, 초음파 유량계
부피유량	차압 유량계, 전자 유량계, 초음파 유량계 Flume 유량계, Weir 유량계, 면적 유량계
질량 유량	열량 질량 유량계, 코리올리 질량 유량계
적산 부피 유량	거의 모든 유량계
적산 질량 유량	거의 모든 유량계

4 측정 원리에 의한 분류

유량계를 측정 원리에 따라 분류하면 직접 유량을 측정하는 것과 간접적인 방법을 이용하여 유량을 측정하는 것으로 크게 나눌 수 있다.

간접적인 방법을 이용하여 유량을 측정하는 것은 다시 유속식 및 기타 방식의 두 가지로 나눌 수 있다.

용적 유량계는 됫박으로써 직접 부피를 측정하고 있으므로 직접 유량을 측정하는 방식이다.

전자 유량계나 초음파 유량계 등의 직접 측정량은 평균 유속으로써 측정관로의 구경이 정해지면 부피 유량을 측정할 수 있으므로 유속식에 속한다.

[표 5-9] 측정 원리에 의한 분류

측정 방식		유량계의 종류
직접식		용적 유량계
간접식	유속식	전자 유량계, 초음파 유량계, 터빈 유량계 와 유량계, 열선 유속계, 피토관, 평균 Pitot tube
	기타 방식	차압식 유량계, 면적 유량계, Weir 유량계 Flume 유량계, 열량 질량 유량계, 코리올리 유량계

차압식 유량계나 위어(Weir) 유량계 등은 베르누이(Bernoulli)의 원리에 의한 압력차에서 유속, 즉 부피 유량을 구하며, 열량 질량 유량계 등도 유량이 아닌 다른 양을 측정함으로써 유량을 구하는 간접적인 방법으로 유량을 측정하고 있기 때문에 간접적인 방법이라 부른다.

5 유량계를 선택하는 방법

유량 측정은 어떤 경우에는 대단히 높은 정도로 유량을 측정하여야 하지만 때로는 대충 측정을 하는 경우도 있다. 개개의 용도에 적합한 유량계를 선택하는 데는

① 측정 유체
② 측정 목적
③ 유량계 가격

등의 많은 요소에 의해 좌우된다. 유량계를 올바르게 선택하는 것은 대단히 어려우며 선정상의 요인을 정확히 이해하고 개개의 유량계의 성질, 특징 등을 잘 이해할 필요가 있다.

(1) 선정상의 주의사항

각종 유량계의 측정 원리는 각각 다르며 그 결과로 유량 측정상의 서로 다른 특징과 제약 조건을 가지고 있다. 그 때문에 유량계를 선정할 때는 각각의 유량계의 측정원리를 잘 이해하고 다음에 표시한 항목에 대해 충분히 검토할 필요가 있다.

① 측정 유체에 관한 것
- 측정 유체의 종류 : 기체, 액체, 슬러리(slurry : 시멘트, 점토, 석회 등과 물의 혼합물)액, 기체 액체 2상류 등
- 측정 유체의 성질 : 점도, 밀도, 부식성의 유무 등
- 측정 유체의 상태 : 온도, 압력, 유량의 대소, 맥동류 등

② 측정 목적에 관한 것
- 매매용, 감시용, 지시용
- 기록, 제어의 필요성
- 유량의 절대치 필요 여부

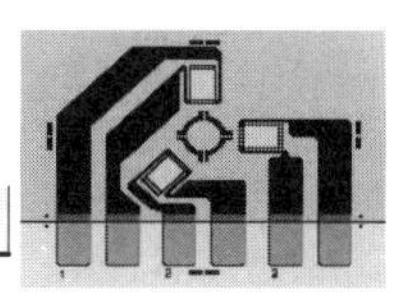

- 유량 변화의 필요성

③ 외적인 조건에 관한 것

- 설치 장소 제한 : 고온지대, 한랭지대, 진동의 유무 등
- 필요한 직관부의 길이 및 배관 조건
- 설치 조건상의 제약

④ 유량계 고유의 특성

- 측정 범위
- 측정 오차
- 유량 범위의 변경 용이도

⑤ 경제성에 관한 것

- 간단한 구조
- 경제성
- 취급 및 유지보수

(2) 측정 유체에 의한 선정 방법

[표 5-10]은 각종 유량계의 측정 유체에 대한 적합성을 표시한 대비이다.

[표 5-10] 측정 유체에 의한 유량계 선정 방법

유량계 \ 유체	기체	증기	기름	물	특수 유체	
					부식	슬러리
전자 유량계	×	×	×	○	○	○
초음파 유량계	○	○	○	○	○	△
와 유량계	○		○	○	△	△
용적 유량계	○	×	○	○	△	×
터빈 유량계	○	×	○	○	○	×
차압식 유량계	○	○	○	○	○	△
면적 유량계	○	○	○	○	△	△
코리올리 유량계	△	△	○	○	○	○

○ : 유량계와 유체와의 결합은 적당하며 쉽게 유량계의 성능을 발휘한다.
△ : 유량계와 유체와의 결합을 추천할 수는 없으나 측정은 가능하다. 단 만족할 만한 결과를 얻지 못할 때가 있으므로 주의할 필요가 있다.
× : 적합치 않다. 원리적으로 측정 불가능하다.

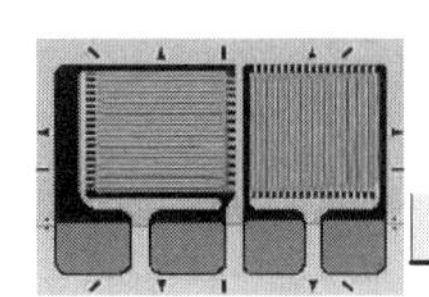

(3) 내역 및 성능에 의한 선정 방법

[표 5−11]은 각종 유량계의 내역 및 성능의 비교표이다. 여기에 표시된 수치는 제작회사에서 제작된 표준품의 값을 참고로 하였다.

[표 5-11] 내역 및 성능에 의한 선정 방법

성능 \ 유량계	전자 유량계	초음파 유량계	와 유량계	용적 유량계
원리	패러데이 법칙 $Q=k \cdot e$ k : 비례정수 e : 발생 기전력	초음파 전파속도 변화를 측정 $Q=k \cdot dv$ $Q=k \cdot df$ dv : 전파속도차 df : 주파수 차	칼만 와류의 발생수를 계산 $Q=k \cdot f$ k : 비례정수 k : 와류 주파수	됫박의 회전수를 계산 $Q=k \cdot N$ k : 비례정수 N : 됫박 회전수
측정 정확도 rangeability	±0.5% rdg 30 : 1	±1% FS 20 : 1	±1% rdg 20 : 1	±0.5% rdg 20 : 1
압력 손실	없음	없음	보통	크다.
가동부 유무	없음	없음	없음	있음
직관부 상류측	$5D$	$10D$	$15D$	불요
직관부 하류측	$2D$	$5D$	$5D$	불요
여과기	불요	불요	불요	필요
표준품의 구경	2.5~3000 mm	25~5000 mm	15~600 mm	10~400 mm

성능 \ 유량계	터빈 유량계	차압 유량계	면적 유량계	질량 유량계
원리	임펠러의 회전수를 계산 $Q=k \cdot w$ k : 비례정수 w : 회전수	베르누이 법칙에 의한 차압측정 $Q=k \cdot dp^{1/2}$ k : 비례상수 dp : 차압	통과면적을 변화시켜 차압을 일정하게 함 $Q=k \cdot A$ k : 비례정수 A : 통과면적	코리올리 힘에 의한 관의 비틀림을 측정 $Q=k \cdot \theta$ k : 비례정수 θ : 비틀림 각도
측정 정확도 rangeability	±0.5% rdg 15 : 1	±1%/0.5% FS 5 : 1/15 : 1	±1% rdg 20 : 1	±0.2% rdg 10 : 1
압력 손실	크다.	크다.	플로트에 의함	크다.
직관부 상류측	$20D$	$20D$	불요	불요
직관부 하류측	$5D$	$5D$	$5D$	불요
여과기	필요	필요	필요	불요
표준품의 구경	15~600 mm	25~3000 mm	10~200 mm	10~200 mm

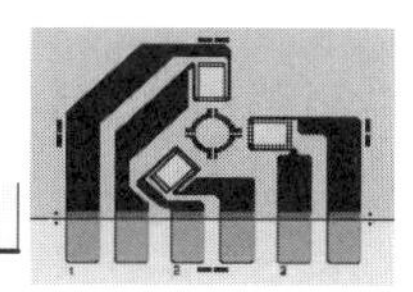

5.2.5 용어 정리

① **유량** : 단위시간에 유선과 직각인 단면적을 통과하여 흐르고 있는 유체(기체, 액체)의 정량(체적, 질량)을 말하며 이러한 것을 측정하는 기기나 장치를 유량계라 한다.

② **자유수면** : 유체의 수면이 직접 대기와 접촉하고 있는 수면을 말한다.

③ **관수로** : 자유수면이 없으며, 경사진 장소의 낮은 곳에서 높은 곳으로 펌프의 가압에 의하여 자유수면이 없는 항상 만수 상태에서 흐르는 형태로 압력식, 펌프 압송식이라고도 하며, 관(pipe)을 만수상태로 흐른다고 하여 관거 관수로라고도 불리운다. 장점으로는 오폐수의 침입이 없으며, 경사진 상방향으로도 수송이 가능하다. 단점으로는 유지관리비용이 고가이며, 누수 및 관(pipe) 파열의 문제점이 있다. 관수로는 주로 상수도용으로 사용된다.

④ **개수로** : 자유수면이 있으며, 경사진 장소의 높은 곳에서 낮은 곳으로 중력의 작용에 의하여 자유수면이 있는 상태에서 흐르는 형태로 중력식, 자연 유하식이라고도 한다. 장점으로는 유지관리비가 저렴하며, 경사진 하방향으로 원거리까지도 수송이 가능하다. 단점으로는 증발에 의한 물 손실, 오폐수의 유입으로 인한 오염 등과 같은 문제점을 가지고 있다. 개수로는 주로 하수도용으로 사용된다.

⑤ **암거 개수로** : 개수로 위에 뚜껑이 있는 방형 단면, 터널 등이 이에 속한다. 원수나 정수 수송에 이용되며, 이러한 형태는 개수로의 일종으로 자유수면이 있는 상태로 흐르며, 육안으로 유체의 확인이 곤란한 경우가 대부분이다. 단면은 원형, 계단형, 장방형, 정방형, 제형 등이 있으며, 가장 많이 사용되는 원형, 즉 관(pipe) 형태를 특히, 관거 관수로라고 불려진다.

⑥ **층류** : 유체역학에서 사용되는 용어로서 유체의 이동 상태가 매우 완만하여 유체가 얇은 층을 형성하여 층과 층이 미끄러지면서 상호 뒤섞임이 없이 질서정연하게 같은 방향으로 흐르는 상태를 말한다. 이와 반대되는 용어를 난류라 한다.

⑦ **난류** : 유체역학에서 사용되는 용어로 유체의 층과 층 사이에 속도가 달라지므로 인하여 가상적인 유체층이 파괴되어 인접 유체와 시간적·공간적으로 불규칙하고 격렬하게 혼합되며 흐르는 상태를 말한다. 또한 유체의 흐름이 층류와 난류의 중간 정도로 흐르는 상태를 천이류라 한다.

⑧ **레이놀즈 수** : 유체운동의 특성을 표시하는데 흔히 사용되는 무차원계수로서,

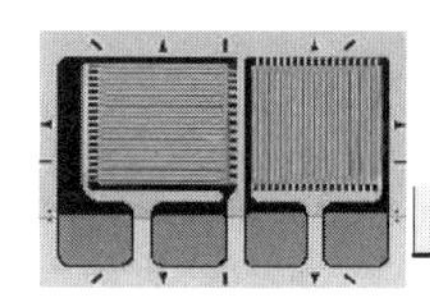

이는 유체 실험장치를 통하여 유체의 흐름을 유체분자운동상태에 따라 층류, 난류 및 천이류로 구분하는데 사용된다. 관경에 대해서는 $Re<2100$ 층류, $Re>4000$ 난류, 입경에 대해서는 $Re<2$ 층류, $Re>500$ 난류로 구분된다.

$$\left(Re = \frac{\rho \cdot V \cdot D}{\mu} = \frac{V \cdot D}{v} = \frac{\text{관성력}}{\text{점성력}}\right)$$

⑨ **베르누이 정리** : 점성을 무시할 수 있는 이상유체(비압축성이며 비점성을 띤 유체)에서 그 밀도가 흐름에 따라 변하지 않으며, 정상적으로 흐르는 경우 압력에너지, 속도(운동) 에너지, 위치 에너지의 합은 언제나 일정하고 그 값은 보존된다(즉, 유체의 에너지 보존)는 관계를 나타내는 정리 및 방정식을 말한다.

$$\frac{P}{\gamma} + \frac{V^2}{2 \cdot g} + z = \text{const}\ (= H)$$

⑩ **압력 손실** : 베르누이 방정식은 비압축성, 비점성인 이상유체에 대해 유도된 것이므로 실제유체에 적용시킬 때는 실제유체가 흐를 때 수반되는 손실수두를 반드시 고려해야 한다. 이러한 손실수두를 압력손실이라 하며, 발생원인은 관의 마찰, 재질, 형태, 길이, 직경, 속도압, 유체의 성상, 확대부, 축소부, 유입부, 유출부, 합류관, 분지관, 연결부위, 곡관, 엘보, 벨브, 구조, 설치형태, 각종 장치 등과 같은 기타 요인에 의하여 나타나며(즉, 흐름이 있는 실제유체는 항상 압력손실이 발생된다고 할 수 있다.), 이를 극복하기 위해 펌프와 같은 동력전달 장치를 사용한다.

5.3 레벨 센서

5.3.1 레벨 센서의 개요

대부분의 레벨 센서는 레벨의 변화 범위를 측정하는 연속 측정방법이거나, 상한 · 하한 등 특정한 레벨에 경계면이 도달한 것을 검출하는 포인트 측정방법으로

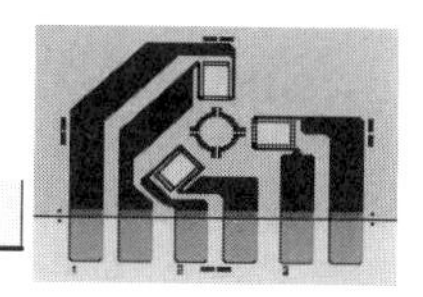

이들은 측정물질의 물리적 특성을 직접 이용하고 있다. 예를 들어 플로트식이나 압력식 등은 측정 유체의 비중을, 정전용량식은 유전율을, 그리고 초음파식은 초음파가 전파하는 매체 중의 초음파 속도 등을 이용하는 것이다. 이러한 특성은 운전조건, 측정환경 등에 의해 크게 변화하는 성질이 있다.

액면계가 대상으로 하는 레벨에는 일반적으로 액면이라고 하는 기체와 액체의 경계면, 물과 오일의 경계와 같은 액체와 액체의 경계면, 또한 정화조나 원유 탱크의 보텀과 같은 액체상 고체의 경계면 등이 있다. 액체의 종류는 단일 성분에서 다성분의 것까지 다양하며 각각 비중, 점도, 유전율 등의 물성도 다르다. 또한 액체의 성질에는 고점도의 것, 부착성의 것, 표면에 거품이 있는 것, 슬러리상의 것, 결정을 쉽게 만드는 것 등이 있으며, 이러한 요소는 레벨 센서 선정에서 특히 유의해야 할 사항이다.

5.3.2 종류

레벨을 검출하는 대상물로는 액체, 고체 또는 이들의 경계면 및 비중이 다른 두 가지 액체의 경계면 등 측정하고자 하는 대상은 매우 광범위하다. 따라서 측정의 목적과 용도에 따라 센서의 종류도 매우 다양하다.

레벨을 측정하는 방법에는 플로트식, 정전용량식, 초음파식, 방사선식, 광전식, 차압식 등이 있다.

① 플로트식 레벨 스위치(액체용)

② 디스프레이스멘트식 레벨 스위치(액체용)

③ 초음파 진동막식 레벨 스위치(액체 · 분체용)

④ 정전용량식 레벨 스위치(액체 · 분체용)

⑤ 도전률식 레벨 스위치(액체 · 분체용) : 전극 간에 흐르는 전류를 검출한다. 분체의 경우, 도전성인 것

⑥ 초음파 빔식 레벨 스위치(액체 · 분체용)

⑦ 마이크로웨이브 빔식 레벨 스위치(주로 분체용)

⑧ 방사선식 레벨 스위치(분체용)

⑨ 음 또는 레벨 스위치(분체용) : 피에조 효과에 따라 진동하는 음 또는 분체가 덮으면 진동이 감쇄하는 것을 이용

⑩ 패들 피스톤식 레벨 스위치(분체용) : 운동편을 상시 움직여서 분체에 의한 저항으로부터 레벨을 검출한다.

5.3.3 변위식 레벨 센서

원료 탱크, 제품 저장 탱크 등에는 부력식 레벨 센서가 필수적이라고 하여도 좋을 정도로 많이 사용되고 있다. 레벨의 측정 정도도 수 mm 정도로 상당히 높고 외부의 영향에 의한 측정 오차도 적고 특히 자동 평행식을 사용하면 ±1.5 mm까지의 레벨 측정도 가능하며 대형 개방 탱크, 구형 탱크, LNG-탱크 등에 주로 사용된다. 원통형의 플로트를 액체 속에 넣을 경우 플로트는 액체 속에 들어간 길이와 밀도에 비례하여 부력을 받게 된다. 그 부력에 의한 플로트의 중력의 변화를 검출하고 토크-튜브를 이용하여 기계적인 변위를 검출하면 레벨을 측정하는 것이 가능하다.

플로트의 부력을 이용하는 부표의 위치 검출방법에 따라 구분하면 다음과 같다.

1 전자식

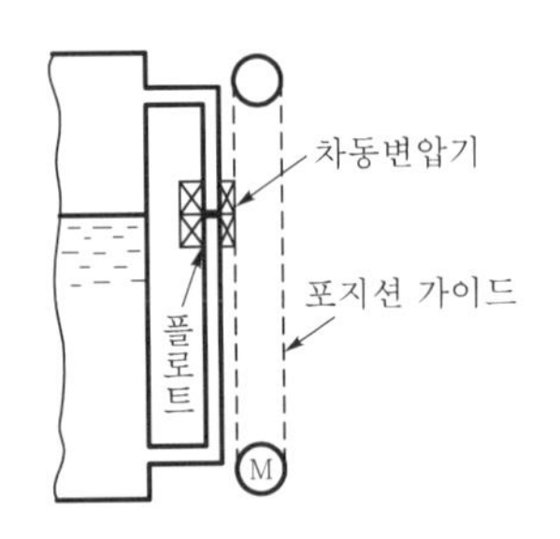

[그림 5-34] 전자식 레벨 센서

플로트에 철편 혹은 자석을 고정하고 가이드에 따른 플로트의 변위를 추종형의 차동 변압기로 검출한다.

2 정전용량식

플로트의 변위를 정전용량의 변위로서 검출한다.

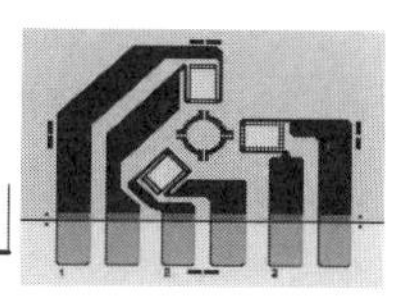

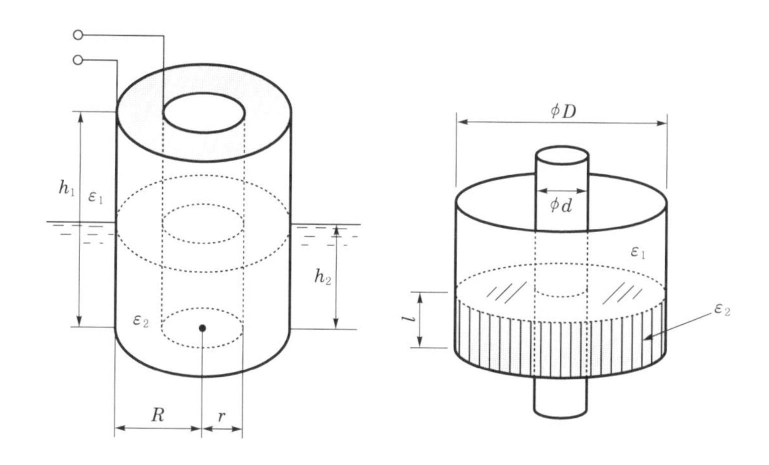

[그림 5-35] 정전용량식 레벨 센서

3 자왜식

플로트의 자석과 자왜(磁歪)선의 관상자계의 교차에 따라서 일어나는 탄성 진동파의 도달시간을 측정한다.

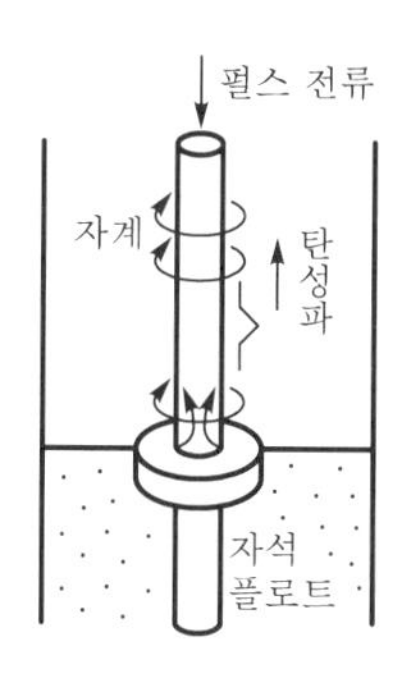

[그림 5-36] 자왜식 레벨 센서

4 플로트식 레벨 스위치

생산 현장에서 가장 많이 사용되고 있는 레벨 스위치이다. 액면이 변하면 플로트의 부력도 변하여 상하로 움직이게 된다.

액면의 변위와 플로트의 변위는 서로 비례하여 움직이는 것을 이용하여 상부에 설치된 리드 스위치를 동작시킨다.

장점은 리드 스위치의 위치를 이동시키는 것이 가능하여 측정점의 변경도 할 수 있다.

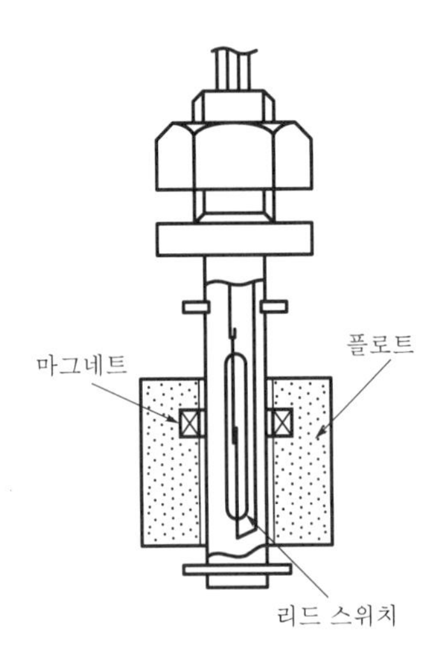

[그림 5-37] 플로트식 레벨 센서

5 기계식

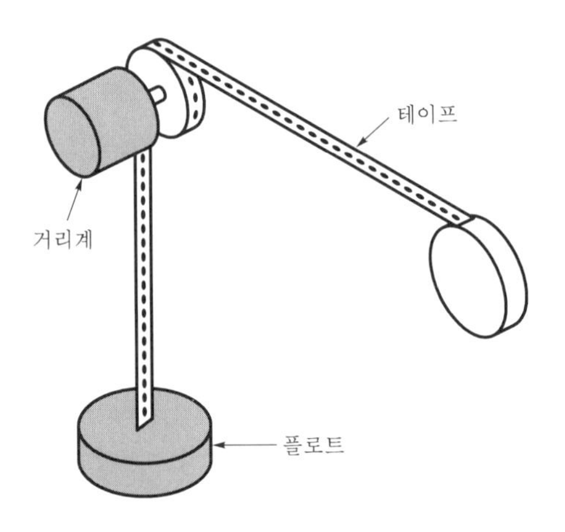

[그림 5-38] 기계식 레벨 센서

액면에 플로트를 띄어 두고 일정한 장력으로 위에서 당기게 되면 플로트의 부력과 평행을 이루게 되고 장력이 없으면 플로트는 물 속에 잠겨 버린다. 플로트에 걸리는 장력을 일정하게 하기 위하여 액면의 변화에 따라 테입의 길이 만큼 장력을 증감시키며 플로트를 정지시켜 액위를 측정한다.

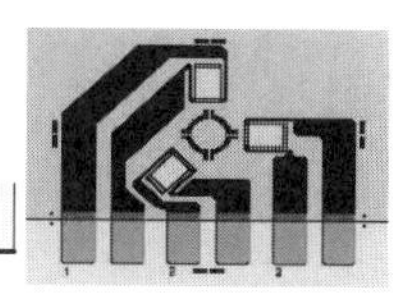

5.3.4 초음파식 레벨 센서

초음파식 레벨 센서는 탱크 상부에서 초음파를 발사하고 발사된 초음파는 액면에서 반사되어 상부로 되돌아온다.

이때 상부로 되돌아오는 반사파의 왕복 시간을 측정하면 탱크의 레벨을 측정하는 것이 가능하다.

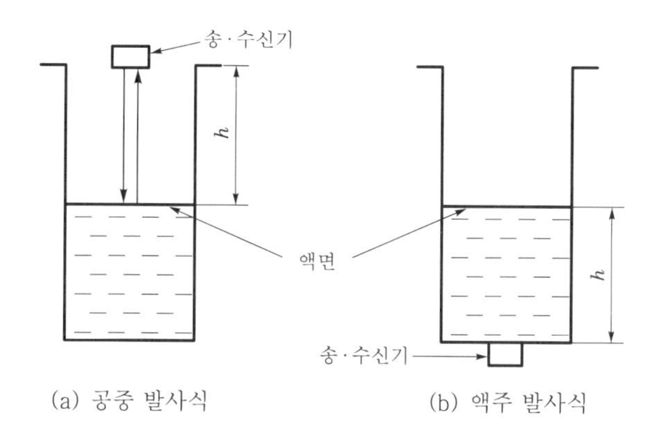

[그림 5-39] 초음파식 레벨 센서

5.3.5 정전 용량식 레벨 센서

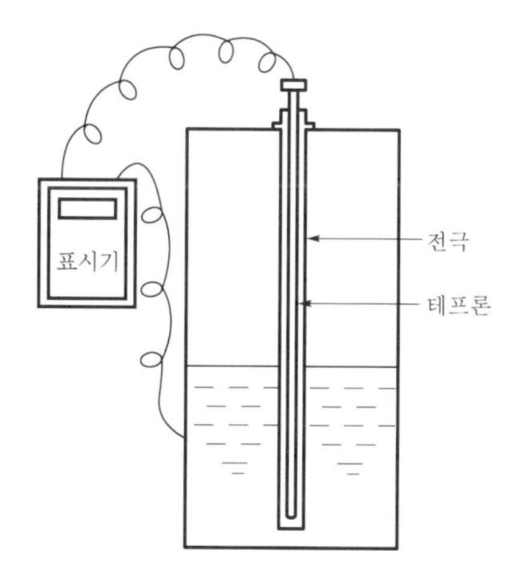

[그림 5-40] 정전 용량식 레벨 센서

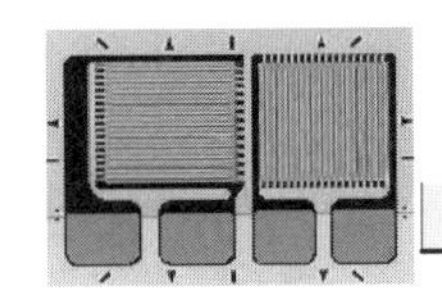

전극 한 개를 탱크 내부에 설치하면 전극과 탱크 사이에 정전 용량이 변화한다. 이 정전용량은 액면이 상승하면 증가하고 반대로 액면이 하강하면 감소한다. 이러한 정전용량의 변화를 검출하여 레벨을 측정한다.

5.3.6 압력식 레벨 센서

차압식 레벨 센서는 보다 광범위하게 사용되고 있다. 보통 레벨의 측정 거리가 2,000 mm 이하의 레벨 측정은 변위형이 주로 사용되고, 그 이상의 레벨 측정에서는 차압식 레벨 측정 방법이 가장 광범위하게 사용되고 있다.

측정 방법은 가장 단순하다. 탱크 하부의 액체 측을 도압관을 이용하여 전송기의 고압 측에 연결하고 저압 측은 탱크 상부의 가스 측에 연결한다.

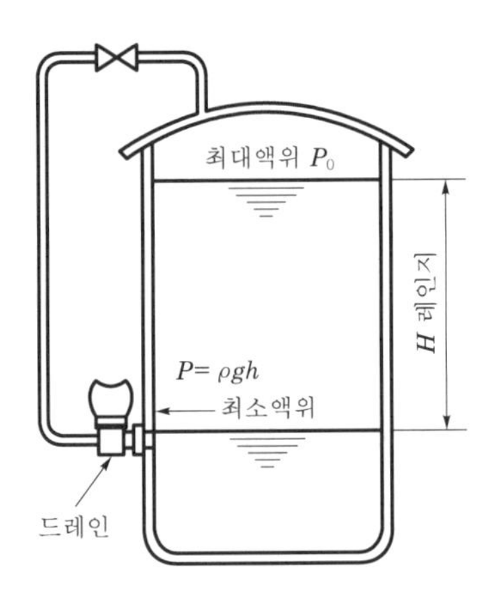

[그림 5-41] 압력식 레벨 센서

탱크 내 액체의 헤드(head) 압력은 정확하게 액위의 높이와 비례하기 때문에 헤드의 압력을 측정하면 레벨을 측정하는 것이 가능하다.

액면의 높이가 h인 경우 높이와 압력의 관계는 $P_h = P_0 + \rho gh$이 된다.

따라서 $h = (P_h - P_0)/\rho g$가 된다.

여기서 ρ는 액체의 밀도(kg/m^3), g는 중력 가속도이다.

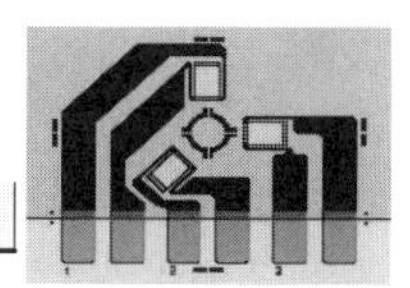

5.3.7 사용시 주의 사항

레벨 센서의 선정시 액주관-게이지를 제외한 레벨 센서는 원칙적으로 변위형 레벨 센서를 사용한다. 단, 액면의 높이가 2 m를 초과하는 경우에는 차압식 레벨 센서를 사용한다.

이와 같이 화학 공장에는 변위형 레벨 센서가 주류를 이룬다. 그 이유로는 구조가 간단하고 신뢰성이 높기 때문이다.

1 액비중을 이용한 레벨 센서의 경우

액면계를 사용하는 경우 그 액체의 특성을 고려해 레벨 센서를 선정해야 한다. 액체의 비중을 이용한 레벨 센서에는 플로트식이나 압력식 등이 있다. 비중의 변화는 측정값의 오차로 나타나는데, 일반적으로 프로세스 계측 또는 제어에 사용되는 레벨 센서에서는 운전조건이 일정하게 제어되고 있기 때문에 비중 변화가 거의 없으며, 운전조건에서 규정된 비중으로 조정된 레벨 센서를 사용하면 문제가 없다. 반면에 설비의 운전 시작과 같은 때와 같이 운전조건이 정상상태와 다른 경우 등에 측정오차가 발생할 수 있다.

2 유전율을 이용한 레벨 센서의 경우

물질의 유전율을 이용한 레벨 센서에는 정전용량식이 있다. 물의 비유전율은 0℃에서 88, 20℃에서 80, 100℃에서는 48이며, 일반적으로 비유전율은 물질의 온도변화에 민감하고 물질의 온도가 상승하면 비유전율은 하강하는 특성이 있다. 정전용량식 레벨 센서에서는 측정에 비유전율이 개재되므로 온도조건에 충분한 주의가 필요하다.

그러나 일반적으로 프로세스 조건이 결정되면 온도변화는 작다고 생각하고 사용하는데, 온도변화가 작아도 비유전율이 작은 물질이나 부착성의 것이 있는 물질 및 고정밀도 측정이 요구되는 경우에는 특히 주의해야 한다.

3 초음파를 이용한 레벨 센서의 경우

기체 중의 음파의 속도를 계측해 레벨의 위치를 알아내는 레벨 센서로 초음파식이 있다.

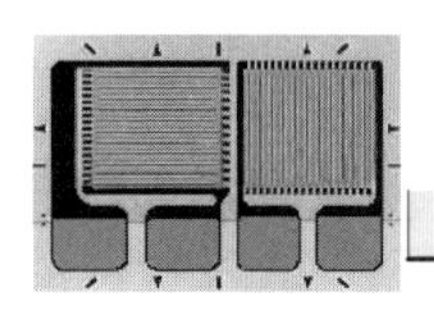

음의 속도는 T℃의 건조한 공기 중에서는 $C=331.45+0.604T$(m/s)이며, 초음파식 레벨계도 온도변화의 영향을 받는 점에 주의할 필요가 있다. 온도가 변화하는 프로세스에서 사용되는 경우는 기체의 온도를 측정해 음속을 보정할 필요가 있다.

초음파의 전파 매질로서 기체 공간 중을 주행하는 방법은 비접촉 측정법으로서는 가장 우수한 방법이지만 온도, 압력 및 탱크 내의 측정환경 등에는 충분한 주의가 요구된다.

제6장

운동량 센서

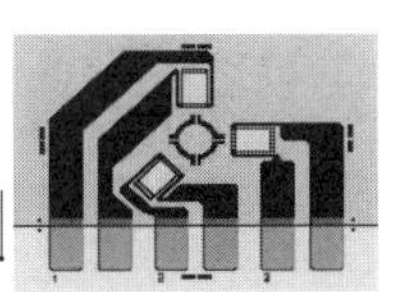

6.1 속도 센서

6.1.1 속도 센서의 개요

속도 센서는 기계의 운전상태를 감시하거나 고장의 조기발견 등을 위한 중요한 계기이다. 회전기계의 회전수를 측정하는 회전계의 원리는 기계적인 것, 유체를 이용한 것, 전기와 자기를 이용한 것, 빛을 이용한 것 등 각종의 것이 있으며 그 공통원리는 계측기축의 회전으로 어떠한 힘을 유기시키게 하는 것인데 기계의 조건과 측정 목적에 따라서 적당한 것을 선택할 필요가 있다.

6.1.2 직선 속도 센서

물체의 속도를 검출하는 센서로는 초음파, 레이저, 마이크로파 등의 도플러 효과를 이용한 속도 센서가 있다. 이들 중에서 레이저는 지향성이 좋고, 파장도 짧기 때문에 미세한 속도 변화를 검출할 수 있다.

리니어 인코더나 리니어 퍼텐쇼미터도 변위 측정뿐만 아니라 속도 측정에도 이용된다. 속도는 가속도를 적분하여 얻을 수 있기 때문에 가속도 센서를 이용하는 경우도 있다.

1 도플러 효과

음원과 관측자의 상호 이동방향에 의해 관측자가 듣는 음의 주파수는 변하게 된다. 이것을 도플러 효과라 한다.

일직선상을 음원과 관측자가 한 매질에서 V_1과 V_2의 속도로 움직일 때 음원의 주파수를 f_0, 관측자가 듣는 주파수를 f_r라 하고 음파의 속도를 C라 하면 f_r은 다음과 같다.

$$f_r = f_0 \frac{C \pm V_2}{C \pm V_1}$$

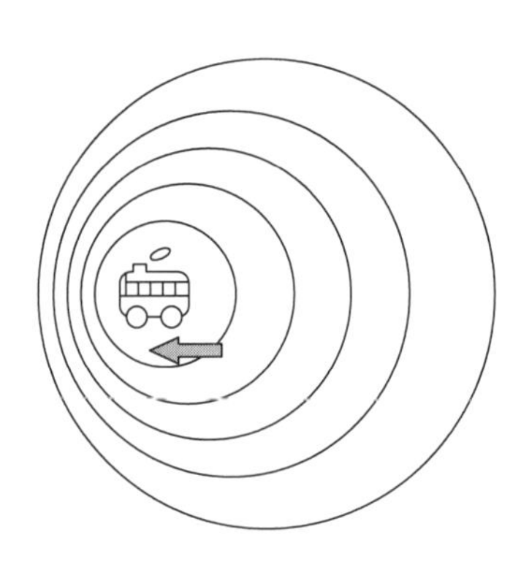

[그림 6-1] 음원이 다가오는 경우

그러므로 음원과 관측자가 서로 가까워질 때에는 주파수는 크게 되고 멀어질 때는 작아지게 된다.

이러한 도플러 효과는 소리뿐만이 아니라 주파수를 갖는 모든 전자기파에서도 같은 원리가 적용된다.

예를 들어 빛도 멀어질 때는 파장이 길어져 빨간색(적색편이)으로 치우쳐 보이고, 반대로 다가오고 있을 때는 파장이 짧아져 보라색(청색편이)으로 치우쳐 보인다. 적색편이는 우주가 팽창하고 있음을 증명할 때 이용되었다.

2 초음파 진단

진단 계측적 이용의 측면에서는 이미 초음파 진단장치의 우수한 개발로 인해 다른 진단 장치에 비하여 그 우수성이 충분히 인정되고 있다.

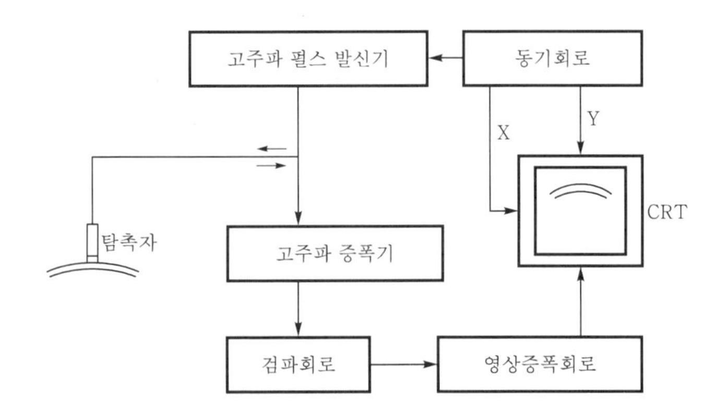

[그림 6-2] 초음파 진단

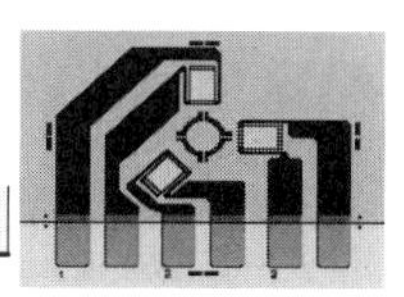

일반적으로 복부 장기를 비롯하여 산부인과적 진단 등에서 얻어지는 초음파 영상은 물론, 혈관의 구조와 혈류 상태를 천연색의 영상으로 기록하여 진단하는 부분에까지 널리 사용되어 지고 있다.

초음파가 인체 내부에 발사되어 어느 물체에 부딪히면 반사되어 탐촉자로 되돌아오게 되는데 이런 과정은 상당히 짧은 시간 내에 반복하여 이루어진다. 반사되어 되돌아온 초음파는 다시 탐촉자로 수신하여 수신기 및 신호증폭기에 의해 정형, 증폭되어 어떤 장기의 모양과 같은 영상이 나타나게 된다.

센서 어셈블리는 프로브라고도 하며 진동자를 수십 개 이상 배열하여 기술적으로 플라스틱 케이스에 넣어 제작되었으며 검사부위 및 목적에 따라서 그 모양과 크기가 다르다.

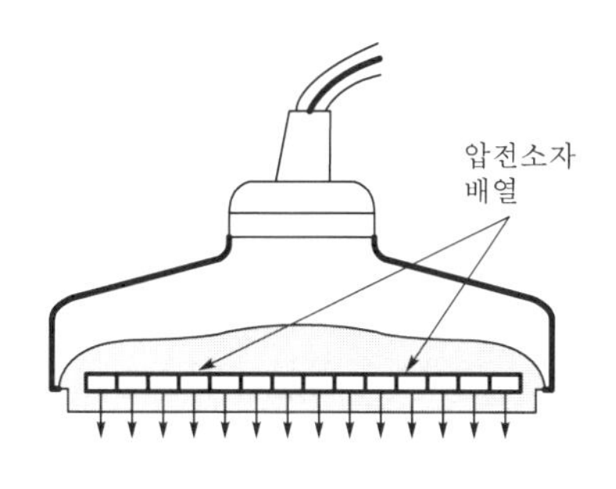

[그림 6-3] 탐촉자

3 실린더 속도 계측

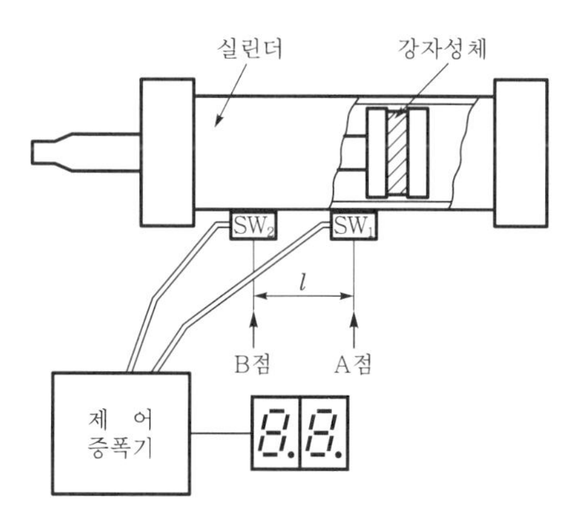

[그림 6-4] 실린더 속도

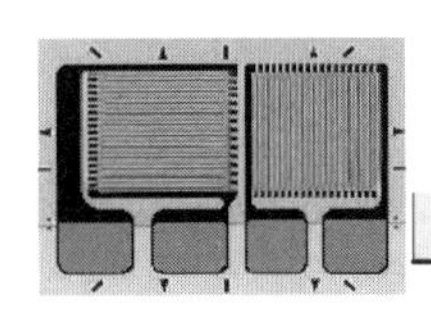

속도는 거리를 시간으로 나누어 구할 수 있다. 따라서 실린더의 속도를 측정하기 위해 l만큼 거리를 두고 SW_1과 SW_2를 실린더에 설치한다. 이 때 실린더가 이동하면 각 스위치는 A점과 B점에서 출력을 낸다.

이것을 제어 증폭기에서 검출하고 SW_1의 출력이 나온 다음 SW_2의 출력이 나올 때까지의 시간 t를 측정한다.

6.1.3 회전 속도 센서

메커트로닉스 제품의 기능을 충분히 발휘시키려면 제어부, 액추에이터부도 중요하지만 가장 중요한 것은 인간의 오감 역할을 하는 센서부라 해도 과언은 아니다. 예로, 고성능 서보 모터나 제어 장치를 사용해도 시스템 전체의 구성을 담은 속에서 센서의 성능과 형태가 일치되어 있지 않으면 경제적인 서보 제어를 할 수가 없다.

즉, 기계의 운전 속도는 회전수, 이동 속도, 사이클 타임 등에 의해 표현되며 이런 것을 측정하는 계측 장치를 회전계 또는 속도계라 한다.

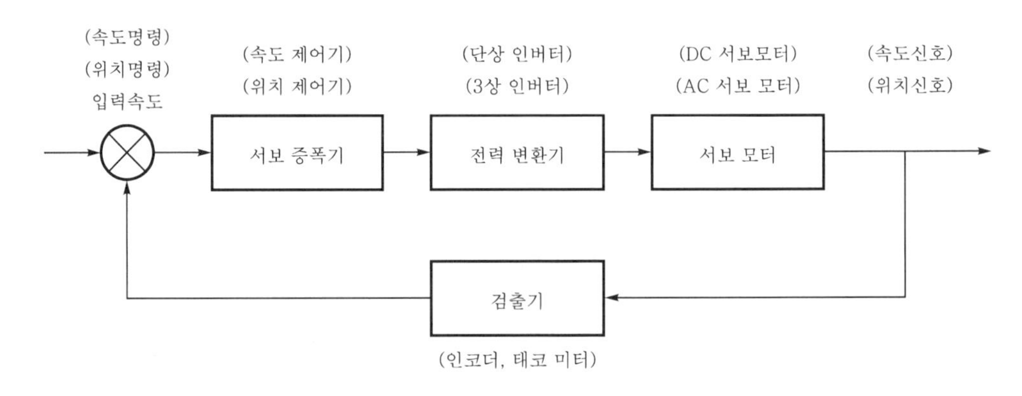

[그림 6-5] 서보 모터 제어 시스템의 기본 구성

[그림 6-5]은 서보 모터 제어 시스템의 기본 구성을 나타내고 있다. 제어 대상인 서보 모터에는 DC 서보 모터와 AC 서보 모터가 있다. 또한 제어 대상이 DC 서보 모터인 경우의 전력 변환기는 단상 인버터이며, AC 서보 모터 경우에는 3상 인버터가 구성된다.

검출기는 모터의 출력 변수를 제어기의 변수들과 일치시키기 위해서 변위, 입

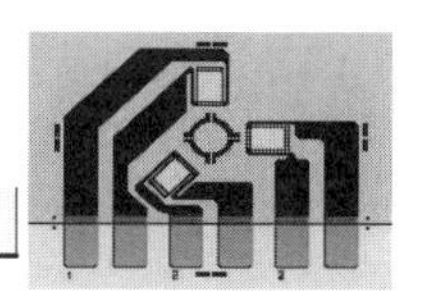

력, 전압 등과 같은 적당한 변수들로 바꾸는 장치로서, 제어 명령인 입력 신호와 모터의 출력 신호를 비교하는 과정에서 사용된다. 이러한 제어를 귀환 루프라 한다.

현재 각 서보 모터에 사용되고 있는 회전 속도 검출기로는 태코 제너레이터, 인코더, 리졸버 등이 있고, 위치 검출기로는 인코더, 리졸버, 인덕토신 등이 대표적인 것으로 사용되고 있다.

[표 6-1] 서보 모터용 검출기의 비교

항목	특 징	속도 센서	위치 센서
직류 태코 제너레이터	· 회전속도에 비례한 아날로그 전압을 출력 · 구조가 간단 · 저렴	· 회전속도에 비례한 아날로그 전압을 사용 · 필터 정수, 리플 수명에 요주의	· 불가
브러시리스 제너레이터	· 회전속도에 비례한 아날로그 전압을 출력 · 신뢰성이 높다. · 고온 동작에 불리	· 아날로그 스위치 및 홀 IC에 의해 아날로그 합성 전압 발생 · 잔류 출력 전압에 요주의	· 불가
옵티컬 인코더	· 처리회로가 간단 · 디지털 신호이므로 노이즈 마진이 크다. · 고분해능화가 용이 · 진동, 충격에 약하다. · 고온 동작에 불리	· 인크리먼트 펄스를 F−V 변환, T/V 변환함으로써 가능 · 디지털 데이터로도 취급할 수 있다.	· 인크리멘탈 펄스를 사용 · 원점 펄스도 용이
리졸버	· 구조가 튼튼하다. · 진동, 충격에 강하다. · 고온 동작이 가능 · 처리회로에 따라 쉽게 분해능이 바뀐다. · 처리회로가 복잡 · 온도 특성이 나쁘다.	· 진폭 변조에 의한 복조후 신호를 미분 합성하여 아날로그 전압을 발생 · 위상 변조에 의한 단위 시간의 위상 변화를 속도 데이터로 사용	· 2극 리졸버는 업솔루트 인코더와 동일한 기능을 갖는다. · 처리 회로에 따라 인크리 멘탈 펄스도 발생가능

1 태코 제너레이터

태코 제너레이터(tacho-generator)는 발전기의 기전력으로부터 회전수를 측정하는 아날로그식 센서이다. 이는 교류 발전을 하는 것과 직류 발전을 하는 것

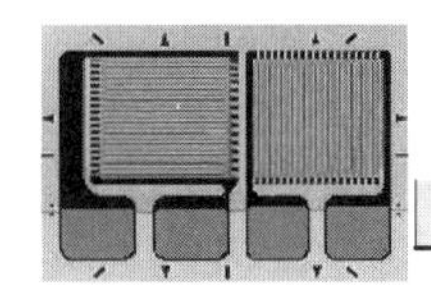

이 있으며, 회전 속도에 대한 출력 전압의 직선성이 좋다.

직류형은 회전 방향을 계측할 수 있지만 브러시의 마모라는 단점이 있다. 또한 이것을 브러시리스화한 브러시리스 DC 태코 제너레이터가 있다. 이 회전 센서는 계측기 이외에 서보계의 속도 귀환 센서로 많이 사용되고 있다. 교류형은 회전축에 교류 발전기를 장치하고 교류 지시계로 읽어낸다.

직류형에 비해 크기가 작고 견고해서 진동이 있는 장소에 설치해도 잘 고장나지 않는 특성이 있다. 단상, 2상, 3상의 교류를 얻을 수 있는 것이 있으며 단상이 가장 널리 이용되고 있다.

교류형에는 유도형 AC 태코 제너레이터, 주파수와 출력 전압이 변화하는 영구자석형 AC 태코 제너레이터, 그리고 속도 변화를 주파수로 출력함으로 저속영역의 문제점을 개선한 주파수 발전기(FG : frequency generator)가 있다. 이들은 발전자를 같은 자계 중에서 회전했을 유기되는 전압, 또는 주파수가 회전속도에 비례하는 것을 이용한다. 직류형 태코 제너레이터는 회전 방향에 따라 출력전압의 극성이 바뀌고, 교류형 태코 제너레이터는 위상이 반전된다.

(1) 유도형 AC 태코 제너레이터

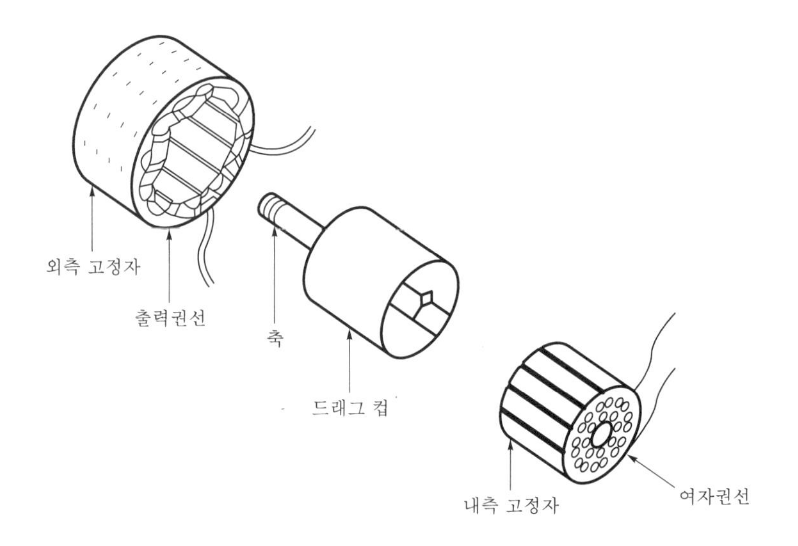

[그림 6-6] 유도형 AC 태코 제너레이터 구조

유도형 AC 태코 제너레이터의 구조는 전자강판을 적층한 외측 고정자(outer stator)에 출력 권선이, 내측 고정자(inner stator)에 여자 권선이 감겨져 있으

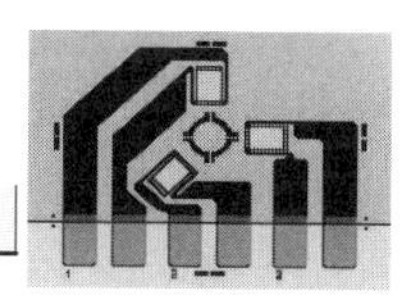

며, 그 사이에 도전 재료(Cu, Al 등)로 만들어진 드래그 컵(drag cup)이라는 회전자를 넣은 것이다. 구조에서 출력 권선과 여자 권선은 서로 전기적으로 직교하도록 구성되어 있다. 따라서 유도형 AC 태코 제너레이터가 정지하고 있는 동안에는 드래그 컵의 자속이 출력 권선에 유도되지 않고, 회전시에는 여자 권선에 의한 와전류를 드래그 컵이 출력 권선에 유도시켜 유도 전압을 발생시킨다. 이 출력 전압은 회전수에 거의 비례하고 주파수는 여자 전압과 동일하며, 위상은 회전 방향에 따라 반전한다.

유도형 AC 태코 제너레이터는 항공 계측, 서보 제어에 주로 이용되어 왔다.

유도형 AC 태코 제너레이터의 특징은 다음과 같다.

① 출력 전압은 여자 전압과 같은 주파수이며 약간의 위상 편차가 있다.
② 출력 전압은 여자 전압의 변동에 영향을 받는다.
③ 빠른 속도에서는 출력 전압의 직선성이 떨어진다.
④ 주위 온도와 태코 제너레이터의 자체 발열에 의한 온도 영향을 받는다
⑤ 브러시식 DC 태코 제너레이터에 비해 신뢰성이 높다.

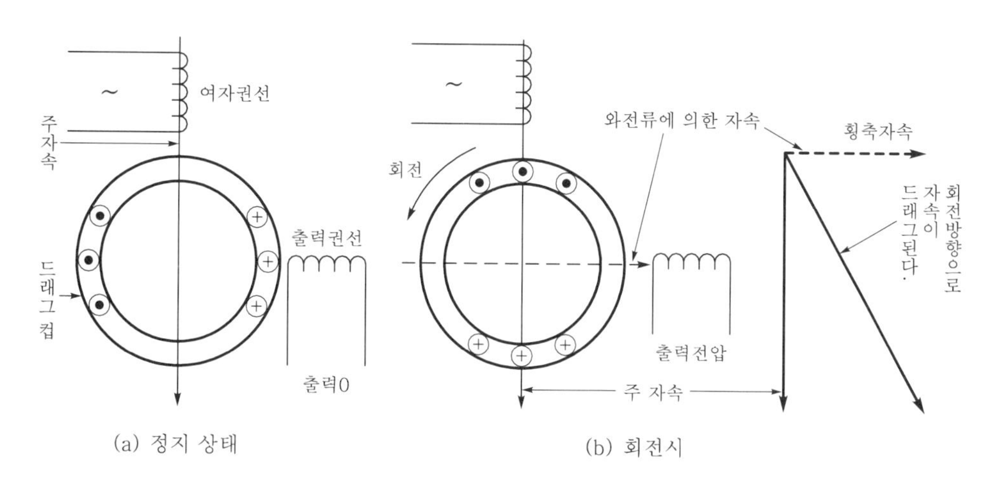

[그림 6-7] 유도형 AC 태코 제너레이터의 동작

(2) 영구 자석형 AC 태코 제너레이터

영구 자석형 AC 태코 제너레이터는 회전자를 영구 자석으로 사용하고 고정자는 2상 또는 3상 권선의 구조로 구성되어 있다. 영구 자석을 회전시키면 고정자 권선의 각 상에는 속도에 비례한 교류 형태의 전압과 주파수가 출력 전압으로 얻어진다.

저속에서는 출력 전압과 주파수가 모두 감소하여 사용의 한계가 있다. 회전 방향은 각 상간의 위상을 관찰하여 판별한다.

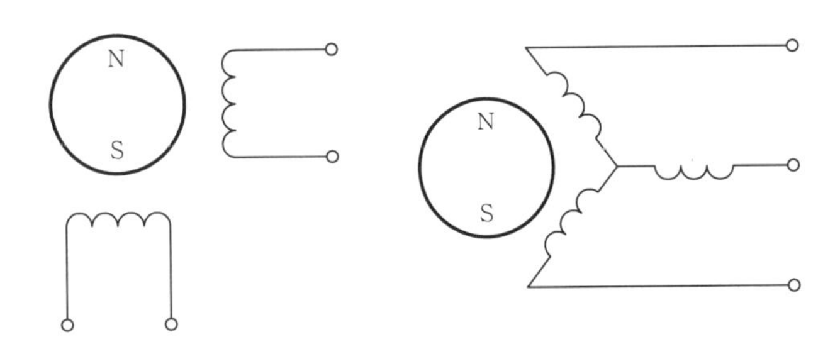

[그림 6-8] 영구 자석형 AC 태코 제너레이터

영구 자석형 AC 태코 제너레이터의 특징은 다음과 같다.

① 출력 전압과 주파수가 속도에 비례한다.

② 정류자와 브러시의 섭동부가 없어 수명이 길다.

③ 유도형보다 큰 출력을 얻기가 쉽다.

④ 여자 전류가 필요 없다.

(3) 주파수 발전기

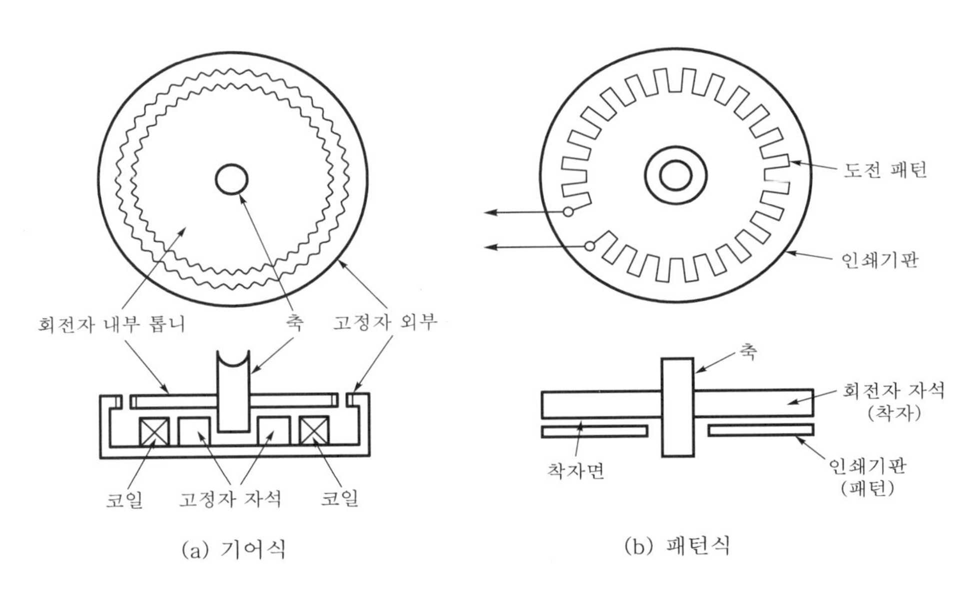

(a) 기어식

(b) 패턴식

[그림 6-9] FG

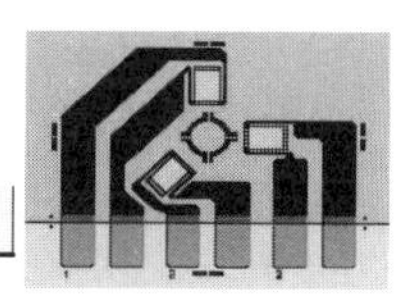

주파수 발전기 즉, FG는 회전 속도에 비례한 주파수를 발생하는 것이다. 이는 모터의 회전수를 주파수로 검출하는 방식으로, 회전자에 다극으로 착자된 검출용 영구자석과 이를 향해 고정자에 원형으로 배치된 구형상의 검출 패턴으로 구성된다. 일반적으로 마그넷(검출용 자석)은 로터와 일체화되어 모터가 1회전할 때마다 마그넷 극 수의 1/2 주파수를 가진 전압을 발생한다.

(4) DC 태코 제너레이터

DC 태코 제너레이터는 원리적으로 영구자석형 직류 발전기의 구조와 같다. 즉, 코일에 발생된 교류 전압을 정류자와 브러시에 의해 직류 전압으로 출력하고 있다.

이는 비교적 저속도의 회전 측정에 적합하며 회전 방향이 반대되면 지시도 반대가 되므로 전진, 후진을 측정하는 데 편리하다.

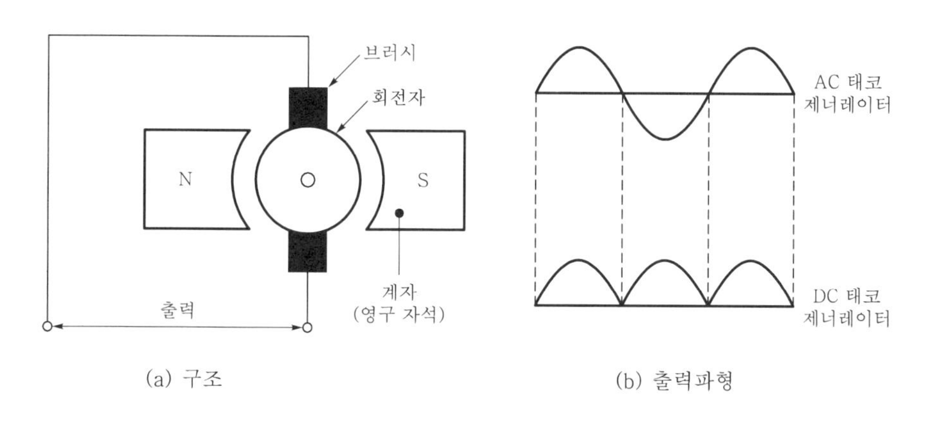

(a) 구조　　(b) 출력파형

[그림 6-10] DC 태코 제너레이터

속도 검출기로의 DC 태코 제너레이터에 대한 요구 특성은 다음과 같다.

① 속도에 대한 출력 전압의 직선성이 좋을 것
② 출력 전압에 포함된 리플이 적을 것
③ 회전 방향에 대한 출력 전압의 편차가 없을 것
④ 출력 전압의 온도 드리프트가 적을 것
⑤ 회전자 관성 모멘트가 작을 것
⑥ 회전의 마찰 토크가 적을 것
⑦ 출력 감도가 높을 것

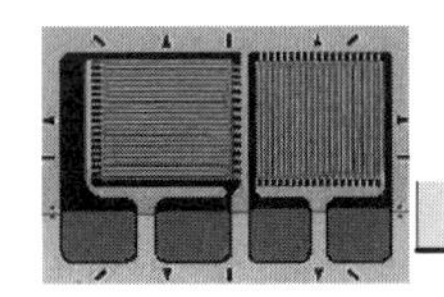

(5) 브러시리스 DC 태코 제너레이터

브러시리스 DC 태코 제너레이터의 발전부는 영구 자석형 AC 태코 제너레이터의 회전자와 같은 구성을 갖는다. 교류 출력 전압은 전자 회로에 의해 정류하고, 리플을 최소화하기 위해 홀 소자를 이용하여 회전자의 회전 위치를 확인하고 있다. 홀 소자의 출력을 디코더에 입력하여 순차적으로 아날로그 스위치를 구동시킨다. OP 앰프는 출력 전압을 필요로 하는 신호 레벨로 증폭하게 된다.

일반적으로 브러시리스 DC 태코 제너레이터는 공작 기계의 서보 기구용으로 많이 사용되고 있어, 온도, 진동, 기름 등에 대해 내환경성이 높다.

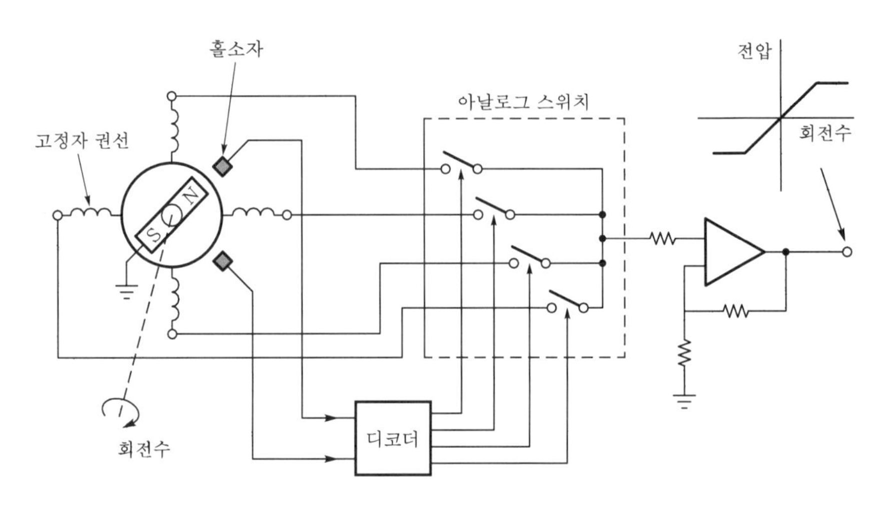

[그림 6-11] 브러시리스 DC 태코 제너레이터 구성

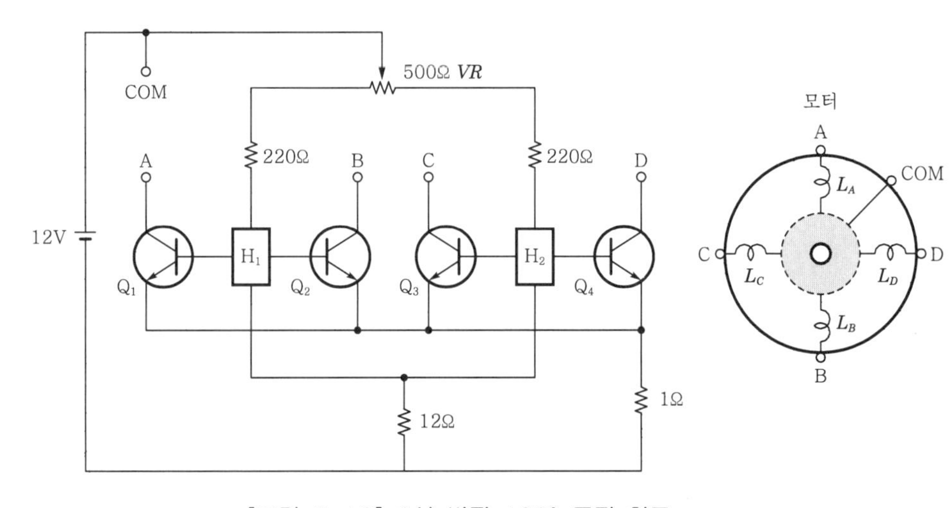

[그림 6-12] 2상 반파 180° 통전 회로

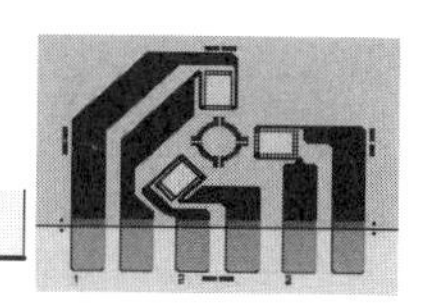

[그림 3-12]는 홀 소자 2개와 트랜지스터 4개를 사용해서 브러시리스 모터의 2상 반파 180° 통전 회로를 나타낸 것이다.

회로에서 500Ω *VR*은 홀 소자의 바이어스용이고, 홀 전류의 설정과 4개 트랜지스터 구동은 220Ω과 12Ω에 의해 주어진다. 이 회로는 모터의 전력 효율이 낮아 주로 수 W 정도의 소형에 제한한다.

2 전자식 태코미터

태코미터(tachometer)란 회전 속도계를 의미하는 것으로 기계식, 전기식, 전자 회로식 등으로 분류된다. 이들 모두는 태코미터 구조 내에서 이동 거리 또는 이동 각도를 시간으로 나누는 연산이 수행되고 있다.

전자식 태코미터로 아날로그 출력을 내는 것에는 기어 펌프식, 단안정 멀티바이브레이터식, 주기 계측식이 있고, 디지털 출력을 내는 것에는 계수식, 주기 측정식이 있다.

[표 6-2] 태코미터의 종류와 특징

출력	종류	장 점	단 점	용 도
아날로그	기어 펌프식	· 회로가 간단하다. · 전원 불필요하다. · 노이즈에 강하다.	· 정밀도가 좋지 않다. · 신호 펄스에 전력이 필요하다.	· 자동차용
	단안정 멀티바이브레이터식	· 비교적 간단한 회로이다. · 직선성이 좋다.	· 리플이 나온다. · 응답성이 좋지 않다.	· 일반 공업용
디지털	주기 측정식	· 리플이 없다. · 정밀도가 높다. · 정보 손실이 없다.	· 회로가 복잡하다.	· 일반 공업용 · 컴퓨터 입력용
	계수식	· 회로가 간단하다.	· 저속 영역에서 1비트 오차가 크게 영향을 준다.	· 일반 디지털 표시용 · 컴퓨터 입력용

6.2 가속도 센서

6.2.1 가속도 센서의 개요

[사진 6-1] 가속도 센서

가속도계(acceleroter)는 일반적으로 아주 다양한 용도로 사용된다. 주요 용도로는 진동 측정을 기본으로 가속도, 미세 떨림, 교량의 진동, 지진파 계측 등에 많이 사용이 되며, 단위는 중력가속도 G, m/s^2 등으로 표시한다.

가속도 측정에는 일반적으로 여러 가지 감지 소자가 있으며, 주로 많이 사용되는 것으로는 저주파용으로 스트레인 게이지형과 충격 진동과 같은 고주파용의 ICP(Integrated Circuit Piezoelectric 또는 전압형)형과 전하형이 있다.

가속도 센서는 속도의 변화라고 하는 물리량을 측정하는 센서로, 공업계측 분야에서는 기기의 진동 계측이나 구조물의 진동 계측 등에 사용되고 있다. 또, 항공기 관성 항공장치에서도 사용되고 있다.

측정 신호 주파수 범위는 0.025 Hz~20 kHz 정도이고, 가속도 범위는 0.4 G~100,000 G까지가 가능하다.

1 가속도 측정의 원리

한쪽 끝이 고정된 막대형 진동체를 생각할 때 끝 부분의 변위, 속도, 가속도의 위상은 변위에 대하여 90°, 180° 앞선다. 이것은 가속도 센서에서는 넓은 주파수대에 걸친 출력 레벨이 일정하게 되어 있기 때문에 같은 출력이면 주파수가 높을

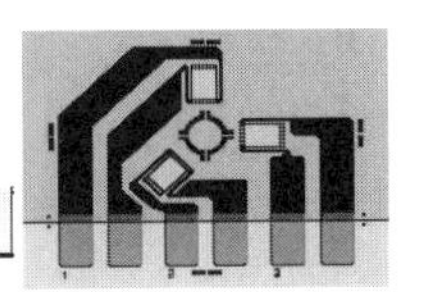

수록 변위는 작다는 것을 뜻한다.

즉, 인체가 같은 진폭(변위)을 느끼고 있더라도 그 주기가 짧을수록(주파수가 높을수록) 가속도는 커지게 되어 큰 충격을 받는다고 할 수 있다.

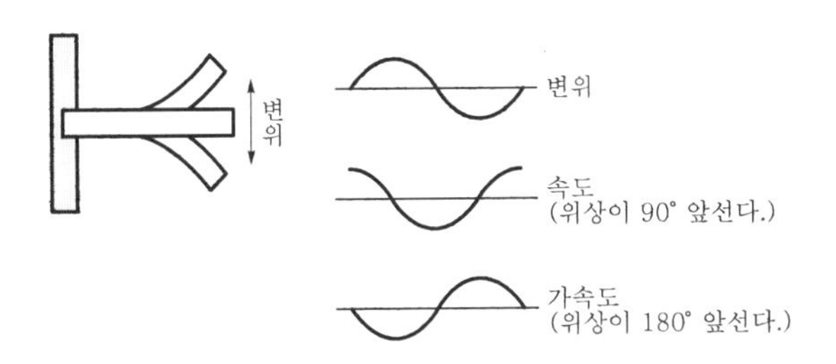

[그림 6-13] 변위, 속도, 가속도의 위상차

가속도 센서는 압전형, 동전형, 서보형, 변형 게이지형의 4 종류로 크게 분류되는데 [표 6-3]에 검출 방식과 그 원리를 나타낸다.

[표 6-3] 가속도 센서의 검출방식과 원리

방 식	원 리
압전형	· 압전 소자에 힘이 가해졌을 때 발생하는 전하를 검출하여 가속도를 구한다.
동전형	· 도체가 자계 속을 이동하면 그 속도에 비례하여 기전력이 발생한다. 이 기전력을 검출하여 가속도를 구한다.
서보형	· 진자(정전용량)의 변화를 전류로 검출하여 가속도를 구한다.
변형 게이지형	· 저항선 변형 게이지 · 다이어프램(스프링) 등에 저항선 변형 게이지를 붙여 가해진 힘과 저항의 변화에서 가속도를 구한다.
	· 반도체 변형 게이지 · Si, Ge 단결정의 피에조 저항 효과를 이용하여 가해진 힘과 저항의 변화에서 가속도를 구한다.

2 가속도 센서의 구조와 특징

가속도의 검출 범위, 정밀도, 주파수 범위, 크기(중량) 등 사용목적에 따라 각 센서를 구분해서 사용한다. 가속도 센서의 구조와 특징을 [그림 6-14]에 나타낸다.

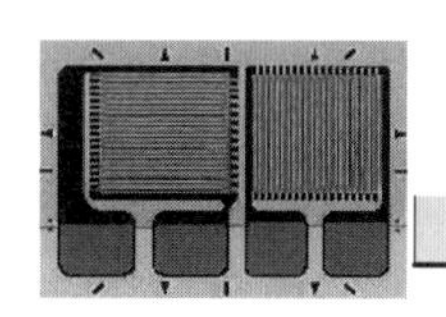

분류	구 조	특징과 규격
압전형	압축형	· 구조가 간단하고 큰 가속도까지 측정 가능 · 압축형은 급격한 온도 변화에 대해 출력이 변화하기 쉽다(초전의 영향을 받기 쉽다). · 소형 가속도 : ~1000 G 주파수 : 2~10,000Hz 온 도 : −50~200℃ 무 게 : 10~100 g(픽업)
	전단형	· 고감도이지만 접착제를 사용하기 때문에 고온에 약하다. · 선단형은 초전효과에 강한 것이 특징 · 소형 가속도 : ~400 G 주파수 : 1~8,000 Hz 온 도 : −50~160℃ 무 게 : 10~100 g(픽업)
동전형		· 비교적 큰 감도가 얻어지며, 또 출력 임피던스가 낮기 때문에 노이즈의 영향이 적다. · 정적변위나 단일방향의 가속도 검출은 곤란. 자기회로를 갖기 때문에 무거워 소형, 경량화가 곤란하다. · 소형 가속도 : 0.1~50 G 주파수 : 10~1,000 Hz 온 도 : −20~120℃ 무 게 : 100~300 g(픽업)
서보형		· 가속도에 비례하여 진자가 변위하고 정전용량이 변화한다. · 이 정전용량의 변화에 따라 토크 코일에 전류가 흘러 복원력이 작동하여 진자가 원래의 위치로 돌아간다. 이때의 전류에서 가속도를 구한다. · 고정밀도로 정적 변위에서 측정 가능. 정밀도는 다른 가속계보다 1자리 뛰어나다. · 가격이 비싸다. · 압전형에 비해 크고 무겁다. 가속도 : ~50 G 주파수 : 0~00 Hz 온 도 : −10~100℃ 무 게 : 100~200 g
변형 게이지형		· 저항선 변형 게이지(스트레인 게이지) · 정적 가속도를 측정할 수 있는 것으로 보급 · 감도는 별로 높지 않다. · 전용 앰프가 필요하며, 가격이 비싸다. 가속도 : 0.2~1,000 G 주파수 : 0~1,000 Hz 온 도 : −55~120℃ 무 게 : 10~400 g(픽업) · 반도체 변형 게이지(Si, Ge) · 피에조 저항효과를 이용하며, 저항선에 비해 고감도이지만 온도 특성이 나쁘다. 가속도 : 25~10,000 G 주파수 : 0~3,000 Hz 온 도 : −50~120℃(온도보상이 필요) 무 게 : 30 g(픽업)

[그림 6-14] 가속도 센서의 구조와 특징

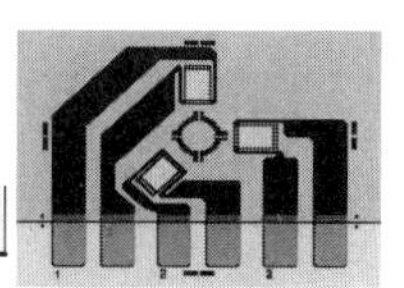

3 가속도 센서의 기본 회로

가속도 센서로 널리 사용되고 있는 것은 압전형 가속도 센서이며, 일반적으로 앰프 내장형이 아닌 압전형 가속도 센서에는 케이블의 선간 용량에 의한 영향을 피하기 위해 차동 증폭기를 사용한다. [그림 6-15]에 가속도 센서의 신호 증폭 회로를 나타낸 것이다. 회로에서 D_1, D_2는 과대 입력에 대한 보호용이며, C_1과 R_1은 피드백을 위한 콘덴서와 저항이다. VR_1은 바이어스 조정용이고, VR_2는 오프셋 조정용이다. 또한 C_2와 R_2는 바이패스 필터를 구성한 것이다.

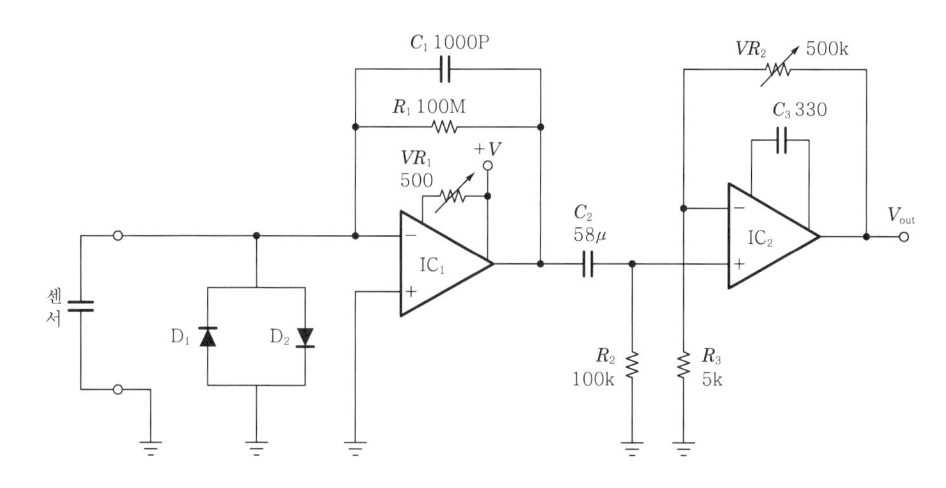

[그림 6-15] 가속도 센서의 기본 회로

4 가속도 센서의 종류

가속도계는 다음과 같이 여러 가지 종류가 있는데, 각각의 속도도 감지 방식에 따라 분류된다.

① 서보식 가속도계(servo accelerometer)
② 압전식 가속도계(piezoelectric accelerometer)
③ 기계식 가속도계(mechanical accelerometer)
④ 전기자장식 가속도계(electro-magnetic accelerometer)
⑤ 압저항식 가속도계(piezo-resistive accelerometer)
⑥ 반도체식 가속도계(semi-conductive accelerometer)
⑦ 스트레인 게이지식 가속도계(strain-gauge type accelerometer)

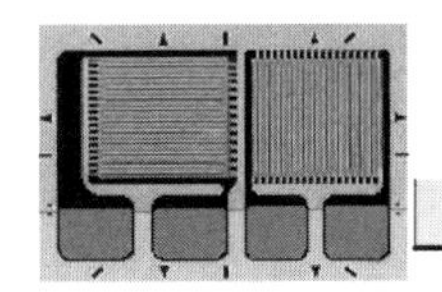

6.2.2 압전형 가속도 센서

압전형 가속도 센서는 구조에 따라 압축형과 선단형으로 분류된다. 일반적인 특징으로는 압축형은 가속도 범위가 넓지만 초전효과의 영향을 받기 쉬우며, 선단형은 최고 사용 온도가 약간 낮지만 초전효과의 영향은 잘 받지 않는 구조로 되어있다.

어느 것이나 재료로 세라믹을 사용하는 경우에는 충격에 약하고 낙하 등에 의해 감도가 변화하는 등의 결점이 있으므로 취급에 주의할 필요가 있다. 최근에는 진동자 재료로 충격에 강한 플라스틱을 사용한 센서도 등장하고 있다.

[사진 6-2] 압전형 가속도 센서

1 압전 소자 방식 가속도계

응답 주파수의 성능이 아주 뛰어나므로 주로 충격 진동과 같은 고주파의 진동 신호를 측정하는 곳에 많이 사용을 한다. 물론 측정하고자 하는 범위와 온도, 크기 등의 환경에 따라서 여러 가지로 선택이 가능하다.

대표적으로 사용하는 용도로는 항공, 자동차, 방위각 분석, 교량 또는 건물 건설, 파괴 시험, 낙하 시험, 엔진 모니터링, 변속 장치 모니터링 등

(1) 구성

압전식 가속도계는 0.01 Gal에서 수천 Gal까지 측정할 수 있는 가속도계로서 압축식(compression type)과 전단식(shear type)의 두 가지 종류가 있다. 각각 진자와 압전 세라믹(crystal) 등으로 구성되어 있으며, 진자가 압전 세라믹에 붙

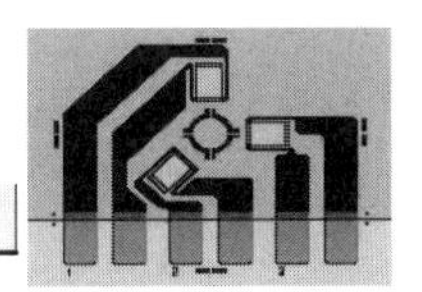

어 있어서 추의 운동이 압전 세라믹에 영향을 미치도록 되어 있다.

(2) 작동원리

작동원리는 가속도계가 위로 움직이면 진자는 아래로 움직이려 하고, 반대로 가속도계가 아래로 움직이면 진자는 위로 움직이려고 한다. 그리고 이 진자에 인접되어 있는 압전 세라믹은 진자의 운동에 따라 변형을 받게 되어 압축식 가속도계에서는 축방향 응력의 변화가 전단식 가속도계에서는 전단응력의 변화가 있게 된다.

압전 세라믹에 작용하는 응력이 변화가 없을 때 즉, 세라믹에 변형이 없을 때 세라믹의 분자구조의 충전상태는 서로 평형을 이루고 있다가, 세라믹이 응력변화로 인해 분자구조가 변형이 일어나면 세라믹 표면에 과충전이 일어나 결과적으로 전하가 발생한다.

세라믹에 발생하는 전하는 다음 식으로 표시할 수 있다.

$$Q = d\sigma A$$

여기서, Q : 발생한 전하량
d : 압전상수(사용 세라믹에 따라 다르다.)
A : 세라믹과 진자의 접촉면적
σ : 세라믹에 작용하는 응력

(3) 특징

① 지진동에 대한 감지속도가 매우 빠르고, 변형 후 평형위치로의 회복이 빨라서 연속적이고 지속적인 지진파의 감지가 가능하다. 즉 평형위치로의 회복이 지연, 누적됨으로 인한 오차가 거의 발생하지 않는다.

② 출력이 전류신호이기 때문에 적절한 증폭장치를 거친 후 자기 테이프와 같은 곳에 보관할 수 있고, 또는 가속도계와 지진동 응답 스펙트럼 분석장치가 연결되어 있는 경우는 신속하게 지진파를 해석하여 상황에 대처할 수 있다.

③ 기계의 견고성, 넓은 가속도 측정범위, 큰 온도적용 범위 등의 장점이 있다.

④ 압전 세라믹에 의해 발생하는 신호는 전하이므로, 이것을 전압으로 변환시키는 증폭기가 필요하다.

6.2.3 서보형 가속도 센서

1 구성

서보 가속도계는 진자, 콘덴서 픽업(condenser pickup), 진자 작동기(pendulum actuator), 서보 증폭기(servo amplifier) 등으로 구성되어 있다. 그리고 코일이 감겨있는 진자를 영구자석 사이에 띄우기 위해 역전류기(spacer)가 설치되어 있다.

콘덴서 픽업은 변위를 감지하기 위한 감지기이고, 진단 작동기는 진동에 의해 움직인 진자를 원래의 평형상태로 환원시키기 위한 장치이며, 서보 증폭기는 콘덴서 픽업에 의해 감지된 신호를 증폭하기 위한 장치이다.

2 작동원리

가속도계가 지진을 받게 되면 진자가 변위를 일으키게 된다. 진자의 변위는 콘덴서 픽업의 감쇠(damping) 간격 변화로 인한 캐비테이션(capacitance) 변화를 초래한다.

이렇게 콘덴서 픽업에 의해 감지된 변위 변화에 대한 신호는 서보 증폭기에서 증폭되어 진자 작동기(pendulum actuator)로 보내지게 되고, 진자 작동기는 코일에 흐르는 전류로 인해 진자를 원래의 평형위치로 귀환시키게 된다. 그리고 서보증폭기에서 진자 작동기로 보내진 전류는 진자의 가속도에 비례하게 되는데, 지진의 가속도는 이 전류를 측정함으로써 구해질 수 있다.

3 기기 특성

서보식 가속도계는 다음과 같은 특징을 가지고 있다.

① 진자의 변위가 대단히 작아서 스프링의 비선형과 같은 바람직하지 못한 성질을 무시할 수 있다.

② 서보 증폭기에 의해서 전류를 적절하게 증폭하고, 주파수를 변조하여서 지진동 응답 스펙트럼 해석기에 신호를 보내면 순간적으로 해석하여 상황에 대처할 수 있다.

③ 서보 증폭기와 진자 작동기를 동작시키기 위한 전원이 필요하다.

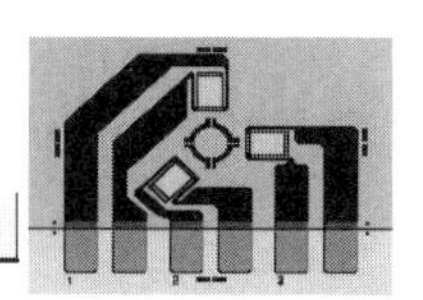

6.2.4 스트레인 게이지형 가속도 센서

스트레인 게이지의 특성상 고주파 진동보다는 저주파 및 중간 정도의 응답 주파수를 요하는 곳에 주로 사용이 된다. 물론 측정하고자 하는 범위에 따라서 여러 가지로 선택이 가능하다.

① Z 방향 단축형

② X, Y, Z 방향 3축형

6.2.5 기계식 가속도계

1 구성

기계식 가속도계(mechanical accelerograph)는 진동을 감지할 수 있는 진자, 진자의 진동을 흡수하기 위한 감쇠기(damper), 진자의 진동을 증폭하여 기록용 철필로 전달하는 레버, 기록용 철필(stylus), 기록용지, 기록용지를 이동시키는 모터 등으로 구성되어 있으며, 원자력 발전소와 같은 중요도가 큰 경우 외에도 일반 지진동 기록용으로 널리 사용되고 있다.

2 작동원리

지진으로 인해 가속도계가 진동을 받을 때, 지진동에 의해 진자가 진동을 하게 된다. 진동은 레버에 의해 철필로 전달되어 철필을 진동하게 되고 철필은 기록지에 가속도계와 진자 사이의 상대운동을 기록한다. 레버는 지진동을 철필로 전달하는 기능과 함께 지진동을 증폭하는 기능을 가지고 있다.

그리고 진자가 너무 쉽게 진동을 하게 되면, 지진동이 끝난 후에도 진자의 진동은 쉽게 정지되지 않기 때문에 진자의 진동을 흡수하기 위해서 댐퍼가 진자의 끝부분에 설치되어 있다.

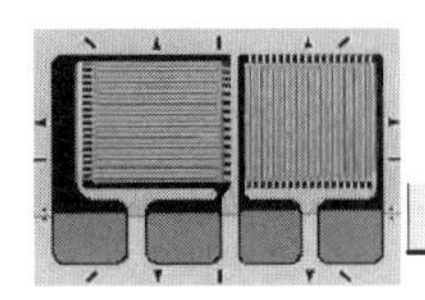

3 기기 특징

① 가속도계의 작동을 위한 전원공급이 필요 없다.

② 지진동에 대해 반응속도가 느리며, 진자의 평형상태로의 회복이 느리다. 따라서, 기타 방식의 가속도계에 비해 연속적이고, 지속적인 지진동을 감지하는 데에 민감도가 떨어진다.

③ 지진동 감지출력이 전류신호가 아니라 기록용지에만 기록 가능하므로 신속한 해석과 지진대책이 필요한 경우에는 부적합하다.

6.2.6 전자장식 가속도계

1 구성

전자장식 가속도계(electromagnetic accelerograph)는 영구자석 사이를 진동하는 진자와 코일, 안내 스프링(guide spring), 감쇠기로 작용하는 레지스터 등으로 구성되어 있다.

2 작동원리

작동원리는 지진동에 의해 진자가 진동을 하게 되면, 코일이 영구자석 사이를 진동하면서 영구자석에 의해 형성된 자장을 끊게 된다. 이 때 자기유도 현상에 의해 코일 내에서는 전기가 흐르게 되고, 이 전기는 진자가 자장을 끊는 속도와 횟수에 비례하여 발생하게 된다.

따라서, 그 전기를 측정함으로써 속도를 구할 수 있고, 그 속도를 전기회로에 의해 미분함으로써 가속도를 구할 수 있다. 코일이 자기장을 끊을 때 발생하는 전압($u(t)$)을 영향인자로 나타내 보면 다음과 같다.

$$u(t) = S \cdot H \cdot Z(t)$$

여기서, H : 자기장의 강도

S : 코일계수

$Z(t)$: 코일의 진동속도

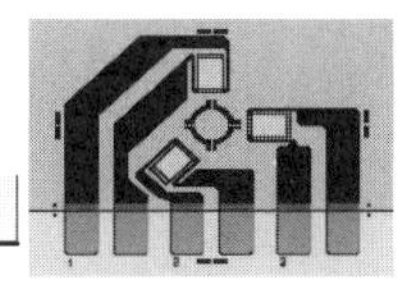

3 특징

지진동에 대한 반응이 매우 빠르고, 출력이 전기신호이기 때문에 적절한 증폭 장치를 거친 후 자기 테이프와 같은 기록 매체에 보관할 수 있으며 응답 스펙트럼 분석기에 연결하면 매우 신속하게 지진파를 해석할 수 있다.

6.2.7 가속도 센서의 응용

1 자동차용 급 브레이크 검출 회로

이 회로는 전후 방향의 진동을 검출하도록 센서를 고정하고 급발진시 및 급브레이크시의 가속도를 각각 LED로 표시한다.

2 노크 음 검출 회로

가속도 센서를 도어에 붙이고 노크에 의해 버저를 동작시키는 방법으로 노크 음을 검출하는데 단순히 노크에 의한 진동을 검출하는 것이라면 쇼크 센서라도 이론상은 가능하나 노크 음은 도어의 재질이나 센서의 부착방법에 따라 변화하기 때문에 넓은 주파수에 대하여 평탄한 특성을 갖는 가속도 센서가 적합하다.

3 공작기계의 이상진동 검출기

선반이나 밀링 머신 등의 공작기계를 운전하는 중에 종국 파손 등의 이상이 발생하면 릴레이를 동작시켜 경보신호를 내는 회로에 적용한다.

제7장

기타 자동화용 센서

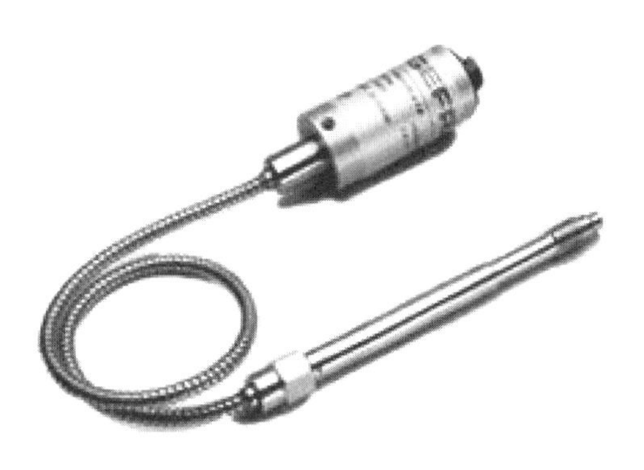

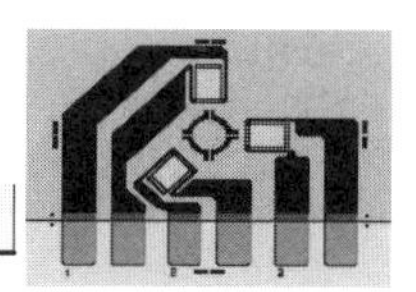

7.1 초음파 센서

초음파란 보통 20[kHz] 이상의 주파수를 갖는 음파를 말하며, 사람이 들을 수 있는 가청 음파(20[Hz]~20[kHz])와 같이 매질 중의 탄성파이다.

따라서 가청 음파의 성질인 반사, 굴절, 투과, 및 흡수 등 여러 법칙이 그대로 적용된다. 그래서 보통의 음파와 본질적으로 아무런 차이가 없으나 매질, 주파수, 강도의 면에서 현저한 차이를 나타내며 음파에서는 상상할 수 없는 현상이 나타난다.

즉 초음파는 기체, 액체, 고체 등의 매질 중에서도 사용이 가능하고 주파수가 높은 관계로 방향성이 있는 음속을 얻을 수 있다.

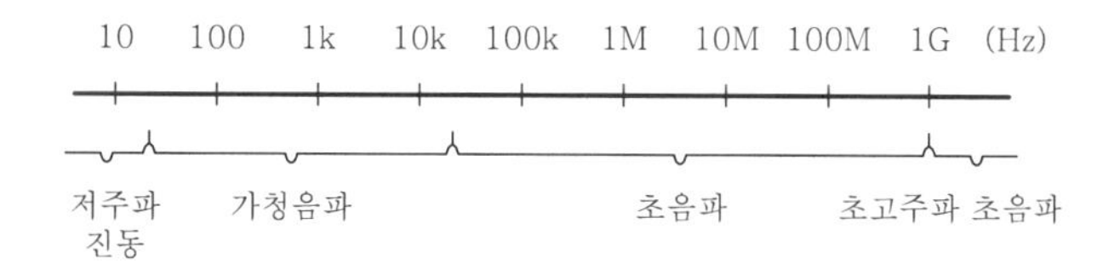

[그림 7-1] 소리의 주파수 영역

그리고 강도가 매우 높은 특징을 이용할 수 있음으로 초음파는 전기, 전자, 기계, 화학, 섬유, 의학 분야 등 여러 분야에 이용되고 있다.

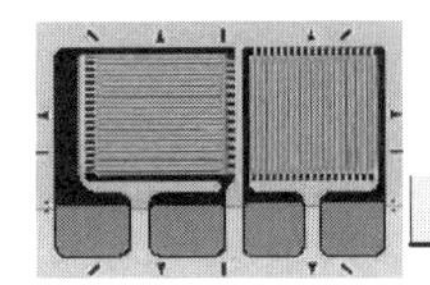

7.1.1 초음파 개요

일반적으로 파장 λ는 전파 속도 V를 그 주파수 f로 나눈 값이 된다. 음속 V(m/s)는 전파 매질의 온도 변화 등에 크게 영향을 받으므로, 편의상 343 m/s로 한다.

$$\lambda(\mathrm{m}) = \frac{V(\mathrm{m/s})}{f(\mathrm{Hz})} = [\,V(\mathrm{m/s}) \cdot T(1/\mathrm{s})]$$

음파를 전자파와 비교했을 때 전자파의 속도가 약 3×10^8 m/s로 전자파보다 훨씬 느리다. 따라서 같은 주파수(진동수)라도 초음파는 전자파에 비하여 파장이 매우 짧다. 파장이 짧으면 거리 방향의 분해능이 높아져 보다 정밀한 계측이 가능해진다.

1 초음파의 전파 속도

음파의 전파 속도는 공기 중에서는 343 m/s이지만 수중에서는 1,480 m/s인데, 이것은 통신 매체의 온도 변화를 크게 받으므로 정확하게는 매체의 온도를 고려하지 않으면 안 된다.

이 때문에 공기 중의 전파 속도(음속)를 구하는 경우 일반적으로는 아래의 관계식을 이용한다.

$$V(\mathrm{m/s}) = 331.5 + 0.60714 \times t$$

단, 여기서 t는 온도(℃)이다. 예를 들면 20℃의 음속 V는 다음과 같다.

$$V(\mathrm{m/s}) = 331.5 + 0.6 \times 20 = 343.5$$

이와 같이 위의 식을 응용하면 정확한 음속을 알 수 있으므로 그 반사에 의해 계측 물체까지의 거리를 구할 수 있다.

즉 거리계, 두께계, 소나 등이 그 예이다.

[표 7-1] 전송 매체에 의한 음파의 전파 속도(20℃)

전송 매체	공기	물	고체(철)	진공
전파 속도(m/s)	343	1,480	5,180	전파하지 않음

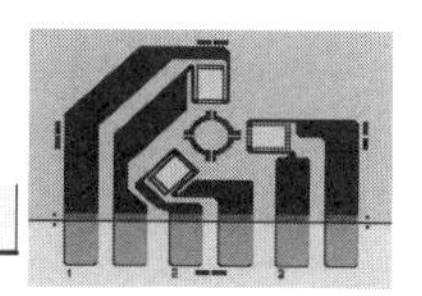

2 반사

가청 음파의 경우에 음은 모든 방향으로 확대되는데, 초음파 주파수가 높아질수록 한정된 방향으로만 음이 확대되는 지향성이 예리한 성질이 있다. 또한, 초음파는 음파 방사면의 크기를 파장에 비하여 크게 함으로 지향성을 예리하게 할 수 있다.

또한 물체의 유·무를 검지하기 위해서는 초음파가 물체에 닿고 반사할 필요가 있다. 금속, 콘크리트, 고무, 종이 등은 초음파를 거의 모두 반사하기 때문에 이들 물체는 충분히 검출할 수 있다. 그러나 직물, 면, 울 등과 같은 흡음재는 초음파를 흡수하기 때문에 검출하기가 곤란하다. 또한 물체 표면의 요철이 큰 경우에는 초음파의 반사가 어려워서 검출하기 곤란한 경우가 있는데 이 점에도 주의할 필요가 있다.

3 고유 음향 임피던스

초음파의 음속 C에 전파 매질의 밀도 ρ를 곱한 값이 고유 음향 임피던스 ($Z_0=\rho C$)이며, 이것이 높을수록 파동 에너지의 전파가 용이해진다. 일반적으로 기체보다 액체, 액체보다 고체의 고유 음향 임피던스가 높은 경향이 있다. 초음파의 고유 음향 임피던스가 다른 매질의 경계면에 도달하면 반사와 투과가 생긴다.

[표 7-2] 각종 매질의 ρC (20℃)

전파 매질	$Z_0=\rho C$ (Pa · s/m)	ρ (kg/m^3)	C (m/s, 종파)
철강	39×10^6	7,700	5,000
알루미늄	14×10^6	2,700	5,200
연질 고무	0.067×10^6	950	70
물	1.44×10^6	1,000	1,440
공기	410	1.2	343

이 때 두 매질의 음향 임피던스가 같으면 음파는 잘 투과되지만 차이가 크면 반사율은 커진다.

공기의 고유 음향 임피던스가 가장 작으므로 초음파의 차폐 대책으로 물체 간에 공기층을 설치하는 것은 매우 효과적인 방법이다. 또한 물과 공기의 경계면에

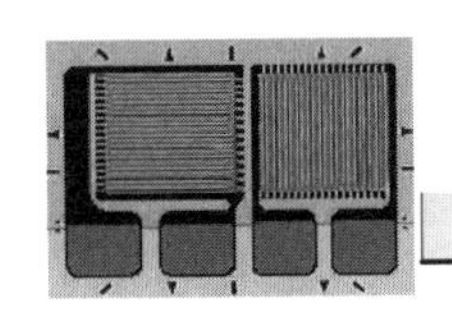

서는 약 30 dB 정도의 감쇠 특성이 나타난다. 즉 1,000W의 음향 에너지를 넣어도 1W 정도밖에 통과되지 않는다. 그러므로 고체에서나 수중에서 발생한 초음파는 공중으로 거의 방출되지 않는다.

4 감쇠

공기 중에 전파되는 초음파의 강도는 회절 현상에 의하여 구면상으로 확산되는 확산 손실과 매질에 에너지가 흡수되는 흡수 손실에 의하여 거리가 길어질수록 감쇠되어 간다.

주파수가 높아질수록 감쇠율이 커져 도달거리는 짧아진다. 따라서 전파 거리를 확대하기 위해서는 낮은 주파수가 유리한데, 주파수가 낮아지면 거리 계측의 분해능도 저하되어 소자 형상이 대형화되는 단점이 있다.

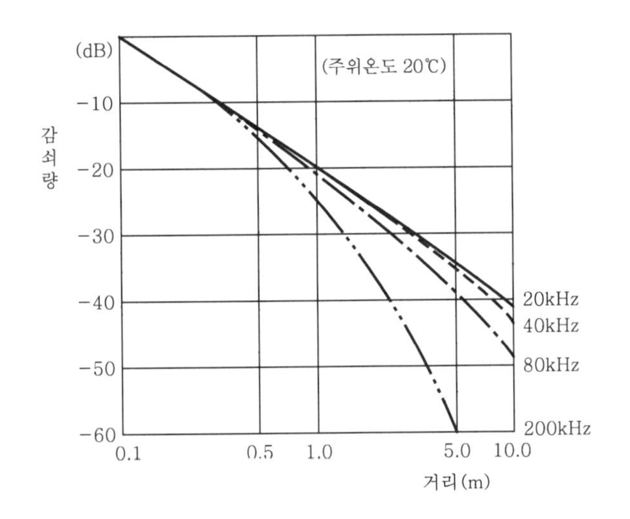

[그림 7-2] 거리에 따른 음압의 감쇠

5 초음파 응용

초음파는 빛이나 전파와 같이 파동 에너지이지만 전파 속도가 늦고, 반사하기 쉬운 특징 때문에 각종 거리계, 소나, 진단 장치 등에 이용되고 있다. 이는 초음파를 정보로서 이용하는 것으로 여기에서는 초음파 센서가 관계하고 있다. 또 이 경우 단지 외계의 초음파를 수신하는 패시브 방식뿐만 아니라 장치 자체로부터 초음파를 발생하여 그 반향을 검출하는 액티브 방식도 있다.

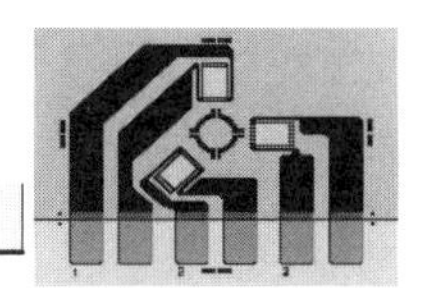

또 큰 음향 에너지를 전송할 수 있으므로 각종 가공기, 용착기, 세정기 등에 이용되고 있다. 이는 초음파의 동력적 응용인데, 이것에는 진동 에너지를 동력적으로 응용하는 것과 열로 변환시켜 이용하는 것이 있다. 어느 것이나 초음파 에너지를 우선하는 것으로 강력 초음파 등이 이 부류에 속한다.

기타 해충 구제, 살균, 동물의 포획 등에도 이용되고 있다. 이것은 앞의 정보적 응용과 동력적 응용 어디에도 속하지 않는 특수한 작용이다.

7.1.2 초음파 센서의 구성

초음파 센서는 송신부에 의한 음파가 물체에서 반사되어 수신부로 되돌아오는 원리를 사용한다. 그 구성은 초음파 변환부, 검출부, 출력부의 주요 구성을 갖는다. 초음파 변환부에는 압전 소자를 이용한다. 압전 소자는 응력에 의해 전기적 분극을 일으키는 압전 효과와 전압에 의해 기계적 변형을 일으키는 역 압전 효과를 갖는다.

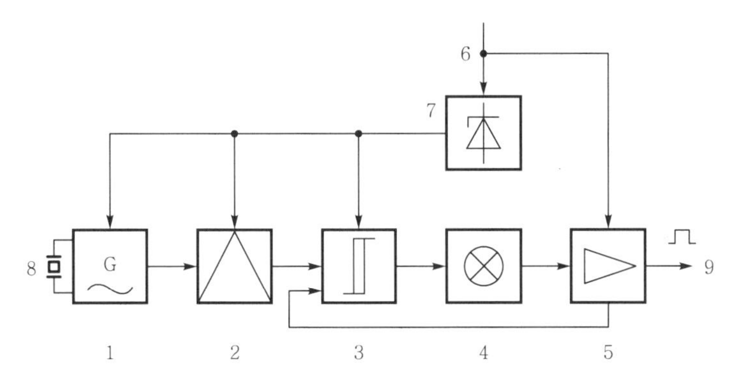

[그림 7-3] 초음파 센서의 구조

송신부에 의한 초음파의 주파수는 30~300 kHz가 보통이다. 일반적으로 초음파 변환부는 마이크로폰과 같이 송신부와 수신부를 겸용으로 하고 있다. 초음파 센서 내부에는 필터를 내장하여 수신된 신호가 송신부에 의한 초음파의 반사파임을 확인한다. 초음파 센서의 동작 속도는 펄스의 최고 주파수에 의해 제한을 받으며, 제품에 따라 다르지만 일반적으로는 1~125 Hz 범위이다.

초음파 센서에는 동작 상태를 나타내는 LED와 동작 영역을 조절하는 퍼텐쇼미터가 설치되어 있는 것이 일반적이다.

또한 센서의 수신부를 송신부와 동조시킴으로 주변의 다른 센서에 의한 외란을 배제할 수도 있다.

[표 7-3] 초음파 센서의 기술 자료

항 목	내 용
동작 전압	직류 24V
공칭 검출 거리(조절 가능)	100 mm에서 1 m, 최대 10 m까지
검출 대상	흡음재를 제외한 모든 것
스위칭 전류(트랜지스터 출력)	직류 100~400 mA
사용 주위 온도	0~70℃ 특수한 경우 −10℃
먼지에 대한 감도	보통
수명	김
초음파 주파수	30~300 kHz
스위칭 주파수	1~125 Hz
외형	원통형, 사각형
보호 등급	최대 IP 67까지

7.1.3 초음파 진동자

초음파의 발생이나 검출 장치를 크게 나누면 압전 진동자, 자왜 진동자, 전자유도형 진동자로 대별할 수 있다. 이들은 어느 것이나 다음과 같은 압전 효과를 이용한다.

① 압력을 전기 신호로 변환

② 역학적 에너지를 전기적 에너지로 변환

③ 전기적 에너지를 기계적 에너지로 변환

즉, 높은 주파수의 교류 전압이 크리스털에 인가되면 크리스털은 이에 상응하는 기계적 진동을 나타내며, 특정의 주파수에서는 공진에 의해 그 진동이 더욱 강하게 된다. 이 진동은 약 10,000 kHz까지도 가능하다.

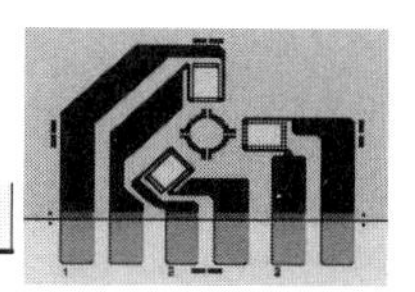

1 압전 진동자

강유전체 세라믹 중에는 전압을 가하면 신축되고 반대로 힘을 가하면 전압이 생기는 것이 있는데 이것을 압전체 세라믹이라고 한다. 압전성 복합 재료의 최초의 것은 압전 세라믹 분말(PZT계)과 고분자 재료의 플렉시블 압전체이다. 고분자 재료에 폴리 불화 비닐·6불화 플로플렌·4불화 에틸렌 고중 합체인 불소 고무를 혼합한 것을 이용해서 압전적 특성을 개선하고 그것을 이용해서 압전 키보드가 개발되었다. 또한 PZT 분말과 클로로플랜 고무를 복합화한 압전성 고무가 개발되어 피에조 전선형 수중 마이크로폰, 악기용 픽업이나 초음파 음향 센서에 응용되고 있다.

압전 세라믹은 입자 하나 하나가 한쪽에 +극, 또 다른 쪽에 −극을 가진 쌍극자를 형성하고 있으며, 소성 직후의 세라믹 입자의 방향이 서로 달라 전체로서 압전성을 나타내지는 않는다. 그런데 여기에 높은 직류 전압을 가하여 분극 처리를 함으로써 결정의 자발 분극 방향을 맞추어 주면 세라믹 전체에 한 방향의 큰 분극이 존재하게 된다. 이 세라믹에 교류 전압을 가하면 세라믹 내부의 +, −

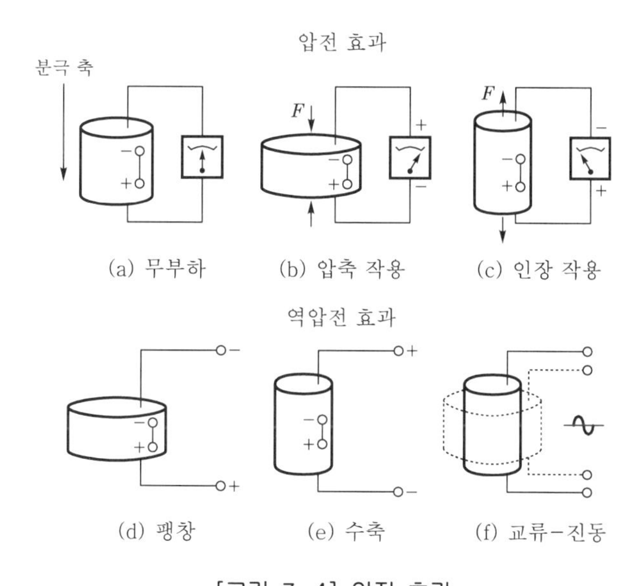

[그림 7-4] 압전 효과

전하의 중심이 외부 전하와 서로 당기거나 배척하여 세라믹 본체가 신축된다.

이와는 반대로 압전 세라믹에 압축력을 가하면 상측의 전극에 +의 전압이, 하측의 전극에 −의 전압이 발생하고, 또한 인장력을 가하면 이번에는 상측의 전극

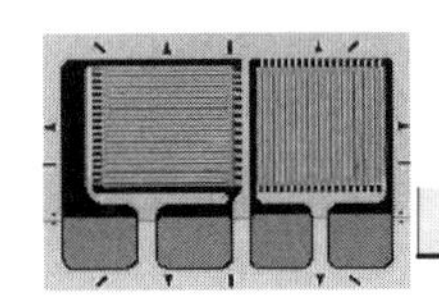

에 −, 하측의 전극에 +의 전압이 발생한다. 즉, 압전 세라믹은 전기 에너지와 기계 에너지(음향 진동 에너지)의 변환기로 초음파 센서에 이용되고 있다. 원칙적으로 1개 소자로 초음파의 송신과 수신의 기능을 겸하는 것이 가능하며, 신호처리의 용이성이나 변환 효율을 고려하여 송신과 수신을 각각의 전용 소자로 하는 경우도 많다.

초음파 센서로는 압전 세라믹 진동자를 사용한 타입이 일반적으로 사용되고 있다. 그것은 다음과 같이 이점이 있기 때문이다.

① 구조가 간단하고 소형·경량이다.
② 고감도, 고음압이다.
③ 경제성이 우수하다.

2 자왜 진동자

강자성체에 자장을 가하면 자계 방향에 왜곡이 발생한다. 이 현상을 자왜 효과라 한다. 이와 반대로 자화된 재료에 기계적 힘을 가하면 자속 밀도가 변화하는데 이를 역자왜 효과라 한다.

일반적으로는 양자를 총칭하여 자왜 효과라 한다. 이러한 효과를 이용하는 것이 자왜 진동자인데 이것은 페라이트, 알루페르(Al−Fe의 합금), 니켈 등을 가공하여 코일을 감은 것이다.

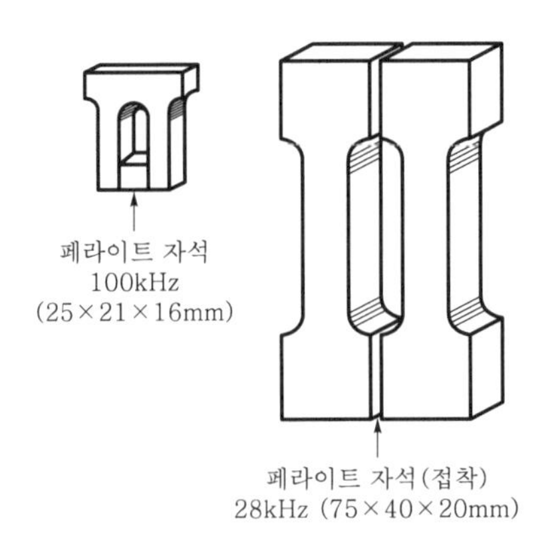

[그림 7-5] 페라이트 진동자 형상

전류를 흘리면 재료의 물리적 성질이나 구조에 따라 고유 진동수로 공진해서 자계와 수직 방향으로 진동하여 초음파를 발생한다.

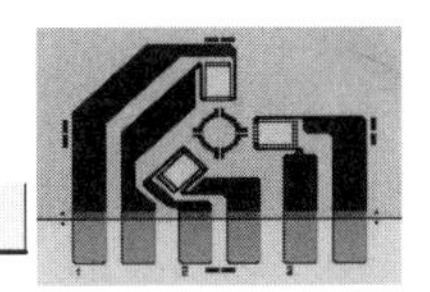

3 전자 유도형 진동자

고음용 스피커 구조와 같으며, 자계 중의 전자가 받은 힘을 이용해서 초음파를 발생하거나 검출한다. 이것은 자왜 또는 압전 진동자와 달리 비공진형이다. 따라서 주파수가 높아지면 변환 효율이 나빠진다. 이는 금속의 상태를 관찰하는 데 이용되기도 한다.

7.1.4 종류

초음파 센서의 주요 장점으로는 검출 대상의 범위가 넓다는 것이다. 검출 대상체의 형태, 색깔, 재질 또한 고체, 액체, 가루 형태 등에 무관하게 검출이 가능하다. 먼지, 증기, 연기와 같은 환경에서도 검출이 가능하다.

1 공중용 초음파 센서

일반적으로 초음파 센서란 공중에 방출되어 있는 초음파 에너지를 검출하는 것으로, 여기에는 스스로 초음파 방사하여 그 반사파를 검출하는 액티브 방식과 오로지 수신 전용인 패시브 방식이 있다. 액티브 방식은 초음파 거리계를 비롯해 두께계, 어군 탐지, 측심기, 소나, 의료용 진단 장치 등에 사용되고 있다. 패시브 방식은 배관의 가스 누출, 수도관의 누수, 절연 불량 등의 코로나 방전, AE파의 검출 등에 사용되고 있다.

(1) 공중 초음파 센서 구조

공중 초음파 센서는 금속판과 압전 세라믹을 붙인 구조의 바이모프(bimorph) 진동자에 로트형(콘형)의 공진자를 결합한 복합 진동체를 실리콘 접착제에 의하여 베이스에 탄성 고정시킨 다음 케이스에 수납한 구조로 되어 있다.

바이모프 진동자는 압전 세라믹이 신축하려고 하기 때문에 그에 맞추어 굴곡 진동을 하므로, 입력된 교류 신호의 주파수에 대응하는 초음파를 발생한다. 바이모프에 장착된 공진자는 이 진동에 의하여 발생한 초음파를 효율적으로 공중에 방사한다. 또한, 공중에서의 초음파를 바이모프 진동자의 중앙 부분에 효과적으로 집중시키기 위해 로트 형태로 되어 있다.

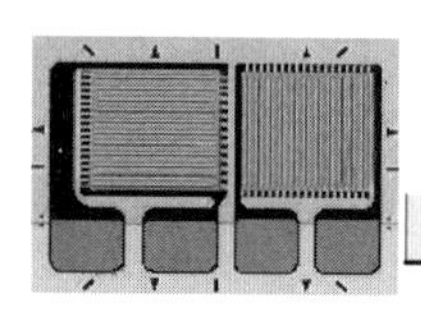

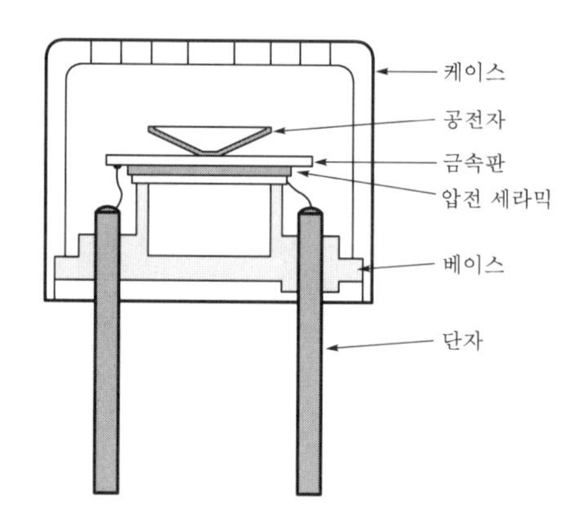

[그림 7-6] 개방형 초음파 센서

(2) 방적형 공중 초음파 센서

앞의 초음파 센서는 개방 구조로 되어 있기 때문에 이 것을 옥외에서 사용하는 경우, 비에 의한 물방울, 오염 물질이나 먼지의 부착 등이 문제가 된다. 이 같은 문제를 해결하기 위해서 금속 케이스에 압전 세라믹을 부착하여 케이스 개구부에 베이스를 붙인 다음 수지를 충전한 밀폐 구조의 타입이 있다. 이 방적형 초음파 센서는 자동차의 범퍼에 내장한 거리계 등에 주로 사용되고 있다.

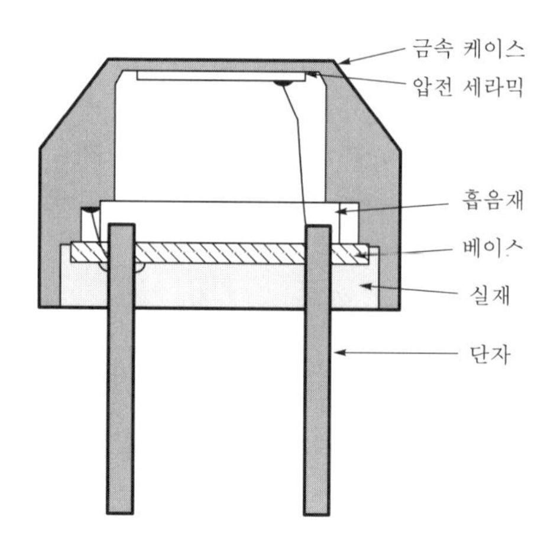

[그림 7-7] 방적형 공중 초음파 센서

(3) 고주파 초음파 센서

산업용 로봇이나 근접 센서의 거리 감지에는 1 mm 정도의 정밀도가 좋은 측정

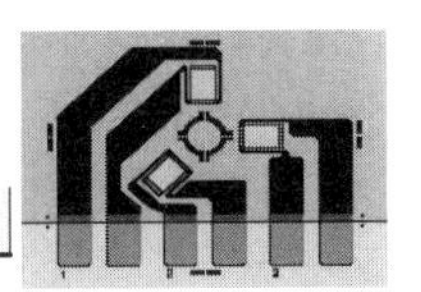

과 예리한 지향성이 필요하다.

따라서 고주파를 이용할 필요가 있는데 종전 바이모프 진동의 굴곡 진동자는 80 kHz 이상이 되면 실용적인 특성을 얻을 수 없기 때문에 고주파에서는 압전 세라믹의 두께 상하진동을 이용하고 있다. 이 경우 압전 세라믹과 공기는 음향 임피던스가 5자리나 차이 난다.

따라서 세라믹에서 직접 공중에 초음파를 방사하려고 해도 경계면에서 대부분이 반사되어 버리고 공중에는 거의 방사되지 않으므로 효율이 매우 나쁘다. 이를 위해 [그림 7-8]과 같이 음향 정합층으로서 특수한 수지재료를 압전 세라믹에 공기와의 음향적인 매칭을 하고 있다.

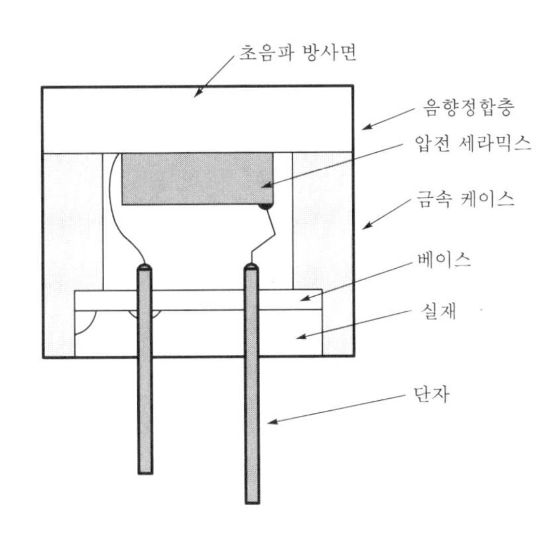

[그림 7-8] 고주파형 공중 초음파 센서

2 수중용 초음파 센서

수중을 장거리 전파하는 음파는 전파 중에 감쇄한다. 감쇠 비율은 거의 주파수의 제곱에 비례하여 증가하기 때문에 장거리의 음파 전파에서는 저주파가 유용하다. 따라서 수 kHz~수백 kHz의 저, 중역의 초음파는 해양 중에서의 계측에 주로 이용된다.

계측 정밀도를 향상시키자면 고주파 쪽이 바람직하지만 원거리까지 계측하기 위해서는 저주파 쪽이 유리하다. 측정 정밀도와 거리의 균형적 측면으로 볼 때, 이 영역의 주파수가 비교가 많이 선택되고 있다.

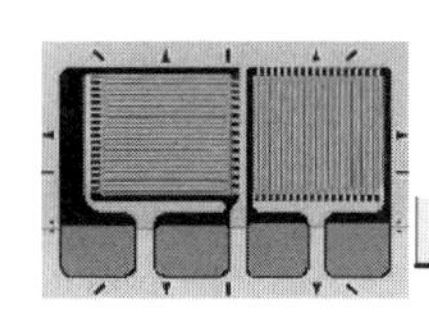

(1) 측심기

펄스 반사를 이용하여 바다의 깊이를 재는 음향 측심기에는 심도와 목적에 따라 주파수를 선택하게 되는데 10,000 m 이상의 심해 측정에는 전반사 중에 감소가 적은 12 kHz, 2,000~10,000 m의 중심해에는 24~50 kHz, 200 m 이하의 천해에는 400~2,000 kHz가 사용되고 있다.

(2) 어군 탐지기

초음파 펄스를 해저로 향해 발사하여 해중의 어군 및 해저로부터 반사파의 강도를 기록지 또는 브라운관에 표시하여 어군의 유무, 심도, 어군의 크기, 어종 등을 판별하는 것으로서 20~200 kHz 범위의 주파수가 이용된다.

3 고체용 초음파 센서

(1) 탐사용 초음파 센서

초음파 탐상법은 부품, 재료의 내부에 존재하는 결함을 비파괴적으로 검사(NDI : non-destructive inspection)하는 방법의 하나로서 특히 철강재의 내부 결함이나 용접부의 갈라짐의 검출 등은 가장 큰 특징을 발휘하는 분야이다. 초음파 탐상법의 원리는 초음파 탐상기에서 전기 펄스를 발생시켜 이것을 탐촉자에 가해 초음파 펄스로 만들어 시험체 속으로 초음파를 방사하고, 그 내부 결함 등으로부터의 반사파를 탐촉자로 수신, 그 수신 정보를 전기 신호로써 브라운관에 표시하여 결함 등의 위치나 크기를 알아내는 것이다.

[표 7-4] 초음파 탐사법

방법	설 명	검 사 예
수직법	수직으로 초음파 입사	내부 결함 검사, 재질 측정, 접합부 검사, 두께 측정
경사각법	비스듬히 초음파 입사	용접 검사, 표면 부근의 결함 검사, 펄스 검사
표면파법	표면파 이용	표면 결함 검사, 얇은 물체의 검사
판파 이용		판상 물체 검사

(2) 생체용 초음파 센서

생체의 음향 임피던스는 대개 $1.5\times10^6\,kg/m^2\cdot s$로서 음향 임피던스의 측면

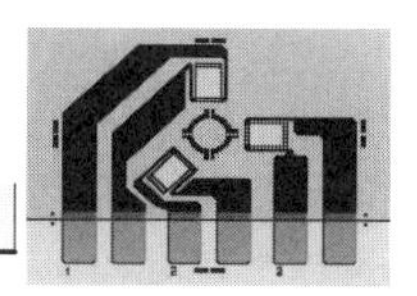

에서 오히려 액체에 가깝다. 따라서 센서의 기본적 구성 원리는 수중용 센서와 그다지 다르지 않다.

그러나 피검사체가 생체라는 특수성이 있다. 초음파 진단 장치는 초음파 펄스를 생체 내에 발사하고 생체 내부로부터 반사파를 검출하여 초음파 전반 경로상의 반사체 정보를 얻는 것을 기본 동작으로 한다.

현재는 이 초음파 빔을 2차원 평면상에 주사시켜 생체의 단층상을 표시하는 단층 장치가 주로 사용되고 있다. 이 초음파 센서에 요구되는 주된 성능은 송·수신 효율(S/N) 및 분해능이다. 일반적으로 주파수가 높을수록 분해능은 향상된다. 그러나 생체 연조직에서 초음파의 감쇠는 주파수에 거의 비례 증가한다. 따라서 사용할 수 있는 초음파의 주파수는 이 감쇠에 의해 제한되고 일반 복부 및 심장 등의 순환기용에는 2~10 MHz, 안과용에는 20 MHz 정도가 사용되고 있다. 센서 재료로서 주로 압전 세라믹이 사용되고 있는데 일부에서 고주파용 센서로서 고분자 압전체가 사용되고 있다.

7.1.5 송신 회로

초음파의 발진은 사용 목적에 따라 진동 모드를 적절하게 구분해서 사용하고 있다. 특히 전기적으로 초음파를 발진하는 초음파 발진기도 여러 가지가 있는데 초음파 세정기나 초음파 가공기와 같이 수십 W에서 수 kW의 큰 에너지를 필요로 하는 강력 초음파 분야는 별도로 하고 소형의 근접 센서나 거리계 등에서는 수 mW에서 수 W 정도의 파워면 충분하다.

1 IC를 이용한 초음파 발진 회로

이 회로는 디지털 IC로 구성되어 있다. 회로의 IC_1, IC_2에 의해서 40 kHz의 고주파 전압을 발생하여 IC_3~IC_6의 인버터(inverter)로 파워 업하고, 그 출력은 0.01 μF의 커플링 콘덴서 C_P를 통해 초음파 발진기에 접속되어 있다. 이 때의 발진 주파수 f_0는 대략 다음과 같다.

$$f_0\,[\mathrm{Hz}] \fallingdotseq \frac{1}{2.2 \times C[\mathrm{F}] \times R[\Omega]}$$

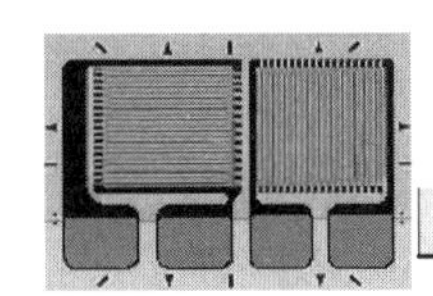

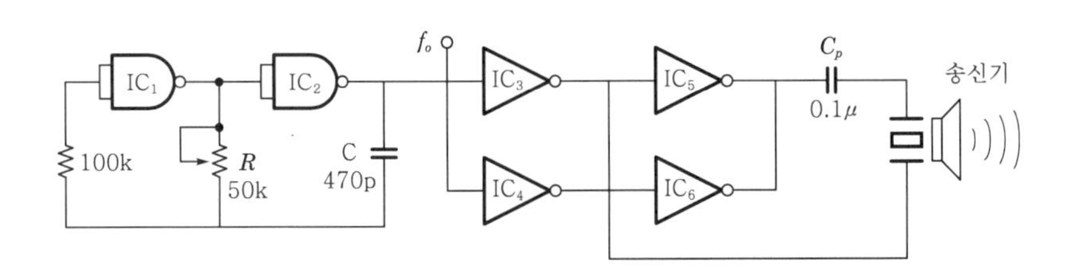

[그림 7-9] IC를 이용한 초음파 발진 회로

2 펄스 트랜스를 이용한 초음파 발진 회로

펄스 트랜스를 이용한 회로 예를 나타내고 있다. 가변 주파수 발진기(OSC)의 출력 신호를 트랜지스터로 증폭하고, 이것을 펄스 트랜스를 통해 큰 교류 전력을 초음파 진동자에 공급하고 있다. OSC의 구동 신호는 펄스이지만 초음파 스피커가 큰 정전 용량을 가지고 있기 때문에 진동자에는 거의 사인파에 가까운 파형이 된다.

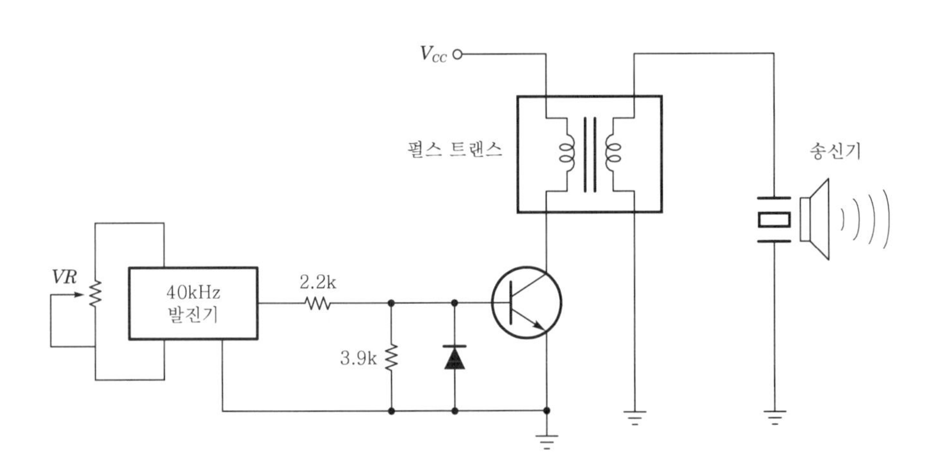

[그림 7-10] 펄스 트랜스를 이용한 초음파 발진 회로

7.1.6 수신 회로

초음파 센서의 수신 회로를 구성할 경우 입력 신호가 미약하기 때문에 일반적으로는 수십 dB 이상의 고이득 앰프를 필요로 한다. 이 경우 취급하는 신호 주파수는 높지만 그 대역은 한정되어 있다.

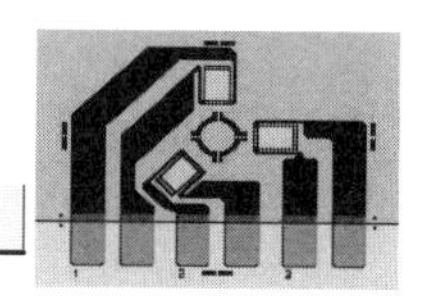

[그림 7-11]은 트랜지스터를 이용한 초음파 수신 회로이다.

증폭 소자로서 NPN 트랜지스터를 이용하고 있다. 회로 구성은 대단히 간단하지만 초음파 센서의 출력이 수 mV 이하로 극히 미약하기 때문에 실제로는 다단 증폭 회로가 필요하다.

또 이 회로는 신호선에 노이즈가 섞이기 쉬우므로 회로 전체에 충분한 실드 대책을 필요로 한다

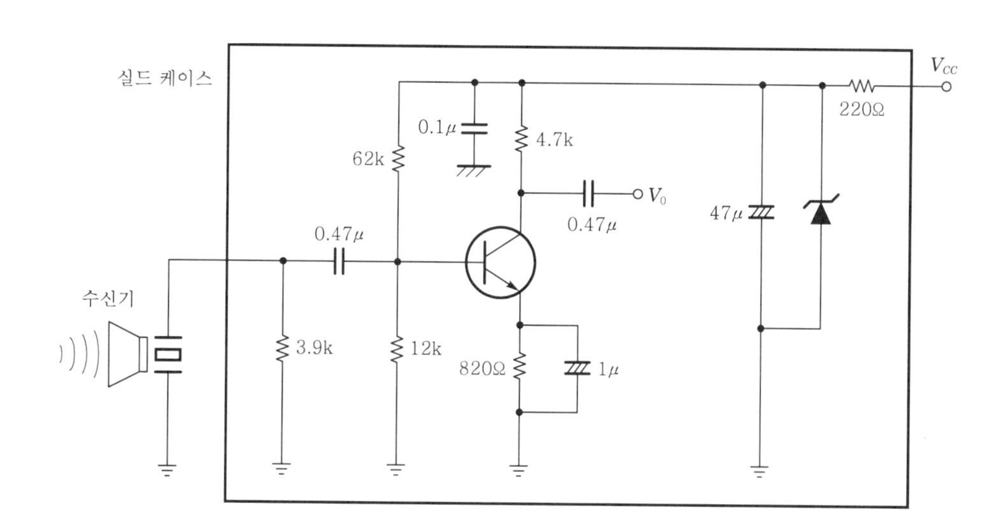

[그림 7-11] 트랜지스터를 이용한 초음파 수신 회로

7.1.7 초음파의 거리 계측

초음파 센서는 대부분 스스로 초음파를 발사하여 그 반사파를 검지하는 능동형으로 사용되며, 거리 계측이나 두께 계측 등에 사용되고 있다. 이것은 초음파의 강한 반사성과 전파성의 지연을 효과적으로 응용한 것이다.

초음파 거리계와 같이 초음파를 발사하여 그 반사를 얻는 능동형에서는 피측정 물체에서의 반사파가 대단히 중요하고, 또 그 반사파의 도달 시간을 거리로 하여 카운트하는 경우 그 통신 매체에 적당한 지연시간이 필요하다. 특수한 예로서 측정 물체의 내부에서 발생한 초음파(AE파) 감지 등의 용도로 수신 전용의 소자를 사용하는 수동형의 경우도 있다.

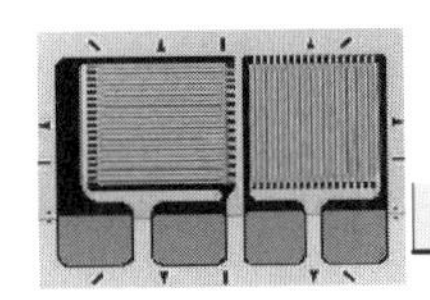

1 거리계의 구성

초음파 거리계에는 초음파 발진기와 수신기가 중심이 되지만 이외에 각종 회로 기능을 부가하여야 한다. 이것에는 발진과 수신의 타이밍 회로, 클록 펄스 발생 회로, 각종 게이트 회로, 지연 회로, 및 거리 표시 회로 등이 그 대표적인 것이다.

신호 처리 회로에서 송신 회로 내에는 40 kHz의 캐리어 신호와 초음파를 생성하는 게이트 회로가 내장되어 있다. 또 수신 회로 내에는 경과 시간 제어 회로가 내장되어 출력 신호의 이득 조정을 자동적으로 하고 있다.

2 초음파 측정

(1) 반사형

반사형의 응용 예를 [그림 7-12]에 나타내었다. 연속파 신호 레벨 검출은 회로 구성이 간단하기 때문에 계수 장치나 근접 스위치 등에 사용된다. 또한 자동 도어와 같이 주위 환경이 변화하기 쉬운 장소에서는 오동작 방지를 위해 펄스 반사 시간 계측과 같이 주기적으로 초음파 펄스를 보내어 반복된 반사 신호가 계속되는 경우에 장치가 작동하도록 되어 있다.

작용, 방식	동작 원리(S : 송신기, R : 수신기)	용 도
연속파 신호 레벨 검출	입력신호, S, R, 물체, 출력신호	계수 장치 근접 스위치 패킹 미터
펄스 반사 시간 계측	입력신호, S, R, 물체, T, 출력신호	자동 도어 액면 레벨계 교통신호 자동전환 자동차 백 소나
도플러 효과 이용	입력신호, S, R, 물체, ← 이동, 출력신호	속도계 유속계

[그림 7-12] 반사형의 응용 예

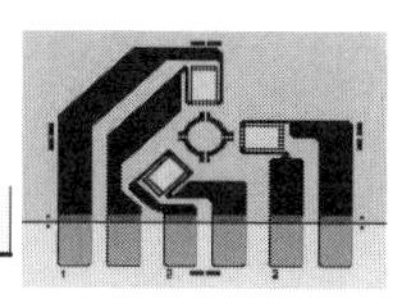

자동차의 백 소나나 무인 방송차의 충돌 방지, 물체의 유·무 검출, 액면 레벨계 등도 같은 방식이다. 입력 신호에서 반사 신호까지의 시간을 거리로 환산하고 있다. 도플러 효과 이용은 반사물체 또는 인체가 접근하거나 멀어지거나 할 때 도플러 효과에 의하여 초음파의 반사파가 변조되는 것을 이용한 것으로 속도계, 유속계 등에 많이 사용된다.

(2) **직접형**

직접 전달 시간의 계측은 송신기와 수신기를 대향시켜 배치한 것으로 수신된 초음파는 증폭 회로에 의하여 증폭된다. 신호는 송·수신기 사이의 초음파 투과율의 변화에 대응하여 레벨이 변화된다. 이것을 이용하여 기체의 농도, 물체의 유·무, 유체의 속도 등을 계산할 수 있다. 와류 계측은 유량계의 응용 예이다.

유체 중에 돌기 물질이 있으면 그 후방 유속에 와류가 발생하여 초음파를 감쇠시킨다. 초음파 경로 상의 와류수 만큼 초음파 투과율이 낮아지므로 유속을 검출할 수 있다.

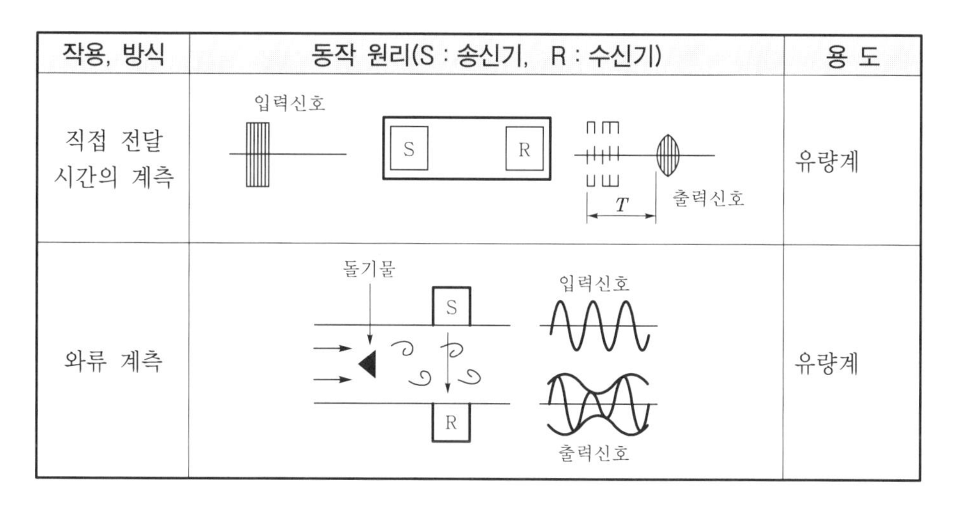

[그림 7-13] 직접형의 응용 예

3 초음파 두께 계측

초음파 두께 계측은 고체 내의 전파 시간과 반사파(에코)를 효과적으로 응용한 것이다.

일반적으로 두께 계측은 긴 거리를 필요로 하지는 않는다. 측정 두께는 1 mm

에서 500 mm 정도로 비교적 측정 범위는 좁다. 그러나 두께 계측에는 분해능을 필요로 하므로 사용 주파수도 대단히 높게 된다. 한 예로 ±0.1 mm의 분해능과 2~8 MHz의 사용 주파수를 요구하는 경우, 초음파 진동자로 압전 세라믹을 사용할 수 없다. 초음파 진동자는 오직 수정 진동자가 사용되고 있다. 또 그 계측법도 반사법의 지연 시간을 클록 펄스로 카운트하는 방식이 아니라 공진법이 이용되고 있다.

[그림 7-14]는 초음파를 이용한 두께의 측정으로 (a)는 지연시간 측정법을 (b)는 공진법을 나타내고 있다. 지연시간 측정법은 상측의 반사파가 하측을 거쳐 도달되는 반사파의 지연시간을 계측하여 거리로 환산하는 방법이다. 또한 공진법은 수정 진동자에 가변 주파수 발진기를 접속하여 그 출력 주파수를 가변하는 방법이다.

이것은 피측정 물체의 두께가 발진된 초음파 반파장과 정수배로 같아지면 공진하는 성질을 이용한 것이다. 이때 피측정 물체의 음속을 알고 있는 경우 하나의 공진 주파수만 알면 두께를 구할 수 있다. 반면에 음속이 불분명한 경우는 전후 두 개 이상의 공진 주파수를 검출하면 두께를 측정할 수 있다.

또한 공진 주파수법은 앞의 지연 시간 측정법에 비교하면 훨씬 검출 정밀도가 높다. 따라서 길이가 긴 물체 이외의 두께 계측은 일반적으로 공진 주파수법이 사용되고 있다.

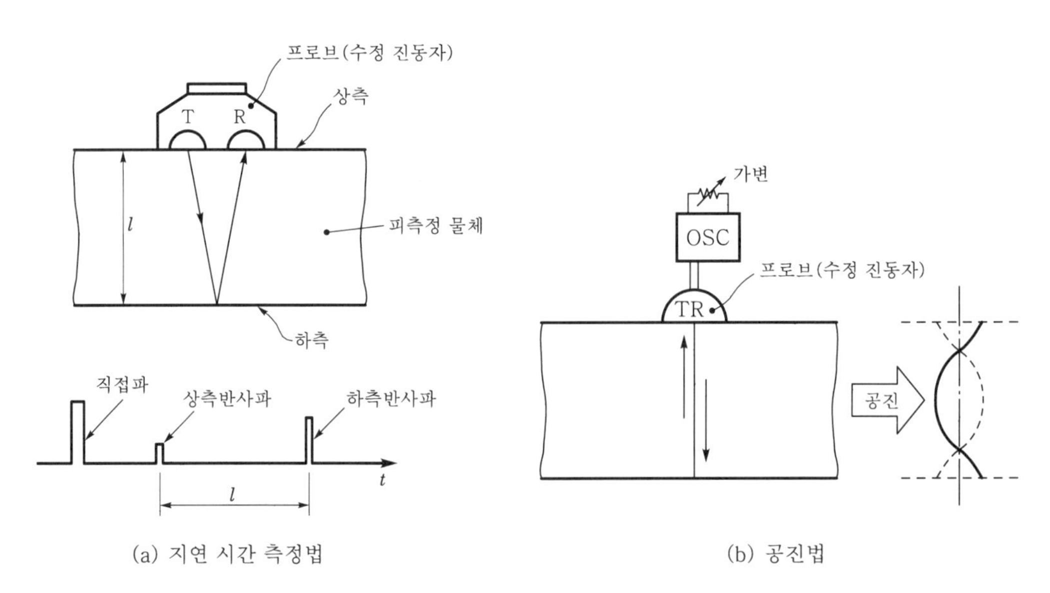

[그림 7-14] 초음파 두께 계측

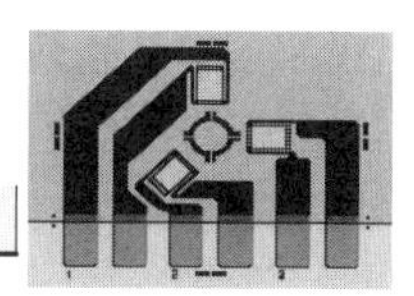

4 소나

소나(SONAR : Sound Navigation and Ranging)는 수중 탐사기로, 배의 항해를 목적으로 하는 수중 초음파를 이용한 계측 장치의 총칭이다. 즉 초음파 펄스를 바다 속에 방사하고 수중 물체에서 반사된 파를 감지함으로 표적의 유·무, 거리 계측, 방향 판단 등을 하는 일종의 레이더와 같은 것이다. 또 이것에는 여러 가지 종류가 있고 용도, 목적, 요구 정밀도 등에 의해서 그 명칭도 미묘하게 변해가고 있다.

예를 들어 어군 전용으로 개발된 것을 어군 탐지기라고 부른다. 또 바다의 깊이를 측정하기 위하여 만들어진 장치는 측심기라고 한다.

5 어쿠스틱 이미션

어쿠스틱 이미션(AE : Acoustic Emission : 음향방사)이란 각종 물체가 파괴될 때 혹은 파괴 직전의 응력 집중시에 발생하는 초음파 에너지이다. 이를 감지하는 데는 압전형, 가동 코일형 등 각종 탄성파 센서가 사용된다. AE파는 대부분이 돌발형(단발 신호)이며 주파수 성분도 가청 대역으로부터 수 MHz에 이르는 것도 있다. 따라서 AE파를 감지하는 센서는 단일 주파수 신호를 다루는 다수의 일반 초음파 센서와 다른 측면을 가지고 있다. 압전형 센서는 현재 AE 센서로 가장 많이 사용되고 있다. 구조는 피검출물로부터 AE파를 받는 수파판의 내측을 은으로 증착하고 증착면에 압전 세라믹 초음파 센서를 접착하여 전체를 실드 케이스에 봉인한 것이다.

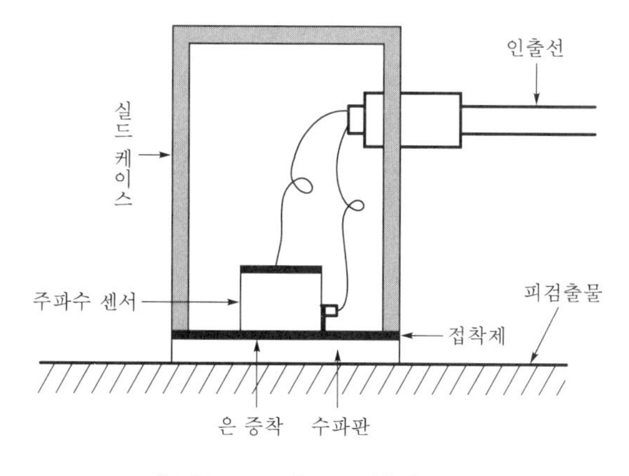

[그림 7-15] AE 센서 구조

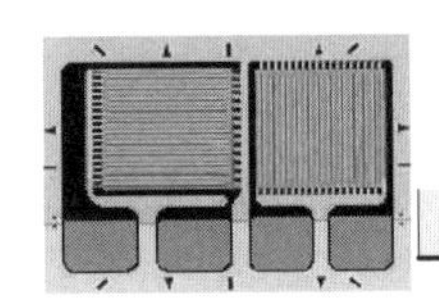

즉 AE 기술이란 물체의 파괴를 사전에 감지하여 각종 장치의 보호 및 소손 방지, 안전 관리, 환경 파괴 등을 방지하는 일종의 안전 보호 기술이다. AE 기술의 응용으로는 드릴, 칼날 등의 손상 방지, 기타 석유 플랜트, 원자로, 각종 화학 플랜트 등의 사고 방지에 이용되고 있다.

7.1.8 초음파 유속계

초음파의 응용으로 유체의 진행 속도를 계측할 수 있다. 유속 계측의 원리에는 시간차 방식과 도플러 방식이 있다. 시간차 방식은 유체 안을 전파하는 초음파의 시간이 유체의 속도에 따라서 변화하는 것을 이용하는 것이다.

도플러 방식은 유체 중의 부유물에 초음파를 발사하여 반사파의 도플러 효과를 이용하는 것이다.

[그림 7-16]은 시간차 방식을 이용한 초음파 유속계의 동작 원리를 나타낸 것이다. 그림에서 배관 내를 흐르는 유속을 ν, 유체 내를 전파하는 음속을 c, 송·수신 소자 사이를 ι로 하면 센서(스피커) 1에서 발사되는 초음파가 센서 2에 도달하는 시간 t_1은 $\dfrac{\iota}{\nu+c}$이 된다.

반대로 센서 2에서 센서 1로 도달하는 시간 t_2는 $\dfrac{\iota}{\nu-c}$이다.

따라서 $\Delta t = t_2 - t_1 = \dfrac{2\iota\nu}{c^2-\nu^2}$ 이고, $c^2 \gg \nu^2$이므로 다음과 같다.

$$\Delta t \fallingdotseq \frac{2\iota\nu}{c^2}$$

결과적으로 도달 소요 시간의 차는 유체의 속도에 비례하므로 Δt를 알게 됨으로 유속 ν가 검출된다.

또 c는 음속이고 이것은 온도의 영향을 강하게 받으므로 온도 의존성이 크고 측정 오차를 수반한다.

그런데 센서 2에서 센서 1의 방향으로 다시 한 번 측정함으로 온도 의존성을 경감할 수 있다. 이 방식을 일반적으로 복류법 또는 송수신 반전법 등이라 부르기도 한다.

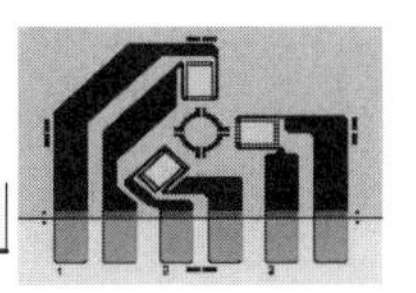

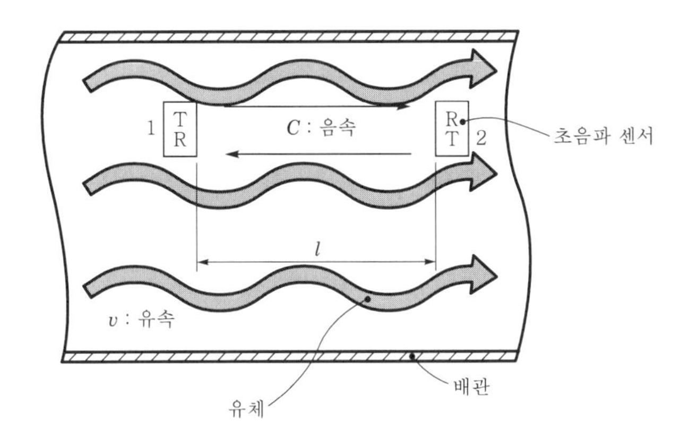

[그림 7-16] 초음파 유속계 동작 원리

7.1.9 용어 정리

① **음**(소리) : 물체 또는 물체의 일부가 급격한 진동에 의하여 그것이 주위의 탄성체(공기, 기타 매질)에 전달되어 파동으로 전파하는 것을 말하며, 이러한 파장을 음파라 한다. 파장(λ, m)과 주파수(f, Hz)와의 곱은 음속($c=\lambda \cdot f$)이라는 관계가 성립한다. 또한, 음파는 반사, 굴절, 회절, 간섭, 울림, 공명, 잔향, 흡음, 차음, 감쇠, 투과, 손실 등과 같은 특징을 가지고 있다.

② **음속** : 음은 모든 물질 속을 전파하는데, 그 전파속도(음속)는 밀도에 따라 다르게 나타난다. 또한 온도에 의한 밀도변화에서도 음속이 다르게 나타나며, 바람이 불고 있을 때는 정방향으로 음의 전파가 빨리 되고, 역방향으로 전파가 늦다. 공기 속에서 전달되는 음의 전파 속도는 약 340 m/s(15℃) 정도이며, 그 속도는 액체 속과 고체 속에서는 대단히 빠르며 수중에서는 약 1500 m/s, 강철 속에서는 약 5,000 m/s 정도가 된다.

③ **가청 주파수** : 사람이 들을 수 있는 소리로서 대략 20~20,000 Hz 정도를 가청주파수 영역이라 하며, 회화음 주파수 영역은 250~3,000 Hz 정도가 된다.

④ **초음파** : 초음파라 함은 사람이 도저히 들을 수 없는 소리를 말하는 것으로서 가청 주파수 영역을 벗어난 주파수가 20,000 Hz 이상의 음을 말한다. 초음파 유량계에 사용되는 주파수는 보통 100,000~2,000,000 Hz 정도로 보통 사람들은 도저히 들을 수 없는 소리이다.

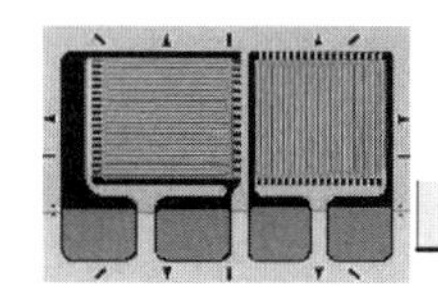

⑤ **초음파의 특징** : 초음파는 본질적으로는 보통 음파와 동일하나, 주파수가 크고(즉, 파장이 짧다), 강도가 높은 특징을 가지고 있으며, 파장이 짧기 때문에 보통의 음파에서는 볼 수 없는 방향성을 나타내며, 짧은 펄스를 발생시키므로 이를 이용하여 음속이나 흡수의 정확한 측정이 가능하다.

⑥ **초음파 센서** : 초음파의 송신기나 수신기에는 안정성을 가진 지르코늄산납, 티탄산바륨, 니오브산리튬 등이 사용된다. 이들 유전체는 교류전압을 걸면 두 계가 변해서 초음파를 발생한다. 또 초음파를 가하면 전압이 발생하므로 하나의 소자를 송신기와 수신기로 바꾸어 사용할 수 있다.

⑦ **초음파 변환기** : 일반적으로 초음파는 온도나 유체의 조성에 의해 변화하므로 직접적인 초음파만을 직접 측정하여 표기하는 방식으로는 정확한 측정을 할 수 없다. 그래서 여러 가지 신호처리에 의해 초음파의 영향을 제거하는 장치를 말하며, 대체적으로 모니터에 내장되어 있다.

⑧ **도플러 효과** : 음원과 관측자와의 상대속도에 의해서, 서로 정지하고 있을 때와 그 관측되는 진동수가 달라지는 현상을 말한다. 즉, 음원(기차의 기적소리)이 가까워지면 파장은 짧아진다. 즉, 진동수는 증가하여 높은 소리로 들린다. 또한 음원이 멀어지면 파장은 길어진다. 즉, 진동수는 감소하여 낮은 소리로 들린다. 이러한 도플러 효과를 이용하여 항공기나 자동차의 상대속도를 측정하거나 액체의 유속을 측정할 수 있다.

7.2 홀 센서

7.2.1 홀 센서의 개요

홀 효과(Hall effect)를 이용하여 자계의 방향이나 강도를 측정할 수 있는 자기 센서로 미국의 홀(Edwin Herbert Hall)에 의해 1879년에 발견되었다. 그는 금으로 된 작고 얇은 조각에 전류 I를 흘리고, 전류에 직각 방향인 금속면에 수직으로 균일한 자속 밀도 B를 가하면, 전류와 자계에 모두 직각인 방향으로 전

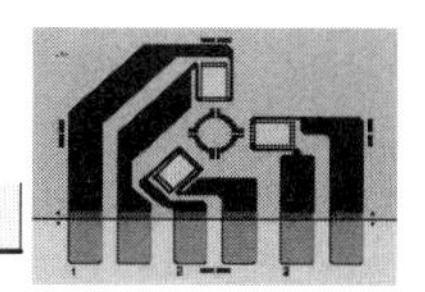

위차가 나타나는 것을 발견하였다.

이를 홀 전압 V_H라 하며, 자기 센서용 반도체 재료로서는 홀 효과형에 인듐안티몬(InSb) 증착막이나 갈륨비소(GaAs), Si가 이용되고 있다. 이는 Ge, Si, 인듐비소(InAs), GaAs, InSb과 같은 반도체에서도 같은 효과가 나타나며 조건에 따라서는 1.5[V] 정도의 전위차를 얻는다.

1 동작 원리

홀 소자는 [그림 7-17]에 나타난 바와 같이 두께 t인 반도체편에 전류 I를 흘리고 반도체편과 수직으로 자장 B를 가하면 로렌츠 힘에 의해서 전자의 흐름이 바뀌어 홀 효과가 생긴다. 이 때문에 I와 B에 대해서 직각의 방향으로 전위차 V_H가 생긴다.

이 V_H를 홀 전압 또는 홀 출력 전압이라 하며 다음 식으로 표시된다.

$$V_H = \left(\frac{R_H}{t}\right) IBf_H = KIB$$

여기서 R_H는 반도체 자체의 전자 이동도로 정해지는 물리 상수로서, 홀 계수라 불리며, f_H는 형상이나 홀 각으로 정해지는 상수로 형상 계수라 부른다. 여기서 상수를 K라 하면 홀 전압은 제어 전류 I와 자장 B의 곱에 비례한다. K는 곱감도라 일컬어지며 제어 전류 1 mA, 자속 밀도 1 kG일 때에 발생하는 홀 전압으로, 단위는 (mV/mA · kG)로 표시된다.

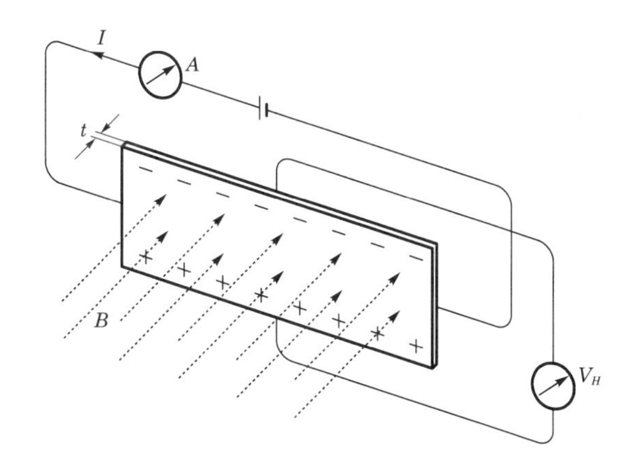

[그림 7-17] 홀 효과

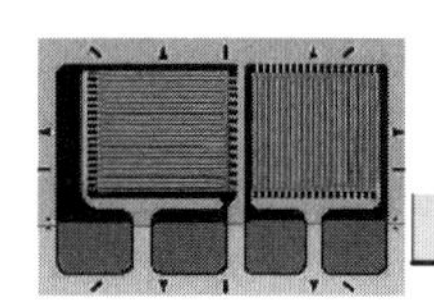

예를 들면 $K=4$의 홀 소자에 $I=10\,\text{mA}$, $B=10\,\text{kG}$의 조건을 주면 위 식에서 $V_H=400\,\text{mV}$가 얻어진다. 곱감도 K의 값이 클수록 홀 소자의 감도가 높고, 두께 t가 작은 소자일수록 출력 전압은 크다. 그러나 제어 전류 I를 크게 함으로써 V_H도 커지므로 소자 내부의 저항을 내려 I를 많이 흘릴 수 있는 것도 필요하다.

홀 소자에는 위의 식으로 나타내는 이외에 실제로는 다음과 같은 상수도 있다.

(1) 잔류 전압 V_0(불평형 전압)

이것은 자계 $B=0$, 제어 전류 $I=\text{max}$일 때에 발생하는 전압이며, 이론상의 홀 소자는 $V_0=0$이다. 그러나 사용하는 반도체 재료 결정의 불균일성이나 각 전극의 비대칭성, 패키지에 의한 압력 등에 의해서 $V_0=0$으로 하는 것은 매우 곤란하며 나중에 설명하는 방법에 의해서 전기적으로 보정하여 사용된다.

(2) 입 · 출력 저항의 온도 계수

홀 소자 내부의 저항 온도 특성에서 온도 계수 0이 바람직하지만 그 크기는 재료에 따라 다르다.

(3) 출력 전압 온도 계수

제어 전류를 일정하게 한 경우 온도에 따라서 홀 전압 V_H가 변화하는 비율이며, 재료에 따라서 다르고 적을 수록 좋다.

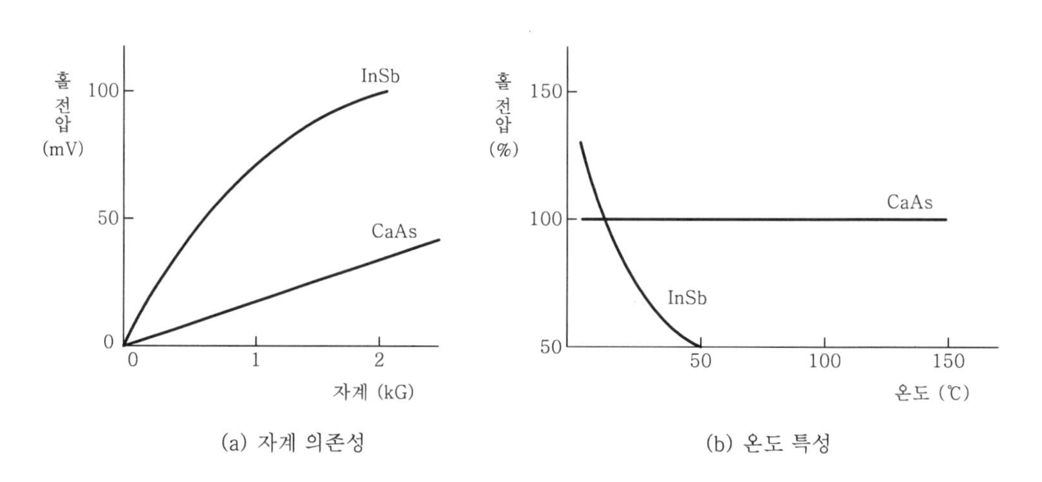

[그림 7-18] 홀 소자의 특성(전류 구동)

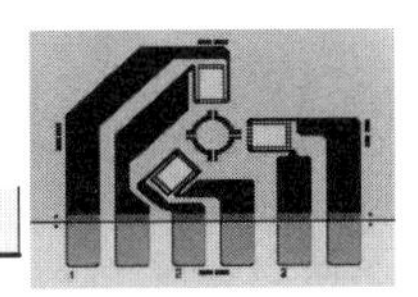

2 요구 특성

공업용 홀 소자는 원리적으로 다른 홀 소자와 동일하지만 다음 항목과 같은 특성이 요구된다.

① 연속 사용되므로 신뢰도가 높고 드리프트가 작은 것

② 직선성이 좋을 것(V_H 대 B, V_H 대 I의 관계), 특히 자계에 대해서 약자계에서 강자계까지 고정밀도인 것

③ 출력 온도 계수가 적은 것

④ 자기 저항 효과에 의한 소자 내부의 저항 변화도 포함하여 입·출력 저항의 온도 변화가 직선일 것

⑤ 취급이 쉬우며 전기적으로 사용되기 쉬운 것

⑥ 사용 온도 범위가 넓고 V_0의 변동이 작은 것

이것을 반도체 재료와 함께 생각 생각하면 홀 소자 재료로서 다음과 같은 것을 알 수 있다.

① InAs : 출력 전압은 적지만 온도 특성이 좋다.

② Ge : 출력 전압은 적지만 n형 단결정에 자계를 가하면 매우 직선성이 좋고 온도 특성도 좋다.

③ Si : 출력 전압. 입·출력 온도 특성 모두 양호하지만 직선성에 어려운 점이 있다.

④ GaAs : 출력 온도 계수 기타의 특성도 양호하지만 소재 제조 공정에 어려운 점이 있어서 가격이 높다.

이와 같은 것으로부터 현재 n형 단결정의 Ge을 사용한 홀 소자가 실용적이며 신뢰도가 높은 소자로 만들어지고 있지만 사용 온도 범위 면에서 앞으로는 GaAs로 옮겨지고 있다.

3 홀 소자의 출력 특성

홀 소자의 출력 전압 V_H는 어떠한 조건하에서 전류 I와 자속 밀도 B에 비례한다. 즉, I가 일정한 경우 V_H는 B에 비례한다. 이것은 자속 변화에 대해 선형적인 출력 특성을 나타낸다.

[그림 7-19]에 홀 소자의 V_H 대 B 출력 특성을 나타내었는데 A는 넓은 범위에 걸친 선형적인 출력 특성으로 자속 센서와 같은 계측에 주로 사용된다.

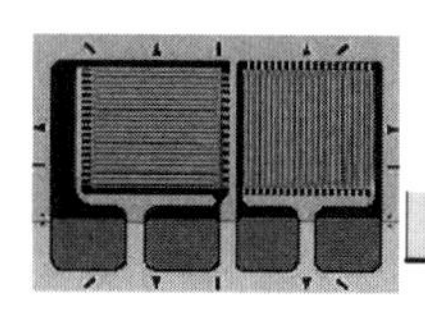

그림 B의 자속 밀도는 저자장에서 출력 감도가 높기 때문에 브러시리스 모터의 자극 센서 등에 사용되고 있다.

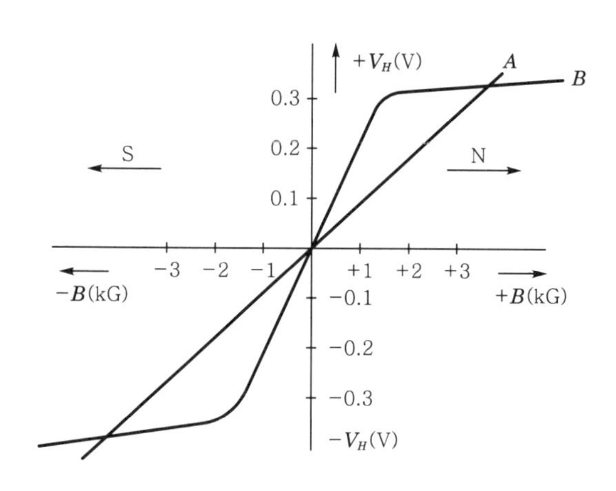

[그림 7-19] 홀 소자의 출력 특성

4 홀 소자의 응용

홀 소자는 그 성질상, 자계의 세기를 전기량으로 변환하는 경우에 사용된다. 대표적인 응용 예로서 무접점 스위치, 회전계, 위치 검출기, 변위계, 자속계 등의 센서로서 또는 상승기, 전류, 전압, 전력 변환기 등이 있다.

현재의 홀 소자는 매우 안정화된 반도체 소자이며 그 응용 면에서는 전기적인 과도 특성에 우수하며, 전 회로에의 이용상 편리하다. 또 검출하고자 하는 전기 회로에서 절연하여 전압, 전류, 전력 등을 검출할 수 있고 절연 내압도 높게 잡힌다.

이 외 교류, 직류에 관계 없이 사용할 수 있을 뿐만 아니라 인덕턴스가 작으므로 응답 속도가 빠르다.

최근에는 집적회로에 의해서 간단히 출력 전압을 증폭할 수 있도록 되어 각종 전기 제어 시스템에 이용되고 있다.

이러한 홀 소자의 용도로는 FDD 및 HDD, 모터의 회전검출, VTR 자기 기록용 헤드, 가우스 미터, 전위계, 회전계, 속도계, 전력계, 자속계, 전류계 등의 전류검지 및 측정에 다양하게 사용된다.

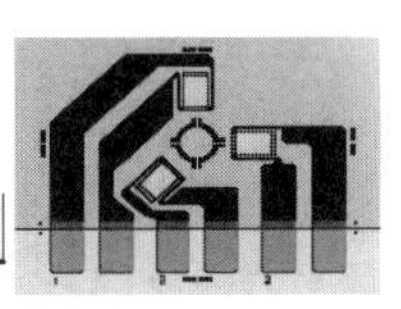

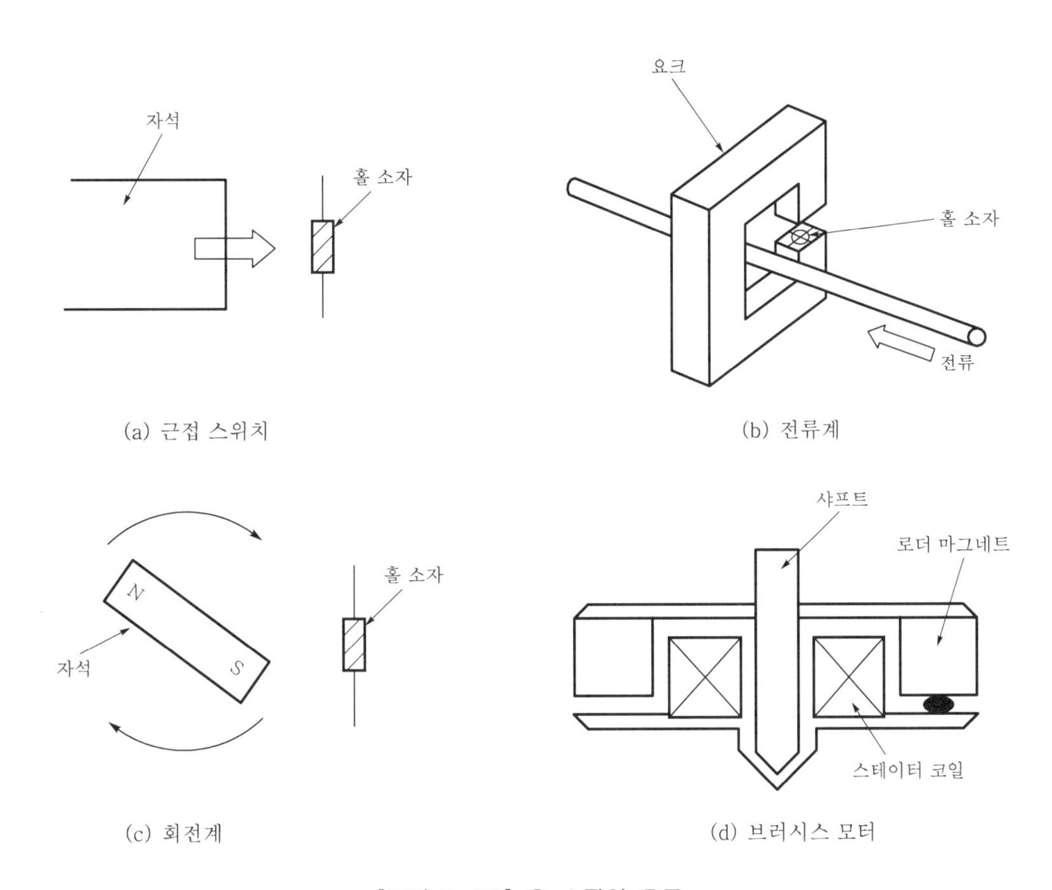

(a) 근접 스위치

(b) 전류계

(c) 회전계

(d) 브러시스 모터

[그림 7-20] 홀 소자의 용도

5 홀 소자의 응용 회로

홀 소자를 동작시키기 위해서 그 입력 단자에 홀 전류(바이어스 전류)를 흐르게 하여야 한다. 이 경우 소자의 사용 목적이나 온도 특성에 따라 적절한 회로를 구성하여야 한다.

[그림 7-21] (a)는 R_{in}이 큰 경우에 주로 사용되며, 홀 전류는 $I=E_b/R_{in}$이 된다. 이 회로는 정전압 구동 회로로 자기 저항 효과의 영향이 크며, InSb에서는 온도 특성이 좋아진다.

(b)는 R_{in}이 작은 경우에 주로 사용되며, 홀 전류는 $I=E_b/(R+R_{in})$이 되고, 동상 전압 $V_B \simeq 1/2R_{in} \cdot I$ 정도로 작아 진다. $R \gg R_{in}$의 경우 정전류 구동 회로로, 자기 저항 효과의 영향은 적어진다. InSb에서는 온도 특성이 약간 나빠진다.

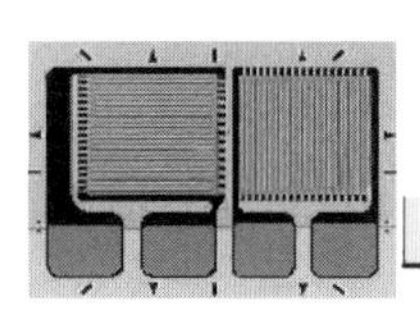

(c)도 R_{in}이 작은 경우에 주로 사용되며, 홀 전류는 $I=E_b/(R+R_{in})$이 되고, 동상 전압은 $V_B \simeq (1/2 \cdot R_{in}+R)I$ 정도로 커지게 된다. 역시 $R \gg R_{in}$의 경우 정전류 구동 회로가 되며, 자기 저항 효과의 영향도 적어진다. InSb에서 온도 특성이 약간 나빠진다.

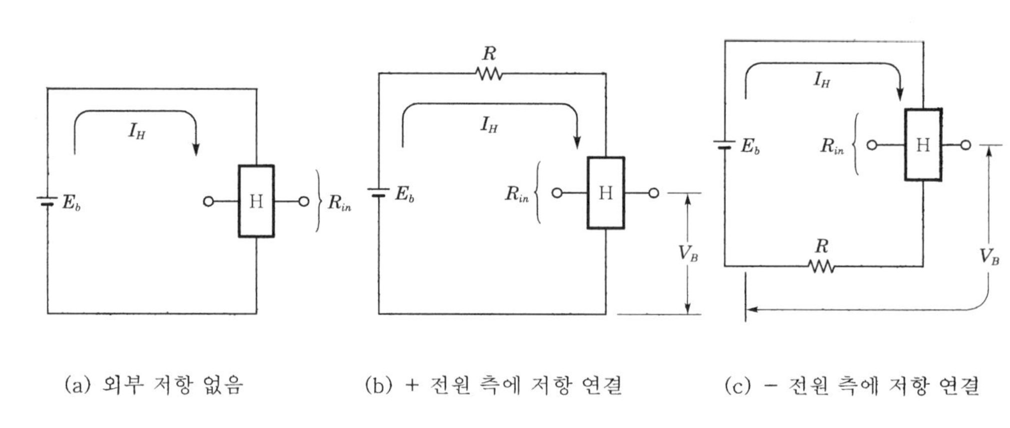

[그림 7-21] 홀 소자의 바이어스 회로

(1) 홀 소자의 정전압 구동 회로

홀 소자의 입력 단자간에 일정한 전압을 부여함으로 정전압 구동 회로를 구성한 것으로 온도 특성이 뛰어나다.

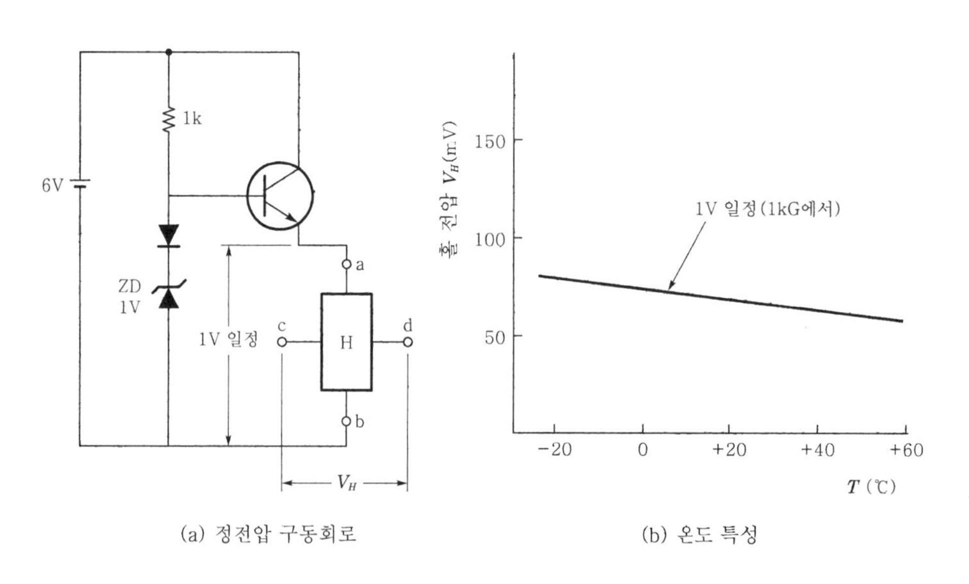

[그림 7-22] 홀 소자의 정전압 구동 회로

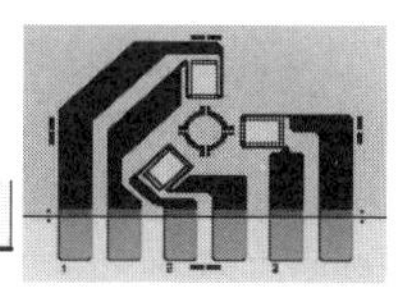

(2) 홀 소자의 정전류 구동 회로

홀 소자의 정전류 구동 회로는 홀 소자의 내부 저항이나 주위 온도가 변해도 홀 소자에 흐르는 홀 전류를 일정하게 유지된다. 그러나 홀 전압의 변화는 정전압 구동 회로에 비해 매우 심하다.

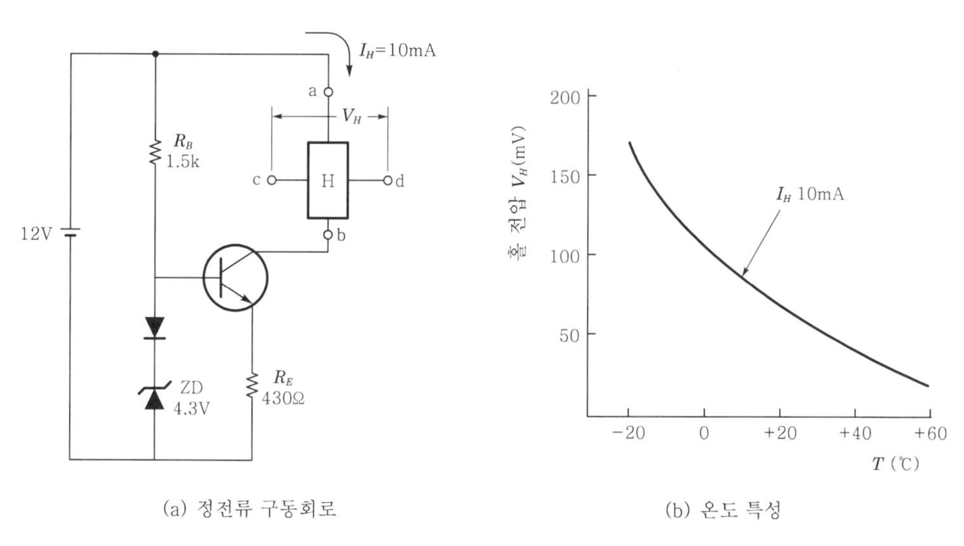

(a) 정전류 구동회로 (b) 온도 특성

[그림 7-23] 홀 소자의 정전류 구동 회로

(3) OP 앰프를 이용한 구동 회로

여기서는 제너 다이오드를 이용하여 기준 전압을 결정하였다. 정전압 구동 회로에서는 제너 다이오드에 따라 전압을 설정할 수 있다. 정전류 구동 회로에서 홀 전류는 $I = V_Z / R_E$로 계산된다.

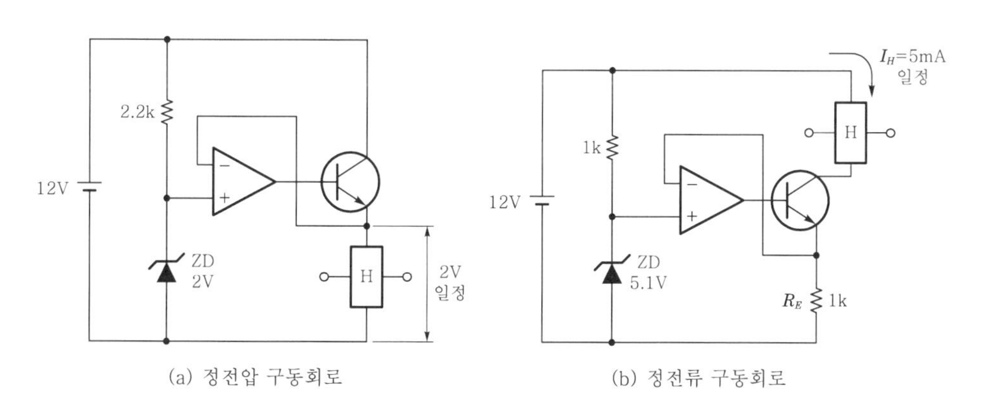

(a) 정전압 구동회로 (b) 정전류 구동회로

[그림 7-24] OP 앰프를 이용한 구동 회로

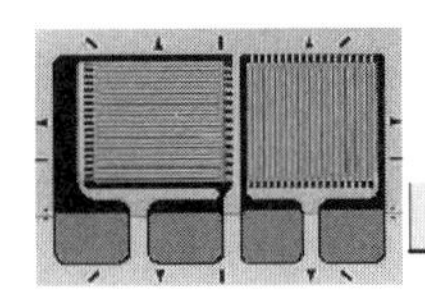

7.2.2 홀 IC

반도체 홀 센서는 자계 감도가 1000 G당 10~20 μV 정도로 다른 재료를 사용한 것에 비해 감도가 낮다는 결점이 있다. 이 결점을 개선하기 위해 IC 기술을 이용하여 신호 처리 회로를 센서와 일체화시킨 것이 반도체 홀 IC이다. 즉, 홀 IC는 홀 센서와 증폭기(신호 처리 회로 포함)를 하나로 집적화한 것이다.

홀 IC는 그 출력 특성에 따라 스위칭형과 리니어형이 있다. 스위칭형의 홀 IC는 마이컴 등의 디지털 회로에 리니어형은 아날로그 회로에 사용되나, 일반적으로 홀 IC라 하면 스위칭형을 주로 의미한다.

홀 IC의 특징을 정리하면 다음과 같다.

① 전자 회로와 일체화하여 센서의 감도가 높다.

② IC 제조 기술을 이용하므로 생산이 용이하다.

③ 목적에 맞는 신호 전압이 얻어진다.

④ 불평형 전압이 크고 처리가 곤란하다.

⑤ 홀 센서와 마찬가지로 코어의 공극 속에 삽입하거나 좁은 장소에 배치할 때에는 얇은 것일수록 자속 밀도 면에서 유리하다.

1 스위칭형 홀 IC

자계의 크기를 검출하여 ON/OFF 동작을 하도록 슈미트 회로를 내장하여 히스테리시스 특성을 부가하였다.

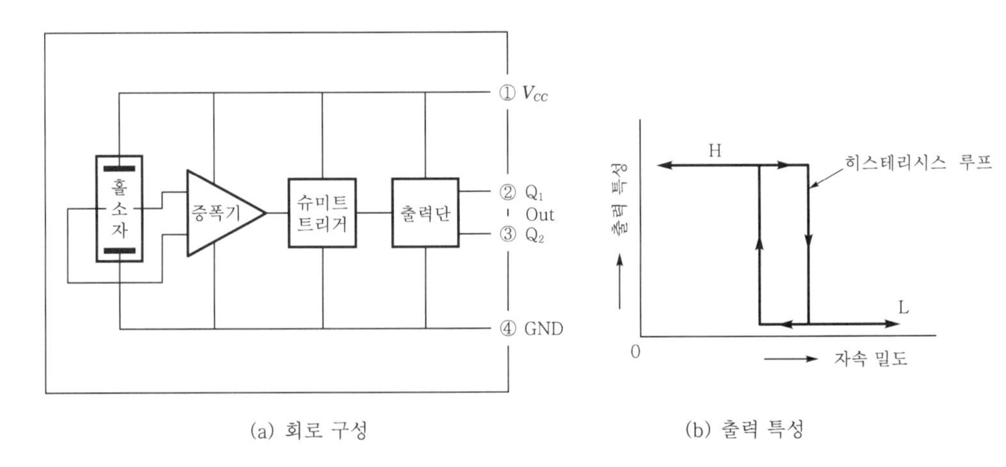

(a) 회로 구성 (b) 출력 특성

[그림 7-25] 스위치형 홀 IC

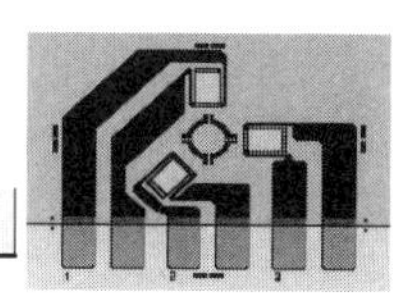

① 임계값 이상의 자계로 ON/OFF를 한다.

② 확실한 스위치 동작을 위해 히테리시스를 갖게 하고 있다.

③ 제품에 따라서는 자속 밀도에 따라 완전한 스위칭 파형이 나타나지만 동작점에 약간의 오차가 있는 것을 고려해야 한다.

2 리니어형 홀 IC

OP 앰프와 차동 증폭기로 구성하여 출력 특성에서 평형점은 양쪽 출력이 교차하는 점(N, S의 평형점)이 된다.

① 출력이 자계 강도에 비례한다.

② 대표적인 동작 전압은 5~16V이다.

③ IC 내부에 정전압 전원 회로가 내장되어 있어 전원 전압의 변화에 대한 감도의 변화는 약 12%로 낮다.

④ 수백 G 정도의 오프셋 전압(홀 센서의 불평형 전압)이 있기 때문에 오프셋 전압 보상용 단자가 있다.

⑤ 출력 오프셋 전압은 100 μV이고, 온도 드리프트는 1 μV/℃이다.

⑥ 오프셋 전압은 볼륨으로 조정할 수 있어 실제로는 그 온도 드리프트가 문제가 되며, 출력 전압이 변화하므로 주의해야 한다.

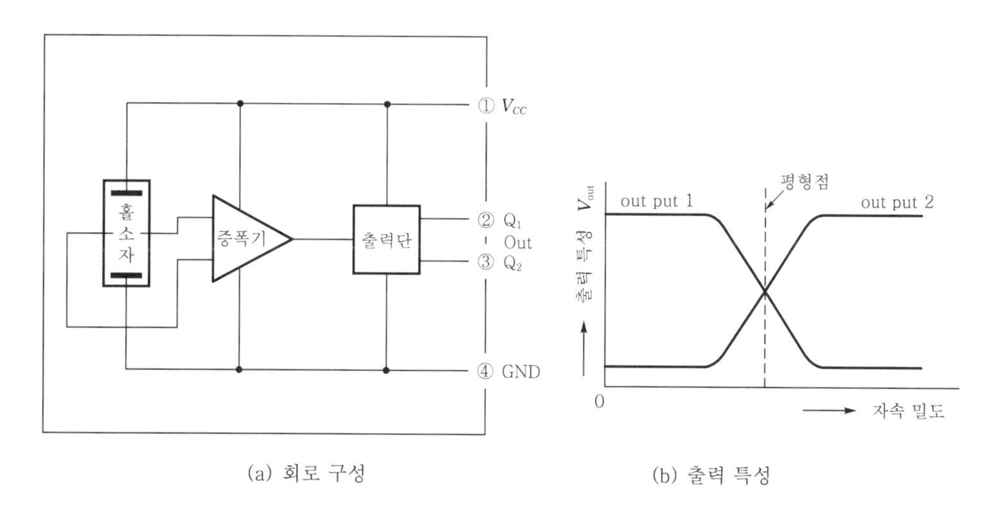

(a) 회로 구성 (b) 출력 특성

[그림 7-26] 리니어형 홀 IC

3 홀 IC 응용 회로

홀 IC는 자기 인터럽트, 홀 모터, 무접점 디스트리뷰터, 자속계, 전력계, 전위계, 변위계, 회전계, 키보드 스위치 등 다양하게 이용되고 있다.

(1) 홀 IC에 의한 LED 점등 회로

자석이 접근하면 스위치형 홀 IC가 자계를 감지하여 출력 트랜지스터를 ON시켜, 발광 다이오드에 전류가 흐르게 한다. 회로에 사용된 홀 IC는 NPN 오픈 컬렉터 출력이므로 발광 다이오드의 + 단자를 전원과 접속한다. 또한 발광 다이오드의 밝기는 홀 IC의 정격 출력 전류에 따른다.

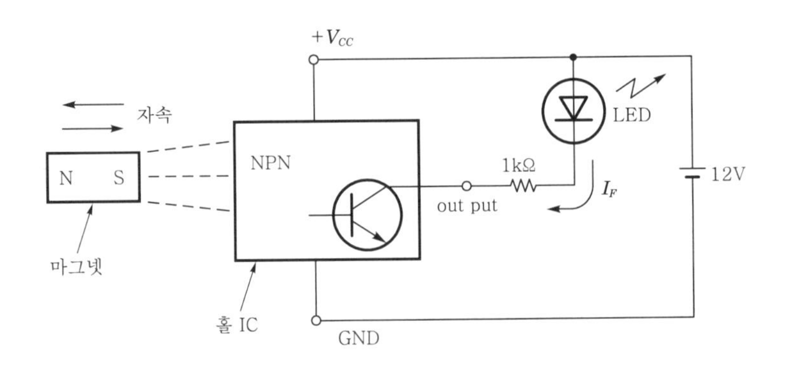

[그림 7-27] 홀 IC에 의한 LED 점등 회로

(2) 홀 IC에 의한 모터 ON/OFF 회로

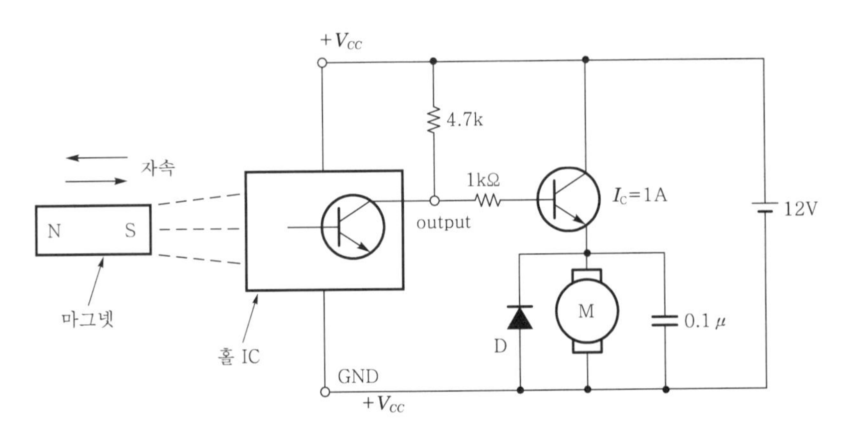

[그림 7-28] 홀 IC에 의한 모터 ON/OFF 회로

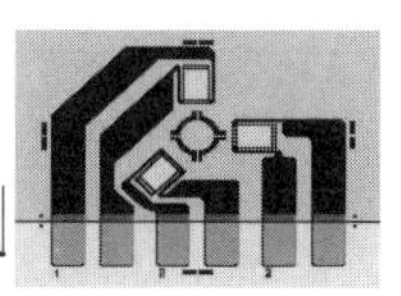

모터를 구동시키기 위해 PNP 타입의 파워 트랜지스터를 부가하였다. 회로에서 모터 대신에 램프 또는 릴레이를 연결하여 다른 액추에이터의 구동도 가능하다. 회로의 D와 C는 서지 전압 제거용이다.

(3) 홀 IC에 의한 조명 장치 제어 회로

홀 IC를 이용해 비접촉으로 조명 장치를 ON/OFF 제어하는 회로이다. 홀 IC의 출력 단자에는 솔리드 스테이트 릴레이(SSR)를 사용함으로 교류 전원을 사용하는 조명 장치의 제어가 가능하도록 하였다.

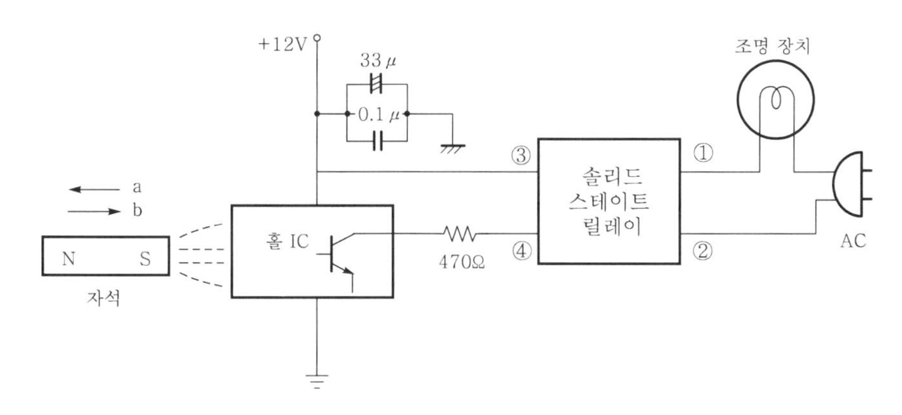

[그림 7-29] 홀 IC에 의한 조명 장치 제어 회로

7.3 습도 센서

습도 측정의 원리는 물분자나 수증기가 가지는 고유한 물리적 성질을 이용하는 것과 흡습성 물질에 물분자가 흡착되어 그 물질의 물리적 성질의 변화를 측정하는 것이 있다.

노점 습도계, 건습구 습도계, 확산식 습도계, 적외선 습도계 등이 전자에 속하고 모발 습도계, 박막 또는 후막 습도계, 색 습도계 등이 후자에 속한다. 모발 습도계는 흡습성 물질의 수축이나 팽창을 이용하여 습도를 측정하는 방법으로 역

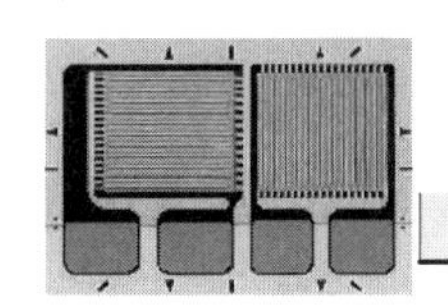

학적 습도계라고 하며 특히 모발은 습도에 따라서 신축성이 좋으므로 오랫동안 사용되고 있는 습도계 중의 하나이다.

여기서 건구와 습구의 온도차로부터 습도를 측정하는 건습구 습도계와 모발의 길이 변화를 측정하는 모발 습도계는 오래 전부터 사용되어 왔다. 그러나 이들의 출력은 전기적 신호로 주어지는 것이 아니고, 다른 물리적 양의 변화를 이용하는 것이므로 전자기기에 적용하기는 적합하지 않다.

습도 센서는 습도의 계측, 각종 공조 시스템, 가전 제품, 의료기기, 농업 및 공업 분야 등 광범위한 응용 분야를 갖고 있는 화학 센서의 일종이다.

현재, 전자 부품으로서 이용되고 있는 습도 센서는 열전도식(서미스터식)과 금속 산화물 세라믹계 등을 이용한 흡착식이 대부분이다. 습도 센서를 재료에 따라 분류하면 전해질계 센서, 유기 고분자계 센서, 세라믹계 센서, 마이크로파 수분 센서, 방사선 센서 등으로 나눌 수 있다. 습도는 상대 습도(% RH), 습구 온도(℃), 노점 또는 상점(℃), 수증기 함유량(ppm)의 것 중 하나로 표시한다.

[표 7-5] 습도 센서의 분류

종류	명칭	감온 재료	원 리	동작 습도 온도 변화	용 도
세라믹	세라믹 습도 센서	$MgCr_2O_4$ TiO_2계 세라믹	수증기의 화학, 물리적 흡착에 의한 저항 변화	1~100% RH 1~150℃	전자레인지 등의 조리제어나 각종 공조 제어
	박막 절대 습도 센서	Al_2O_3 박막	수증기 물리 흡착에 의한 용량 변화	1~200 ppm 25℃	IC패키지 내의 비파괴 수분 검출, 습도 계측기
고분자	수지분산형 결로 센서	흡습성 수지 카본	수지분의 흡습팽윤에 의한 저항 변화	94~100% RH −10~60℃	VTR 결로 방지
	고분자 습도 센서	도전성 고분자	수증기 물리 흡착에 의한 도전성 변화	30~90% RH 0~50℃	습도 계측기
전해질	염화 리튬 습도 센서	LiCl 식물 섬유함침계	LiCl의 흡습에 의한 이온 전도 변화	20~90% RH 0~60℃	습도 계측기
	노점 센서	LiCl 포화염	흡습→증발=응축의 평형 노점 계측	−30~100℃	노점계
기타	열전도식 습도 센서	서미스터	수분 함유 공기의 열전도도 변화	0~100% RH 10~40℃	습도 계측기
	마이크로파 수분 센서	유전체 기판	수분 흡착에 의한 공진주파수의 변화	0.3~70% RH 0~35℃	곡물, 목재, 종이의 수분 검출

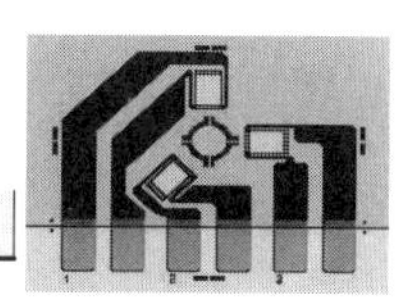

7.3.1 세라믹 습도 센서

세라믹은 물리적, 화확적 및 열적으로 안정한 재질이기 때문에 습도 센서의 재료로 적합하다. 감습 기구는 물의 물리 흡착 이온 전도에 의한 것이 대부분이나 ZrO_2-MgO계처럼 화학 흡착 전자 전도형도 있다.

[그림 7-30]은 세라믹 습도 센서의 구조를 나타낸 것으로, 감습 재료는 MCT($MgCr_2O_4-TiO_2$)계 다공질 세라믹이며, 이 양면에 세라믹과 열팽창 계수가 거의 같으며 접착 강도가 큰 산화루테늄(RuO_2)을 전극으로, 백금-이리듐선을 리드선으로 사용한다. 또한 전극 둘레에는 가열 크리닝용 히터를 부착하여 세라믹을 500℃ 이상에서 수초간 가열하여 세라믹의 오염물질을 제거하여 재생시킨다. 그림에서 센서를 지지하는 베이스는 센서 세라믹과 마찬가지로 더러워지기 쉽다.

베이스에 전해질이 부착될 경우 센서 단자 간에 전기적 누설이 생길 가능성이 있다. 전기적 누설을 방지하기 위해 베이스에는 가드 링을 설치한다.

(b)는 대표적인 감습 특성을 나타낸 것이다.

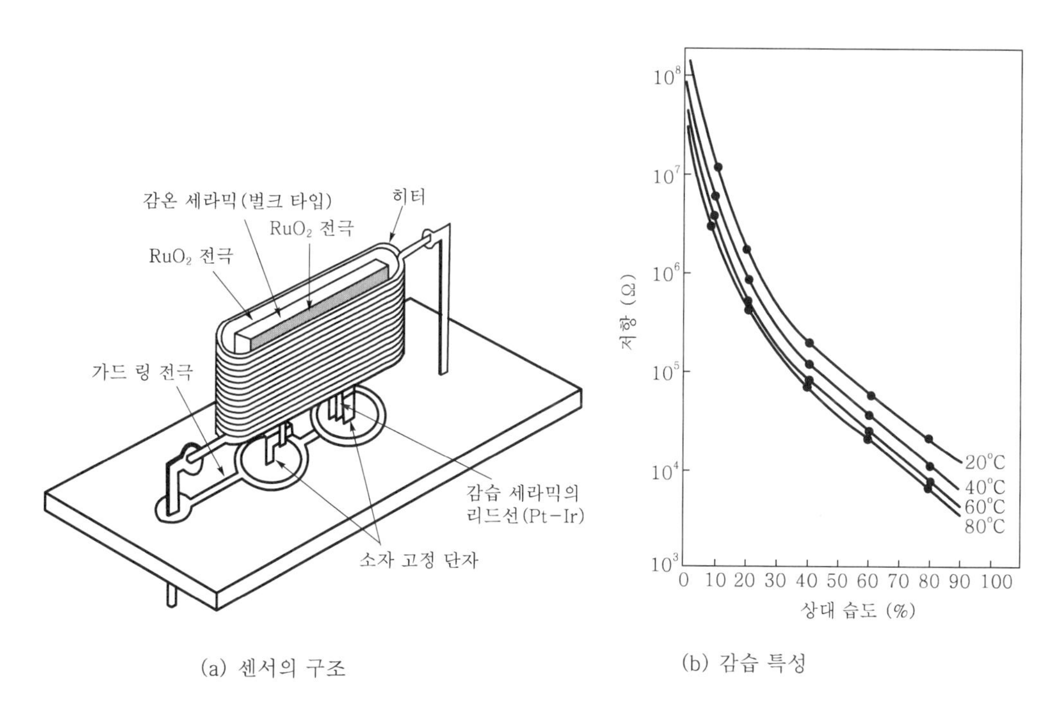

(a) 센서의 구조

(b) 감습 특성

[그림 7-30] 세라믹 습도 센서

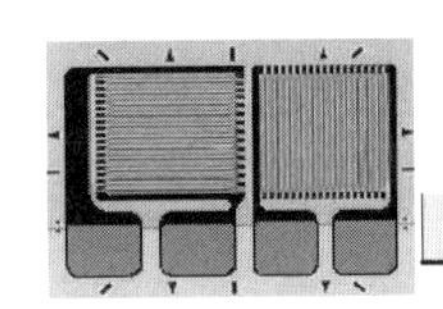

이 세라믹 습도 센서는 1%의 RH(상대 습도)에서 100%의 RH까지 거의 전역을 검출할 수 있으며, 검출할 수 있는 온도도 150℃까지 확대되어 있다. 또한 이 센서는 소형, 고감도, 넓은 동작 온도 범위, 빠른 응답 속도 등의 특징과 경시 변화가 거의 없다. 주요 용도로는 전자 레인지 및 습도 제어용이다.

한편 가열 크리닝이 필요하지 않는 비가열형 습도 센서는 감습 세라믹의 양면에 다공질의 산화물 전극을 인쇄. 소부시켜 얻는 것으로서 10% RH에서 90% RH의 습도를 측정할 수 있다.

7.3.2 고분자 습도 센서

고분자 습도 센서는 유기 고분자계의 흡습성을 이용한 센서로 오염에 대한 내구성은 비교적 강하나 사용 온도는 60℃ 이하이다. 고분자계 습도센서에는 저항형과 용량형이 있다. 저항형은 고분자의 이온 전도성을 이용하여, 피막에서 수분의 가역적인 흡탈착을 행한다. 저항형은 습도가 증가함에 따라 물질의 전기 저항이 감소하고, 그 차이는 매우 크며 안정성이 우수하다.

물의 유전율은 고분자 재료의 유전율에 비해 크기 때문에, 고분자 재료의 필름을 두 전극 사이에 넣어 콘덴서를 만들면 습도센서 된다. 즉, 고분자 필름에 흡착하는 물 분자의 양에 따라 정전 용량이 변화한다. 용량형 습도 센서의 특징은 측정 범위가 넓어(0~100% RH) 상대 습도에 대해 직선적인 출력을 얻을 수 있다. 저항형 습도 센서도 직선적인 출력을 보이지만 대수 직선성을 나타내기 때문에 그 분해능이 용량형에 비해 나쁘다.

고분자 습도 센서는 습도 계측기에 주로 사용된다.

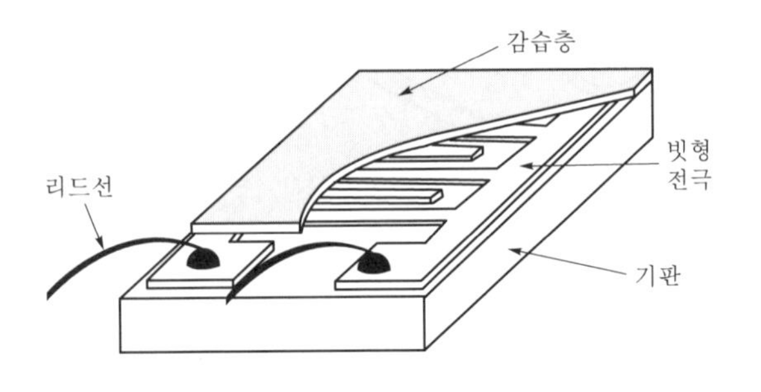

[그림 7-31] 고분자 습도 센서

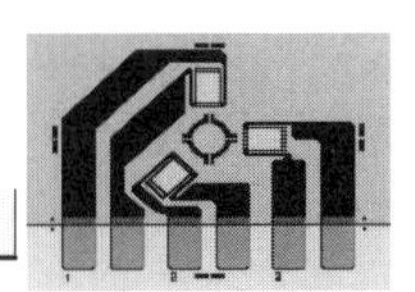

[표 7-6] 고분자 습도 센서 기술 자료

항 목	정 격
사용 온도 범위	1~60℃
사용 습도 범위	10~90% RH
감도	40(R_{30}/R_{90})
저항값	1.6×104Ω(25℃, 60% RH)
히스테리시스	±5% RH 이하
온도 계수	0.7% RH/℃(15~35℃, 60% RH)
사용 전력	0.5 mW 이하
사용 주파수	50~1,000 Hz

7.3.3 전해질 습도 센서

이 종류의 습도 센서로는 염화리튬(LiCl)을 전해질로 이용한 것이다. 염화리튬 습도 센서는 길이 10 mm 정도의 식물 섬유에 염화리튬 용액을 투입시켜 건조시킨 것을 백금 전극 사이에 넣은 것이다. 염화리튬 습도 센서는 정밀도가 좋은 특성이 있어 습도 계측기로서 실험 연구, 공조, 농업, 기상, 전기 기기, 식품 분야 등 다양하게 사용된다. 그러나 염화리튬은 전해질이기 때문에 흡습성 염의 농도가 차차 엷어져서 수명이 길지 않다.

염화리튬계 습도 센서의 또 다른 응용으로 노점 습도계가 있다. 이 센서의 원리는 물의 증기압이 염화리튬의 존재하에서 감소하는 관계를 이용하는 것이다. 공기 중의 수증기가 용해성의 염에서 응축되면 염의 표면상의 증기압은 주위의 수증기압보다 저증기압이 된다. 염이 가열되면 증기압은 주위 공기의 수증기압과 대등하게 되고 또 증발-응축의 과정이 평행에 도달할 때까지 증가하는데 그 평형 온도가 노점이다.

7.3.4 초음파 습도 센서

초음파를 이용한 습도 측정은 초음파 기온계와 저항 온도계의 조합으로 초음파의 전달 속도가 기온에 의해 변화하는 것을 이용한다. 즉, 초음파의 전달 속

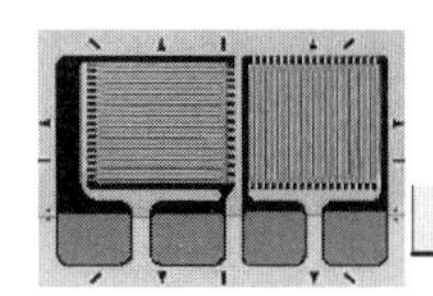

도가 습도의 영향을 받는 것에 착안하여 온도계와 병행함으로써 습도를 측정하는 것이다.

건조공기 속의 음속을 V_d 및 수증기를 함유한 공기 중의 음속을 V_h라 하면, 각각 다음 식으로 된다.

$$V_d = 20.067\,T^{1/2}\ (\text{m/s})$$
$$V_h = 20.067\{T(1+0.3192)e/p\}^{1/2}\ (\text{m/s})$$

여기서, T는 기온(K), e는 수증기 분압, p는 대기의 정압이며, 이 식으로부터 수증기압에 의한 음속의 변화 $\varDelta V$와 수증기 분압 e를 구할 수 있다.

$$\varDelta V = V_h - V_d = 20.067\,T^{1/2} \times 0.1596\,e/p\ (\text{m/s})$$
$$e = 6.26\,p(V_h - V_d)/V_d$$

여기서 V_h는 초음파 기온계로, V_d는 저항 온도계로 측정하면 절대 습도 및 상대 습도를 구할 수 있다.

7.3.5 열전도 습도 센서

열전도 습도 센서는 열전도의 물리 현상을 이용한 것으로, 2개의 서미스터를 사용하여 1개는 건조 공기로 밀봉하고 1개는 주위에 노출시킨다. 2개의 서미스터와 2개의 저항으로 브리지 회로를 구성한다.

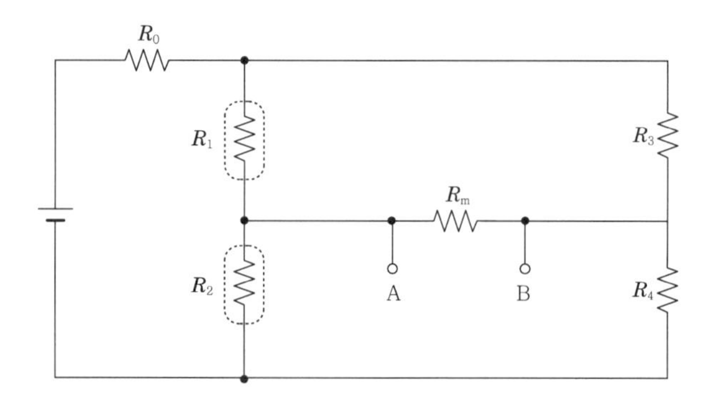

[그림 7-32] 열전도 습도 센서

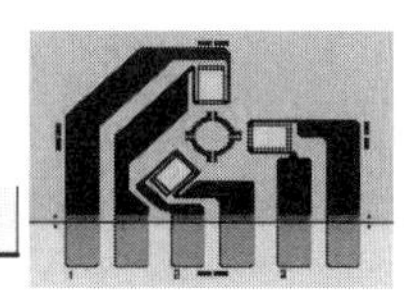

측정시는 건조 공기 중에서 평형을 유지시키고 서미스터에 전류를 흘려 약 200℃로 가열한다. 이 상태에서 수증기를 함유한 주위에 노출시키면 건조 공기와 수증기의 열전도 차에 의해 불평형 전압이 발생한다.

이 센서의 특징은 출력 신호로 절대 습도를 감지할 수 있으며, 히스테리시스가 없고, 0~100% RH의 영역에서 정확히 반응한다는 것 등이다.

7.3.6 습도 센서 응용 회로

다음 그림은 습도 센서의 회로 기호를 나타낸 것이다.

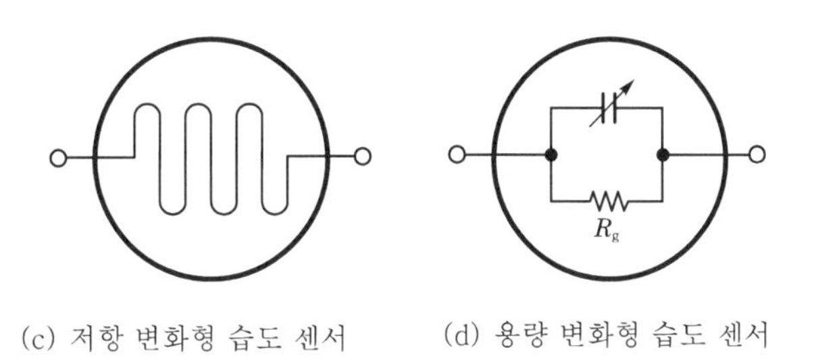

[그림 7-33] 습도 센서의 회로 기호

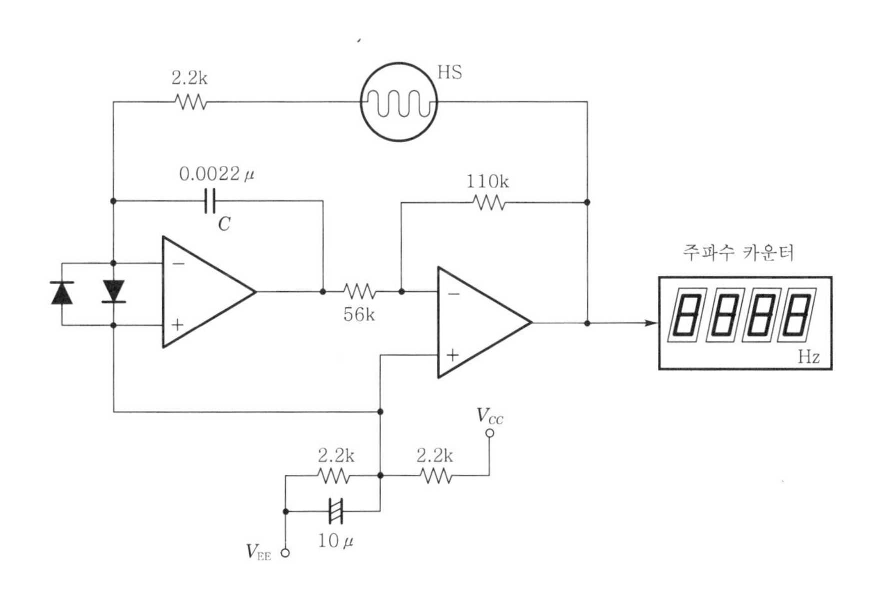

[그림 7-34] 습도 변화를 주파수로 변환하는 습도 검출 회로

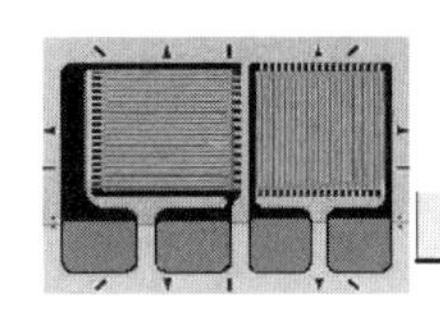

[그림 7-34]는 습도 변화를 주파수로 변환하는 회로로 주파수 변화의 확인은 주파수 카운터를 사용하고 있다.

회로는 CR 발진기의 R 부분에 습도 센서를 사용한 것으로 저항 변화를 CR 발진기의 발진 시상수로 이용한 것이다. 이 센서는 습도 변화에 대해 지수 함수적인 저항값 변화를 나타내므로 광대역의 습도 검출보다는 좁은 범위의 습도 변화율 확인 등에 유효하다.

이 센서는 가열 리프레시 기구를 가진 세라믹 습도 센서로 측정 습도 범위는 0~100% RH이고, 내열 온도는 -40~150℃, 사용 전압은 교류 15V 이하, 가열 리프레시 히터 저항은 7Ω, 히터 전압은 10V 이하를 사용한다.

7.4 가스 센서

가스 센서는 유독 가스에 의한 중독, 대기 오염, 가연성 가스 누출에 의한 폭발 방지 등의 방재 기능을 담당하고 있으며, 보일러나 자동차 엔진의 연소 후 배기 가스 성분을 측정하는 데 사용되고 있다.

가스 센서는 대상으로 하는 가스의 종류가 매우 많고, 각 가스는 고유한 성질을 가지고 있기 때문에 한 종류의 센서로 모든 종류의 가스를 검출하기는 곤란하다. [표 7-7]은 검출 방식에 따른 가스 센서의 종류, 이용 현상 및 검출 가스의 예 등을 나타내었다.

가스 센서의 주된 용도는 가스 경보기와 계측기이다. 이에 따라 가스 센서가 갖추어야 할 성격도 다르다. 계측기용으로 사용될 경우에는 가스의 종류와 농도를 알기 위한 것이므로 높은 정밀도와 재현성이 요구된다. 경보기의 경우에는 일정한 농도 범위 내에서 동작하는 것이 중요하므로 장기간 보수를 하지 않으며, 높은 감도와 선택성이 요구된다.

가스 센서는 기체와 물질 사이의 상호 작용을 이용하는 것으로 반도체식, 고체 전해질식, 전기 화학식 및 접촉 연소식 등이 있다.

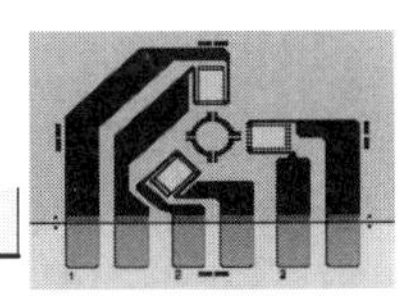

[표 7-7] 가스 센서의 분류

이용 방식	센서의 종류	이용 현상	검출 가스
가스 흡착	· 반도체식 가스 센서	· 전기 전도도 변화(표면)	가연성 가스, LPG 도시 가스, CO 알콜, NH_3 H_2S, NO_2, Cl_2
		· 전기 전도도 변화(bulk)	O_2
		· 표면 전위 변화	H_2, CO
	· 표면 전위형 센서	· 전기 전도도 변화	H_2S
	· 온도 센서형 가스 센서	· 공진 주파수	H_2O, H_2S, NH_3
가스의 반응성	· 접촉 연소식 센서	· 연소열	가연성 가스
	· 정전위 전해식 센서	· 전해 전류	CO, NO, NO_2, SO_2
	· 갈바니 전지식 센서	· 전지 전류	O_2
선택 투과막	· 고체 전해질 센서	· 농담분극 (기전력)	O_2 할로겐 가스 SO_2, SO_3, CO, CO_2 NO, NO_2 NH_3, CO_2, H_2S

7.4.1 반도체식 가스 센서

반도체식 가스 센서는 전기 저항식과 비전기 저항식으로 나누어진다. 전기 저항식은 반도체 소자의 전기 저항이 기체 성분과 그 표면과의 접촉에 의해 변화하는 원리를 이용하는 것으로 SnO_2 또는 ZnO을 사용한 산화물 반도체 소자가 그 대표적인 예이다.

비전기 저항식 반도체 가스 센서는 다이오드나 MOSFET형의 기체 감지 소자를 사용한다.

1 전기 저항식 가스 센서

기체 성분이 반도체 표면에 흡착하여 화학반응을 일으킴으로 전기 저항이 변화하는 것으로서, 가연성 가스를 감지하는 소자로 많이 사용된다. 흡착력이 강한 NO_2 등의 산화성 가스의 감지에 사용될 수 있다.

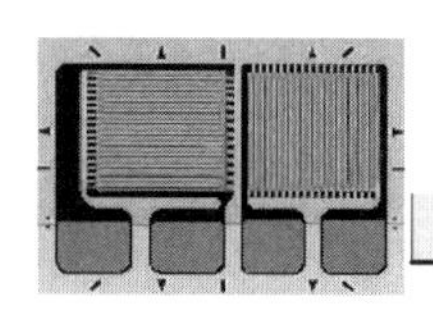

전기 저항식 가스 센서의 재료는 SnO_2나 ZnO 등과 같이 환원되기 어려운 산화물이 주류를 이룬다.

산화물 반도체의 형성 방법에 따라 [그림 7-35]에 보인 바와 같이 소결체형, 애자형, 후막형, 커패시터형, 박막형 및 MOSFET형 등의 형태가 있다.

그림에서 (a), (b), (c), (e)는 전기 저항식 가스 센서의 구조이다. 센서 소자의 전기 저항을 부하 저항과 직렬로 연결하고, 일정한 전원 전압을 인가하여 가스 흡착에 따른 부하 저항 양단의 전압을 측정함으로 센서의 저항을 구할 수 있다. 이 때 감도는 다음의 식으로 정의된다.

$$S = \frac{R_0 - R}{R_0} \quad \text{또는} \quad S = \frac{R_0}{R}$$

여기서, S는 감도, R_0는 공기 중의 저항, R은 피검 가스 중에서의 저항을 나타낸다.

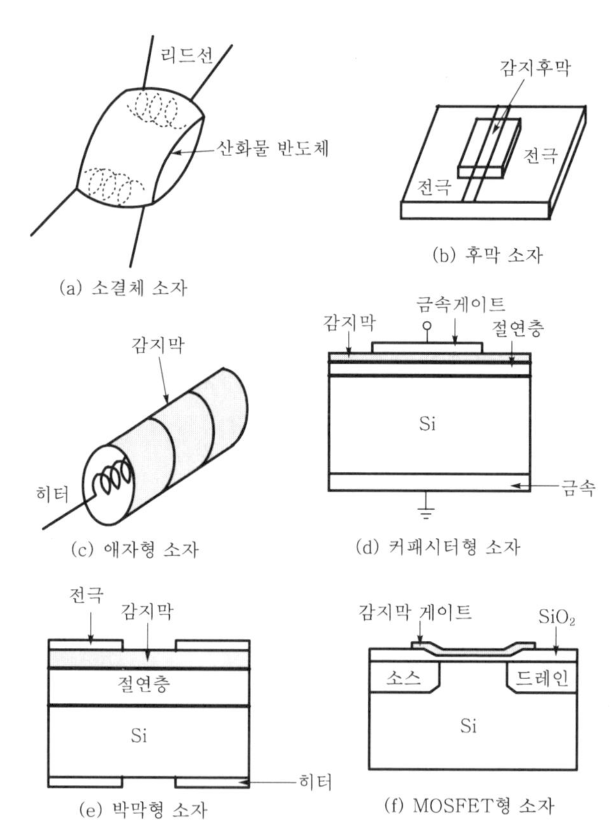

[그림 7-35] 반도체식 가스 센서

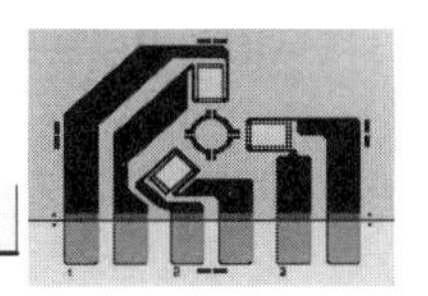

(1) SnO_2계 가스 센서

SnO_2는 금지대폭이 3.4~3.7(eV) 정도로 비교적 넓은 n형 반도체로서 투명 전극 재료로 사용되어 왔으며, 동시에 대표적인 가스 센서의 재료이다. 현재 상용화되고 있는 대부분의 소자는 소결체형 소자이다. 최근에는 후막 및 박막형의 소자도 많이 연구되고 있다.

(2) ZnO 가스 센서

ZnO는 금지대폭이 약 3.4(eV) 정도의 n형 반도체이다. SnO_2에 비해 화학적인 활성은 떨어지나 대표적인 센서 재료로 인정되고 있다. ZnO에 Ga_2O_3 및 Pt을 혼합하여 부탄, 프로판에 민감한 소자를 얻을 수 있으며, 후막형과 박막형도 환원성 가스 감지용 소자로 사용 가능하다.

2 비전기 저항 가스 센서

[그림 7-35]의 (f)와 같이 MOSFET형으로 된 센서 또는 다이오드형의 센서를 비전기 저항식 가스 센서라 부른다. 이는 감지 방식이 전기 저항의 변화를 이용하는 것이 아니라 트랜지스터의 문턱 전압값의 변화나 다이오드의 전압-전류 특성의 변화를 이용하는 것이다.

MOSFET형 가스 센서의 게이트 감지 물질로는 Pd 또는 Pt막이 주로 이용된다. 다이오드형 센서에는 Pb-CdS, TiO_2, Pb-ZnO 등이 있으며 금속 또는 반도체의 일함수 변화에 따라 다이오드 정류작용의 변화하는 것을 이용하는 것이다. [그림 7-35] (d)는 MOS 케패시터형 비전기 저항 변화식 가스 센서이다. 이는 가스 농도 변화에 따른 용량-전압 특성의 변화를 이용하는 것이다.

7.4.2 전기 화학식 가스 센서

전기 화학식 가스 센서는 검출 대상 가스를 전기 화학적으로 산화 또는 환원하여 흐르는 전류의 변화를 측정하는 장치이다.

즉, 전류를 센서의 출력으로 하는 것에는 정전위식 가스 센서와 갈바니 전지식 가스 센서가 있다.

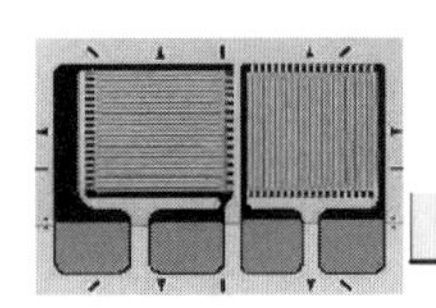

1 정전위 전해식 가스 센서

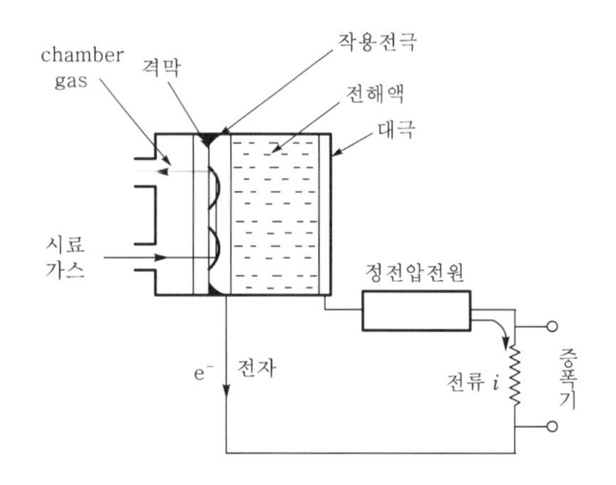

[그림 7-36] 정전위 전해식 가스 센서

정전위 전해식 센서는 전극과 전해질 용액의 계면을 일정한 전위로 유지하면서 전해를 행하는 것이다. 전해에 의한 전류와 가스 농도 사이에는 다음 관계식이 주어진다.

$$I = \frac{n \cdot F \cdot A \cdot D \cdot c}{d}$$

여기서, I는 전해 전류(A), n은 가스 1 mol 당 발생하는 전자의 수, F는 패러데이 상수(96,500 C/mol), A는 가스 확산면의 크기(cm^2), D는 확산 계수(cm^2/s), c는 전해질 용액 중에서 전해하는 가스의 농도(mol/ml)를 나타낸다.

2 갈바니 전지식 가스 센서

갈바니 전지식 가스 센서도 검출 대상 가스의 전해에 의해 흐르는 전류를 측정하여 가스의 농도를 검출하는 것이다.

[그림 7-37]은 갈바니 전지식 가스 센서의 구조를 나타낸 것으로, 수산화칼륨, 탄산수소칼슘 등의 전해질 용액이 담겨진 플라스틱 용기의 한 면은 산소 가스의 투과성이 좋은 10~30 μm 두께의 테프론 막이 부착되어 있고, 그 내측에 음극(Pt, Au, Ag 등)이 밀착되어 있다. 부착되지 않은 용기내의 공간에는 양극(Pb, Cd 등)이 형성되어 있다.

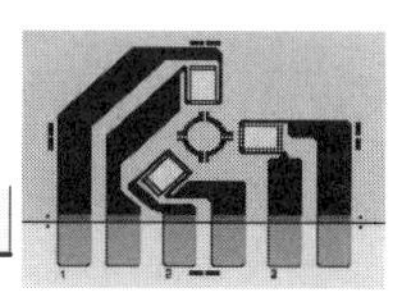

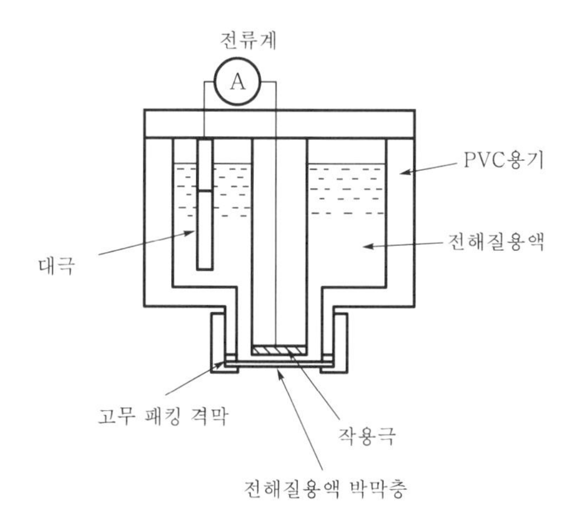

[그림 7-37] 갈바니 전지식 가스 센서

지금까지 이 방식의 센서는 산소의 검출 또는 산소 결핍을 감지하는 농도 측정에 주로 이용되었으며, 이외에 포스핀(PH_3), 알신(AsH_3), 다이보렌(B_2H_6), 실렌(SiH_4) 등 유독 가스의 농도를 검출하는 데도 사용 가능하다.

7.4.3 고체 전해질식 가스 센서

고체 상태의 절연체 중에 높은 온도에서 이온의 이동에 따라 도전성을 나타내는 물질을 이온 전도체 또는 고체 전해질이라 한다.

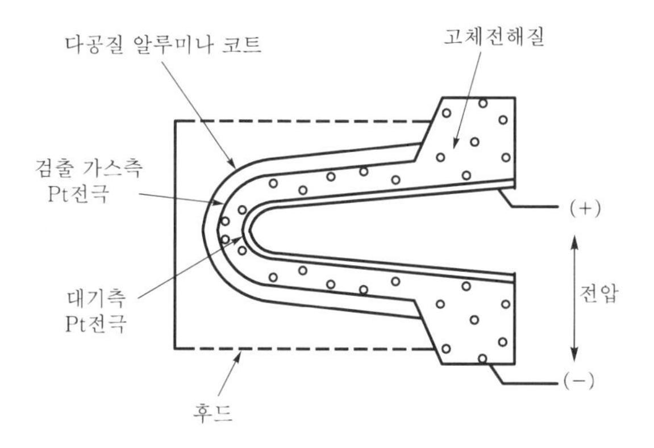

[그림 7-38] 고체 전해질식 산소 센서

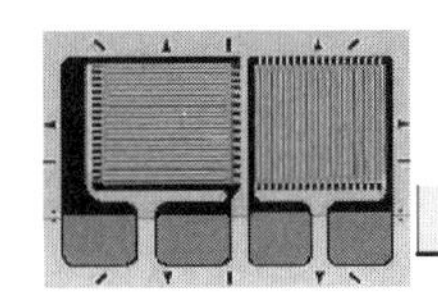

고체 전해질식 가스 센서는 특정 가스 이온만을 선택적으로 투과시키는 고체 전해질을 이용한 것으로 농담전지에 의한 기전력을 검출하는 센서이다. 고체 전해질식 가스 센서에는 ZrO_2 산소 센서가 있으며, 보통 기계적 강도를 높이기 위해 ZrO_2에 CaO, MgO, Y_2O_3 등을 수(%) 혼합한 안정화 지르코니아를 고체 전해질로 사용한다. 고체 전해질용 산소 센서는 자동차 및 연소로의 공연비 제어, 철강 제련시 용강 중의 산소량 측정 등의 용도로 사용된다. [그림 7-38]는 고체 전해질식 산소 센서를 나타낸 것이다.

7.4.4 접촉 연소식 가스 센서

접촉 연소식 가스 센서는 가연성 가스의 감지에 사용되는 가스 센서로, 주로 화학 공장, 터널, 조선소, 광산 등에서 사용되었다. 센서의 동작 원리는 가연성 가스를 연소시켜 그 연소열을 전기 신호로 변환하여 가스를 검출하는 것이다. 가연성 가스의 완전 연소는 보통 저온에서는 일어나기 어렵고 그 반응 속도도 매우 늦으므로, 가스를 가열하거나 고온으로 가열된 물체를 가스와 접촉시키고, Pt, Pd 등의 촉매를 사용한다.

[그림 7-39]는 접촉 연소식 가스 센서를 나타낸 것이다.

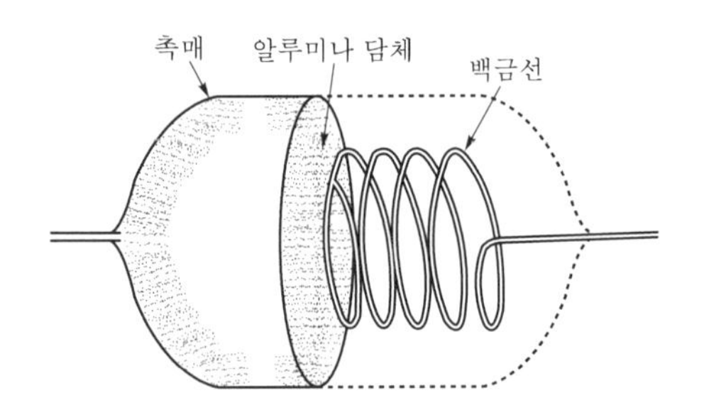

[그림 7-39] 접촉 연소식 가스 센서

여기서 가연성 가스의 농도를 C, 검출 소자의 온도가 ΔT 만큼 상승했을 때 소자 저항의 증가를 ΔR이라 하면, 다음 식이 얻어진다.

$$\Delta R = \rho \cdot \Delta T = \frac{\rho \cdot \alpha \cdot C \cdot Q}{h}$$

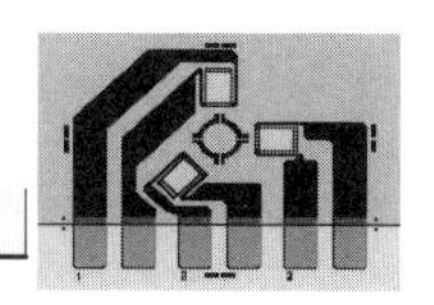

이 때 ρ는 Pt 선의 저항 온도 계수, Q는 가연성 가스의 분자 연소열, h는 소자의 열용량, α는 소자의 촉매능에 좌우되는 상수이다.

접촉 연소에 의해서 백금선의 저항이 상승하는 것은 매우 짧은 시간이기 때문에 실제로는 가스에 감응하지 않는 보상 소자를 사용한 브리지 회로에서 가연성 가스의 농도를 전위차로 검출하도록 하고 있다.

[그림 7-40]은 가스 검출 회로의 지시계에 표시된 출력과 각종 가스의 증기 농도를 나타낸 것이다.

접촉 연소식 가스 센서의 장점은 가연성 가스에만 감응하고 출력은 직선적이고 온도나 습도에 대하여 안정하고, 초기 안정이 빠르고 재현성이 좋은 점을 들 수 있다. 결점으로는 촉매의 수명 한계가 있으며 폭발 상한계 이상의 농도에서는 연소를 하지 않기 때문에 출력이 감소한다.

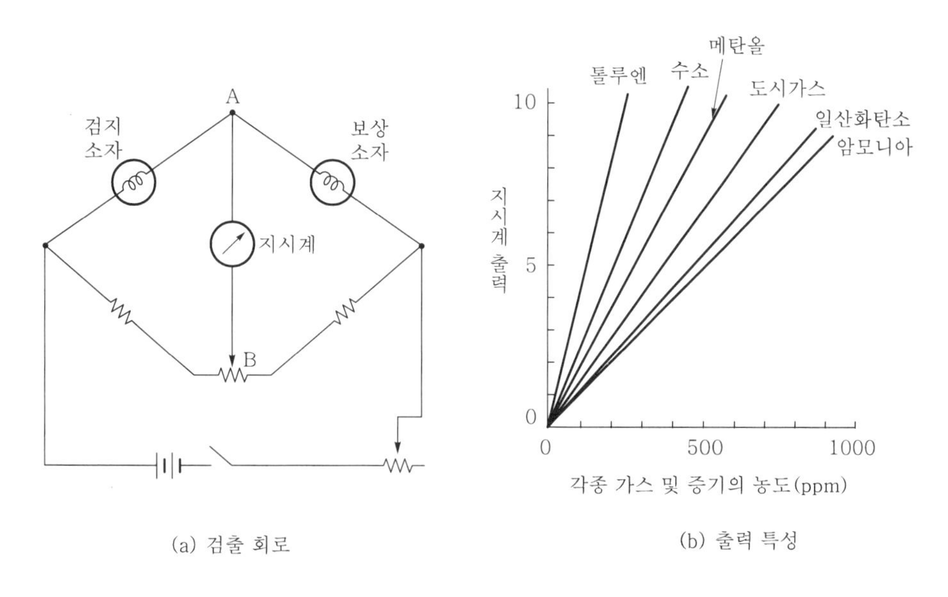

[그림 7-40] 가스 센서

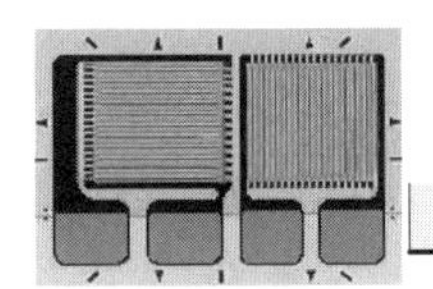

7.5 센서 응용 기술

센서 응용 기술은 센서를 궁극적으로 완성시키는 기술인 동시에 고부가가치의 센서를 실현하는 기술이라 할 수 있다.

특성이 우수한 센서를 가지고 있다 하더라도 센서 그 자체만으로는 하나의 부품일 뿐이며, 각 센서들에 알맞은 응용 기술을 사용하여 시스템화 시켰을 때 비로소 센서로서의 기능이 발휘될 수 있다.

센서를 응용 분야별로 분류해 보면 크게 생활 응용, 공공 응용, 산업 응용 및 리모트 센싱 기술 응용 등으로 나눌 수 있다.

생활 응용에는 홈 오토메이션, 방범, 방재, 주택 설비, 육아 및 경로 등이 있으며, 공공 응용으로는 의료 보건, 교통 환경 관리, 체신 및 금융 등을, 산업 응용 기술에는 프로세서 산업, 전자 산업, 공장 자동화, 정보 산업 및 로봇 응용 기술을, 리모트 센싱 응용 기술로서는 천문 우주 관련 응용, 해양 탐사 시스템 및 군사 분야의 응용 등을 들 수 있다.

7.5.1 센서 인터페이스

센서 응용 시스템은 미지의 물리량 혹은 화학량을 측정하는 계측 시스템과 온도, 속도, 위치, 변위 등을 제어하기 위한 제어 시스템으로 크게 나눌 수 있다.

계측 시스템일 경우 [그림 7-41] (a)와 같이 센서, 입력 회로, 신호 처리부, 출력 회로, 표시 및 기록 부분으로 구성된다. 제어 시스템일 경우 (b)와 같이 액추에이터의 상태를 측정한 신호와 제어 입력 신호를 비교하여, 오차 신호를 얻은 다음 원하는 전달 함수를 얻을 수 있도록 신호 처리를 하기 위한 일련의 귀환 회로가 있다.

제어 시스템에서 액추에이터의 활동 상태를 측정하는 부분의 구성은 계측 시스템과 동일함을 알 수 있다.

실제의 복잡한 센서 응용 시스템에서는 이러한 계측 시스템과 제어 시스템이 복합적으로 함께 사용되고 있다. 그림 (a)에서 센서 입력 회로는 일반적으로 센

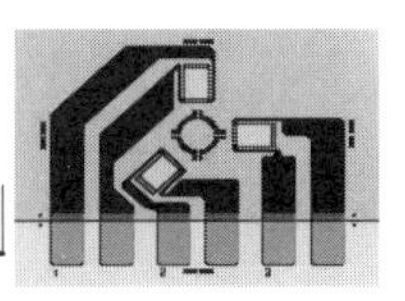

서를 구동하기 위한 직류 및 교류의 정전원을 공급하기 위한 기능, 사용자나 회로를 보호하기 위한 아이솔레이션(isolation) 기능, 과도한 입력 전압에 대한 보호 기능 등을 가진다.

한편 신호 처리부에서는 필터링, 선형화, 파형 정형, A/D, D/A, 미·적분 및 주파수 영역 처리 등을 수행한다.

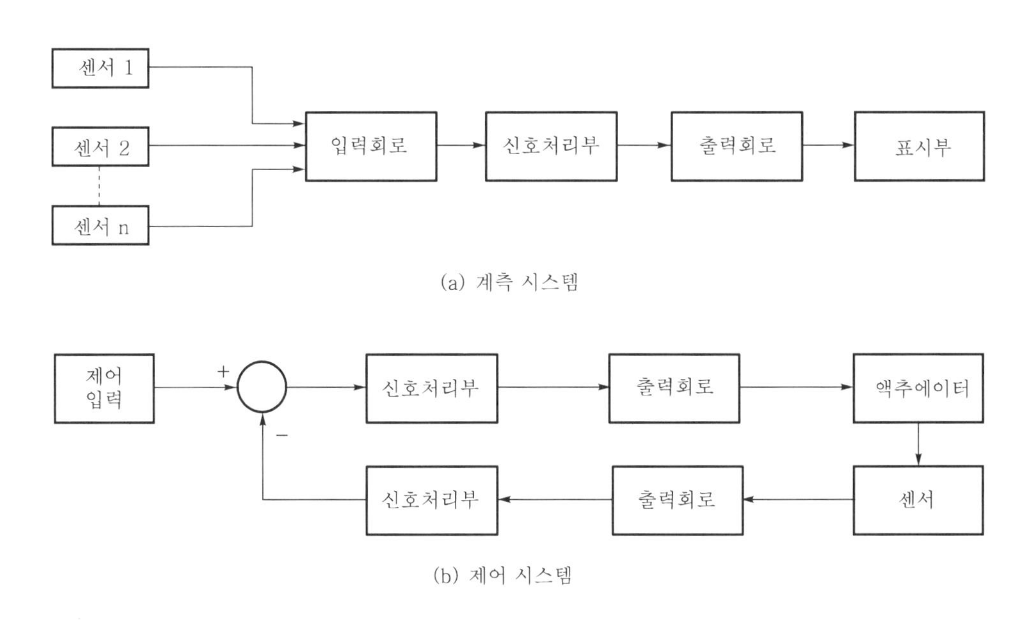

[그림 7-41] 센서 응용 시스템

출력 회로는 표시기나 액추에이터를 구동하기 위한 드라이브 회로의 기능 및 전압 스케일러 등의 기능을 수행한다. 이와 같이 각 블록별 기능을 살펴볼 때 센서로부터 각종 신호를 이끌어내고 처리하기 위한 주변 회로 기술의 중요도를 알 수 있다.

1 계측용 증폭 기술

수십 MHz 이상의 고주파 증폭 등 특별한 경우를 제외하고서는 센서 신호 증폭을 위해서 사용이 간편한 연산 증폭기가 주로 응용되고 있다.

[그림 7-42]는 연산 증폭기를 이용하여 센서 신호 증폭에 널리 이용되며, 공통 모드 잡음을 제거시키는 계측용 증폭기이다.

이 증폭기는 입력 저항이 대단히 크고, 이들을 손쉽게 조절할 수 있는 전압 증

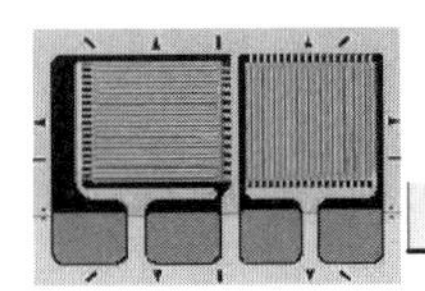

폭기이므로 전압 형태의 출력을 발생하는 센서의 신호를 증폭하는데 널리 사용되고 있다.

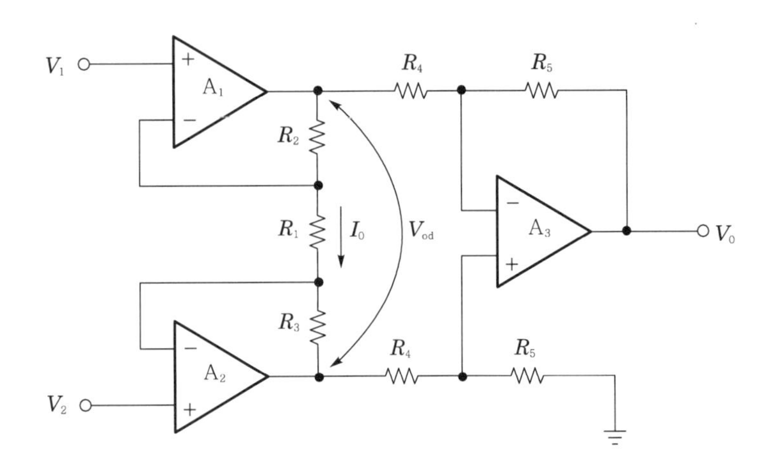

[그림 7-42] 계측용 증폭기

먼저 연산 증폭기 A_1, A_2 각각의 입력 단자간 전압은 0에 가깝게 되므로 R_1에 발생하는 전압 $I_0 \cdot R_1$은 $V_1 - V_2$와 같다. A_1, A_2의 출력 전압의 전압차 V_{od}는 $I_0(R_1+R_2+R_3)$이므로 다음과 같다.

$$V_{od} = \frac{(V_1 - V_2)(R_1 + R_2 + R_3)}{R_1}$$

V_{od}가 후단 차동 증폭 회로의 입력이 되므로 입·출력 관계식은 다음과 같다.

$$V_0 = -\frac{R_5}{R_4}\left(1 + \frac{R_2 + R_3}{R_1}\right)(V_1 - V_2)$$

2 미·적분 회로

[그림 7-43] (a)는 이상적인 미분 회로로 입력 전류 I_i는 $C(dV_i/dt)$로 주어진다. 따라서 출력 전압 V_0는 다음과 같다.

$$V_0 = -RC\frac{dV_i}{dt}$$

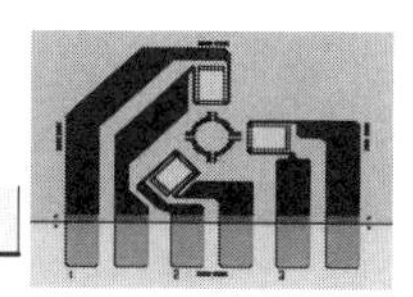

그림 (b)는 이상적인 적분 회로를 나타낸 것이다. 입력 전압 V_i 에 의한 전류 I_i 는 연산 증폭기 입력단의 가상접지에 의하여 V_i/R 로 주어진다.

이 전류는 I_f와 같으며, 이는 적분 콘덴서 C 의 충전 전류가 되므로 출력 전압 V_0는 다음과 같다.

$$V_0 = -\frac{1}{C}\int I_i\,dt = -\frac{1}{CR}\int V_i\,dt$$

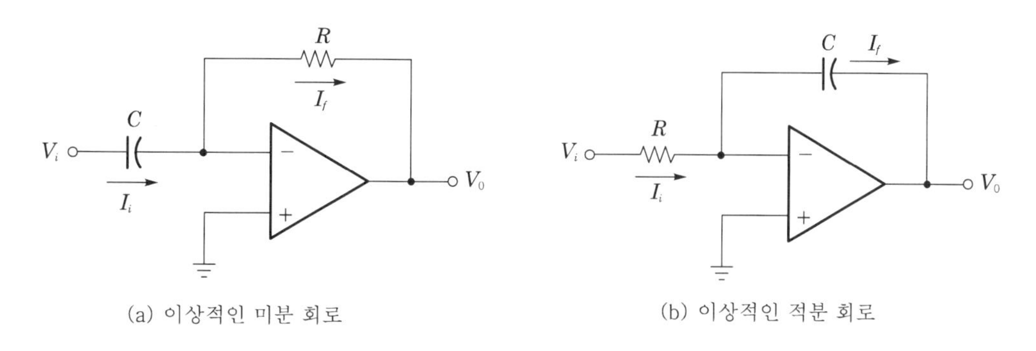

(a) 이상적인 미분 회로 (b) 이상적인 적분 회로

[그림 7-43] 미분 적분 회로

3 선형화 회로

센서 중에서는 출력 신호가 선형적으로 변화하는 것도 있지만, 대부분은 특정 범위에서 포화되거나 감도가 변화하는 비선형적 특성을 나타낸다. 즉, 좁은 범위에서는 직선적인 특성을 보이지만, 넓은 범위에서는 선형화가 필요하다. 선형화의 방법은 아날로그 방식과 디지털 방식으로 나눌 수 있다. 아날로그 방식에는 수동 회로, 연산 증폭기 등을 이용하는 능동 회로가 있다. 디지털 방식에서는 A/D 변환기 혹은 개별 부품을 사용하는 방법 및 마이크로 프로세서 연산으로 하는 방법이 있다.

4 변환 회로

(1) 전압-주파수(voltage to frequency) 변환기

신호의 연산을 위해 전압의 주파수 변환 및 펄스 폭 변환 회로가 사용된다. [그림 7-44]는 전압-주파수 변환 회로와 출력 파형을 나타낸다.

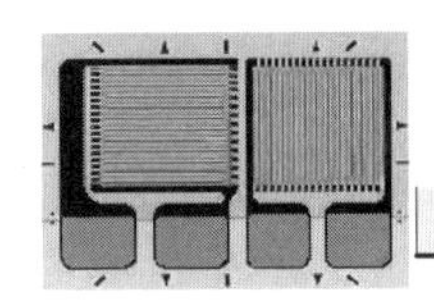

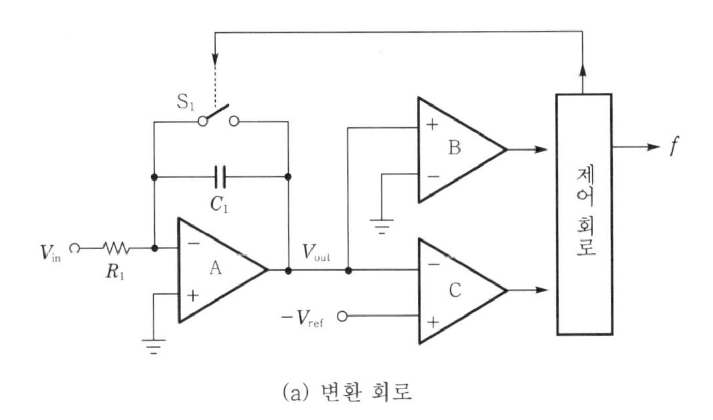

(a) 변환 회로

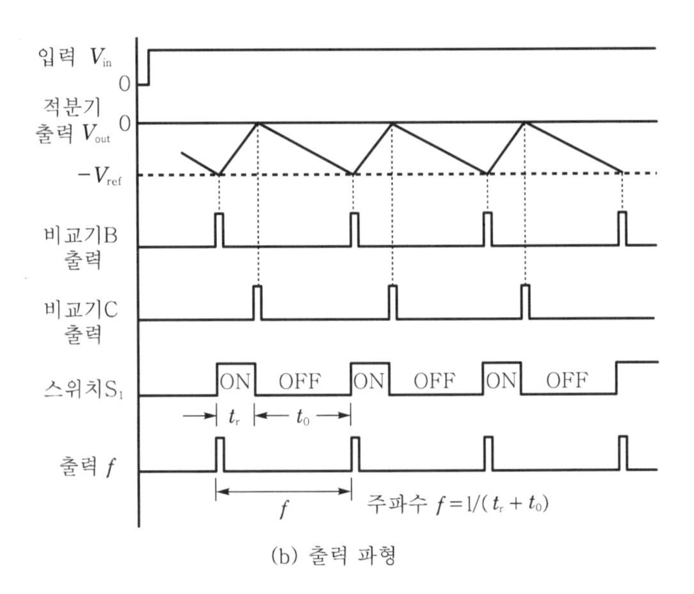

(b) 출력 파형

[그림 7-44] 전압-주피수 변환기

S_1이 OFF일 때 V_{in}을 가하면 R_1으로 정해지는 전류가 C_1에 흐르고, 적분기의 출력 V_{out}은 −방향으로 직선적인 하강을 한다. V_{out}이 $-V_{ref}$보다 낮으면 C의 출력이 H가 된다.

컨트롤 회로는 그 결과로 S_1을 ON하고, C_1에 축적된 전하를 방전시켜 적분기의 출력이 상승하여 전압이 0V에 도달하면, B의 출력이 H가 되어 스위치 OFF 한다.

$$f = \frac{V_{in}}{R_1 C_1 V_{ref}}$$

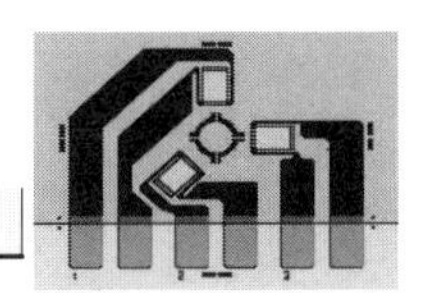

(2) A/D 변환 회로

센서 출력인 아날로그 정보를 디지털로 변환할 필요가 있다. 연속적인 아날로그 전압(전류)에서 불연속적인 디지털로 바꾸는 장치를 부호화 또는 A/D 변환기(analog to digital converter)라 한다.

[그림 7-45] (a)는 이중 적분형 A/D 변환기로 응답속도는 낮으나 잡음에 강하고 정확도가 높은 특징 때문에 계측에 널리 응용되고 있다. 제어 신호에 따라 좌측의 입력 전환 스위치 S_1가 아날로그 입력 전압 V_{in} 쪽으로 연결되면, 아날로그 입력 신호 V_{in}이 적분기에 가해진다. 초기 상태에서 커패시터 내부에 충전된 전하와 카운터에 계수된 값은 모두 0이다.

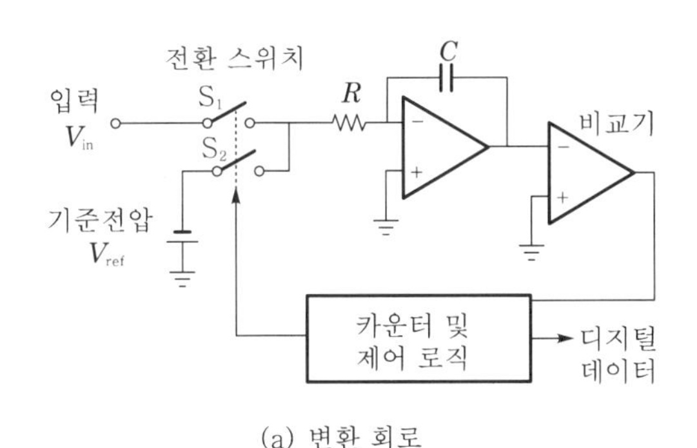

(a) 변환 회로

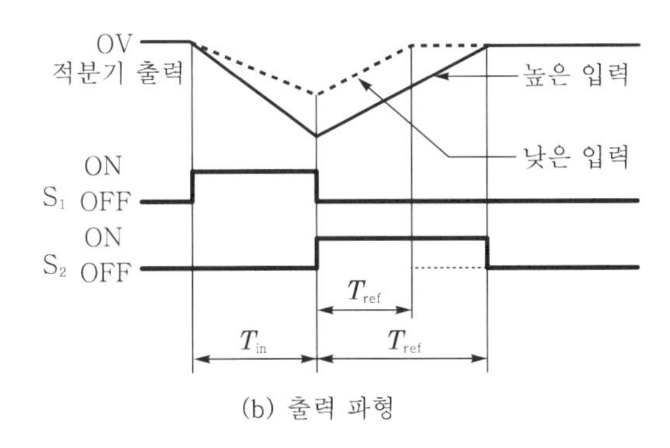

(b) 출력 파형

[그림 7-45] 2중 적분형 A/D 변환기

변환 시작과 동시에 커패시터 C는 −방향으로 적분을 개시하고, V_{in}에 비례한 램프 출력을 발생하여 카운터가 계수를 시작한다. 일정시간의 입력 적분시간 T_{in}이 경과하면 카운터는 정지된다.

다음에 전환 스위치 S_1가 OFF, S_2가 ON으로 연결되면 기준 전압 V_{ref}가 적분기에 가해진다. 적분기의 입력은 T_{in} 일 때와 극성이 달라져 +방향으로 적분되고, 기준 전압으로 인해 일정한 경사도로 상승하기 시작하며 카운터도 계수를 다시 시작한다.

T_{ref} 후 0점을 옆으로 끊는 순간, 비교기의 출력이 반전하여 제어 회로에 전달되고 카운터의 계수는 정지된다. 이 기준 전압에서 적분되는 시간 T_{ref} 는 V_{in} 가 작은 경우에 짧고, V_{in} 가 클 경우는 반대로 길어진다. 이때의 입력 아날로그 전압은 $V_{in} = V_{ref}(T_{ref} / T_{in})$ 으로 나타낼 수 있다. 따라서 T_{ref} 를 정확히 계수하면 V_{in} 을 구할 수 있다.

그림 (b)는 적분기의 출력 전압을 나타낸 것이다.

(3) D/A 변환 회로

D/A 변환기는 보통 2진 부호 등의 펄스 신호를 전압의 크기로 변환하며, 가산형, 사다리형, 저항 분압형 등이 있다.

[그림 7-46]은 연산 증폭기를 이용한 가산형 D/A 변환기이다. 그림에서 입·출력의 관계식은 다음과 같다.

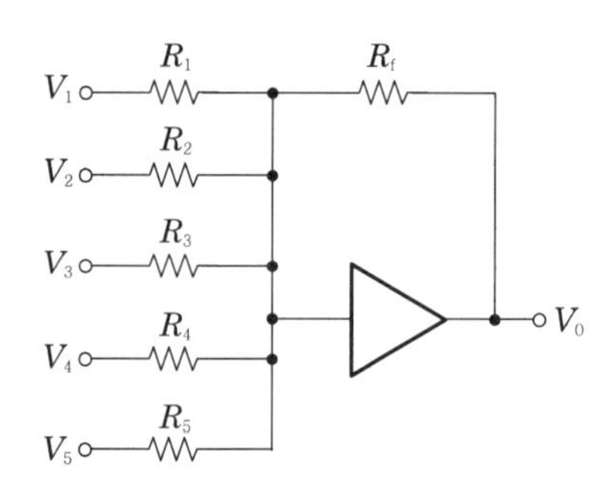

[그림 7-46] 가산형 D/A 변환기

$$-V_0 = \left(\frac{V_1}{R_1} + \frac{V_2}{R_2} + \frac{V_3}{R_3} + \frac{V_4}{R_4} + \frac{V_5}{R_5}\right) R_f$$

여기서 $V_1 = V_2 = V_3 = V_4 = V_5 = V_S$ 그리고 $R_1 = R_2 = R_3 = R_4 = R_5 = R_S$ 라고 하면,

$$-V_0 = \left(\frac{V_S}{R_S} + \frac{V_S}{R_S} + \frac{V_S}{R_S} + \frac{V_S}{R_S} + \frac{V_S}{R_S}\right) R_f$$

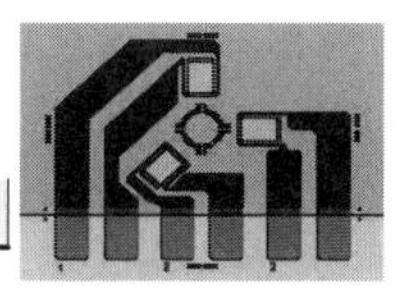

가 된다.

따라서 출력 전압 V_0는 $\frac{V_n}{R_S}(n=1\sim5)$의 합에 비례한다. 이 원리를 이용하여 D/A변환기를 구성한다.

5 전송 기술

정보를 전송하는 신호에는 아날로그 신호와 디지털 신호 방식이 있다. 지금까지의 센서 신호는 아날로그 신호가 많으므로 필요에 따라 A/D 변환 또는 D/A 변환을 수행하게 된다.

또한 전송은 각 채널마다 신호선을 연결하거나, 다중화(multiplexing)하는 방법이 있다. 전송 채널 수가 많을 때는 다중화가 경제적이다.

[그림 7-47] 여러 가지 전송 방법

일반적으로 사용되고 있는 아날로그식 전송 방식으로는 전송 매체에 따라 공기압식, 전압식 및 전류식 전송으로 나눌 수 있다. 공기압식 전송은 0.2~1.0 kgf/cm^2의 압력으로 공기압 배관을 이용하므로 설치 상의 제약은 있지만, 잡음의 영향이 없고, 방폭성 및 내환경성이 있는 등의 장점이 있다. 전압식 전송은 센서의 출력 형태와 일치하는 것이 많아 사용에 편리한 장점이 있으나, 임피던스 정합과 외부 잡음에 의해 오차 발생의 문제점이 있다. 전류식 전송은 전압식 전송보다는 오차가 훨씬 작은 장점이 있다. 전류 신호로는 4~20 mA가 주로 사용되며, 센서와 신호 처리부 및 송·수신간의 거리가 상당히 떨어져 있을 때 저잡음 전송이 가능하다.

전기식 전송은 또한 직렬 전송과 병렬 전송으로 나눌 수 있다. 직렬 전송 방식에는 동기식, 비동기식 등이 있으며, 현재는 비동기 방식이 많이 쓰이고 있다.

비동기식 직렬 전송 방식에는 RS-232C 및 RS-422 방식 등이 있다. 전송 거리가 짧고 고속이 요구되는 경우에는 병렬 전송 방식이 필요하다. 병렬 전송은 컴퓨터와 프린터의 인터페이스가 그 예이다.

6 잡음 처리 기술

잡음은 번개, 고주파 용접기, 형광등과 같은 외부 잡음과 회로 소자의 스위칭이나 열 등에 의해서 생기는 내부 잡음이 있다. 내부 잡음은 회로 설계 과정에서 어느 정도 줄일 수 있지만, 반도체 소자 자체의 특성이나 열 등으로 인해 발생하는 잡음은 제거하기가 곤란하다. 따라서 전자적인 결합에 의한 잡음 대책은 다음과 같다.

(1) 센서 활용 측면에서 잡음 발생원

① 릴레이나 솔레노이드 등 유도성 부하의 역기전력에 의한 잡음
② 조명 기구의 점등에 의한 잡음
③ 전송용 전선 내에 들어오는 잡음
④ 프린트 기판 내의 각종 회로에 의한 잡음

(2) 전선 상호간의 영향에 의한 잡음 대책

① 전선을 서로 직각으로 배치한다.

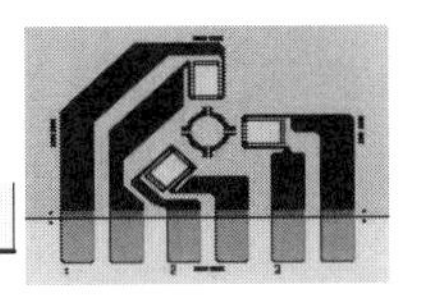

② 쉴드 선을 사용한다.
③ 방해받는 회로의 입력 임피던스를 낮춘다.
④ 배선의 길이를 최대한 줄인다.

(3) 전자적인 결합에 의한 잡음 대책.
① 잡음을 받는 쪽에서 접지, 차폐, 필터링 등을 시도한다.
② 적절한 신호 처리와 회로 설계로 잡음 효과를 감소시킨다.
③ 전자 또는 정전 결합을 배제하는 광전송 방식을 적용한다.

7.5.2 가전 응용 기술

센서의 가전 응용 기술은 각종 가정용 전기·전자기기 및 이들을 조합해서 만들어지는 시스템에 대해 센서를 응용하는 기술이라 할 수 있다. 그 범위는 가사노동의 경감을 위한 세탁기, 청소기, 조리기 및 TV, 비디오, 오디오 등의 영상 음향기기와 에어컨, 난방용 설비, 방범, 방재 등 매우 다양하다.

[그림 7-48]은 마이크로 프로세서 및 센서를 이용한 보온 전자 밥통의 시스템 블록도를 나타낸 것이다.

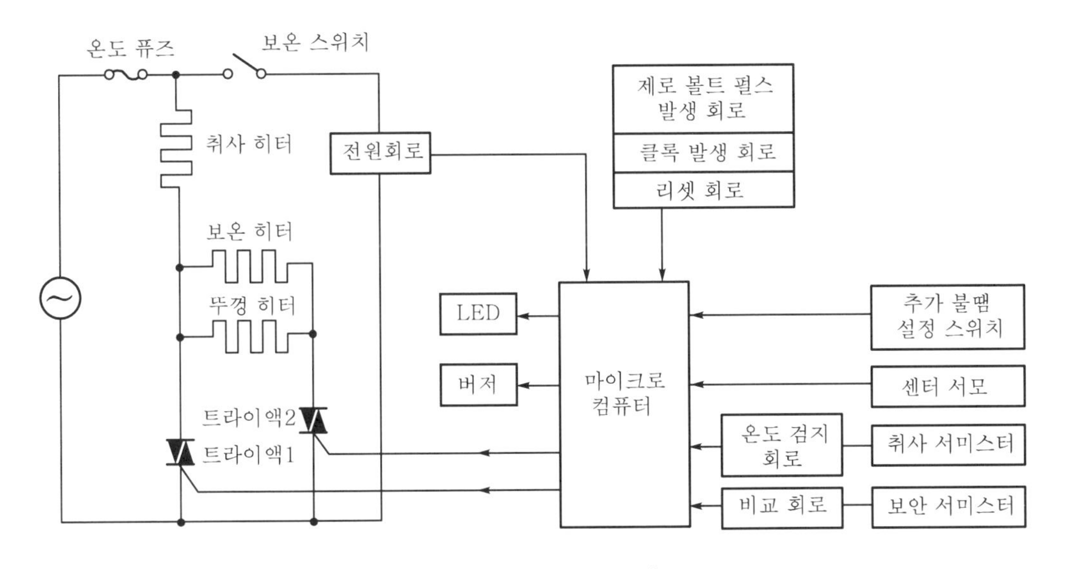

[그림 7-48] 전자 밥통 시스템 블록도

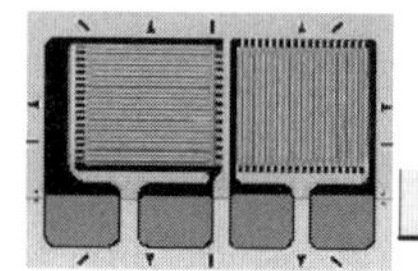

7.5.3 산업 응용 기술

산업은 크게 프로세스 산업, 기계 산업, 전자 및 정보 산업으로 구분할 수 있다. 프로세스 산업은 철강, 비철금속, 전력, 섬유, 전력, 약품 등을 제조하는 산업을 의미한다. 기계 산업 시스템은 장치 산업이 주가 되는 프로세스 산업과 구별하여 제조업을 중심으로 한 기계 공업에 관련되는 의미로 파악될 수 있다.

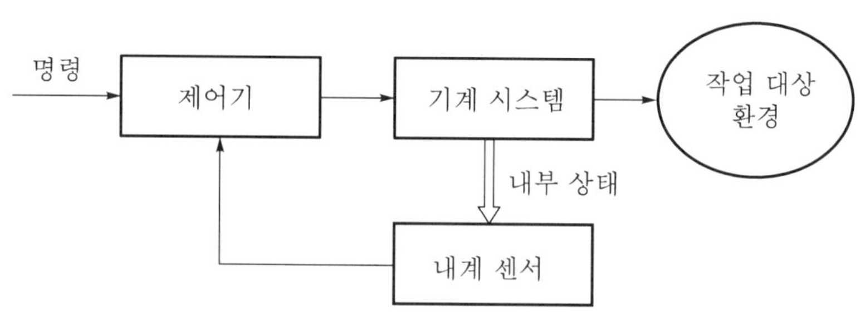

(a) 내계 센서를 포함한 시스템

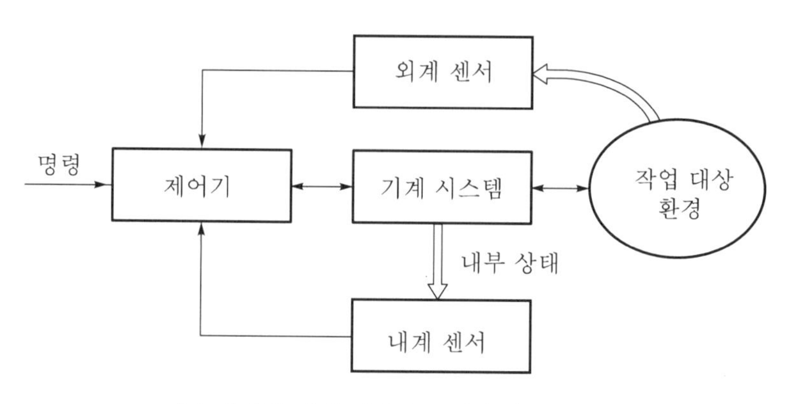

(b) 외계와 내계 센서를 포함한 시스템

[그림 7-49] 기계 시스템에 대한 센서

NC 공작 기계, 산업용 로봇, 생산 라인 시스템 등을 들 수 있다. 전자 산업은 각종 반도체 제조를 위시한 전자제품 생산에 관련된 산업을 지칭하며 정보 산업은 유무선 통신 기기, 팩시밀리나 복사기 산업을 뜻한다.

기계 시스템의 제어라는 목적에 있어서 센서의 이용 형태는 다시 두 가지로 나눌 수 있다. 첫째, 기계 시스템 자체의 내부 변수를 정확히 제어할 목적과 둘째, 기계 시스템에 작업 환경의 변동에 대한 적응성을 지니게 하는 목적이다.

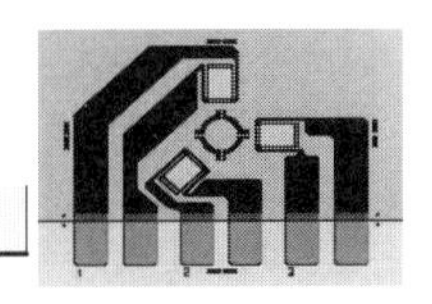

전자의 목적에 사용하는 센서는 내계 센서라 부르며, [그림 7-49] (a)에 나타낸 바와 같이 기계 시스템 구동축의 위치, 속도, 힘 등 기계의 내부 상태를 규정하는 물리량을 계측하기 위해 사용된다. 대상을 직접 계측하는 것을 목적으로 사용되는 센서를 외계 센서라 한다.

그림 (b)는 외계 시스템을 포함한 기계 시스템을 나타내며, 기계의 내부 상태뿐만 아니라 환경 상태도 포함한 피드백 제어 시스템을 구성하는 데 따라서 환경에 대한 적응성을 부여하는 기능을 갖는다.

7.5.4 리모트 센싱 기술

리모트 센싱은 넓은 의미로 비접촉에 의한 계측 전반을 뜻하지만, 좁은 의미로 센서를 인공 위성과 항공기 등에 탑재하여 지구를 관측하고, 얻어진 데이터로부터 지구의 환경과 자원, 기상 등에 관한 유용한 정보를 얻어내는 기술이라 할 수 있다. 따라서 리모트 센싱 기술에는 두 가지 특징이 있다. 하나는 아주 한정된 환경에서만 실현할 수 있는 기술이고, 다른 하나는 얻어진 데이터의 처리가 중요한 역할을 한다는 것이다. 이와 같은 제약으로 센싱 기술에는 간접 계측이나 다차원화, 복합화 계측 기술이 도입되고 있다.

간접 계측에서는 데이터 처리가 본질적으로 요구되고 다차원화, 복합화 계측에서는 그들간의 데이터 처리로 신뢰성이 높은 정보가 얻어진다. 리모트 센싱에서는 대상을 비접촉적, 비파괴적으로 단시간에 반복 관측함으로 한 점의 계측에서는 알 수 없는 광범위한 현상을 처리하는데 있다. 비접촉성에 대해서는 대상과 센서간을 매개하는 정보 전달 매체가 있어야 한다.

여기에는 전자파가 사용되며 이에 대한 대상의 분광 특성이나 편파 특성이 이용된다. 광역성에 대해서는 넓은 범위에 걸쳐 있는 데이터에서 가급적 많은 정보를 얻기 위해 화상형 데이터가 이용되며, 대상이 갖는 형상이나 구조, 크기, 위치관계 등의 공간 특성이 이용된다.

한편 동시성, 반복성에 대해서는 대상의 시간 변화에 관한 정보가 이용된다. 리모트 센싱은 기본으로는 계측하는 센싱 시스템과 데이터를 처리하는 시스템 및 전체를 평가하는 평가 시스템으로 구성되며 [그림 7-50]에 나타낸 바와 같은 서브시스템으로 구성된다.

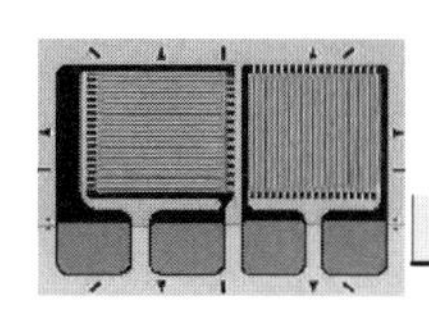

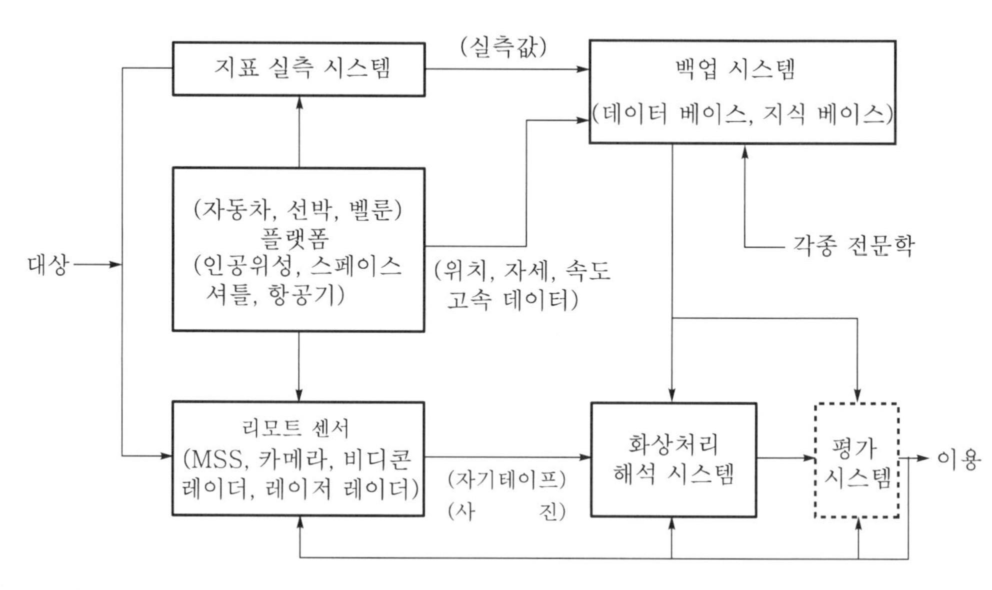

주) MSS : multi-spectral scanner

[그림 7-50] 리모트 센싱 시스템

응용 측면에서 분야별 리모트 센싱에 대한 적용 예를 [표 7-8]에 나타내었다

[표 7-8] 리모트 센싱의 적용 예

분 야	내 용
농림업, 식물 자원	① 식물의 종류 판별(농작물) ② 농작물 종류별 면적 추정 ③ 식물의 성장도, 활성도 판별
토지 이용, 지도 작성	① 지도의 작성과 수정 ② 토지 이용 분류도 작성 ③ 도시 지역과 교외의 판별
지질, 지하 자원	① 암석의 종류 판별 ② 지열조사 ③ 지표(선상, 환상) 구조 조사
재해	① 화산 활동 조사 ② 지진 활동 조사 ③ 홍수 조사
해양학, 해양 자원	① 물의 교환 과정 조사 ② 소용돌이, 파도의 연구 ③ 해양도 작성(해안선, 암초, 유빙)
담수 자원	① 수역 면적, 체적의 추정 ② 수심 측정 ③ 적설 구역의 판정
환경	① 수질 오염(적조, 유막, 온배수)조사 ② 대기 오염(NO_X, SO_X 등) ③ 생태계의 조사
기상	① 운형, 운고 초정 ② 풍향, 풍속 추정 ③ 기압, 기온 추정

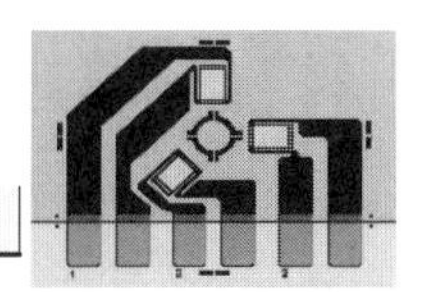

참고문헌

1. 「기계제어를 위한 센서기술 입문」, 성안당 : 1992.
2. 「最近의 自動化用 센서와 그 活用實例」, 산업기술정보원 : 1991.
3. 「종합 시퀀스제어」, 성안당 : 1997.
4. 「FA용 센서 활용기술」, 기술 : 1991.
5. 제7판 *Autonics Total Catalogue*, Autonics : 1998.
6. 「한국형 센서 Eye,K」, 한국선크스(주).
7. 「センサ, 測定器 總合 カタログ」, キーエンス.
8. 「Switch 종합 카타로그」, OMRON.
9. 「センサ, 總合 カタログ '89」, OMRON.
10. *Koino Total Products Guide*, Koino : 1994.
11. 「FA센서 응용백과 1」, 영진 : 1991.
12. 「FA센서 응용백과 2」, 영진 : 1993.
13. *Fundamentals of Pneumatic Control Engineering*, Festo Didactic KG : 1992.
14. *Sensors for Handling and Processing Techonoligy, Sensors for Distance and Displacement*, Festo Didactic KG : 1993.
15. *Sensors for Handling and Processing Techonoligy, Sensors for Force and Pressure*, Festo Didactic KG : 1993.
16. 「메카트로닉스를 위한 센서응용 회로 101선」, 세화 : 1992.
17. 「센서의 원리와 사용법(Ⅰ),(Ⅱ),(Ⅲ)」, 세화 : 1998.
18. 「센서의 이야기」, 세화 : 1997.
19. 「센서의 활용」, 세화 : 2001.
20. 「초음파와 그 사용법」, 세화 : 1997.
21. 「센서」, 세운 : 1997.
22. 「제어용 모터 기술활용 매뉴얼」, 세운 : 1996.
23. 「공장자동화를 위한 센서 이론과 실험」, 일진사 : 2001.
24. 「센서공학」, 일진사 : 2001.
25. 「자동화를 위한 센서」, 연학사 : 2000.
26. 「서보모터 제어이론과 실습」, 성안당 : 2001.
27. 「센서기술과 인터페이스」, 남두도서 : 2001.
28. 「공학도를 위한 센서공학 실무」, 기전연구사 : 2000.
29. 「전자기계」, 교육부 : 1999.
30. 「종합 카다로그」, 훼스토 : 2001.
31. 「센서활용 사례집」, 기전연구사 : 1994.

찾아보기

ㄱ

ㄴ

ㄷ

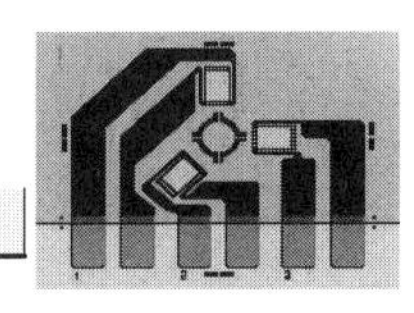

ㄹ

ㅁ

ㅂ

ㅅ

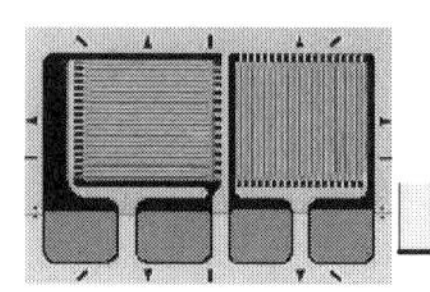

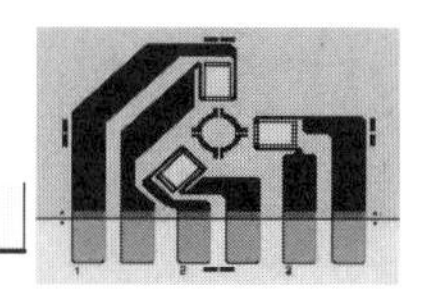

ㅎ

영문

자동화를 위한

센서 공학

2002. 7. 30. 초 판 1쇄 발행
2023. 3. 22. 초 판 11쇄 발행

지은이 | 김원회, 김준식
펴낸이 | 이종춘
펴낸곳 | BM (주)도서출판 성안당
주소 | 04032 서울시 마포구 양화로 127 첨단빌딩 3층(출판기획
10881 경기도 파주시 문발로 112 파주 출판 문화도시(제작 및 물류)
전화 | 02) 3142-0036
031) 950-6300
팩스 | 031) 955-0510
등록 | 1973. 2. 1. 제406-2005-000046호
출판사 홈페이지 | **www.cyber.co.kr**
ISBN | 978-89-315-3286-9 (13560)
정가 | 28,000원

이 책을 만든 사람들
기획 | 최옥현
진행 | 박경희
교정·교열 | 김혜린
전산편집 | 이지연
표지 디자인 | 박현정
홍보 | 김계향, 유미나, 이준영, 정단비
국제부 | 이선민, 조혜란
마케팅 | 구본철, 차정욱, 오영일, 나진호, 강호묵
마케팅 지원 | 장상범
제작 | 김유석